Philipp Grieb

Digital Prototyping

Philipp Grieb

Digital Prototyping

Virtuelle Produktentwicklung im Maschinenbau

HANSER

Der Autor
Dr.-Ing. Philipp Grieb hat an der TU München Maschinenbau studiert. Er war danach u. a. viele Jahre in technischen Positionen bei einem CAD-Hersteller tätig. Seit 2002 arbeitet er als freier Fachjournalist und schreibt über Themen aus den Bereichen Digitale Produktentwicklung, Unternehmens-IT, Internet, Telekommunikation und Wissensmanagement.

Bibliografische Information Der Deutschen Bibliothek:
Die Deutsche Bibliothek verzeichnet diese Publikation in der Deutschen Nationalbibliografie; detaillierte bibliografische Daten sind im Internet über <http://dnb.ddb.de> abrufbar.

ISBN 978-3-446-42318-3

www.hanser.de
Lektorat: Dipl.-Ing.Volker Herzberg
Herstellung: Der Buch*macher*, Arthur Lenner, München
Coverconcept: Marc Müller-Bremer, Rebranding, München, Germany
Titelillustration: Atelier Frank Wohlgemuth, Bremen
Coverrealisierung: Stephan Rönigk
Druck und Bindung: Firmengruppe Appl, aprinta druck, Wemding
Printed in Germany

Vorwort

Dieses Buch richtet sich an Fachleute des Maschinen- und Anlagenbaus, sowohl in der Praxis als auch im Bereich der Ausbildung, und will eine breite Darstellung der aktuellen Technologien auf dem Gebiet der digitalen Produktentwicklung mit viel Bezug zur Praxis bieten.

An den Anfang setze ich einen Rückblick, durchaus mit der Absicht, die Errungenschaften der letzten drei Jahrzehnte umso stärker zu profilieren. Dabei stelle ich fest, dass viele Kernthemen immer die Gleichen geblieben sind: beispielsweise "Kosten senken durch Standardisierung" oder "Zeitgewinn und Effizienzsteigerung durch integrierte Prozesse". Selbst die Notwendigkeit von Lösungen für das Produktdatenmanagement wurde in den 80er-Jahren schon heiß diskutiert. Damals hieß das Thema noch Engineering Data Management (EDM), die Hersteller steckten viel Geld in die Entwicklung, konnten aber keine großen Verkaufserfolge verbuchen. Die Datenmengen in der Konstruktion waren noch überschaubar und die CAD-Systeme waren so teuer, dass ihre Anschaffung nur mühsam zu rechtfertigen war. Die Integration von CAE und CAM wurde diskutiert und Schnittstellen zu den diversen Systemen waren schon vor 30 Jahren ein K.O.-Kriterium, wenn es um CAD-Entscheidungen ging.

Der große Unterschied gegenüber den Anfängen vor zwei bis drei Jahrzehnten ist heute: Statt der hochgejubelten und teuren Systeme, die damals nur holprig funktionierten und kaum zu bezahlen waren, gibt es heute reife Lösungen, die flott laufen, einfach zu bedienen sind und nur noch einen Bruchteil dessen kosten, was damals verlangt wurde. Der Unterschied liegt vor allem in der Qualität und Leistungsfähigkeit aktueller Lösungen gegenüber denen der Pionierzeit. Die numerische Simulation der Dynamik eines Mehrkörpersystems wäre in den 70er-Jahren noch Gegenstand einer mehrjährigen Doktorarbeit gewesen. Heute läuft Software auf den Arbeitsplätzen der Konstrukteure, die dem Ingenieur solche Simulationen am CAD-Arbeitsplatz ermöglicht. Manche Anbieter benutzen gerne den Begriff "Demokratisierung" für die Tatsache, dass viele - früher teure - Lösungen heute für jedes Ingenieurbüro erschwinglich sind. Und es ist nicht der Kaufpreis, auch die Kosten für Schulung und Einarbeitung sind gesunken, weil die Bedienung einfacher wurde und die Mitarbeiter schon im Laufe ihrer Ausbildung die verschiedenen Systeme kennenlernten.

Protagonisten der Branche malen das Ziel des Product Lifecycle Management (PLM) an die Wand und Großunternehmen investieren in diese Vision. Für den mittelständisch geprägten Maschinenbau liegt diese Vorstellung weit entfernt am Horizont. Er fokussiert auf das Näherliegende, auf Digital Prototyping, die digitale oder virtuelle Produktentwicklung. Sie ist fassbar, umsetzbar und bringt konkreten Nutzen. Das ist auch die Intention dieses Buches: Machbare Lösungen aufzeigen, die sich rentieren und bei kleinen und mittleren Unternehmen bewähren.

Für die konkrete Beschreibung von spezifischen Lösungen gehe ich mehrfach auf Autodesk-Systeme im Detail ein. Das liegt zum einen daran, dass ich auf viele Vorarbeiten und technische Schriften zurückgreifen konnte, die in mehreren Jahren meiner Tätigkeit im Autodesk-Umfeld entstanden sind. Zum andern ist Autodesk einer der bedeutendsten Player im Bereich Maschinen- und Anlagenbau, der viele Standards geprägt hat und im letzten Jahrzehnt die Strategie der digitalen Produktentwicklung mit neuen Lösungen in besonderem Maß mit Leben erfüllt hat.

Autodesk hat mich in vielen fachlichen Fragen unterstützt und mit Bildmaterial versorgt. An der Erstellung dieses Materials war Norman Roith, roith engineering, in großem Umfang beteiligt. In besonderem Maße bin ich Roland Zelles und Wolfgang Lynen von Autodesk zu Dank verpflichtet, die dieses Projekt mit Wohlwollen begleitet haben. Der fachliche Austausch mit Wolfgang Lynen hat den Inhalt dieses Buches maßgeblich geprägt.

Zahlreiche Firmen und ihre Mitarbeiter haben Anwendungserfahrungen beigesteuert, die Veröffentlichung von Berichten unterstützt und Bilder zur Verfügung gestellt. Das war neben dem Tagesgeschäft oft eine zusätzliche Belastung für die Gesprächspartner, die ich nicht hoch genug schätzen kann und für die ich dankbar bin. Einige dieser Erfahrungen, Meinungen und Bilder fanden hier Eingang.

München, im März 2010 *Philipp Grieb*

Inhalt

Vorwort		5
Inhalt		7
1	**Einführung**	**17**
1.1	Historische Entwicklung	17
1.1.1	Drei Jahrzehnte CAD	17
1.1.2	Hardware	20
1.1.3	PDM	21
1.1.4	Datenkommunikation	21
1.1.5	CIM und PLM	21
1.2	Warum Digital Prototyping?	22
1.2.1	Innovationszyklen verkürzen	22
1.2.2	Bessere Lösungen finden	22
1.2.3	Globalisierung	23
1.2.4	Erschwingliche Lösungen	23
2	**Die wichtigsten Anbieter**	**25**
2.1	Autodesk	25
2.1.1	Maschinenbau, Anlagenbau, Fahrzeugbau	26
2.1.2	Bau, Architektur, Kartografie	26
2.1.3	Media und Entertainment	27
2.2	Dassault Systèmes	27
2.2.1	PLM	28
2.2.2	Mainstream 3D	28
2.3	PTC	29
2.3.1	Enterprise Solutions	30
2.3.2	Desktop Solutions	30
2.3.3	Services Solutions	30
2.4	Siemens PLM Software	31
2.4.1	Digital Product Development	31
2.4.2	Digital Manufacturing	31
2.4.3	Digital Lifecycle Management	31

2.4.4	Velocity Series	32
3	**Ideenfindung und Konzeption**	**33**
3.1	Digitale Skizzen	33
3.1.1	Skizzieren in Mechanik-CAD-Systemen	33
3.1.2	Digitales Entwerfen	35
3.1.3	Digitizer statt Papier	36
3.1.4	Computerunterstützter Duktus	38
3.1.5	Übergang 2D-3D	38
3.1.6	3D-Scanner	40
3.1.7	Konvergenz der Ideen	41
3.2	Industriedesign	42
3.2.1	Höchste Ansprüche im Automobilbau	44
3.2.2	Höhere Mathematik für perfekte Ästhetik	45
3.2.3	Kurze Wege bei der Designentwicklung	45
3.3	Wissensmanagement	46
3.3.1	Wissenswerkzeug Wiki	47
3.3.2	Motivation der Autoren	47
3.3.3	Einfache Bedienung, geringe Kosten	47
3.3.4	Wikis für Unternehmen	48
3.3.5	Vorbehalte schwinden	48
3.3.6	Beispiel Schaeffler-Gruppe	48
4	**3D-Modell: Basis des digitalen Prototyps**	**51**
4.1	2D-CAD	51
4.2	3D-CAD	52
4.2.1	Vollständigkeit	52
4.2.2	Enge Bauräume	53
4.2.3	Innovativere Lösungen	53
4.2.4	Leicht zu erlernen	54
4.2.5	Die wichtigsten Schritte in zweieinhalb Tagen	54
4.2.6	Selbststudium ist teuer	55
4.3	Parametrische Bauteilkonstruktion	56
4.3.1	Parametrische Skizze	56
4.3.2	3D-Elemente	56
4.4	Parametrische Baugruppenkonstruktion	57
4.4.1	Produktfamilien	58

4.4.2	Strukturierte Stückliste für Produktfamilien	59
4.4.3	PDM-Integration	60
4.4.4	Anwenderbeispiele	61
4.5	Produktkonfiguration und automatisierte Konstruktion	63
4.5.1	Erweiterung der Konfigurationslogik	63
4.5.2	Datenbankintegration	64
4.5.3	Online-Produktkonfiguration	65
4.5.4	Hohe Kostenvorteile erzielbar	65
4.6	Kaufteile und Normteile	66
4.6.1	Teilemanagement	68
4.7	Große Baugruppen	70
4.7.1	Was sind „große" Baugruppen?	70
4.7.2	Wie lässt sich die System-Performance optimieren?	71
4.7.2.1	Methodische Arbeitsweise, Regeln	71
4.7.2.2	Vorausschauend konstruieren	72
4.7.2.3	Hardware, Netzwerk, Software	74
4.8	Parametrische oder direkte Modellierung	75
4.8.1	Parametrik ist ideal – aber nicht für alles	75
4.8.2	PTC: CoCreate	75
4.8.3	Synchronous-Technologie von Siemens PLM Software	76
4.8.4	Autodesk Inventor Fusion	76
4.8.4.1	Weniger ist mehr	78
4.8.4.2	Freies Skizzieren und Modellieren	79
4.8.4.3	Direkte Änderungen	80
4.8.4.4	Parametrische und direkte Modellierung wachsen zusammen	82
5	**Branchenlösungen**	**83**
5.1	Blechkonstruktion	83
5.1.1	Räumliche Blechteile konstruieren	83
5.1.2	Ablauf der 3D-Blechkonstruktion	84
5.1.3	Funktionen	85
5.1.4	Abwicklung und Längenkorrektur	85
5.1.5	Voreinstellungen	86
5.1.6	Aufbau eines Blechteils	87
5.1.6.1	Fläche	88
5.1.6.2	Lasche	88
5.1.6.3	Form	88

5.1.6.4	Biegung	89
5.1.6.5	Ecken	89
5.1.6.6	Konturlaschen	91
5.1.6.7	Profilrollen	92
5.1.6.8	Ausklinkung	93
5.1.6.9	Falz	94
5.1.6.10	Falten	94
5.1.6.11	Eckverbindung	95
5.1.6.12	Biegung	95
5.1.6.13	Stanzwerkzeug	96
5.1.6.14	Übergangsflansch	98
5.1.7	Bauteilefamilien	98
5.1.8	Verbindungselemente	99
5.1.9	Abwicklung	100
5.1.10	Fertigungszeichnungen	101
5.1.11	Daten für die Fertigung	102
5.1.12	Innovativere Lösungen, Fehlversuche vermeiden	103
5.2	Schweißkonstruktion	104
5.2.1	Schweißbaugruppen	104
5.2.2	Drei Fertigungsphasen	105
5.3	Anlagenbau (kleine Anlagen)	107
5.3.1	Stahlbaukonstruktion	108
5.3.1.1	Platzierung der Profile	108
5.3.1.2	Ausprägung der Verbindungen	109
5.3.1.3	Gehrungsschnitt	109
5.3.1.4	Stoßverbindung	110
5.3.1.5	Profile passend beschneiden	110
5.3.1.6	Profileigenschaften	110
5.3.1.7	Geländer und Handläufe	111
5.3.1.8	Berechnungen integriert	112
5.3.2	Rohrleitungen	113
5.3.2.1	Selbstentleerende Leitungen	114
5.3.2.2	Flexible Schläuche	114
5.3.2.3	Stücklisten auf Knopfdruck	115
5.3.2.4	Integrierte PDM-Lösung	115
5.3.2.5	Geringere Kosten – höhere Qualität	116

5.4	Anlagenbau (Großanlagen)	116
5.4.1	P&ID-Fließschemata	117
5.4.2	3D-Anlagenkonstruktion	118
5.4.2.1	Stahlbau	118
5.4.2.2	Rohrleitungen	119
5.4.2.3	Dokumentation	119
5.4.2.4	Listengenerierung	120
5.4.3	Alle Gewerke einbinden	120
5.4.4	Vierdimensionale Baustelle	123
5.4.5	Beispiele: Stahlproduktionsanlagen	123
5.4.5.1	voestalpine Stahl GmbH	123
5.4.5.2	SMS Concast AG	124
5.5	Kunststoff-Spritzguss	125
5.5.1	Wachsende Ansprüche	126
5.5.2	Digitale Technologien	127
5.5.3	Spritzgussmaschine	128
5.5.4	Detailkonstruktion	129
5.5.5	Werkzeug- und Formenbau	129
5.5.6	Ablauf der Werkzeugkonstruktion	131
5.5.7	Konstruktion von Familienwerkzeugen	138
5.5.8	Auswerfer und Stifte	138
5.5.9	Schieber	138
5.5.10	Simulation und Optimierung des Spritzgussvorgangs	139
5.5.11	Fertigung der Form	139
6	**Maschinenelemente und Auslegung**	**141**
6.1	Ingenieurgrundwissen integriert	141
6.2	Schraubverbindungsgenerator	143
6.3	Schraubenberechnung	145
6.4	Einfügen mit „Autodrop“	146
6.5	Konstruktion und Berechnung von Wellen	146
6.6	Auswahl und Auslegung von Lagern	150
6.7	Auslegung von Kegelrädern	151
6.8	Weitere Berechnungsverfahren	152
6.9	Stahlbau-Berechnungen	153
6.10	Zeit sparen – Fehler vermeiden	154

7	**Simulation**	**155**
7.1	Dynamische Systeme	155
7.1.1	Beispiele	156
7.1.2	Ablauf	157
7.2	Integrierte FE-Analysen	158
7.2.1	FEM-Netz	159
7.2.2	Ablauf	160
7.2.3	Ergebnisdarstellung	161
7.3	Simulation von Strömungen und Wärmeübertragung	161
7.3.1	Grundbegriffe	162
7.3.1.1	Fluiddynamik	162
7.3.1.2	Wärmeübertragung	162
7.3.2	CFD-Anwendungen	164
7.3.3	Anwendungsbeispiele	165
7.4	Universelle CAE-Software-Pakete	167
7.4.1	CAD-Integration	168
7.4.2	Diskretisierung	169
7.4.3	Vorbereitung	169
7.4.4	Multiphysik (Multiphysics)	170
7.4.5	Ergebnisdarstellung	171
7.5	Spritzgusssimulation	171
7.5.1	CAD-integrierte Simulation	172
7.5.1.1	Materialauswahl	172
7.5.1.2	Anspritzpunkte	173
7.5.1.3	Prozesseinstellungen	173
7.5.1.4	Simulation des Füllvorgangs	174
7.5.1.5	Simulation der Schwindung	175
7.5.1.6	Datenexport	176
7.5.2	Simulation für Experten	176
7.5.2.1	Optimierung des digitalen Prototyps	176
7.5.2.2	Kühlung, Schwund, Verzug	178
7.5.2.3	Autodesk Moldflow Insight	178
7.5.2.4	Anwenderbeispiel	179
8	**Visualisierung**	**181**
8.1	Darstellungen in der Konstruktion	182
8.2	Rendering	182

8.3	Rendering für Einsteiger	183
8.4	Rendering für Fortgeschrittene	185
8.4.1	Bildgröße	185
8.4.2	Beleuchtung	186
8.4.3	Szenen	186
8.4.4	Rendertyp	187
8.4.5	Antialiasing und illustrative Darstellung	187
8.5	Visualisierung für Profis	187
8.5.1	Oberflächen	188
8.5.2	Beleuchtung	188
8.5.3	Komponenten mit Eigenlicht	189
8.5.4	Weiche Schatten	190
8.5.5	Beleuchtungshinweise	190
8.5.6	Kamera	192
8.5.7	Animation	193
8.5.7.1	Komponenten animieren	193
8.5.7.2	Kamera animieren	194
8.6	Design-Kommunikation	195
8.6.1	Multi-CAD-Unterstützung	196
8.6.2	Daten organisieren	197
8.6.3	Realistische Materialien	197
8.6.4	Umgebungsschatten	197
8.6.5	Szenen erstellen und bearbeiten	198
8.6.6	Untersuchung von Entwurfsalternativen	198
8.6.7	Animation	199
8.6.8	Drehtisch	199
8.6.9	Storyboard	199
8.6.10	Realtime Raytracing	200
8.6.11	Globale Design Reviews	201
8.6.12	Bessere Entscheidungen	201
8.6.13	Gute Bilder lohnen sich	202
9	**Elektrokonstruktion**	**203**
9.1	Mechatronik	203
9.2	Technologie-Anforderungen	204
9.3	Beispiel: AutoCAD ecscad	205
9.3.1	Alles unter Kontrolle	206

9.3.2	Symbole und Makros	208
9.3.3	Querverweise	210
9.3.4	Konform mit Normen	210
9.3.5	Vielsprachigkeit	211
9.3.6	Artikeldatenbank	211
9.3.7	Fehlervermeidung	212
9.3.8	Automatisierung	213
9.3.9	Auswertung und Prüffunktionen	213
9.3.10	Schnittstellen	214
9.3.11	Verwaltung & Wiederverwendung	215
9.3.12	Ausgabe	215
9.4	Kabelbaumkonstruktion	215
9.4.1	Verdrahtung mit System	217
9.4.2	Import von Kabelbaumdaten	217
9.4.3	Elektrische Bauteile	217
9.4.4	Kabelbaum erstellen	218
9.4.5	Drähte und mehradrige Kabel erstellen	219
9.4.6	Segmente	219
9.4.7	Routing	219
9.4.8	Spleißobjekte	219
9.4.9	Flachbandkabel	220
9.4.10	Dokumentation	220
9.4.11	Listen und Berichte	220
10	**Produktdatenmanagement (PDM)**	**221**
10.1	Grundbegriffe	221
10.1.1	PDM oder PLM?	222
10.1.2	Artikel	222
10.1.3	Dokumente	223
10.1.4	Projekte	223
10.1.5	Version - Revision - Variante	224
10.1.6	Stücklisten	224
10.1.7	Klassifizierung	224
10.1.8	Benutzerverwaltung	225
10.1.9	Status und Workflow	225
10.1.10	Konfigurationsmanagement und Änderungswesen	226
10.1.11	Datenmanagement in verteilten Organisationen	226

10.1.12	Viewing-Funktionen	227
10.1.13	Web-Zugriff	227
10.1.14	Anpassungsfähigkeit	227
10.1.15	PDM ist erschwinglich	227
10.2	Wozu PDM?	228
10.2.1	Jede Version exakt definieren	229
10.2.2	Änderungen dokumentieren	229
10.2.3	Verwendungsnachweis	229
10.2.4	Wer ist verantwortlich?	230
10.2.5	Wer wacht über die wertvollen Daten?	230
10.2.6	Standardisierung und schnelle Suche	232
10.2.7	Elektronischer Freigabeprozess	233
10.2.8	Zuverlässige Stücklistenverwaltung	234
10.2.9	Dokumentationspflichten erfüllen	234
10.2.10	Entwicklungszyklen verkürzen	235
10.3	Branchenspezifische Anforderungen an PDM	235
10.3.1	Serienfertigung	235
10.3.2	Auftragsfertigung	236
10.3.2.1	Verbessertes Kostenmanagement	237
10.3.2.2	Beschleunigte Abwicklung	237
10.4	PDM-Einführungsplanung	238
10.4.1	Dreh- und Angelpunkt: Konstruktion	239
10.4.2	Altdaten-Übernahme	239
10.4.3	ECAD- und CAE-Daten integriert verwalten	240
10.4.4	Das Pferd von der richtigen Seite aufzäumen	240
10.4.5	Aufwand und Kosten sparen	241
10.4.6	Praktikable Lösungen	241
10.4.7	2D-Daten	242
10.4.8	Zusammenarbeit über mehrere Standorte	242
11	**Fertigung**	**243**
11.1	Rapid Prototyping	243
11.2	Rapid Manufacturing	245
11.3	CAM – Integration der Fertigung	248
11.3.1	Blechfertigung	248
11.3.1.1	Laserstrahlschneiden	248
11.3.1.2	Wasserstrahlschneiden	249

11.3.2	Modellbau, Formenbau	250
11.3.2.1	Fräsen	250
11.3.2.2	Erodieren	252
12	**Produktpublikationen**	**253**
12.1	Dokumentarten	253
12.1.1	Pre-Sales	253
12.1.2	Post-Sales	253
12.2	Zielgruppen	254
12.3	Medien	254
12.4	Formale Anforderungen	254
12.5	Technische Illustration	255
12.5.1	Techniken und Stilmittel	256
12.6	Text	257
13	**Nachhaltigkeit**	**259**
13.1	Endzeit und Anfang	259
13.2	Anforderungen	259
13.3	Chancen	261
14	**Digital Prototyping macht sich bezahlt**	**263**
14.1	Kosten der Entwicklung	263
14.2	Problem: Langläufer	264
14.3	Informationsverluste vermeiden	264
14.4	Erfolge mit virtuellen Prototypen	265
14.5	Planungsaufwand deutlich reduziert	266
14.6	Was Anwender sagen	266
Akronyme		**273**
Index		**275**
Literatur		**287**

1 Einführung

Wer in der Geschichte gräbt, um die Wurzeln der digitalen Produktentwicklung zu finden, stößt unweigerlich auf die Luft- und Raumfahrt des letzten Jahrhunderts. Die Raumfahrtprogramme, vor allem die erste Landung auf dem Mond 1969, der Kalte Krieg mit seinen enormen Ausgaben für die militärische Forschung, machten die Mittel frei, um den Rechnereinsatz in der Produktentwicklung auf den Weg zu bringen. Die Mondlandung ist ein Paradebeispiel für die Pioniertaten der virtuellen Produktentwicklung. Die entwickelten Systeme konnten nicht oder nur eingeschränkt unter realen Bedingungen als Prototypen getestet werden. Jedes einzelne Bauteil, jedes Gerät war bis ins letzte Detail für die Bedingungen im Weltraum und auf dem Erdtrabanten rechnerisch (virtuell) oder allenfalls unter simulierten Versuchsanordnungen zu überprüfen. Dass es bei Apollo 11 um eine bemannte Mission ging, erhöhte den Aufwand und den Druck auf die Verantwortlichen gewaltig. Der Erfolg der Landung am 20. Juli 1969 kann mit Blick auf die damaligen technischen Möglichkeiten und Computerleistungen nicht hoch genug eingeschätzt werden. Er ist ein Meilenstein der Technikgeschichte.

1.1 Historische Entwicklung

Basis und Voraussetzung der digitalen Produktentwicklung ist die computerunterstützte Konstruktion, englisch Computer-Aided Design (CAD). Es ist gerade etwa 30 Jahre her, dass die ersten kommerziellen Systeme auf den Markt kamen: damals so groß wie Kleiderschränke und so teuer wie Zweizimmer-Eigentumswohnungen. Im Gleichschritt mit der IT-Industrie entwickelte sich die Technologie rasant weiter. Sie ist heute aus dem Konstruktionsalltag nicht mehr wegzudenken.

1.1.1 Drei Jahrzehnte CAD

Die ersten Linien, die Ivan Sutherland 1963 am MIT in Boston im Rahmen seiner Doktorarbeit mit einem Lichtstift und mithilfe seines Programms Sketchpad auf einem Radarschirm zog, gelten als der Beginn des CAD. In den 70er-Jahren trieben zuerst die Luft- und Raumfahrtunternehmen und später die Automobilhersteller die Entwicklung voran: in den USA beispielsweise die Firma Lockheed mit dem hostbasierten 2D-System CADAM, McDonnell Douglas (1997 von Boeing übernommen) mit Unigraphics, in Frankreich Dassault mit CATIA oder der Autobauer Ford mit PDGS. Die ersten CAD-Firmengründungen folgten. Computervision und Applicon gehörten zu den Pionieren. Computervision konnte bald erfolgreich mit seinen sogenannten „schlüsselfertigen“ CADDS-Systemen in der Automobilindustrie Fuß fassen. Die Autobauer investierten neben der Luft- und Raumfahrtindustrie sehr früh in die neue Technologie.

Bild 1.1:
Medusa Parametric 1983: Fertigungszeichnung mit parametrischer Bemaßung. Ein Hilfsliniennetz definiert die Abhängigkeiten (constraints). Maßänderungen bewirken die Anpassung der Geometrie (Quelle: VDI-Z 13-983).

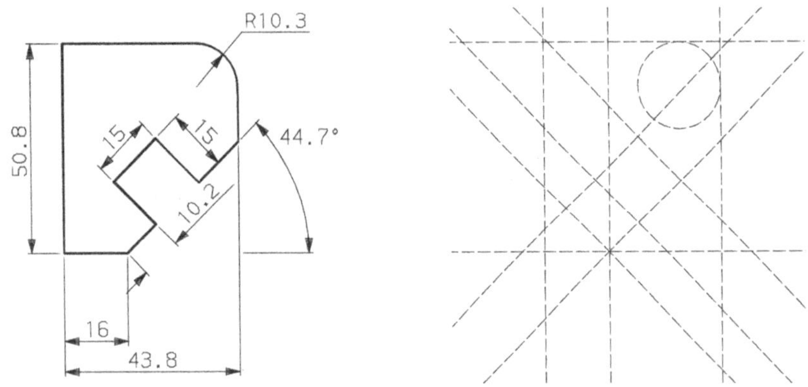

Bild 1.2:
Medusa Parametric 1983: geänderte Maßzahlen links, abgeänderte Zeichnung rechts (Quelle: VDI-Z 13-1983).

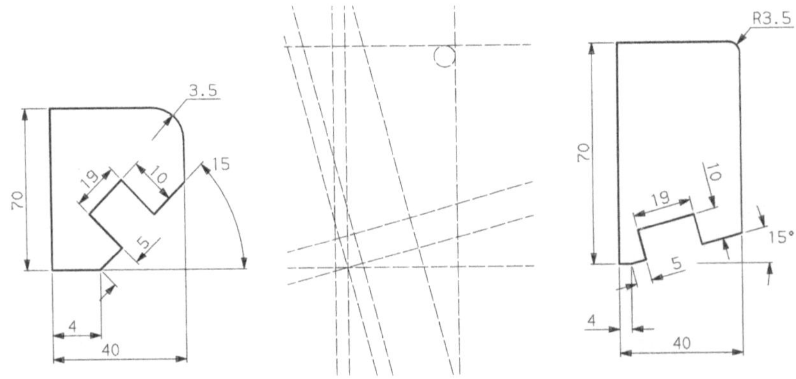

Bild 1.3:
Medusa Parametric 1983: Eine parametrische Zeichnung definiert die Erstellung (History) des 3D-Modells. Maßänderungen liefern automatisch abgeleitete Varianten (Quelle: VDI-Z 13-1983).

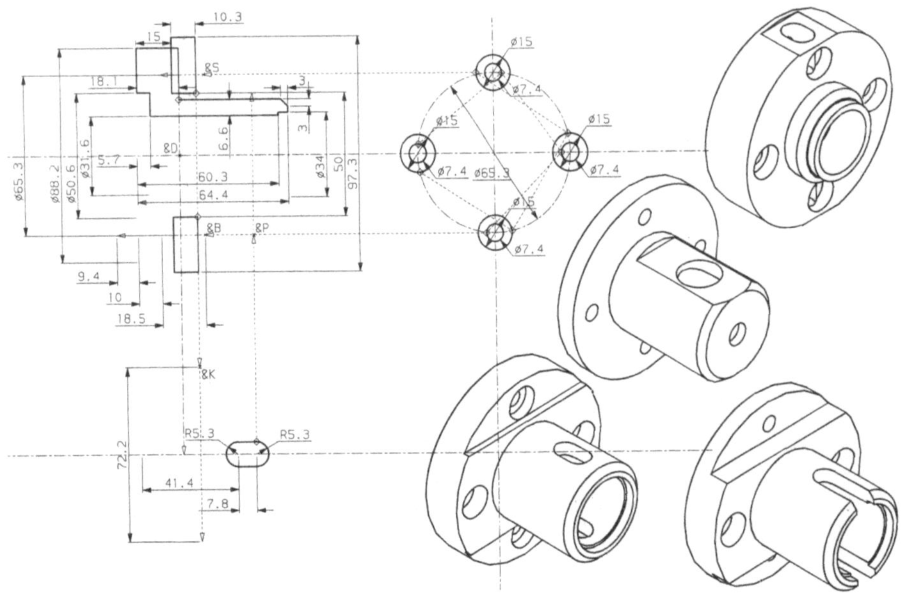

Zu Beginn der 80er-Jahre dominierten die Entwicklungen auf proprietärer Hardware z. B. CADDS, und Host-Lösungen auf Systemen von IBM-, DEC- und Prime Computer mit angeschlossenen Grafikterminals, vor allem Tektronix-Geräten.

Zunächst feierten Softwaresysteme wie Medusa, etwas später HP ME 10 und andere Produkte Erfolge im mittelständischen Maschinenbau. Medusa lief damals auf Hardware von Prime Computer, später auf DEC VMS-Hosts, Vaxstations und Unix-Workstations. Der Schwerpunkt dieser Systeme lag auf der 2D-Konstruktion und Erstellung von Schemaplänen. Ein aus heutiger Sicht bemerkenswerter Erfolgsfaktor von Medusa war sein 2D-Parametrik-System [1], das 1983 auf den Markt kam und in seiner Zeit konkurrenzlos war, während die 3D-Fähigkeiten dieser Software für einen erfolgreichen Einsatz in der Praxis nicht ausreichten. Medusa-Parametric bot die Blaupause für die späteren historienbasierten 3D-Parametrik-Systeme. Ende des Jahrzehnts und in den 90er-Jahren übernahm das PC-basierte AutoCAD die Rolle als führende 2D-Applikation im Maschinenbau und der Bauindustrie. Neben der Eignung für die Mechanikkonstruktion spielte zu dieser Zeit bei der Auswahl der Systeme auch immer die Fähigkeit zur Erstellung von Stromlaufplänen für die Elektrokonstruktion und von Hydraulikschemazeichnungen eine Rolle, weil sich die teueren 2D-CAD-Systeme bei diesen Aufgaben am schnellsten zu amortisieren schienen.

In den 90er-Jahren setzte der Erfolg von PTC (Parametric Technology Corporation) ein, dem Pionier, der die parametrische Modellierung erstmals erfolgreich in einem interaktiven 3D-System realisierte. Ende der 90er-Jahre verfolgte mit SolidWorks ein weiterer Hersteller diesen erfolgreichen Kurs. Das Unternehmen Unigraphics (heute Siemens PLM Software) konnte nach diversen Übernahmen ebenfalls einen Platz im Kreis der etablierten Anbieter halten. Die 3D-CAD-Konstruktion war auf dem Weg zum breiten Durchbruch im Maschinenbau.

Autodesk brachte zur Jahrtausendwende die 3D-Neuentwicklung Inventor auf den Markt, ebenfalls ein parametrisches 3D-System. Der Start aus der Verfolgerposition hatte den Vorteil, dass von Anfang an neueste Konzepte und Funktionen berücksichtigt werden konnten. Für die große Basis seiner Kunden, die AutoCAD-2D-Anwender, die eine moderne 3D-Perspektive brauchten, war es nicht zu spät, und Autodesk baute sein Angebot rasch aus.

1.1.2 Hardware

Die Kosten für einen CAD-Arbeitsplatz lagen 1982 zwischen DM 100.000 und DM 200.000 für Hardware und Software. Das Maß aller Dinge war das Tektronix-Terminal, ein monochromer Vektorbildschirm mit hoher Auflösung, der an ein Hostsystem angeschlossen war. Erst Ende der 80er-Jahre wurden die farbigen Rasterbildschirme populär, die bei den Konstrukteuren anfangs wegen zu geringer Auflösung wenig Akzeptanz fanden. Um die gesamte Bildschirmfläche für die Zeichnungen frei zu halten, lagerte man die Befehlsmenüs auf Grafiktabletts aus. Sie verschwanden später wieder von den Tischen. Die verbesserten grafischen Benutzeroberflächen und die Einsparung der teueren Tabletts waren die Argumente.

Die drei bis vier Jahrzehnte der CAD-Entwicklung waren gekennzeichnet von steigender Leistungsfähigkeit und sinkenden Kosten der Hardware. Nach den Unix-Workstations der 80er- und 90er-Jahre begannen die Windows-PCs ihren Siegeszug als CAD-Plattformen. Die Leistung von Rechnern, Grafikprozessoren, Speichermedien und Datennetzwerken stieg ins Unermessliche, verglichen mit der Hardware, die den CAD-Pionieren vor 30 Jahren zur Verfügung stand. Damit verbesserten sich die Voraussetzungen für die 3D-Systeme, die heute in der Maschinenbaukonstruktion dominieren.

Bild 1.4:
Ende der 70er- bis Anfang der 80er-Jahre war das Tektronix 4014-Terminal das Standardgerät für Computergrafik und CAD-Anwendungen (Quelle: www.chilton-computing.org.uk).

1.1.3 PDM

Mit dem produktiven Einsatz der CAD-Systeme in den 80er-Jahren wuchs das Volumen der digitalen Konstruktionsdaten rasch an. Die großen Anwender erkannten früh die Probleme der ungeordneten Ablage und fehlender digitaler Prozesse für die Freigabe- und Änderungsverwaltung. Erste Lösungen entstanden zu dieser Zeit als Zeichnungsverwaltungssysteme oder unter dem Begriff Engineering Data Management (EDM). Vor allem aus Kostengründen waren sie nur mäßig erfolgreich. Die Anwender behalfen sich mit Nummernsystemen und der Ablage in Verzeichnissen der Betriebssysteme, die natürlich nur ein dürftiger Notbehelf waren.

Die Fortschritte in der Netzwerktechnik und Zusammenarbeit über weit entfernte Standorte hinweg erhöhten die Anforderungen an die Datenverwaltung in der Produktentwicklung. Die Notwendigkeit eines spezifischen Produktdatenmanagements (PDM) wurde evident und ist heute von den Anwendern weitgehend anerkannt.

1.1.4 Datenkommunikation

Die Pioniere kämpften in der Frühzeit des CAD noch mit proprietären Netzwerken und Protokollen wie SNA von IBM, DECnet und anderen in den lokalen Netzen (LAN) und kleinen Bandbreiten im WAN (Wide Area Network). Allerdings setzte sich in den technischen Abteilungen bereits Mitte der 80er-Jahre die Ethernet-Technologie für lokale Netze mit der TCP/IP-Protokollfamilie durch, die Basis für das heutige Internet. Die rasante Expansion des Internet begann erst Mitte der 90er-Jahre mit den ersten grafikfähigen Webbrowsern, der sogenannten „Killerapplikation" des Internet. Ab 1994 öffnete der Netscape Navigator vielen die Augen und ließ das Potenzial des Worldwide Web erkennen. In den folgenden rund 15 Jahren entstand eine leistungsfähige Infrastruktur mit großen Bandbreiten, die heute die Basis für weltweite Zusammenarbeit bildet, für Concurrent Engineering, weltumspannende digitale Produktdatenkommunikation und Digital Prototyping.

1.1.5 CIM und PLM

Ein Schlagwort der 80er-Jahre war der Begriff CIM (Computer Integrated Manufacturing), mit dem die Vision einer weitgehend automatisierten Produktion an die Wände projiziert wurde. Fachmagazine und Messen beschäftigten sich mit dem Begriff, der inzwischen wieder still beerdigt wurde. Sein Nachfolger ist das strategische Konzept PLM als übergeordnete Struktur über PPS-, ERP, PDM- und CAx-Systeme. PLM ist kein käufliches Produkt, sondern eine Strategie, die durch technische und organisatorische Lösungen umzusetzen ist. Digital Prototyping ist ein wesentlicher Teil dieser Strategie, der seinen Fokus auf die Produktentwicklung und ihre Integration in die Unternehmenssysteme richtet.

1.2 Warum Digital Prototyping?

Der mittelständische Maschinenbau in Deutschland, Österreich und der Schweiz setzt sich nicht erst seit gestern mit dem globalen Wettbewerb auseinander. Seit Jahrzehnten wetteifern die zentraleuropäischen Maschinenbauer mit den asiatischen, amerikanischen und europäischen Wettbewerbern um die besten Plätze und Nischen auf den Weltmärkten. Einige sind auf der Strecke geblieben. Die Unternehmen von heute, die in den harten Ausscheidungsrennen übrig blieben, haben ihre Lektionen gelernt. Eine der Lektionen trägt den Titel „Vorsprung durch Innovation". Die Pioniere der Branche haben viel Lehrgeld bezahlt, aber die Erfolgreichen zeigen die Wege zu mehr Effizienz und höherer Produktivität.

1.2.1 Innovationszyklen verkürzen

Ein großer Teil der konzeptionellen und kreativen Entwicklungsarbeit findet auf Papier und an Wandtafeln statt. Das sind Medien, die sich nicht gerade optimal zur Weiterverarbeitung in einem CAD-System, in einer Tabellenkalkulation, Textverarbeitung oder anderen Anwendungen eignen, in denen Ideen, erste Skizzen oder Marktanalysen erfasst werden, die der Formgebung und Ausführung vorangehen. Diese Medien sind nicht kompatibel zu den digitalen Kommunikationsmethoden, mit denen die globalen Entwicklungsteams heute arbeiten.

Industriedesigner verwenden häufig Tonmodelle, um Formen physisch zu erarbeiten und zu verifizieren. Danach sind diese analogen Modelle mit großem Aufwand in Daten zu konvertieren, die anschließend in der Konstruktion verwendet werden können, um die mechanische Struktur und die Teilsysteme des Produkts zu entwickeln. Wenn die Formgebung und Visualisierung digital durchgeführt würde, könnten die Daten von den nachfolgenden Anwendungen ohne Zeitverlust direkt genutzt werden.

Ingenieure und Konstrukteure waren ein Jahrhundert lang vor allem damit beschäftigt, Geometrie aufs Papier, bzw. in den letzten zwei Jahrzehnten in ihr CAD-System, zu bringen. Erst in jüngster Zeit sind Systeme verfügbar, die den Konstrukteur mit Expertenfunktionen und kompletten Maschinenelementen arbeiten lassen, die das Arbeiten auch in großen Baugruppen erlauben. Jetzt können sich Konstrukteure von der unproduktiven Zeichenarbeit frei machen und sich ihrem eigentlichen Beruf, dem des Konstrukteurs, widmen. Ein durchgängig digitaler Informations- und Datenfluss, rund um ein integriertes Gesamtmodell, ist die Voraussetzung, um die Kommunikation in der Produktentwicklung zu beschleunigen und die Innovationszyklen zu verkürzen.

1.2.2 Bessere Lösungen finden

Alle am Entwicklungsprozess beteiligten Abteilungen, vom Industriedesign bis zum Verkauf, sollen in diesen Informationsfluss eingebunden werden. Die Einbeziehung der Arbeitsvorbereitung hilft beispielsweise, die Fertigungsprobleme eines Entwurfs in sehr frühen Phasen zu diskutieren. Der digitale Prototyp ist eine Simulation des realen Produktes und dient nicht nur dazu, die Form, Abmessungen und Funktionen zu überprüfen: Er wird laufend erweitert und immer mehr vervollständigt. Alle konzeptionellen, mechanischen und elektrischen Konstruktionsdaten kommen hinzu. Je vollständiger der digitale Prototyp beschrieben ist, desto perfekter kann eine Simulation des kompletten Endprodukts zur Optimierung und Validierung durchgeführt werden. Die perfekte Visualisierung des Prototyps erleichtert das Verständnis und die Kommunikation aller Beteiligten in der Entwicklungsphase. Sie reduziert den Änderungsbedarf und den Aufwand für den Bau von physischen Prototypen.

1.2.3 Globalisierung

Der exportorientierte Maschinenbau in Mitteleuropa profitiert von einem Kompetenznetzwerk, das sehr eng zusammenarbeitet und in dem jeder das, was er macht, besonders gut beherrscht: Lieferanten, Hersteller, Wissenschaft, Ingenieure und Facharbeiter. Umfassendes Wissen, eine gute Ausbildung aller Beteiligten und eine hoch entwickelte Infrastruktur ist der Standortvorteil. Die regionale Verankerung ist die Basis. Allerdings ist eine erfolgreiche internationale Expansion nicht ohne die Einbindung globaler Ressourcen in diesem Netz möglich. Internationale Lieferanten und Entwickler, weltweit verteilte Fertigungskapazitäten, Montageorte in den entlegensten Gegenden erfordern flexible globale Kooperationen und digitale Produktionsnetzwerke, die vollständig digitale Produktdaten voraussetzen.

1.2.4 Erschwingliche Lösungen

Doch was nützten die digitalen Verfahren, wenn sie für die überwiegend mittelständischen Maschinenbauer unerschwinglich wären? Erfreulicherweise hat sich das Preis-Leistungs-Verhältnis von Hardware- und Softwarekomponenten für die virtuelle Produktentwicklung in den letzten 30 Jahren äußerst positiv entwickelt. Die grundlegenden Technologien sind selbst für kleine Firmen erschwinglich geworden. Sie sind leicht erlernbar. Ihre Einführung bedeutet kein existentielles Risiko mehr. Und selbst kleine und mittlere Unternehmen bestätigen große Produktivitätsvorteile, die sie erfahren haben.

2 Die wichtigsten Anbieter

Nach einer drei bis vier Jahrzehnte währenden wechselvollen Entwicklung behaupten sich derzeit vier große internationale Anbieter im Maschinen- und Anlagenbau. Viele kleinere oder lokale Anbieter spielen nach wie vor eine Rolle in ihren Nischenmärkten. Dassault Systèmes mit dem PLM-Portfolio um Catia und PTC versuchen sich als PLM-Partner der großen Unternehmen zu positionieren, während die Stärken von SolidWorks und Autodesk eher im Mittelstand liegen.

2.1 Autodesk

Autodesk

Autodesk wurde 1982 von John Walker in Sausalito, Kalifornien, gegründet. Damals war CAD-Software nur auf teuren Hostsystemen oder Unix-Workstations verfügbar. Autodesk unterstützte zwar auch Unix-Systeme, setzte aber vorrangig auf den damals noch sehr jungen IBM-PC und das DOS-Betriebssystem, eine Geräteklasse, die heute noch die Arbeitsplätze in den Konstruktionsabteilungen und Büros dominiert. Was anfangs als fragwürdige Entscheidung erschien, erwies sich später als Glücksgriff. Mit dem Erfolg der DOS-PCs, später der Windows-PCs, und der raschen Steigerung ihrer Leistungsfähigkeit wuchs der Erfolg und die Verbreitung der Autodesk-Software, vor allem der AutoCAD-Produktfamilie. Mit seinem günstigen Preis-Leistungs-Verhältnis verdrängte es die Wettbewerber auf dem Markt der 2D-CAD-Systeme. Heute gelten AutoCAD und seine Datenformate als Industriestandard im 2D-Bereich, eine Entwicklung, die mit dem Weg der Microsoft Office-Applikationen vergleichbar ist.

Auf den Höhen des 2D-Erfolgs drohte die Firma die technische Entwicklung bei den 3D-CAD-Systemen zu verpassen, die in den 90er-Jahren von anderen Firmen geprägt wurde. Um die Jahrtausendwende brachten die Kalifornier ihr neues 3D-System Autodesk Inventor auf den Markt, dessen Entwicklung und Ausbau sie seither sehr energisch vorangetrieben haben. Digital Prototyping wurde zum strategischen Ziel des Autodesk-Angebots für die Fertigungsindustrie erklärt. Im Bauwesen hieß die analoge Strategie Building Information Modeling. Durch zahlreiche Übernahmen und Eigenentwicklungen verbreiterte Autodesk das Angebot für die Zielmärkte der Fertigungsindustrie rasch. Die größten Investitionen des letzten Jahrzehnts galten den Produktbereichen PDM, Industriedesign, Simulation und Animation. Heute gilt Autodesk als der weltweit größte Hersteller der Branche mit über 7.000 Mitarbeitern und einem Jahresumsatz von 2.315 Millionen US$ (ca. 1,65 Mrd. €, bezogen auf das Autodesk-Fiskaljahr 2009, das am 31.1.2009 endete). Die 2D-Software ist nach wie vor ein großer Umsatzträger. Die 3D-Produkte sind im Begriff gleichzuziehen.

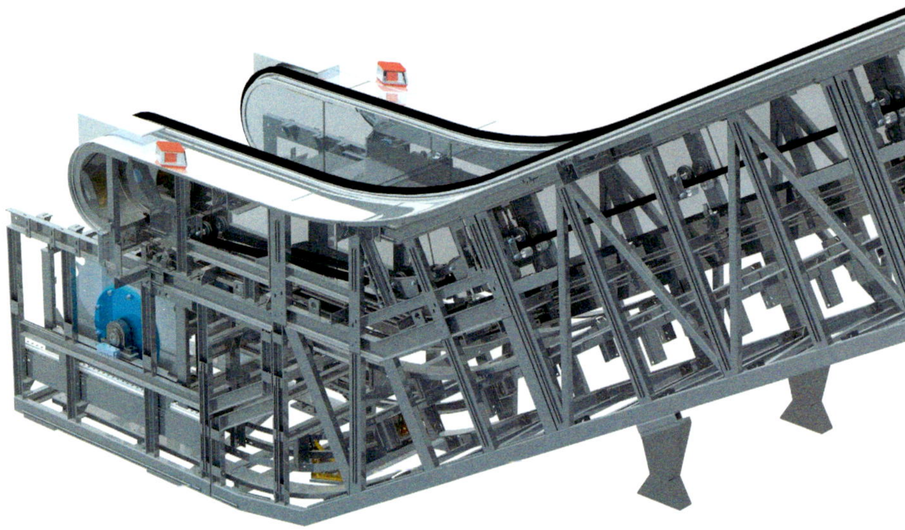

Bild 2.1:
Rolltreppe konstruiert mit Autodesk Inventor (Quelle: Kone)

2.1.1 Maschinenbau, Anlagenbau, Fahrzeugbau

Die große Kundenbasis der AutoCAD- und AutoCAD-Mechanical-Anwender ist eine der Zielgruppen, in der Autodesk die künftigen Anwender seiner Digital-Prototyping-Lösungen sieht. Viele haben den Umstieg auf die 3D-Konstruktion mit einzelnen oder auch auf allen Arbeitsplätzen bereits vollzogen und die Grundlage für die digitale Produktentwicklung geschaffen, viele planen den Wechsel, einige werden bei AutoCAD bleiben, weil sie in der 3D-Technik keinen Vorteil sehen. AutoCAD bleibt weiter erste Wahl für Schemaplan-Applikationen wie AutoCAD ecscad oder AutoCAD P&ID. Den Wechsel bzw. die Zusammenarbeit zwischen AutoCAD und Inventor erleichtert Autodesk durch weitgehende Integration und Datenkompatibilität. Die Inventor-Produktfamilie bietet einen großen Funktionsumfang für alle Aufgaben der Mechanikkonstruktion und spezialisierte Module für die Blechkonstruktion, den Anlagenbau, die Simulation von Kinematik, mechanischen und thermischen Belastungen, Strömungssimulation, Kabelbaumkonstruktion u. v. m. Abgestufte Lösungen für das integrierte Produktdatenmanagement verwalten Freigabeprozesse, alle Änderungen und sorgen für schnelles Wiederfinden von produkt- oder projektbezogenen Daten und Dokumenten.

2.1.2 Bau, Architektur, Kartografie

AutoCAD-Lösungen sind in vielen Architektur- und Planungsbüros für alle Aufgaben des Hoch- und Tiefbaus und der Vermessung im Einsatz. Wie die Fertigungsindustrie geht auch die Baubranche zu einer umfassenderen digitalen Planung auf der Basis von 3D-Daten über. Im Bauwesen verfolgt Autodesk das Ziel des umfassenden Building Information Modeling (BIM) als integriertem Prozess, der vom Entwurf über die Detailplanung bis hin zum Betrieb auf strukturierten und zuverlässigen Projektinformationen aufbaut. Basis ist die Autodesk Revit Software. BIM beseitigt Hindernisse in der Projektkommunikation zwischen den Entwurfs- und Planungsteams, die meist an unterschiedlichen Standorten arbeiten. Alle Projektbeteiligten erhalten Zugang zu konsistenten und zuverlässigen Informationen über alle Aspekte der Planung. Architekten, Ingenieure und Statiker können so ein Bauprojekt im Lauf der Planung gemeinsam optimieren.

Die Produkte der AutoCAD- und Revit-Familien decken alle wesentlichen Gewerke und Fachbereiche des Bauwesens ab, wie Entwurf, Ausführungsplanung, Tragwerksplanung, Versorgungstechnik im Hochbau oder Tiefbauprojekte wie Straßenbau, Kartografie, Landschaftsplanung, Stadtplanung.

An den Nahtstellen zwischen Bauwesen und Maschinenbau, etwa in der Fabrikplanung oder im Anlagenbau (vgl. Kapitel 5.4.3, Alle Gewerke einbinden, Seite 120), bietet Autodesk übergreifende Lösungen. Die Software-Produkte aus einem Haus bieten Vorteile, wenn die digitalen Modelle auch über die Gewerke hinweg genutzt und ausgetauscht werden sollen.

2.1.3 Media und Entertainment

Dieser Autodesk-Bereich, dessen Produkte heute in vielen Hollywoodproduktionen mitwirken, spielt eine führende Rolle in der Film-, TV- und Spiele-Industrie und hat bereits viele lebensnahe Figuren modelliert und fantastische Szenen geschaffen. Gelegentlich, wenn perfekte digitale Animationen von komplexen Produkten und Stadtplanungen zu präsentieren sind, kommen Software-Lösungen wie Autodesk 3ds Max oder Autodesk Maya auch in der Fertigungsindustrie oder Bauplanung zum Einsatz, um virtuelle Produkte und Bauprojekte zu visualisieren und zu animieren. Die BMW Group erstellt beispielsweise virtuelle Modelle von über 240 seiner Fahrzeugmodelle und visualisiert bzw. animiert sie mit Autodesk Showcase und Autodesk Maya.

2.2 Dassault Systèmes

Als Ableger des Flugzeugbauers Dassault Aviation entstand 1981 die Firma Dassault Systèmes, die Software für die 3D-CAD-Konstruktion entwickelte. Von Anfang an arbeiteten die Softwareentwickler im Vertrieb sehr eng mit IBM zusammen. Ihre Software boten sie unter dem Namen CATIA vor allem in der Luftfahrt- und Automobilindustrie an. Aus dieser Zeit stammt die starke Position in diesen Marktsegmenten, die inzwischen durch Erschließung weiterer Bereiche der Fertigungsindustrie ausgebaut wurde.

1997 organisierte sich Dassault Systèmes neu und teilte das Unternehmen in zwei Geschäftsbereiche auf: den Bereich „PLM“ (Product Lifecycle Management), der im Großkundenbereich eng mit IBM zusammenarbeitet, und den Bereich „Mainstream 3D“. Die Neustrukturierung fiel zusammen mit dem Erwerb der Firma SolidWorks, deren Produkte dem Mainstream 3D-Bereich zugeordnet wurden. Damit wollte

Dassault Systèmes sowohl die prozessorientierten als auch die konstruktionsorientierten Kunden optimal bedienen.

Durch eigene Entwicklungen und Akquisitionen wuchs die Firma mit Hauptsitz im französischen Vélizy-Villacoublay unweit von Paris und beschäftigt über 7.000 Mitarbeiter (Stand Ende 2008: 7.875) und erwirtschaftete 2008 einen Jahresumsatz von 1,335 Mrd. €. Der größere PLM-Bereich, dem die CATIA Produktfamilie zuzuordnen ist, erwirtschaftete davon etwas über 1 Mrd. €. Der kleinere Mainstream-3D-Bereich, dem SolidWorks zugeordnet ist, erzielte rund 276 Mio. €. Dassault Systèmes gehört zur Dassault Group, dem Mischkonzern mit Schwerpunkt in der Luftfahrtindustrie.

2.2.1 PLM

Die CATIA-Produktfamilie ist der Kern des PLM-Bereichs und deckt die dreidimensionale Produktentwicklung von den ersten Konzepten über die Mechanikkonstruktion, die Systementwicklung bis zum Betrieb ab. Integrierte Applikationen unterstützen zahlreiche Ingenieurdisziplinen, etwa die Blechkonstruktion, Rohrleitungskonstruktion, Kabelbaumkonstruktion und weitere spezielle Applikationen für die Bereiche Luftfahrt und Automobilbau. Zur SIMULIA-Produktfamilie zählen Produkte für die Simulation und Analyse wie Abaqus FEA, Abaqus Multiphysics oder Simulation Lifecycle Management.

Die Marke ENOVIA fasst Datenmanagement-Produkte zusammen, die Entwicklungs- und Fertigungsprozesse steuern: Dazu gehören die Produkte ENOVIA VPLM für große Unternehmen sowie ENOVIA MatrixOne und ENOVIA SmartTeam für mittelständische Kunden.

Die DELMIA-Anwendungen helfen bei der Planung, Überwachung und Steuerung von Produktions- und Service-Prozessen in der Automobil-, Luftfahrt-, Schiffsbau- und anderen Industrien.

3DVIA ist eine webfähige Visualisierungslösung für viele Anwendungen.

2.2.2 Mainstream 3D

Die einfach zu benutzende 3D-CAD-Lösung SolidWorks für die Mechanikkonstruktion positioniert Dassault Systèmes als Angebot für Firmen aller Größenordnungen. Die Windows-basierte Software-Familie bietet neben den Funktionsbereichen für die Konstruktion auch Software für die Simulation und das Produktdatenmanagement. Zum Portfolio gehören Pakete und Produkte wie SolidWorks Premium, SolidWorks Professional, SolidWorks Simulation Premium (integrierte FEM-Software), SolidWorks Flow Simulation (Strömungs- und thermische Analysen), SolidWorks Enterprise PDM und 3DVIA Composer.

SolidWorks agiert bisher als weitgehend unabhängiges Tochterunternehmen und getrennt vom PLM-Geschäftsbereich der Dassault Systèmes, der sich auf das CATIA-Produktportfolio fokussiert.

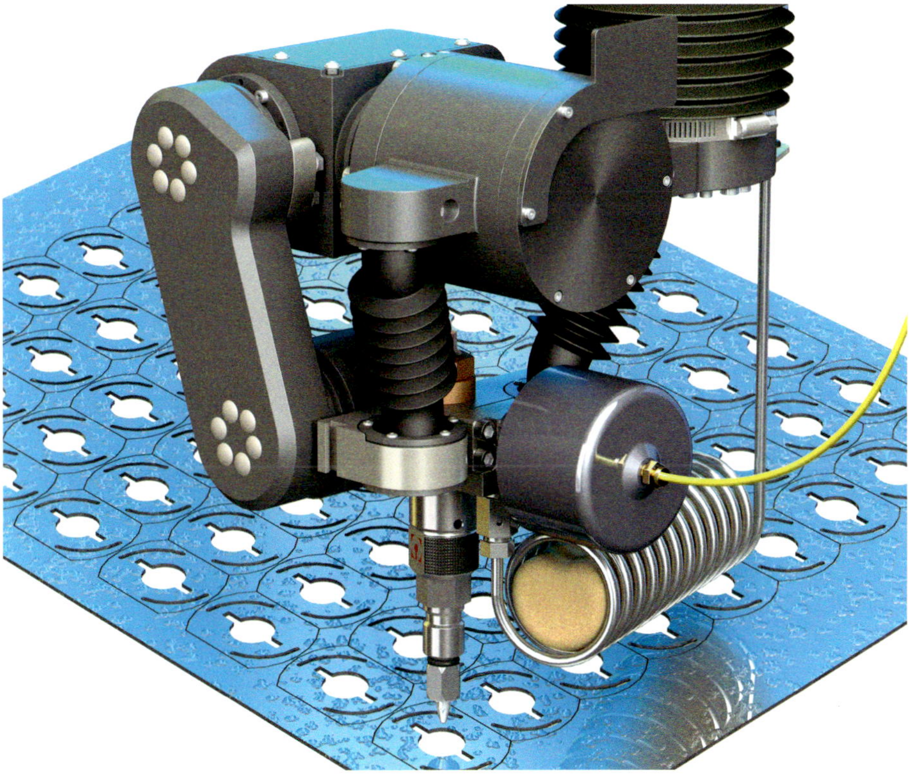

Bild 2.2:
Neige-Schneidkopf einer Wasserstrahlschneidemaschine (Quelle: OMAX Corp. / SolidWorks)

2.3 PTC

PTC (Parametric Technology Corporation), gegründet 1985 von Samuel Geisberg, hat die Parametrik-Technologie in der 3D-CAD-Konstruktion auf dem Markt durchgesetzt und war damit vor allem in den 90er-Jahren sehr erfolgreich. Ab Mitte der 90er-Jahre traten Wettbewerber mit leistungsfähigen neuen Lösungen auf Windows-Plattformen gegen PTC an, zunächst vor allem SolidWorks, ab 2000 Autodesk Inventor, und machten PTC vor allem bei mittelständischen Unternehmen zu schaffen. Seit der Übernahme des CAD- und EDM-Pioniers Computervision 1998 positioniert sich PTC verstärkt als PLM-Anbieter für die Fertigungsindustrie, konzentriert sich auf das Angebot von prozessorientierten PLM- und Collaboration-Lösungen und tritt damit gegen die Konkurrenten Dassault Systèmes PLM Solutions (bzw. IBM PLM) und Siemens PLM Software an.

PTC®

Das Unternehmen mit Hauptsitz im US-amerikanischen Needham, Massachusetts, beschäftigt rund 5.000 Mitarbeiter und erwirtschaftete im Fiskaljahr 2009 einen Jahresumsatz von 938 Mio. US$ (ca. 670 Mio. €). 725 Mio. US$ davon weist PTC als

Services-Umsätze, 213 Mio. US$ als Software-Lizenz-Umsätze aus. Seine Produkte gliedert PTC in drei Gruppen: Enterprise, Desktop und Services Solutions.

2.3.1 Enterprise Solutions

Diesem Bereich ordnet PTC seine unternehmensweiten PLM-Lösungen für integriertes Daten- und Prozessmanagement sowie die Lösungen für technische Publikationen zu. Die PLM-Software Windchill geht auf Computervision-Entwicklungen zurück und ist das Kernstück des PTC-Angebots. Sie unterstützt die Verwaltung und Optimierung der Produktentwicklung über den gesamten Lebenszyklus. Die skalierbare Visualisierungslösung ProductView ermöglicht die Präsentation von Produktdaten aller Art unabhängig von den Ausgangssystemen. Eine weitere Komponente des Enterprise-Portfolios ist Arbortext, die PTC-Software für die strukturierte Erstellung von technischen Dokumentationen, Publikationen, Illustrationen. Die InSight- und Relex-Softwareprodukte sollen den Kunden helfen, ihre Produkte unter Umwelt- bzw. Zuverlässigkeitsgesichtspunkten zu überwachen, zu analysieren und zu optimieren.

2.3.2 Desktop Solutions

Die integrierte, parametrische MCAD/CAM/CAE-Software Pro/Engineer zählt PTC zu den Desktop-Lösungen, ebenso wie CoCreate, die MCAD/PDM-Lösung, die im Gegensatz zu Pro/Engineer auf direkte Modellierung (bei PTC explizite Modellierung genannt) setzt. Die CoCreate Software GmbH mit Hauptsitz in Sindelfingen gehörte bis zum Jahr 2000 zu Hewlett-Packard. Zu ihrem Produktangebot gehörten die 2D-CAD-Software ME10 und die 3D-Lösung OneSpace Modeling. Die Firma wurde 2007 von PTC übernommen.

Mathcad ist eine Software für Berechnungen in der Entwicklung. Sie kam durch die Übernahme der Firma Mathsoft im Jahr 2006 zu PTC. Die Software erlaubt eine Schreibweise von Formeln, die der gewohnten Formulierung mathematischer Probleme entspricht und ihre einfache Auswertung. Mathcad bietet umfassende Werkzeuge für die integrierte Textverarbeitung und grafische Darstellung.

2.3.3 Services Solutions

Vor allem durch die Übernahme von Computervision erwarb PTC einen umfangreichen Dienstleistungsbereich, der Consulting und Einführungsunterstützung anbietet sowie die Installation, Konfiguration und Migration von Daten und Technologien unterstützt. Der Geschäftsbereich Services bestreitet 77 Prozent (Fiskaljahr 2009) des PTC-Umsatzes.

2.4 Siemens PLM Software

Die Wurzeln von Siemens PLM Software gehen zurück bis ins Jahr 1963, als unter dem Namen United Computing die spätere Firma UGS gegründet wurde. Zunächst übernahm das Luftfahrtunternehmen McDonnell Douglas die kleine Softwarefirma und brachte 1980 ein 3D-CAD-System mit dem Namen Unigraphics auf den Markt. 1991 kamen die Systems-Integration-Abteilungen von McDonnell Douglas, inklusive Unigraphics, unter die Fittiche von EDS. Es folgten weitere Übernahmen, die in einen Bereich integriert wurden: Solid Edge (von Intergraph), Applicon, SDRC und Tecnomatix. Seit 2007 gehört UGS – wie das Unternehmen zuletzt hieß – zur Siemens Automation & Drives Division und wurde in Siemens PLM Software umbenannt.

2006 arbeiteten rund 7.750 Mitarbeiter für das Unternehmen und erzielten einen Umsatz von etwa 1.200 Mio. US$ (umgerechnet ca. 860 Mio. €). Der Hauptsitz des Unternehmens befindet sich in Plano, Texas.

Wie Dassault Systèmes/IBM und PTC sieht sich Siemens PLM Software als Anbieter von Product-Lifecycle-Management-Lösungen und gliedert sein umfangreiches Produktportfolio in die Bereiche Product Development, Manufacturing, Lifecycle Management und Velocity Series. [2]

2.4.1 Digital Product Development

Zum Bereich Digital Product Development zählt Siemens PLM Software seine CAD/CAM/CAE-Produkte der NX-Familie und der Solid Edge Suite mit Applikationen beispielsweise für die mechanische Konstruktion, die mechanische Simulation, das Industriedesign und Styling, die elektromechanische Konstruktion und Simulation, Kabelbaumkonstruktion, Blechkonstruktion und NC-Bearbeitung.

2.4.2 Digital Manufacturing

Zu diesem Bereich gehören die Produkte der Technomatix-Suite für die Planung der Teilefertigung, Montage, Automatisierung, Werksplanung und Optimierung, das Qualitätsmanagement, Produktionsmanagement mit Zugriff auf Produktionsdaten in Echtzeit u. v. m.

2.4.3 Digital Lifecycle Management

Diese Aufgaben übernehmen die Teamcenter-Lösungen mit Funktionen für das Stücklisten-Management, die globale Zusammenarbeit, Compliance-Management, Dokumentenverwaltung, Visualisierung, Verwaltung von Fertigungsprozessen,

Verwaltung von Simulationsaufgaben, Lieferanten-Management, Berichte, Analysen u. v. m.

2.4.4 Velocity Series

Velocity Series ist eine Familie modularer, bereits integrierter Software-Lösungen für das Product Lifecycle Management in kleinen und mittelständischen Fertigungsunternehmen. Dazu gehören Produkte wie Solid Edge mit integriertem Datenmanagement, Femap-Lösung mit Pre- und Post-Prozessor für die Finite-Elemente-Analyse, Teamcenter Express, Datenverwaltung und CAM Express, NC-Programmierung für die Anforderungen im Mittelstand.

Bild 2.3:
Digitaler Prototyp, montiert (Quelle: Sulzer / Siemens PLM Software)

3 Ideenfindung und Konzeption

Die Systeme der PLM- und CAD-Anbieter spielen bei der Erarbeitung eines Pflichtenheftes, erster Ideen und Konzepte für eine neue Konstruktion noch eine geringe Rolle. Geht es doch dabei zunächst um eine Abstraktion der Aufgaben und Funktionen, die eine neue Maschine zu erfüllen hat, ihre Auflösung in Teilaufgaben, die physikalischen und Formzusammenhänge und die Suche nach alternativen Lösungsprinzipien. Vieles davon lässt sich mit den Text-, Tabellen- und Grafikanwendungen der Office-Systeme erledigen. Sobald in diesem Prozess Teams und unterschiedliche Abteilungen und Partner involviert sind, ist eine digitale Dokumentation und Kommunikation notwendig. Und wenn dann die Anforderungen an bildliche Darstellungen steigen, findet man bei den CAD-Anbietern leistungsfähige und passende Werkzeuge.

3.1 Digitale Skizzen

Ein Stück Papier und ein Stift ist immer zur Hand und eine Skizze beschreibt eine Konstruktionsidee besser als viele Worte. Doch das ordentliche freihändige Zeichnen will geübt sein. Es ist kein fester Bestandteil der Ausbildung in den technischen Berufen, deshalb beherrschen es nur wenige, die es aus eigenem Antrieb gepflegt haben. Im Gegensatz dazu erhalten Industriedesigner eine fundierte zeichnerische Ausbildung und das perfekte zeichnerische Können gilt als Markenzeichen eines Profis im Bereich Gestaltung. Allerdings sind beide dabei, sich das Stück Papier abzugewöhnen. Denn die globale Kommunikation ist digital. Bei der Kommunikation von Ideen in der digitalen Produktentwicklung gewinnt das digitale Skizzieren an Bedeutung. Mit einer digitalen Skizze können sich die Kollegen im weltweiten Netz leichter und schneller verständigen. Die unterschiedlichen Schwerpunkte von Ingenieuren und Industriedesignern spiegeln sich dabei in den CAD-Werkzeugen wieder, die den beiden spezialisierten Berufsgruppen heute an die Hand gegeben werden: auf der einen Seite die mechanischen CAD-Systeme und auf der anderen Seite Systeme für die Designer wie die Autodesk-Alias-Produktfamilie.

Die globale Kommunikation von Ideen ist digital, deshalb haben Entwürfe auf Papier ausgedient.

3.1.1 Skizzieren in Mechanik-CAD-Systemen

Wenn ein CAD-Anwender von „skizzieren" in seinem System spricht, dann meint er die freie Eingabe von Linien, Rechtecken, Kreisbögen und Kreisen, gelegentlich auch Kurven (Splines), in sein CAD-System. Das erfordert eine gute Kenntnis der Funktionen des Systems und der Eingabegeräte wie Maus, Tastatur und Bildschirm. Junge Konstrukteure und Zeichner, die seit ihrer Ausbildung mit CAD-Systemen arbeiten – heute überwiegend mit 3D-Systemen – beherrschen diese Arbeit ganz selbstverständlich oder sogar virtuos. Mancher von ihnen würde wahrscheinlich eher den Computer einschalten, als nach einem Blatt Papier und einem Stift zu greifen, um eine spontane Idee für eine technische Lösung festzuhalten.

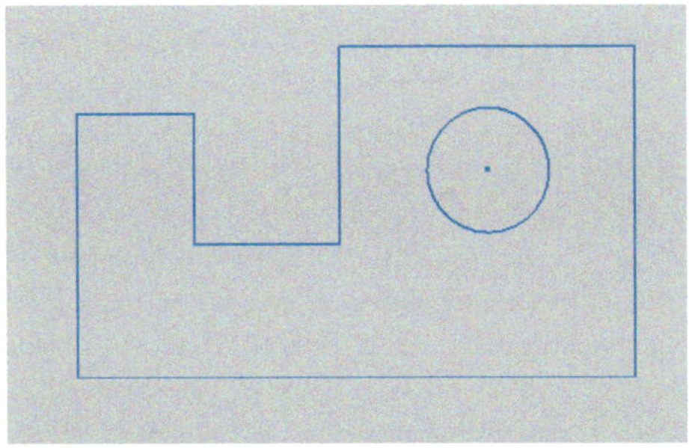

Bild 3.1:
Einfache Skizze im CAD-System

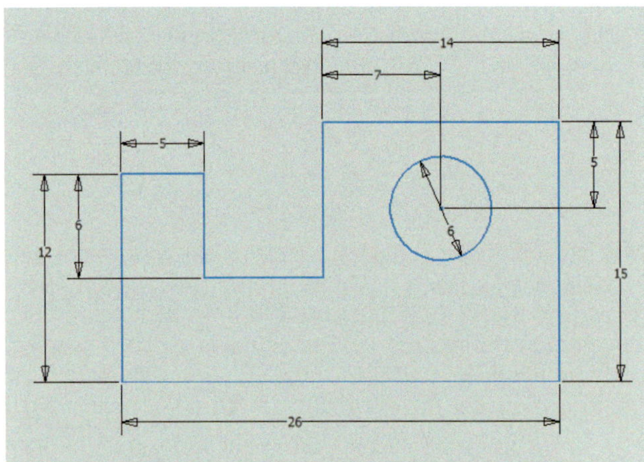

Bild 3.2:
Skizze mit Darstellung der geometrischen Abhängigkeiten

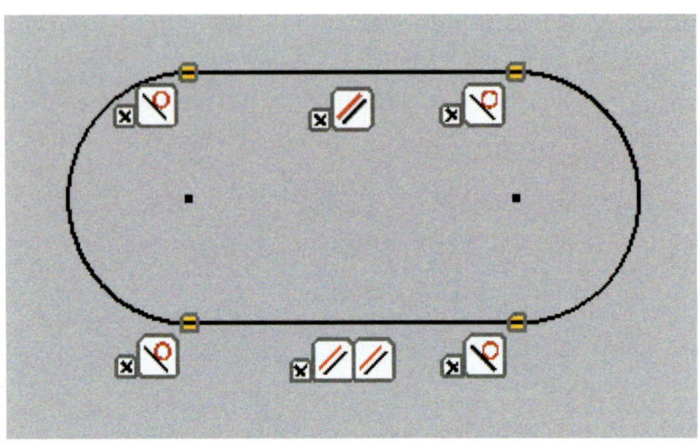

Bild 3.3:
Parametrische Skizze mit Bemaßung

Die Software zieht automatisch perfekte gerade Linien, präzise Kreise und Radien, kümmert sich um rechte Winkel und Parallelität von Linien, hilft beim Kopieren oder Spiegeln von Geometrieelementen. Ein routinierter CAD-Anwender kommt so schnell zu einer sauberen Skizze. In den heutigen 2D- oder 3D-Systemen sind Skizzen parametrisch veränderbar. Das bedeutet, der Konstrukteur braucht sich zunächst nicht um die Maßhaltigkeit seiner Skizze zu kümmern. Es genügt, wenn er die ungefähre Form seiner Bauteilgeometrie festlegt. Das CAD-System kümmert sich im Hintergrund darum, dass parallele Linien parallel bleiben, rechte Winkel festgehalten werden, tangentiale Übergänge tangential bleiben und vieles mehr, wenn der Anwender anschließend darangeht, Abmessungen seiner Skizze zu korrigieren. Dazu braucht er nur eine Maßzahl zu ändern. Das System passt die Skizze automatisch an das neue Maß an. Diese parametrische Methode haben die Medusa-Entwickler vor fast drei Jahrzehnten erfunden. Die Ingenieure von INA, dem Nadellagerhersteller in Herzogenaurach, sollen dabei Pate gestanden haben. Sie gehörten zu den ersten Medusa-Anwendern in Deutschland und hatten noch einen direkten Draht zu den Entwicklern in Cambridge. Die Methode wurde von einigen Herstellern für die 3D-Konstruktion weiterentwickelt und perfektioniert. Sie hat sich als ein optimaler Weg erwiesen, um regelmäßige Geometrie zu beschreiben, wie sie im Maschinenbau an der Tagesordnung ist. Halbzeuge, Profile, Bleche, spanend bearbeitete Flächen, Bohrungen oder Wellen, Normteile und Bauteilefamilien verlangen geradezu eine parametrische Beschreibung. Bei den führenden Systemen ist dieses Prinzip heute nahtlos in die 3D-Modellierung integriert.

Die Software nimmt dem Konstrukteur beim Skizzieren viele „Selbstverständlichkeiten“ ab. Er muss nicht ständig an bestimmte Bedingungen oder geometrische Abhängigkeiten denken, ebenso wenig wie früher auf dem Zeichenbrett rechte Winkel, Parallelen, horizontale und vertikale Linien besonders gekennzeichnet wurden. Das System nimmt diese Bedingungen automatisch an. Eine Passfedernut ist beispielsweise durch die Bedingungen „parallele Seitenflächen” und „tangentiale Übergänge“ zwischen Radien und Seitenflächen sowie Länge und Radius eindeutig definiert.

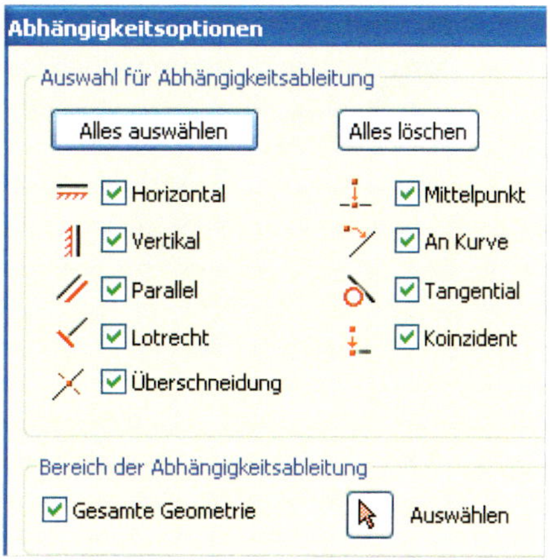

Bild 3.4: Übersicht: geometrische Abhängigkeiten in parametrischen Skizzen

Damit ist möglicherweise noch nicht dem Konstruktionsleiter geholfen, der keine Routine am CAD-System besitzt und immer noch ein Blatt Papier braucht, um seine Gedanken zu vermitteln. Auch beim Brainstorming am Konferenztisch sind Papier und Bleistift nicht wegzudenken. Wenn allerdings auch Kollegen entfernter Standorte oder internationaler Niederlassungen über das Internet konferieren, dann ist das Papier wenig hilfreich. In der elektronischen Welt wird der Zettel zunehmend zum Anachronismus. Er existiert dort nicht, kann nicht weitergeleitet oder archiviert werden, solange er nicht gescannt oder als Fax in den digitalen Kreislauf eingeleitet wird.

3.1.2 Digitales Entwerfen

MCAD-Anwender sind Techniker und Ingenieure, die Industriedesigner und Anwender von Systemen wie Autodesk Aliasstudio dagegen sind Künstler. Schon die Zulassung zum Studium Industrial Design erfordert die Überprüfung der künstlerischen Eignung wie an einer Kunstakademie. Die Absolventen erhalten den Titel eines Bachelor oder Master of Arts. Die Studenten investieren viel Zeit in eine Ausbildung in den bildnerischen Techniken, vom Zeichnen über Malerei bis hin zur Skulptur.

Bild 3.5:
Entwürfe für Snowboard-Brillen (Quelle: Michael Jelinek)

„Industriedesigner denken mit dem Bleistift", erklärt Prof. Lutz Fügener von der Fakultät für Design der Hochschule Pforzheim. Sie entwickeln Formen fast immer aus Handskizzen. Allerdings bedeutet Handskizze bei ihnen nicht zwangsläufig Papierskizze. Junge Designer skizzieren heute zunehmend mit elektronischen Stiften. Die Designer-Software AliasStudio besitzt deshalb besondere Fähigkeiten für das Skizzieren und die freihändige Entwicklung eines Konzeptmodells, das natürlich schon eine Reihe von technischen Randbedingungen erfüllen muss, die in einem „Package", wie es die Designer nennen, zusammengefasst sind. Dafür bietet die Software eine Reihe von Werkzeugen. Zeichnungen stehen am Anfang jeder Entwicklung und dienen dem Entwurf von Gestaltungsvarianten, um technische und Marktaspekte mit den Produktverantwortlichen zu diskutieren und zu entscheiden, in welche Richtung die Gestaltung weiterentwickelt werden soll.

3.1.3 Digitizer statt Papier

Bild 3.6:
Digitalisiertablett mit Stift (Quelle: Wacom)

Kombiniert mit der Entwurfssoftware nutzt der Designer Eingabegeräte wie Tabletts und drahtlose Stifte, neuerdings auch sogenannte Pen Displays oder handliche Geräte wie das neue Apple iPad. Das sind druckempfindliche Bildschirme, welche die Tablett- und Displayfunktion in einem Gerät vereinen. Das elektronische Skizzieren wird dadurch dem Zeichnen auf Papier immer ähnlicher. Die größten Pen Displays bieten eine Zeichenfläche von der Größe eines A3-Blatts. Auch ein Tablett-PC eignet sich für die Arbeit mit der Designsoftware.

Die Arbeitsweise entspricht weitgehend dem natürlichen Zeichnen auf Papier, mit verschiedenen Stiften, Kreiden, Pinseln. Die Zeichenwerkzeuge oder „Stifte“ wählt der Zeichner in umfangreichen Bildschirmmenüs aus. Der Zeichner kann die Eigenschaften seiner Stifte einstellen: beispielsweise die Härte, die Farbe oder die Strichstärke. Die Strichintensität ist druckabhängig. Der Druck des Stiftes auf die Zeichenfläche bestimmt die Strichintensität wie beim realen Stift auf Papier. Viele Eigenschaften und Funktionen kennt man von anderen Grafik- und Zeichenprogrammen wie Photoshop, Paintshop Pro oder Gimp. Auf der Basis des TIF-Formates können Zeichnungen zwischen AliasStudio und diesen Zeichenprogrammen auch ausgetauscht und gegenseitig bearbeitet werden.

Der Anwender kann Bereiche „maskieren“, um Teile der Zeichnung zu schützen und abzudecken. Die Funktion dient entweder zum Füllen von Flächen oder zum Abdecken von bestimmten Bereichen. Er kann mit seinem Strich Muster erzeugen, beispielsweise Punktmuster oder Lochmuster.

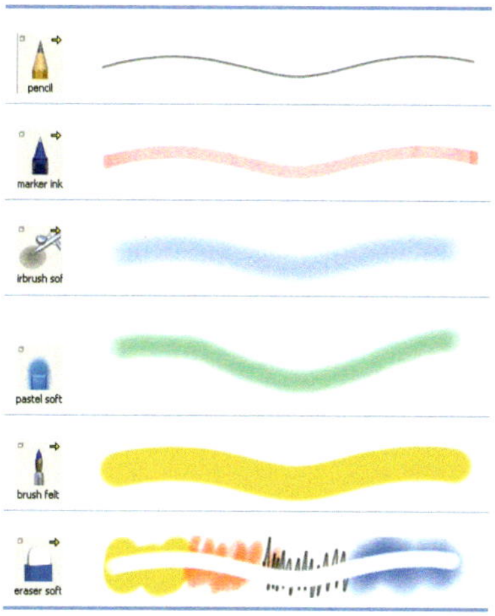

Bild 3.7:
Stiftarten, Kreiden, Pinsel, Radiergummi in AliasStudio

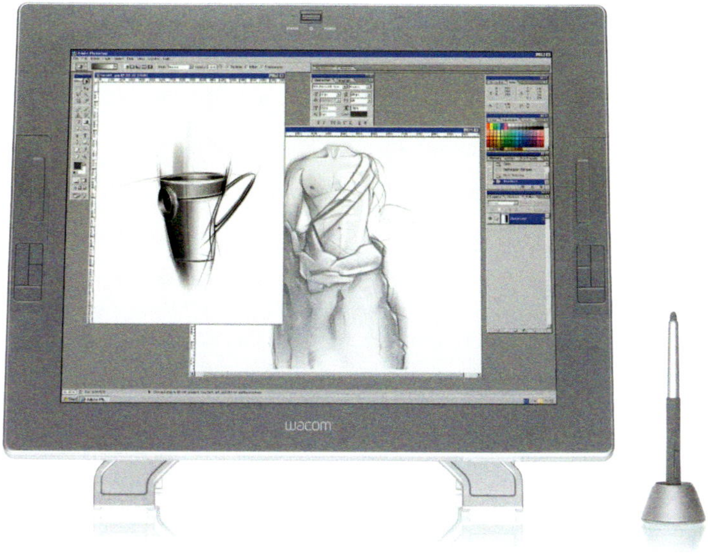

Bild 3.8:
Pen Displays (auch Tablet Displays genannt) ermöglichen das Zeichnen mit dem Digitalisierstift direkt auf der Bildschirmoberfläche. Das verbessert die Hand-Auge-Koordination gegenüber der Arbeit mit Tablet Pads (Quelle: Wacom).

Die Software unterstützt symmetrisches Zeichnen, indem sie automatisch Konturen um eine Symmetrieachse spiegelt. Auch radiale Symmetrien sind möglich, etwa um die Speichen eines Rades über den Umfang zu wiederholen. Der Zeichner definiert, auf welchem Layer er arbeitet und wo er bestimmte Elemente ablegt. Die Designsoftware erlaubt so eine durchdachte Organisation der Teile einer Zeichnung.

3.1.4 Computerunterstützter Duktus

Bild 3.9:
Freihandstrich und assistierter („predictive") Strich in AliasStudio

Das sogenannte „Predictive Sketching“ von AliasStudio ist ein unterstütztes Skizzieren. Die Software erzeugt dabei aus einem annähernd geraden Strich eine gezeichnete Gerade, eine unsicher gezeichnete Kurve wird zu einer glatten Kurve mit meisterhaftem Duktus. Aus einer angenäherten Ellipse wird eine korrekte Ellipse. Dadurch erhalten auch die Skizzen eines weniger geübten Zeichners ein professionelles Erscheinungsbild. Unsicherheiten im Strich verschwinden. Der Duktus der Linien entspricht dem eines zeichnerischen Könners.

Bild 3.10:
Designskizze Bodenschleifmaschine (Quelle: Autodesk)

3.1.5 Übergang 2D-3D

Besonders spannend ist der Übergang von der ebenen, zweidimensionalen Skizze zum räumlichen Gebilde. Hier wird klar: Das Skizziermodul stellt ein Frontend für das 3D-Designsystem dar, das mit Freihandskizzen die Modellierung vorbereitet. Mit weiteren Funktionen wird der Übergang zur exakten 3D-Modellierung unterstützt. Zunächst setzt der Zeichner exakte Kurven passend in seine Skizze, dann betrachtet er das zweidimensionale Gebilde in einer isometrischen Darstellung, kopiert seine Raumkurven mehrere Male, verschiebt die Kopien parallel zur Ausgangskurve und erhält so ein Gerüst, das er nun mit einem Netzwerk von Kurven und Flächen überziehen kann, um die Oberfläche eines kompletten Volumenkörpers zu beschreiben. Bei symmetrischen Teilen genügt die Definition einer Hälfte des Körpers, die andere ergänzt das System automatisch.

Das Ergebnis ist ein grob beschriebenes, idealisiertes Flächenmodell, ein Gehäuse, ohne Details, Wandstärke, Öffnungen, Teilungsfugen etc. Nach einer Projektion der Entwurfskizze auf diesen Körper kann der Designer weitere Details seines Konzepts in das 3D-Flächenmodell übertragen. Dieses Flächenmodell oder Teile davon könnten jetzt beispielsweise an ein MCAD-System übergeben werden, um ein Gehäuse mit realen Wandstärken, Rippen, Verstärkungen, Befestigungen, Laschen usw. zu konstruieren. Hier treffen sich Designer und Ingenieure wieder, um Details auszuarbeiten.

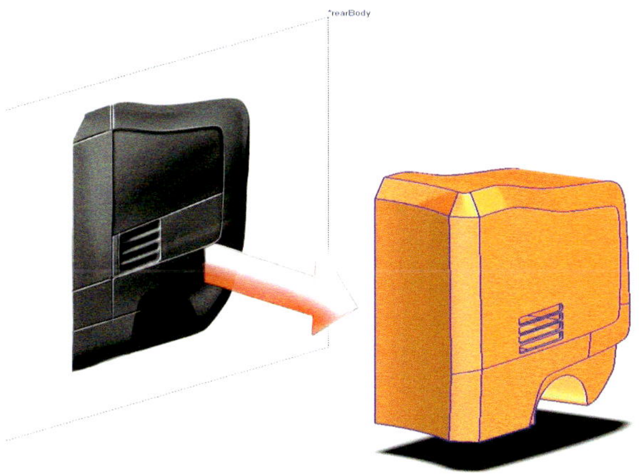

Bild 3.11: Designskizze Bodenschleifmaschine, Übergang 2D-3D (Quelle: Autodesk)

Bild 3.12: 2D-Skizze und 3D-Design (Quelle: Autodesk)

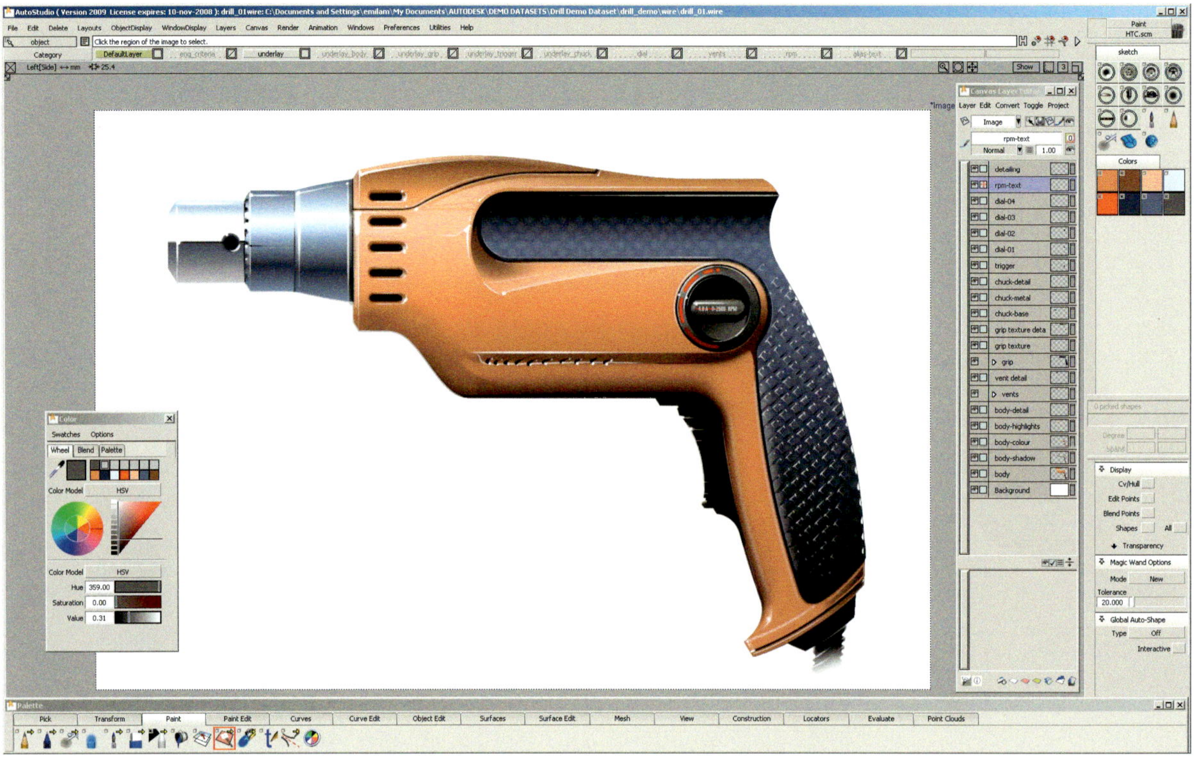

Bild 3.13:
Benutzoberfläche von Autodesk AliasStudio für das Entwurfszeichnen (Quelle: Autodesk)

3.1.6 3D-Scanner

Eine alternative Methode, um von einem manuellen Entwurf – in diesem Fall sogar von einem dreidimensionalen Entwurfsmodell – zu einem digitalen Modell zu kommen, bieten die modernen Laserscanner. Das Holz- oder Tonmodell eines Industriedesigners kann ein 3D-Laserscanner abtasten. Er erzeugt dabei eine diskrete Menge von dreidimensionalen Abtastpunkten, die als Punktewolke bezeichnet wird. Diese Punktewolke übernimmt das Designsystem und erzeugt daraus durch eine Vernetzung (Meshing) geschlossene Flächen, die der Designer anschließend digital weiterbearbeiten kann.

Das Laserscanning kann auch in anderen Bereichen, etwa im Anlagenbau (Kapitel 5.4.3, Alle Gewerke einbinden, Seite 120) oder in der Gebäudetechnik dazu dienen, Geländeformen oder Räume für die weitere digitale Planung und Bearbeitung zu erfassen.

3.1.7 Konvergenz der Ideen

Die Kluft zwischen den kreativen Designern und den Ingenieuren ist groß: hier freie Formen und Kurven, dort Quader, Zylinder und Gerade, hier Emotion, dort Rationalität. In der Ausbildung gibt es kaum Platz für Verbindendes und auch im Beruf fehlt es oft am gegenseitigen Verständnis. Doch für den gemeinsamen Produkterfolg müssen sie sich abstimmen und miteinander kommunizieren. Diese Kommunikation findet zunehmend elektronisch statt. Die elektronische Handskizze mit Unterstützung eines Tabletts, eines Tablet-PCs oder Pen-Displays ist bei den Designern schon angekommen. Vielleicht ist das ja auch künftig das Werkzeug für den kreativen Konstruktionsleiter, damit er seine Ideen über einen Beamer, in der Webkonferenz oder via E-Mail kommunizieren kann. Selbst wenn es für manche Ohren noch provokativ klingt: Die Tage der Papierskizzen sind gezählt. Sie lassen sich schlecht im PDM-System verwalten oder in einer Webkonferenz diskutieren. Und clevere Software-Assistenten werden aus der krakeligen Skizze des Konstruktionsleiters künftig eine geschniegelte Freihandzeichnung machen. Bis es so weit ist, muss die Skizze noch per Scanner oder Fax in den digitalen Kreislauf eingeleitet werden.

Keine Papierskizzen oder Zettel mehr: In einer digitalen Welt sind sie unbrauchbar!

Bild 3.14:
Digitale Entwurfsskizze (Quelle: Genesis-design GmbH)

3.2 Industriedesign

Das Design ist bei Serienprodukten ein Wettbewerbskriterium. Deshalb müssen die mittelständischen Maschinenbauer auch an Produktgestaltung denken, um sich auf den Märkten zu behaupten. In vielen Produktbereichen reichen technische Innovationen und eine perfekte Funktionalität nicht mehr aus, um gegen die Konkurrenz zu bestehen. Das visuelle und gefühlte Erscheinungsbild der Produkte spielt eine wachsende Rolle. Vor allem für die Hersteller von Serienprodukten ist deshalb ein durchdachtes Industriedesign der Weg, um sich vom Wettbewerb abzuheben. Gerade dann, wenn Produkte vergleichbar sind, kann die Gestaltung zum Kriterium werden, das die Wahl des Kunden entscheidend beeinflusst. Die Funktionalität eines Produktes ist das, was der Kunde braucht. Das Design ist aber häufig entscheidend dafür, welches Fabrikat er wählt – zumindest bei ähnlichen technischen Eigenschaften.

Die Funktionalität eines Produktes ist das, was der Kunde braucht. Das Design ist aber häufig entscheidend dafür, welches Fabrikat er wählt.

Das ganzheitliche Industriedesign betrifft nicht nur das Gehäuse eines Produktes, sondern befasst sich methodisch mit allen Aspekten der Produktentwicklung und überlappt mit den Aufgaben der Konstruktion. Produkte, die gemeinsam und systematisch mit Industriedesignern entworfen oder überarbeitet werden, müssen dabei nicht teurer werden. Ganz im Gegenteil: Das Ziel des Industriedesign ist ja, den Wert des Produktes zu erhöhen und die Produktionskosten möglichst zu senken. Produkte des Alltags im Haushalt oder Wohnzimmer sind ohne gute Gestaltung nicht mehr denkbar. Bei Werkzeugmaschinen, Baumaschinen oder Gabelstaplern scheint das Design bei der ersten Überlegung zwar keine Toppriorität zu sein. Bei längerem Nachdenken wird aber doch jedem Insider bewusst: Auf einer Messe oder

Bild 3.15: Virtuelles Industriedesign (Quelle: Genesis-design GmbH)

Bild 3.16: Virtuelles Industriedesign (Quelle: Genesis-design GmbH)

im Produktkatalog transportiert ein professionelles Design auch die Vorstellung von hoher Qualität und Leistungsfähigkeit des Herstellers. Eine – wenn auch nur behutsame – Überarbeitung durch Gestaltungsprofis ist bei vielen Maschinen des Investitionsgüterbereichs deshalb heute selbstverständlich geworden.

Die Industriedesigner, oft externe Dienstleister, werden bei Investitionsgütern in Fragen der Funktion und Technik eher Zurückhaltung üben und sich verstärkt auf Gestaltungsfragen konzentrieren und als Berater in methodischer Designentwicklung betätigen. Es bietet sich eine Aufgabenteilung an. Die Konstruktion kümmert sich vorrangig um die technische Umsetzung und die Fertigungseigenschaften, das Industriedesign analysiert die Produktumgebung, die Benutzer, den Markt, kreative Alternativen und gestaltet die Ergonomie und das Erscheinungsbild des Produktes. Gemeinsam sind sie für die Optimierung der Kosten und die Nachhaltigkeit ihrer Entwicklung verantwortlich. Eine enge Zusammenarbeit aller Beteiligten, einschließlich der Fertigungsplaner, des Vertriebs und Einkaufs, ist dabei unumgänglich. Deshalb ist von Anfang an die Integration aller Informationen und Entwürfe in die digitale Kommunikation und den Prozess der digitalen Produktentwicklung erforderlich, zumal die Beteiligten meist nicht am selben Standort arbeiten. Der Designer geht deshalb nach ersten Ideenskizzen sehr schnell dazu über, seine Gestaltung digital zu erfassen und zu modellieren.

Moderne MCAD-Systeme bieten gute Modellierungs- und Visualisierungsmöglichkeiten, um technische Geräte zu gestalten und fotorealistisch zu präsentieren. Das reicht für viele Designaufgaben im Investitionsgüterbereich aus. In den Studios der Autobauer liegt die Messlatte höher. Die Automobilhersteller sind permanent gefordert, in kürzer werdenden Abständen neue, innovative, perfekt gestylte Fahrzeuge auf den Markt zu bringen, die dazu beitragen, ihre Marktposition zu verteidigen oder sogar auszubauen.

3.2.1 Höchste Ansprüche im Automobilbau

Moderne Autos müssen in puncto Funktion, Sicherheit, Umweltverträglichkeit, Verbrauch oder Design eine Vielzahl von Kriterien erfüllen, um in ihren Märkten bestehen zu können. Für die Gestaltung ihrer Produkte treibt die Branche einen Aufwand wie kaum ein anderer Industriezweig. Viele technische und ästhetische Anforderungen sind zu erfüllen. Deshalb ist die Designentwicklung im Automobilbau heute eine hoch spezialisierte und diversifizierte Arbeit. Es gibt nach wie vor die kreativen, künstlerischen Designer, die neue Konzepte mit Papier und Zeichenstift, in Holz oder Ton entwickeln. Zunehmend setzen sich Stylingexperten aber auch an einen Rechner und gestalten neue Formen am Bildschirm mit komplexen Softwaresystemen, die in der Lage sind, die virtuosen Ideen der Designer in digitale Modelle zu fassen. An der Entwicklung digitaler Prototypen führt heute kein Weg mehr vorbei. Da die Anforderungen an die Formgebung im Automobilbau besonders hoch sind, werden die digitalen Beschreibungen der Pkws von ausgebildeten Surfacing-Spezialisten modelliert, die entweder Daten von den Stylisten übernehmen und weiterbearbeiten oder sich mit den kreativen Gestaltern an den Computer setzen und gemeinsam die manuell entwickelten Konzepte in ein digitales Modell übertragen.

Bild 3.17:
Virtuelles Konzeptauto
(Quelle: Technicon Design)

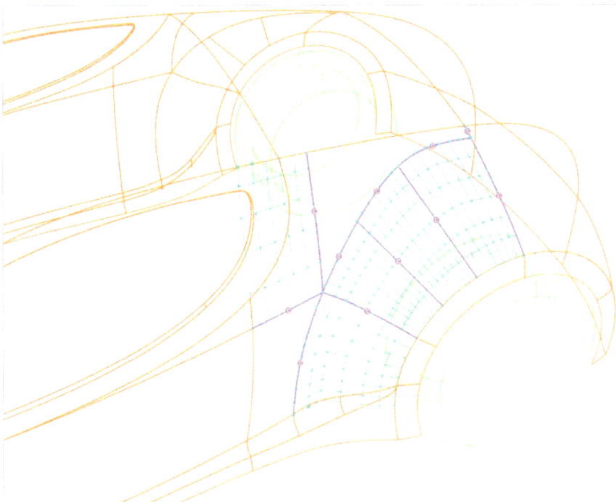

Bild 3.18:
Designentwicklung im Automobilbau: Definition der Class-A-Flächen eines Radhauses mit Autodesk Alias (Quelle: Technicon Design)

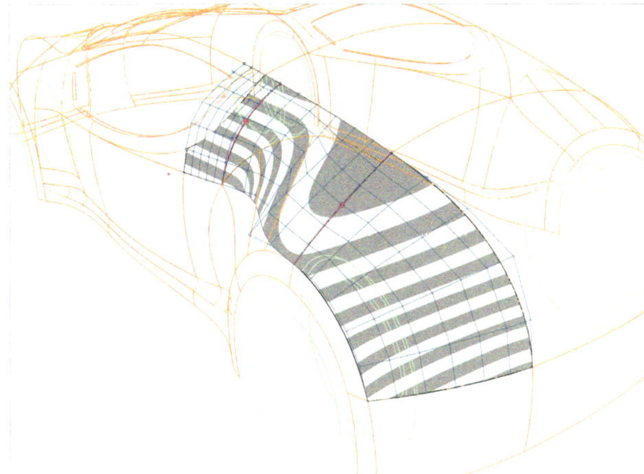

Bild 3.19:
Designentwicklung im Automobilbau: Untersuchung der G3-Stetigkeit der Flächenübergänge mit der Zebrastreifen-Analyse (Quelle: Technicon Design)

3.2.2 Höhere Mathematik für perfekte Ästhetik

Die Perfektion der Flächen, die Automobildesigner bei der Gestaltung der Außenhaut eines Autos anstreben, gibt es bei anderen Produkten kaum. Krümmungen und Übergänge der Oberflächen müssen besonderen Qualitätskriterien genügen. Die Flächenqualität wird unter ästhetischen Gesichtspunkten anhand der Reflexionseigenschaften, Lichtverläufe und Spannungen der Flächen beurteilt. Um diese gewünschten Eigenschaften auch in virtuellen Modellen darstellen zu können, hat die Automobilindustrie die sogenannten Class A Surfaces entwickelt. Diese Class-A-Flächen sind eine mathematische und softwaretechnische Darstellung von Flächen, die mit G1-, G2- oder G3-Stetigkeit ineinander übergehen und dabei den technischen Randbedingungen entsprechen. Dabei bedeutet G1-Stetigkeit einen tangentialen Übergang, der einen kontinuierlichen Lichtverlauf auf glänzenden Oberflächen gewährleistet. G2-Stetigkeit steht für einen gemeinsamen Krümmungsmittelpunkt, der an Übergängen reflektierender Oberflächen einen fließenden Reflexionsverlauf bewirkt. G3-Stetigkeit bedeutet eine gleiche Änderungsrate der Krümmungen beider Flächen im Übergangsbereich. Sie verbessert den Reflexionsverlauf noch weiter.

3.2.3 Kurze Wege bei der Designentwicklung

In der Vergangenheit war die kreative und konzeptionelle Entwicklung der Designer relativ stark getrennt von der Arbeit der Surfacing-Spezialisten oder Modelleure, sowohl räumlich als auch technisch. Die Designer arbeiteten entweder manuell und zeichnerisch oder mit der Design-Software, während die Surfacing-Experten überwiegend mit einer spezialisierten Flächensoftware modellierten. Diese Trennung hat eine flexible und direkte Zusammenarbeit bei den vielen Änderungen gebremst, die im Laufe der Entwicklung eines Autos notwendig sind. Die Distanz zwischen Designern und Surfacing-Modelleuren musste kleiner werden, um schneller zu Designs in Class-A-Qualität zu kommen. Heute sind die Funktionsbereiche Design und Class A Surfacing in AliasStudio vereint. Das erleichtert die Zusammenarbeit am virtuellen Automobil und reduziert den Aufwand für die Beschaffung und Administration der Software. „Wir können in einem iterativen Prozess von relativ einfachen, schnell erzeugten NURBS-Flächen mit hoher Stützstruktur auf einem schnellen Weg zu einer Bézier-Struktur ohne Stützlinien, in Class-A-Qualität, kommen. Wir brauchen deshalb in einem Projekt nicht von einer Software zu einer anderen zu wechseln", erläutert Werner Strathaus, Leiter des *Technicon Design* Studios in Rüsselsheim.

3.3 Wissensmanagement

„Bildung und Wissen ist entscheidend für den Erfolg unserer Wirtschaft", lesen oder hören wir regelmäßig in den Medien. Vielen Branchen droht ein Mangel an Fachkräften. Ausscheidende Mitarbeiter hinterlassen Lücken an Fachwissen und Erfahrung, die es zu schließen gilt. Das hohe Innovationstempo, das in allen Industriebereichen gefordert wird, ist ein weiterer Grund, aktives Wissensmanagement zu betreiben. Von allgemeinen Normen über interne technische Regeln, Anweisungen und Verfahren, Methodendatenbanken, Fachbegriffe und Glossare, Fremdsprachenlexika bis hin zu Mitarbeiterverzeichnissen reichen die Informationsquellen, die bei der täglichen Arbeit in der Konstruktion und Entwicklung benötigt werden. Auch gilt es, die überbordende Flut an Informationen zu bändigen, in Wissen zu transformieren, um gezielt und schnell die Lösungen zu finden, die für die jeweilige Aufgabe gesucht werden: in der Kundenberatung, bei der Produktentwicklung, bei der Problemlösung im Servicebereich oder am Montagestandort. Letztlich geht es also um die Wettbewerbsfähigkeit, die nur erhalten bleibt, wenn das Wissen der Mitarbeiter und Teams effizient genutzt und ausgebaut wird. [3]

Die Flut an Informationen und die Erfahrung der Mitarbeiter muss in nutzbares Wissen transformiert werden.

Die Erfolge der Wissensmanagement-Experten und Entwickler teurer Knowledge-Management-Software in den letzten Jahrzehnten waren bescheiden. Es zeigte sich, dass Wissensmanagement weniger ein technisches als vielmehr ein organisatorisches und Motivationsproblem ist. Deshalb muss es für viele Wissensforscher eine Erleuchtung gewesen sein, als in wenigen Jahren mit der Online-Enzyklopädie Wikipedia eine Utopie Realität wurde: Ein Projekt, das bei Tausenden von unbezahlten Freiwilligen Unterstützung fand, und geradezu als Ideallösung des Wissensmanagements erscheint. Ein Positionspapier des BITKOM sieht in der Web-2.0-Welle und dem Einsatz von Social-Software-Technologien wie Wikis, Blogs und Social Bookmarking ein Comeback des Wissensmanagements - allerdings mit umgekehrter Prozessrichtung: statt zentraler Erfassung und Verteilung jetzt mit dezentral von den Nutzern generierten und bewerteten Inhalten. Die Web-2.0-Technologien bereiten einer neuen partizipativen Unternehmenskultur den Boden, wie das Papier des BITKOM feststellt. [4]

3.3.1 Wissenswerkzeug Wiki

Die Funktionsweise eines Wikiweb oder Wiki, wie die heute allgemein verwendete Abkürzung lautet, ist durch den Erfolg von Wikipedia gut bekannt. Jeder Anwender, der Zugang zum Internet hat, kann Beiträge hinzufügen, modifizieren oder löschen. Als Client-Software genügt ein üblicher Webbrowser. Formatierungen und Hyperlinks sind mithilfe der einfachen Wiki-Syntax einzufügen. Dieses simple Konzept der Wikis war eine wichtige Voraussetzung für den Erfolg der Online-Enzyklopädie. Entscheidend aber war die Motivation der vielen Freiwilligen, sich zu beteiligen. Der Teamgeist der Wikipedia-Mitarbeiter entsprang der Kultur der Internet-Foren und Newsgroups der 90er-Jahre. Er wurde genährt von dem „Do, ut des"-Prinzip einer Wissens-Community, ihrem Idealismus, vielleicht gemischt mit einer Spur Narzissmus. Dieses Phänomen findet sich in vielen Formen im Web: in Chat Rooms, User Groups oder Open Source Projekten. Mit dem Produktionsende der Brockhaus-Buchausgabe vor einigen Jahren wurde offensichtlich: Die traditionellen Enzyklopädien in Leinen oder Leder sind Historie, im Team erarbeitete Internet-Nachschlagewerke ersetzen sie. Das gilt auch für das interne Wissensmanagement von Unternehmen, die sich nach dem Vorbild der Wikipedia ein Wiki in ihrem Firmennetz aufbauen können.

Bild 3.20:
MediaWiki ist die Basis für Wikipedia und andere Projekte. Die Software ist frei verfügbar und nur eines von vielen unterschiedlichen freien und kostenpflichtigen Wikis, die es heute – auch für den Einsatz in Unternehmen – gibt (Quelle: www.mediawiki.org).

3.3.2 Motivation der Autoren

Inzwischen gibt es eine stetig wachsende Zahl von Wiki-Lösungen, zum großen Teil als Open-Source-Software, zunehmend aber auch kommerzielle Angebote. Sie fördern die Arbeit im Team, das kooperative Verfassen von Dokumenten und Entwickeln von Projekten. Um Autoren im Unternehmen zu motivieren, sind mindestens genauso viele Anreize nötig wie bei Wikipedia-Autoren. Es bedarf nicht zwangsläufig monetärer Lockmittel, ebenso wenig wie bei Wikipedia. Ausreichende Motivation können beispielsweise Beitragsstatistiken stiften, die die Zahl der Beiträge und der Leser zeigen. Auch eine Bewertung von Beiträgen durch die Leser ist möglich. Ein Ranking nach Zahl und Qualität der Beiträge ist für viele freiwillige Wissensautoren Ansporn genug. Da Autoren in der Änderungshistorie festgehalten werden, entsteht ein Wettbewerb um die genaueren und umfassenderen Informationen.

3.3.3 Einfache Bedienung, geringe Kosten

Wikis unterstützen die Erweiterung um neue Inhalte sehr bequem: Ein neuer Begriff, der bisher noch keinen Eintrag erhalten hat, wird als sogenanntes Wiki-Word eingefügt und erhält automatisch einen Hyperlink auf einen neu zu erstellenden Inhalt. Ein Leser, der sich berufen fühlt und autorisiert ist, diesen Inhalt zu ergänzen, klickt auf diesen Link, legt so automatisch eine neue Seite an und füllt sie mit seinem Wissen.

So einfach wie die Bedienung ist auch die Administration. Die Software lässt sich in der Regel von einem IT-Administrator mit normalem und aktuellem Wissensstand ohne zusätzliche Schulung einrichten. Die Anschaffungskosten entfallen bei Open-Source-Angeboten. Mittlerweile gibt es ausgefeilte Open-Source-Wikis mit interessanten Funktionen wie Rechteverwaltung, Plug-ins und Add-ons, die viele nützliche Anwendungen bereithalten.

3.3.4 Wikis für Unternehmen

Wer für den Einsatz im Unternehmen umfangreiche Funktionen sucht, wird sich bei den anspruchvollsten unter den freien Wikis und bei den kommerziellen Angeboten umsehen. Dort gibt es inzwischen Dokumentenmanagement-Funktionen wie Check-in und Check-out. Als Erweiterung zu einzelnen Einträgen lassen sich Bibliotheken anlegen, die zum Beispiel aus thematisch passenden Office-Dokumenten bestehen können. Enterprise-Lösungen bieten meist einen Wysiwyg-Editor, sodass Anwender sich nicht mit der Wiki-Syntax zum Formatieren von Seiten befassen müssen. Einige Systeme entwickeln sich zu umfassenden Collaboration-Lösungen. Sie integrieren Terminkalender, Aufgabenverwaltung, E-Mail, Instant Messaging, Projektmanagement und mehr.

3.3.5 Vorbehalte schwinden

Bei den Unternehmen herrscht teilweise noch Skepsis, was die Nutzung von Wikis angeht. Das liegt an der einfachen Technik, wie sie bei den frühen Open-Source-Wikis zu finden ist, und an offenen Sicherheitsfragen. Neuere Entwicklungen und kommerzielle Produkte tragen den Bedenken der professionellen Anwender Rechnung. Sie verschlüsseln den Datenverkehr zwischen Server und Client und verfügen über eine zuverlässige Versionsverwaltung und ein abgestuftes Rechte-Management, das sich an die Firmenhierarchien anpassen lässt. Einige bieten die Möglichkeit, auf Verzeichnisdienste wie Active Directory, OpenID oder LDAP zuzugreifen. Deshalb haben mittlerweile viele namhafte Firmen ihre Zurückhaltung aufgegeben und Wiki-Lösungen implementiert.

3.3.6 Beispiel Schaeffler-Gruppe

Die Integration mit anderen Informationssystemen im Unternehmen erfordert weitere Schnittstellen, Anpassungen und Ergänzungen. Die *Schaeffler Gruppe* mit Hauptsitz in Herzogenaurach, bekannt durch ihre Marken INA, LuK und FAG, ist einer der großen Automobilzulieferer weltweit. Seit Jahren investiert der Konzern in den Aufbau seines Wissensmanagements und setzt neben traditionellen Glossaren und Wörterbüchern auch auf Wikis. Der Zugriff auf die unterschiedlichen Quellen soll einheitlich und komfortabel sein. „Es kommt uns darauf an, das Wissen so nah wie möglich an die Mitarbeiter heranzubringen, damit es schnellen Nutzen bringt“, erläutert Paul Seren, Leiter des Wissensmanagement-Teams des Konzerns. „Wenn ein Mitarbeiter in seinem täglichen Ablauf, typischerweise in einer E-Mail, einen neuen Begriff, eine Abkürzung oder ein Fremdwort liest, dann soll er die Erklärung schnell finden, ohne aus Outlook in ein anderes Programm zu wechseln, ins Bücherregal zu greifen oder gar einen Kollegen anzurufen.“

Wissen muss schnell beim Mitarbeiter ankommen.

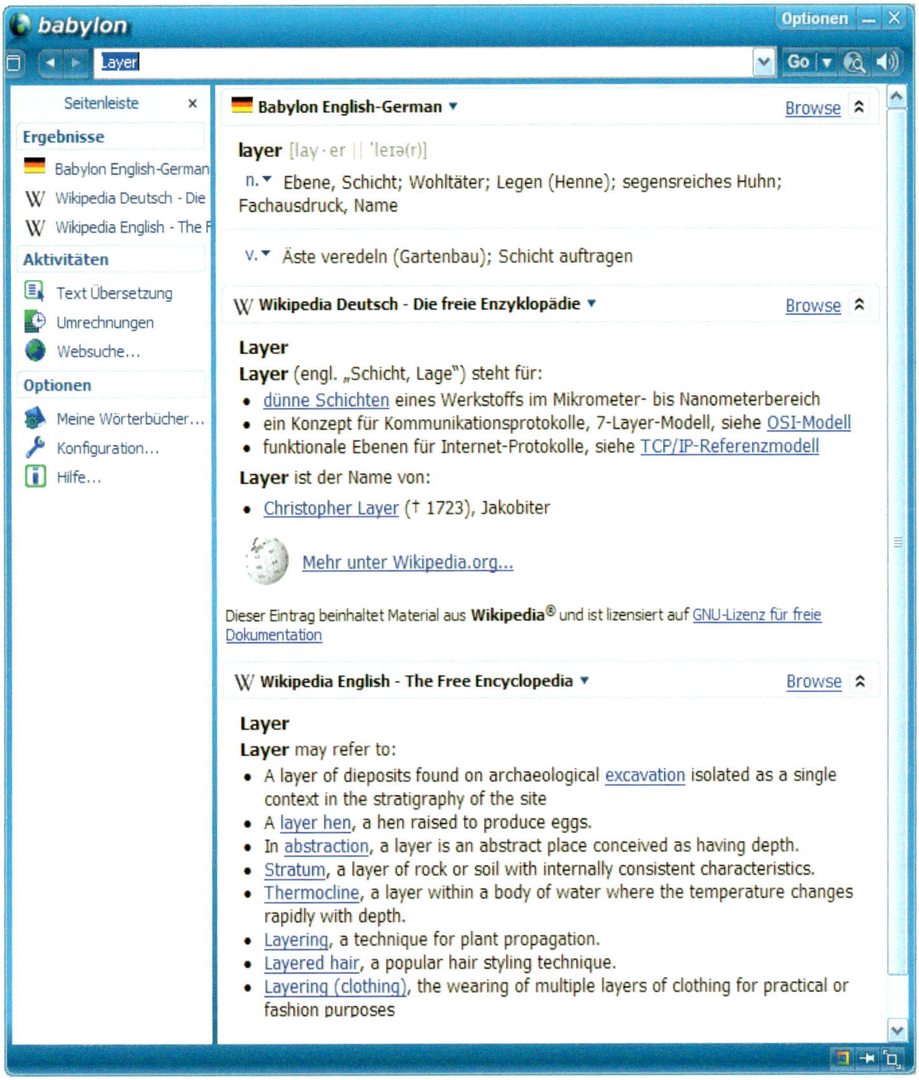

Bild 3.21:
Einheitlicher Zugriff auf Glossare, Wikis und andere Wissensquellen über die Babylon-Software

Die Schaeffler-Wissensmanager entdeckten die Wörterbuch-Software Babylon als praktisches und bedienungsfreundliches Frontend für ihre Wissensdatenbanken und Wikis. Babylon ermöglicht den direkten Zugriff auf Übersetzungshilfen und Lexika (u. a. auch Wikipedia) aus fast jedem Windows-Programm. Firmen haben die Möglichkeit, Inhalte aus eigenen Wikis oder Informationen anderer Unternehmenssysteme genauso einzubinden wie Wörterbücher. Die Anwender erhalten so eine einheitliche und schnelle Benutzerschnittstelle für den Zugriff auf Übersetzungen und Unternehmensinformationen, die nur das Anklicken des gesuchten Begriffes in einer beliebigen Windows-Anwendung erwartet. Da die Wissensdaten sehr kompakt sind, lassen sie sich gut für die Offline-Nutzung auf Notebooks von Außendienstmitarbeitern packen, damit Servicetechniker oder Verkäufer wichtige Produktdaten oder Servicehinweise auch ohne Zugriff auf das Netzwerk nachschlagen können. [5]

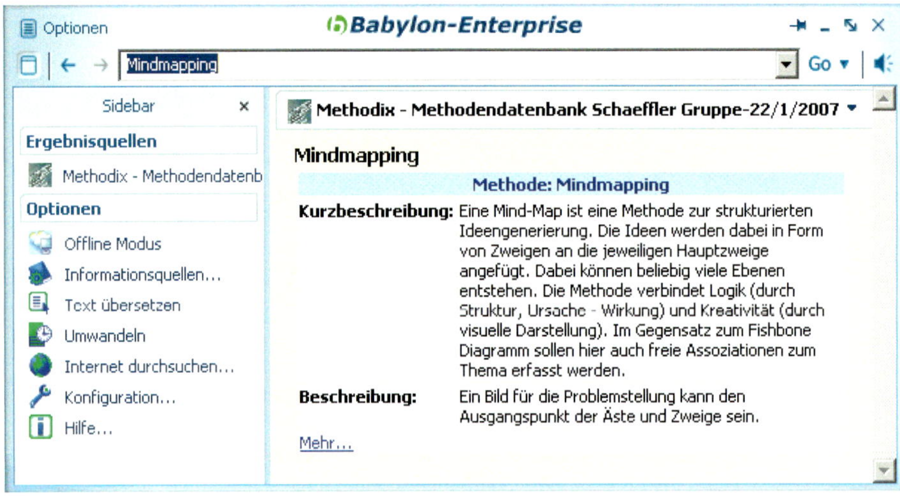

Bild 3.22:
Zugriff auf firmeninterne Wissensdatenbanken (Quelle: Schaeffler Gruppe)

Bild 3.23:
Zugriff auf firmeninterne Wikis (Quelle: Schaeffler Gruppe).

4 3D-Modell: Basis des digitalen Prototyps

Die Innovationen der IT-Industrie und die rasant wachsende Leistungsfähigkeit der Hardware- und Software-Systeme haben die Arbeitsplätze in der Produktentwicklung verändert. Leistungsfähige, weltweit vernetzte PCs stehen auf jedem Schreibtisch, einfach erlernbare und intuitive Benutzung kennzeichnen die modernen 3D-CAD-Systeme. Der Nutzen und die Vorteile der 3D-Technik überzeugen die Konstrukteure: anschaulichere und vollständige Darstellung, einfachere Änderungen, weniger Fehler in der Konstruktion und bessere Zusammenarbeit im Team. Seit die 3D-CAD-Konstruktion die Darstellung und Bearbeitung selbst größter Baugruppen und realer Maschinen beherrscht, zieht sie in ganzer Breite in vielen Konstruktionsabteilungen des mittelständischen Maschinenbaus ein.

Die 3D-Konstruktion ist die unverzichtbare Basis für die digitale Entwicklung. Das 3D-Modell ist der Know-how-Träger für alle anschließenden Prozesse. Viele Aufgaben sind ohne 3D nicht machbar, sowohl in der Konstruktion als auch bei anschließenden Prozessen, beispielsweise der Optimierung komplexer Baugruppen in engen Bauräumen, der Gestaltung von Freiformkörpern, der Visualisierung komplizierter Bauteile oder Berechnungen. Die 2D-Darstellung ist dagegen unvollständig und uneindeutig. Für die Automatisierung von Aufgaben ist sie nur bedingt geeignet. Hat man ein vollständiges 3D-Modell, ergeben sich 2D-Ansichten und Schnitte so gut wie automatisch. Die Erstellung von Fertigungszeichnungen mit Bemaßungen und Beschriftungen ist eine problemlose Routinetätigkeit, ebenso wie die Ableitung von Varianten. Im 3D-CAD-System bedeutet das minimalen Aufwand.

Das 3D-Modell ist unverzichtbar als umfassende Darstellung der Geometrie eines Produkts.

4.1 2D-CAD

Nach wie vor gibt es Firmen, die ausschließlich mit einer 2D-CAD-Software konstruieren und keine Absicht haben, ein 3D-System einzuführen. Es gibt Anwendungsfälle, in denen die 3D-Technologie keine oder nur geringe Vorteile bringt, etwa bei Zeichnungen von sehr einfachen Teilen, Aufstellungsplänen für Fabrikhallen oder Schemazeichnungen wie Stromlaufplänen oder Hydraulikplänen.

Die außergewöhnlichen Dimensionen von Anlagenprojekten sprengen oft die Möglichkeiten von 3D-CAD-Systemen. 2D-Systeme spielen daher bei Planungsaufgaben im Anlagenbau nach wie vor eine bedeutende Rolle, vor allem wenn der Planer mit Vereinfachungen arbeiten kann. „Wenn es aber darum geht, räumlich beengte Situationen genau zu planen, dann verkehren sich diese Vorteile in einen Nachteil. Dann braucht man ein 3D-System“, stellt Torsten Michel, Konstruktionsleiter bei der *Christ Pharma & Life Science*, fest (Bild 4.1).

Darüber hinaus müssen oft 2D-Altdaten weitergepflegt werden oder Zeichnungen mit Partnern, Kunden und Lieferanten ausgetauscht werden. Letztlich muss auch jedes 3D-System Fertigungszeichnungen erzeugen, die bis heute unverzichtbar sind. Und diese werden meist im AutoCAD-DWG-Format verlangt. So kommt es nicht von ungefähr, dass weiterhin eine große Zahl von Konstrukteuren und Firmen an den 2D-Systemen festhält. Und selbst dort, wo der dreidimensionale digitale Prototyp zur Maxime erhoben wurde, gibt es 2D-Schemapläne und vom 3D-Modell abgeleitete Fertigungszeichnungen, sodass 2D-Darstellungen in unterschiedlichen Planarten weiter existieren.

4.2 3D-CAD

Für die Entwicklung digitaler Prototypen von Maschinen und Anlagen ist die 3D-CAD-Konstruktion die unverzichtbare Basis. Das 3D-Modell ist der Know-how-Träger für alle anschließenden Prozesse. Viele Aufgaben sind ohne 3D nicht machbar, sowohl in der Konstruktion als auch bei den Folgeprozessen, beispielsweise der Optimierung komplexer Baugruppen in engen Bauräumen, der Gestaltung von Freiformkörpern, der Visualisierung komplizierter Bauteile oder den Festigkeitsberechnungen. Die 2D-Darstellung wäre unvollständig und uneindeutig. Für die Automatisierung von Aufgaben ist sie nur in Sonderfällen geeignet. Hat man dagegen ein vollständiges 3D-Modell, ergeben sich 2D-Ansichten und Schnitte so gut wie automatisch. Sie sind sozusagen ein Abfallprodukt der 3D-Konstruktion. Die Erstellung von Fertigungszeichnungen mit Bemaßungen und Beschriftungen ist eine problemlose Routinetätigkeit, ebenso wie die Ableitung von Varianten.

4.2.1 Vollständigkeit

Das digitale 3D-Modell repräsentiert nicht nur die Geometrie, Volumen und Oberfläche eines Bauteils bis in alle Details, sondern auch weitere Attribute wie sein Material und damit eine Reihe von Eigenschaften wie die Masse, die für das Gewicht oder die Simulation dynamischer Eigenschaften relevant ist. Mit dem Material sind Festigkeits-, Verformungs-, thermische und andere physikalische Eigenschaften verbunden, die für anschließende Simulationen und Analysen gebraucht werden. Für die realitätsnahe Visualisierung spielen Attribute der Oberflächen wie Farbe und Reflexion eine Rolle.

Die Stückliste ist immer komplett!

Die Baugruppen des virtuellen Produkts sind praktisch fehlerfrei. Früher gab es häufiger Probleme mit unvollständigen oder inkorrekten Stücklisten, und wenn auf der Baustelle dann ein Teil fehlte, führte das zu teuren Verzögerungen und aufwendigen Notaktionen, um das Problem zu lösen. „Typischerweise fehlte genau das Teil, welches die längste Lieferzeit hatte. In der 3D-Konstruktion wird heute jedes Bauteil erfasst. Wir vergessen nichts mehr, die Stückliste ist immer komplett“, bestätigt Konstruktionsleiter Michel.

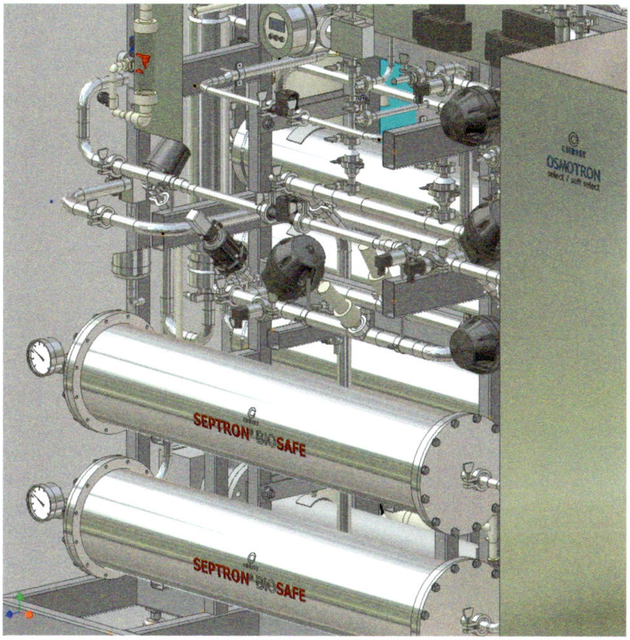

Bild 4.1:
Räumlich beengte Situationen sind im 3D-System leichter zu planen (Quelle: Christ Water Technology Group).

4.2.2 Enge Bauräume

Innovationen sind oft nur Verbesserungen vorhandener Maschinen durch kompaktere Bauweise, Verringerung des Gewichts oder Materialverbrauchs, möglicherweise sogar eine Miniaturisierung. In der 3D-Konstruktion ist die Optimierung und Gestaltung enger Bauräume wesentlich einfacher zu bewerkstelligen, weil eine visuelle Überprüfung viel leichter fällt als früher in der 2D-Konstruktion, wo der virtuelle Zusammenbau der Bauteile und Baugruppen nur im Kopf des Konstrukteurs stattfand. Er war abhängig von seinem räumlichen Vorstellungsvermögen und wurde nur sehr dürftig durch die orthogonalen Risse in den Zeichnungen unterstützt. Fehler durch Kollision zweier Teile blieben unerkannt, bis die Baugruppe montiert wurde: Eine teuere Verzögerung und Korrektur war die Folge. In der 3D-Konstruktion erkennt der Anwender solche Kollisionen sofort und vermeidet sie. Er kann schwierige Montagebedingungen besser erkennen und vermeiden.

4.2.3 Innovativere Lösungen

Die 2D-Konstruktion limitiert die Kreativität des Ingenieurs.

„In 2D ist der Konstrukteur versucht, alle Lösungen möglichst einfach zu halten, weil die Darstellung ihn limitiert. In 3D gibt es weniger Beschränkungen und damit auch bessere Lösungen und Funktionen“, stellt Horst Dressler, Gruppenleiter Konstruktion bei *G+R Technology Group*, fest. Statt in Vorderansicht, Seitenansicht und Draufsicht zu denken, bewegt der 3D-Anwender sein Modell frei im virtuellen Raum und nutzt auch einmal Achsen, die von den gewohnten orthogonalen Richtungen abweichen, wenn das Sinn macht.

4.2.4 Leicht zu erlernen

Es gibt heute praktisch keinen Zeichner, Konstrukteur oder Ingenieur mehr, der nicht mindestens Grundkenntnisse in der Anwendung eines 2D-CAD-Systems besitzt. Die wesentlichen Techniken, das Arbeiten mit der Maus, das Editieren von Geometrie, das Arbeiten in Datenstrukturen und Dateisystemen, logische Strukturen und Ebenen sind ihnen vertraut. Ungewohnt ist für „2D-Menschen", die Anwender mit ausschließlicher 2D-Erfahrung, das Umschalten aus den verschiedenen Skizzierebenen in die Modellierung: Extrusion, Rotation, Bohrung usw. Aus verschiedenen Richtungen auf das Modell zu blicken und mit der 3D-Maus das Objekt im Raum zu manipulieren, ist nach den ersten Übungen geläufig. Die Modellierungsfunktionen stellen sich für den 2D-Menschen erfreulich einfach dar. Bei seinen Modellierungsschritten muss der 3D-Neuling zunächst die Arbeit in der Modellstruktur verstehen lernen und bewusst darin navigieren. Das ist gewöhnungsbedürftig, vor allem sobald die Strukturen und Baugruppen komplexer werden. Nach erstem Stolpern und kleinen Hilfestellungen stellt sich langsam das Verständnis ein.

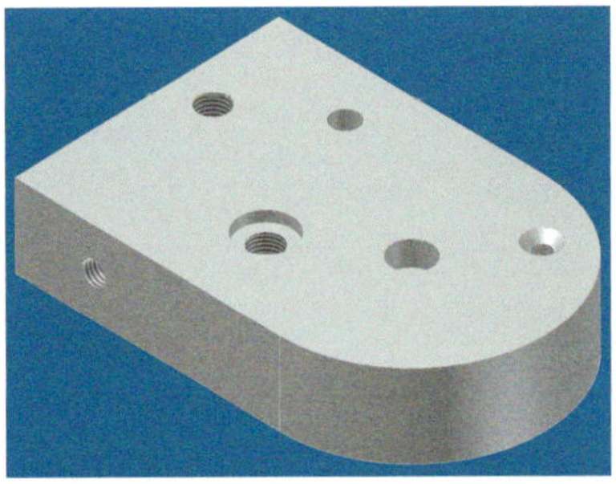

Bild 4.2: Übungsbeispiel aus einem 3D-CAD-Grundkurs: Platte

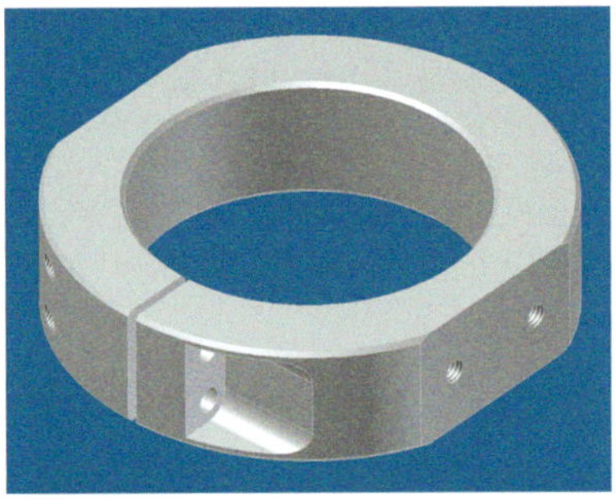

Bild 4.3: Übungsbeispiel aus einem 3D-CAD-Grundkurs: Klemmring

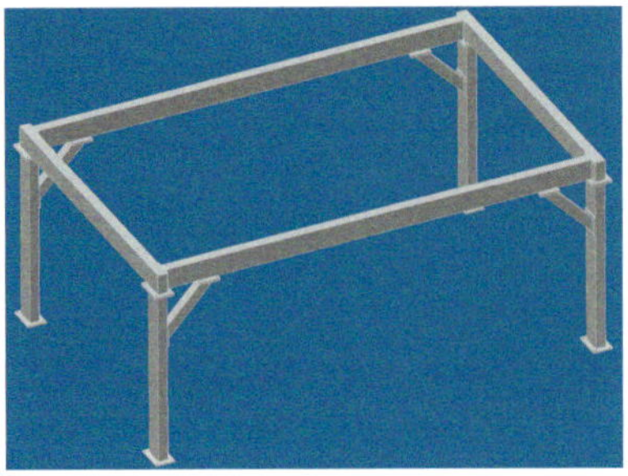

Bild 4.4: Übungsbeispiel aus einem 3D-CAD-Grundkurs: Portalgestell

4.2.5 Die wichtigsten Schritte in zweieinhalb Tagen

Ein 2D-Anwender erlernt in einem 3D-Grundkurs am ersten Tag die wesentlichen Funktionen der Bauteilkonstruktion, am zweiten Tag die Grundlagen der Baugruppenkonstruktion und an einem weiteren halben Tag die Erstellung oder Ableitung von Fertigungszeichnungen. Nach zweieinhalb Tagen sind also die grundlegenden Themen der 3D-Konstruktion bearbeitet. Die restliche Woche eines typischen 3D-Trainings dient deshalb der Vertiefung und Ergänzung der Grundlagen: spezielle Elementfunktionen, Modifikationen der Modellstruktur, Kopieren, Spiegeln oder Auftrennen. Eine Besonderheit ist der Aufbau einer parametrischen Bemaßung, die Verknüpfung mit einer Tabelle und die Erzeugung abgeleiteter Komponenten. Wer allerdings bereits mit einem 2D-Parametrik-System vertraut ist, kann das Thema schneller abhaken, denn die Parametrik-Technologie funktioniert im 3D-System analog.

Die Arbeit mit Baugruppen und Normteilen, die Blechkonstruktion, die Schweißkonstruktion oder die Konstruktion von Stahlbaugerüsten sind Anwendungsgebiete, die auf den Grundlagen aufbauen. Sie behandeln Aufgaben, die mit einem 3D-System besonders produktiv zu bearbeiten sind. Diese Themen füllen die letzten Tage eines Wochenkurses.

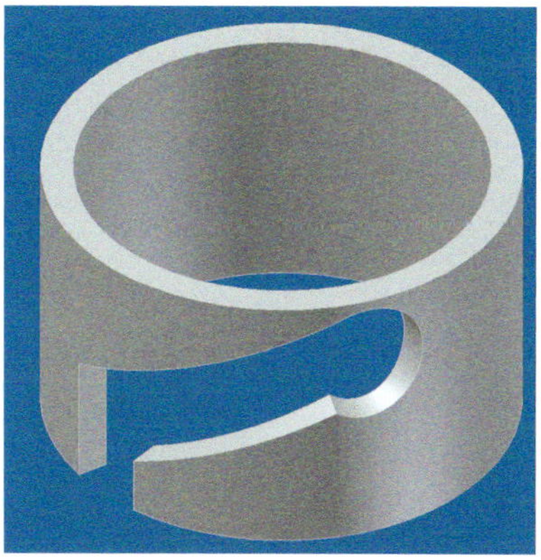

Bild 4.5: Übungsbeispiel aus einem 3D-CAD-Grundkurs: Kupplung

CAD-Vorkenntnisse sind für einen 3D-Grundkurs nicht unbedingt notwendig, aber nützlich. Die Hilfestellung des Trainers bringt die Anfänger über Stolpersteine hinweg. Teilnehmer mit 2D-CAD-Vorkenntnissen können den Themen und Übungen in der Regel problemlos folgen. Das räumliche Denken und die Visualisierung der 3D-Objekte, Hilfsebenen oder Werkzeuge unterstützt die Software so gut, dass ein Konstrukteur, der ja immer ein gutes räumliches Vorstellungsvermögen mitbringt, ohne Schwierigkeiten zurechtkommt.

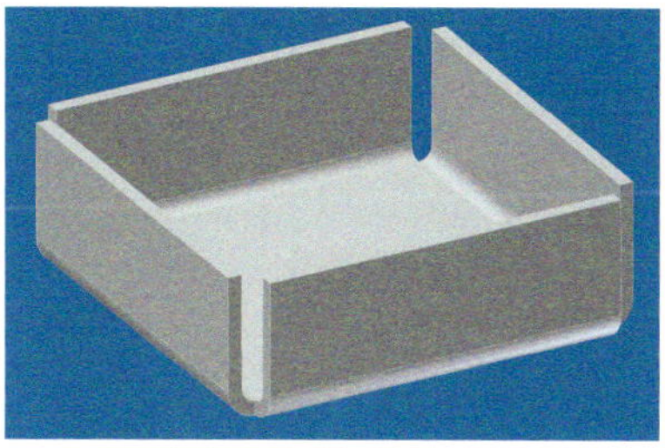

Bild 4.6: Übungsbeispiel aus einem 3D-CAD-Grundkurs: Blechkonstruktion

4.2.6 Selbststudium ist teuer

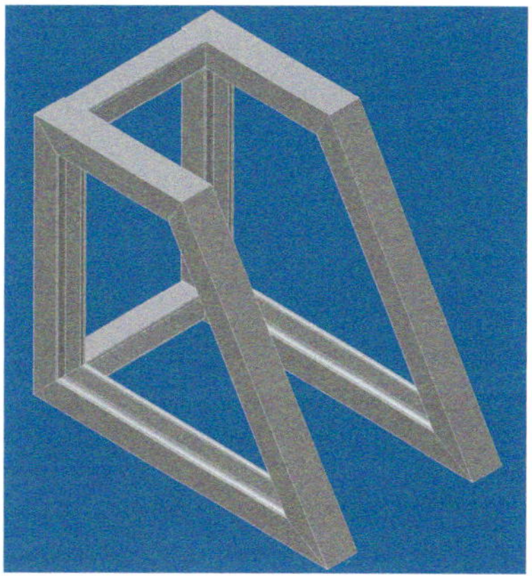

Bild 4.7: Übungsbeispiel aus einem 3D-CAD-Grundkurs: Gestell aus Stahlprofilen

Der Kurs mit einem erfahrenen Trainer vermittelt umfassendere Kenntnisse in kürzerer Zeit, als das beim Eigenstudium möglich wäre. Hürden und Fragen lassen sich unter Anleitung schneller überwinden, die Teilnehmer sind schneller und gründlicher vorbereitet für die Anforderungen im Betrieb. Beim Eigenstudium kommt ein Novize regelmäßig an Punkte, an denen er hängen bleibt und ohne die Tipps eines Profis Zeit verliert. Und wer findet schon im betrieblichen Alltag die Gelegenheit, sich umfassend alle Softwarefunktionen selbst zu erarbeiten? Wer auf Qualität seiner Produkte Wert legt, sollte auch beim CAD-Können der Mitarbeiter auf eine solide Ausbildung setzen.

Junge Mitarbeiter lernen heute im Rahmen ihrer Ausbildung in der Regel mindestens ein 3D-CAD-System kennen, manchmal sogar mehrere. Sie kommen in einem neuen System rasch zurecht und können in der Regel nach einem individuellen Schnellkurs den Systemwechsel vollziehen.

4.3 Parametrische Bauteilkonstruktion

4.3.1 Parametrische Skizze

Die Vorgehensweise wurde bereits in Abschnitt 3.1.1, Skizzieren in Mechanik-CAD-Systemen, Seite 33, beschrieben: Der CAD-Anwender entwirft in seinem System mithilfe freier Eingabe von Linien, Rechtecken, Kreisbögen, Kreisen und Spline-Kurven die Profil- oder Querschnittsgeometrie eines Bauteils. Die Software macht daraus gerade Linien, präzise Kreise und Radien, sorgt für rechte Winkel und Parallelität von Linien, hilft beim Kopieren oder Spiegeln von Geometrieelementen. Ein routinierter CAD-Anwender kommt so schnell zu einer sauberen Skizze. In parametrischen Systemen sind diese Skizzen parametrisch veränderbar. Das bedeutet, der Konstrukteur braucht sich zunächst nicht um die Maßhaltigkeit seiner Skizze zu kümmern. Es genügt, wenn er die ungefähre Form seiner Bauteilgeometrie festlegt. Zur Änderung der Geometrie ändert er nur Maßzahlen. Das System passt die Skizze automatisch an das neue Maß an. Diese Parametrik-Methode hat sich im Maschinenbau gut bewährt, entspricht sie doch in vieler Hinsicht der früheren Arbeit auf dem Reißbrett. Der Zeichner brauchte bestimmte geometrische Bedingungen nicht besonders zu kennzeichnen, etwa Rechtwinkligkeit, Parallelität, tangentiale Übergänge usw.

Die Parametrik-Methode entspricht in vieler Hinsicht der Arbeitsweise des Konstrukteurs.

Die Parametrik-Software kümmert sich um diese Bedingungen in intelligenter Weise automatisch und erlaubt auch, sie aufzulösen oder manuell festzulegen. Zu diesen Selbstverständlichkeiten oder Zwangsbedingungen gehören die Eigenschaften:

- horizontal
- vertikal
- parallel
- lotrecht
- überschneidend
- zentral (Mittelpunkt)
- konzentrisch
- an der Kurve liegend
- tangential
- koinzident (aufeinander)
- kollinear
- symmetrisch
- gleich
- festgelegt (fixiert)

4.3.2 3D-Elemente

Aus den parametrischen Skizzen entstehen durch 3D-Operationen wie Extrusion (Translation eines Profils), Rotation (Drehen eines Profils) und Boole'sche Verknüpfungen parametrische 3D-Bauteile als Volumenkörper oder Flächenkörper (ohne Volumen). Flächenkörper können beispielsweise als Begrenzungen für nachfolgende Elementdefinitionen dienen. Die Boole'schen Verknüpfungen erzeugen ein Vereinigungsvolumen, die Differenz zweier Volumina oder die Schnittmenge zweier Volumina. Die Generierung von Bohrungen mit oder ohne Gewinde stellt z. B. eine Kombination der genannten Operationen dar.

Rundungen und Fasen platziert der Anwender durch Auswahl der betreffenden Bauteilkanten. Das System erledigt diese Aufgaben effizienter, als wenn der Anwender bereits in seinen Definitionen versuchen würde, diese Rundungen und gebrochenen Kanten zu berücksichtigen.

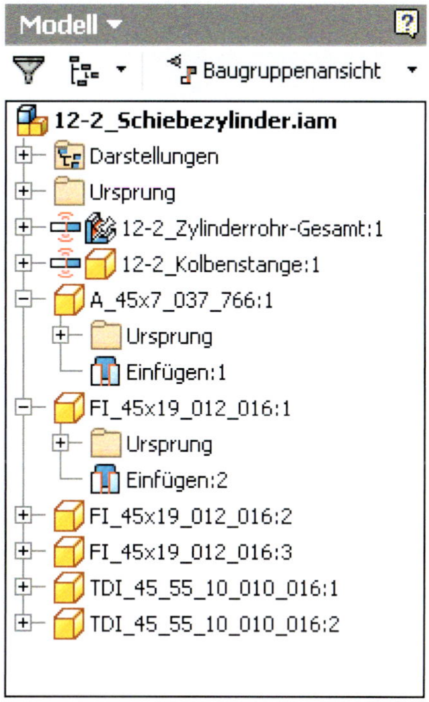

Bild 4.8:
Im Modellbrowser kann der Anwender die Entstehungsgeschichte eines 3D-Modells nachvollziehen.

Die Entstehungsgeschichte (daher die Bezeichnung „historienbasierte Modellierung“, engl. history-based modeling) und Abfolge der verschiedenen Operationen hält die Software fest und visualisiert sie im Modellbrowser (oder „Stukturbrowser“, Bild 4.8).

Die automatische Wiederholung von Geometrieformen in rechteckigen oder kreisförmigen Anordnungen (auch Muster oder englisch „pattern“, z. B. Bohrbilder oder Lochkreise) erlaubt die schnelle Realisierung von aufwendigen Mustern und Formen. Für beliebig ausgerichtete Formelemente nutzt der Anwender Hilfsgeometrien wie Hilfsebenen und Hilfsachsen, etwa um eine schräg im Raum liegende Form zu definieren und zu positionieren.

Frei geformte Körper gibt der Konstrukteur mithilfe von Splines und Flächen vor, die sich mit Regelkörpern schließlich zu beliebigen technischen Objekten kombinieren lassen, sodass jedes Detail eines virtuellen Prototyps präzise repräsentiert wird. Die Möglichkeiten der Freiformflächen-Definition unterscheiden sich in den verschiedenen Systemen. Zu den geläufigen Funktionen gehören die Erzeugung von Sweeps, das sind Geometrien, die durch Extrusion eines Profils entlang eines Pfades im Raum entstehen, und die Erzeugung von sogenannten Lofts. Ein Loft (übersetzt: „Dachboden“) wird durch mehrere Profile in hintereinanderliegenden Ebenen und durch Führungskurven definiert. Profile und Führungskurven spannen eine Fläche oder Volumen mit kontinuierlichem Verlauf auf.

Sweep (Spezialfall Spiralfeder)

Für die Einbeziehung von Lieferantendaten, vor allem aus der Automobilindustrie, kann der Import von Flächen und deren Weiterverarbeitung im System als Fläche oder Volumenkörper erforderlich sein.

4.4 Parametrische Baugruppenkonstruktion

Das interaktive Positionieren von Einzelteilen zu Baugruppen ist einer der größten Fortschritte der 3D-Konstruktion, der durch die Leistungsfähigkeit moderner Rechner und Grafikkarten ermöglicht wurde. Der Konstrukteur platziert seine Einzelteile

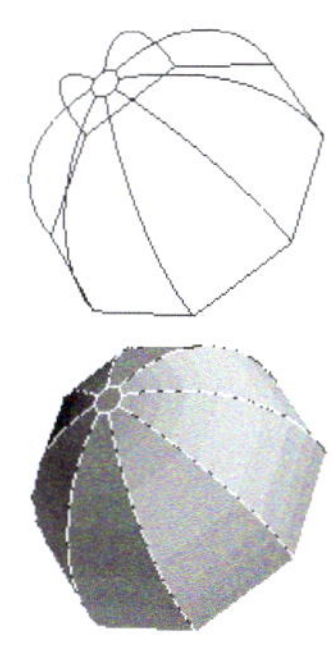
Loft (Speziallfall Dachkuppel)

passend oder tangential auf Bezugskanten oder -flächen vorhandener oder benachbarter Teile. Komponenten wie Schrauben und Bolzen fügt er in die vorgesehenen Bohrungen ein. In der Baugruppenkonstruktion definiert der Konstrukteur die 3D-Abhängigkeiten der Bauteile.

4.4.1 Produktfamilien

Die Variantenkonstruktion und Entwicklung von Produktfamilien gehört zu den Anwendungsgebieten, bei denen sich die Parametrik-Technologie als besonders effizient erweist. [6]

Produktfamilien sind die Paradeanwendung für Parametrik-Systeme.

Die einfachste Aufgabe ist dabei die Definition einer standardisierten Produktfamilie parametrischer Einzelteile. Das Lehrbuchbeispiel sind die genormten Reihen der Sechskant-Schrauben (wenn sie tatsächlich intern konstruiert und produziert würden. In der Realität gehören genormte Produktfamilien wie Schrauben oder Muttern natürlich zu den Kaufteilen, die ein Maschinenbauer extern bezieht, vgl. Kapitel 4.6 Kaufteile und Normteile, Seite 66). Ein einziges parametrisches Modell mit den Variablen Nenndurchmesser und Schraubenlänge beschreibt die Bauteile eindeutig, wobei weitere Größen, wie Schlüsselweite und Kopfhöhe etc., über eine Tabelle zugeordnet sind. Die in der Norm festgelegten Parameter sind zusammen mit dem virtuellen Bauteil oder in einer referenzierten Spreadsheet-Tabelle abgespeichert und mit den Variablen des Bauteils verknüpft. Der Konstrukteur braucht sich nur um die frei wählbaren Nenngrößen zu kümmern, die übrigen Größen kennt das System und generiert daraus automatisch bei Bedarf das gewünschte Bauteil. Dieses Prinzip lässt sich sehr vorteilhaft auf Halbzeug-Normen und die firmenspezifische Standardisierung von häufig wiederkehrenden Teilen anwenden.

Wer Unternehmensziele wie die Erfüllung der individuellen Kundenwünsche bei schnellerer Auftragsabwicklung und niedrigen Fertigungskosten unter einen Hut bringen will, kommt um ein modulares Baukastensystem nicht herum: Optimierte Produktfamilien müssen in möglichst wenige, aber vielfach verwendbare Bauteile und Baugruppen gegliedert werden, welche die Kombination möglichst vieler Varianten erlauben.

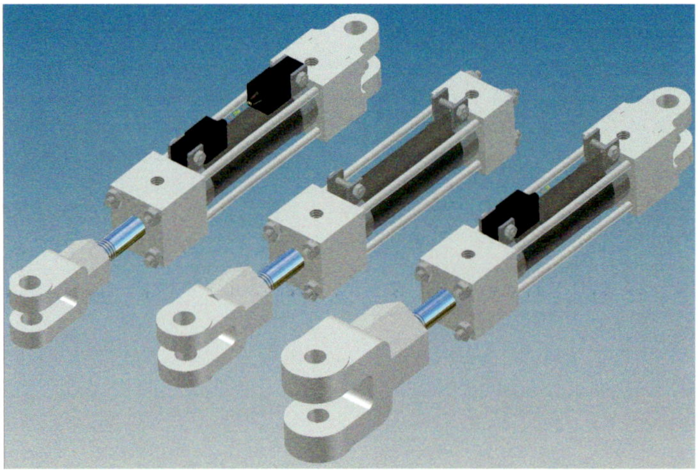

Bild 4.9: Baugruppen-Varianten (Quelle: Autodesk)

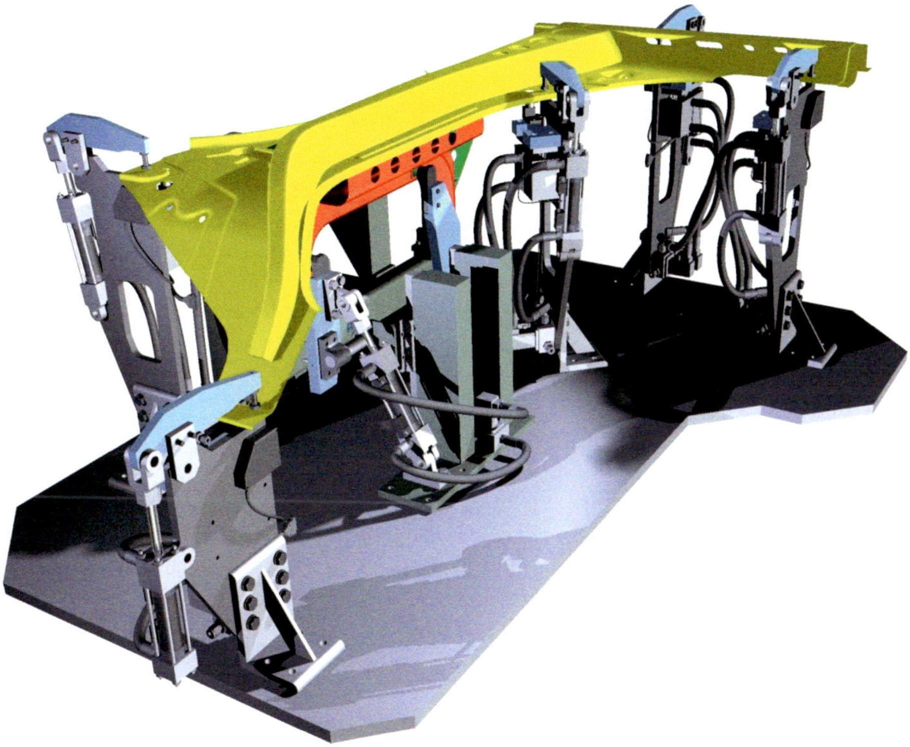

Bild 4.10:
Beispiel einer parametrischen Produktfamilie von Spannelementen für den Vorrichtungsbau (Quelle: Autodesk)

Analog zu den Einzelteilen lassen sich die parametrischen Baugruppen als tabellarisch definierte Zusammenstellung von Komponenten darstellen. Die Baugruppenkonfiguration deckt flexibel alle denkbaren Konfigurationswünsche ab. So kann der Anwender einfach eine vorhandene Baugruppe verwenden und sie in eine parametrische Baugruppe umwandeln. Anschließend kann er die Baugruppenkonfiguration (auch Mutterbaugruppe oder Master-Baugruppe genannt) nach seinen Wünschen modifizieren. Soll eine Tochterbaugruppe (also eine abgeleitete Baugruppe) geändert werden, so lässt sie sich aktivieren und anpassen. Das kann beispielsweise die Entfernung einer Komponente in einer bestimmten Variante bedeuten oder auch die Einbeziehung anderer Elemente, veränderte Einbaubedingungen, eine alternative Befestigungsart usw. Logische Bedingungen, wie man sie von der Tabellenkalkulation kennt, dienen dazu, Konfigurationsvarianten zu definieren, die nicht geometrischähnlich sind.

4.4.2 Strukturierte Stückliste für Produktfamilien

Dabei sollte der Baugruppenkonfigurator alle abgeleiteten Varianten (Töchter) in einer Stückliste erfassen und die Darstellung der parametrischen Baugruppen in einer Strukturansicht unterstützen, welche die zusammengesetzte Stückliste enthält. Jede

Teileliste				
Pos.Nr.	Stück Variante 1	Stück Variante 2	Stück Variante 3	BEZEICHNUNG
1	2	1	1	SHORT PIN
2	1	1	1	ANGLE BRACKET
3	6	10	5	HHMB M10X25
4	2	2	2	CONNECTOR
5	6	2	4	M10 WASHER
6	0	1	2	LASER SENSOR
7	1	1	1	Guide Cylinder
8	1	1	1	25 PIN PLUG
9	1	1	1	ARM, TYPE-1
10	1	1	1	2 PORT
11	1	1	0	LOCATOR
12	1	1	0	Medium Duty 1
13	0	1	0	Pipe Run 1
14	0	0	1	Medium Duty
15	0	0	1	LOCATOR
Summe	23	24	21	

Bild 4.11: Zusammengesetzte Stückliste einer Variantenbaugruppe für mehrere Varianten (Quelle: Autodesk)

Konfiguration ist darin in einer separaten Spalte erfasst, in der die Stückzahlen der Komponenten aufgeführt sind (Bild 4.11). Ein Stücklisten-Editor kann dann wahlweise die Auflistung einer einzelnen Variante, einer Auswahl von Töchtern oder eben des kompletten Satzes aller Varianten ermöglichen. So lassen sich z. B. komplette Produktprogramme vollständig beschreiben. Typische Beispiele von parametrischen Baugruppen wären Produktfamilien von

- Kugellagern
- Hydraulikzylindern mit abgestuften Hubklassen und unterschiedlichen Ausprägungen der Anschlusspunkte (Bild 4.9)
- standardisierte Spannelemente für den Vorrichtungsbau (Bild 4.10)
- Dachträgerbaugruppen für unterschiedliche Autos

4.4.3 PDM-Integration

Es ist unbedingt zu empfehlen, ein integriertes PDM-System mit der Verwaltung der Baugruppenkonfiguration zu betrauen, beispielsweise die Auswahl einzelner Elemente einer Konfiguration und ein Check-out bzw. Check-in zu unterstützen. Es kann auch dabei helfen, die übergeordnete Mutterbaugruppe eines Elements aufzufinden, oder festzustellen, in welchen weiteren Baugruppen die Komponente verwendet wird. Über das PDM-System lässt sich die Warenwirtschaft (das ERP-System) automatisch mit den korrekten Daten versorgen und umgekehrt erhält die Konstruktion über das PDM-System Artikeldaten aus dem Warenwirtschaftssystem.

Auch die Ableitung parametrischer Zeichnungen mit Maßtabellen ist sinnvoll. Tabellierte Zeichnungsdarstellungen für die Fertigung oder die Montage muss das System sowohl für die parametrischen Mutterbaugruppen als auch ihre variablen Einzelteile generieren, natürlich weitgehend automatisch.

4.4.4 Anwenderbeispiele

Die parametrischen Methoden bewähren sich in der Praxis. Die Firma *Franz Hauer GesmbH & Co KG* im niederösterreichischen Statzendorf baut innovative Maschinen und Geräte für die Land-, Forst- und Kommunalwirtschaft, vor allem Frontlader als Anbaugeräte für landwirtschaftliche Traktoren und Schneeräumgeräte. Innerhalb von drei Monaten entwickelten die Hauer-Konstrukteure mit ihrem neuen 3D-CAD-System einen neuen Schneepflug, und zwar nicht nur ein einzelnes Gerät, sondern ein parametrisches Modell für eine ganze Familie von Schneepflügen mit unterschiedlichen Arbeitsbreiten zwischen 2,40 bis 3,20 Meter, die sich daraus ableiten lassen. „Das war eine gewaltige Leistung", lobte Peter Acham, der Betriebsleiter des Unternehmens, seine Mitarbeiter. Ein PDM-System ist die unverzichtbare Unterstützung der Hauer-Produktentwicklung, die hilft, die Vielzahl der Produkte, Bauteile und Daten zu verwalten. Es übernimmt die Kommunikation zwischen dem ERP- und dem CAD-System, übergibt Artikeldaten und Rohmaterialdaten aus der Warenwirtschaft in das Konstruktionssystem und versorgt dort die Bauteile mit den entsprechenden Materialinformationen und Bezeichnungen.

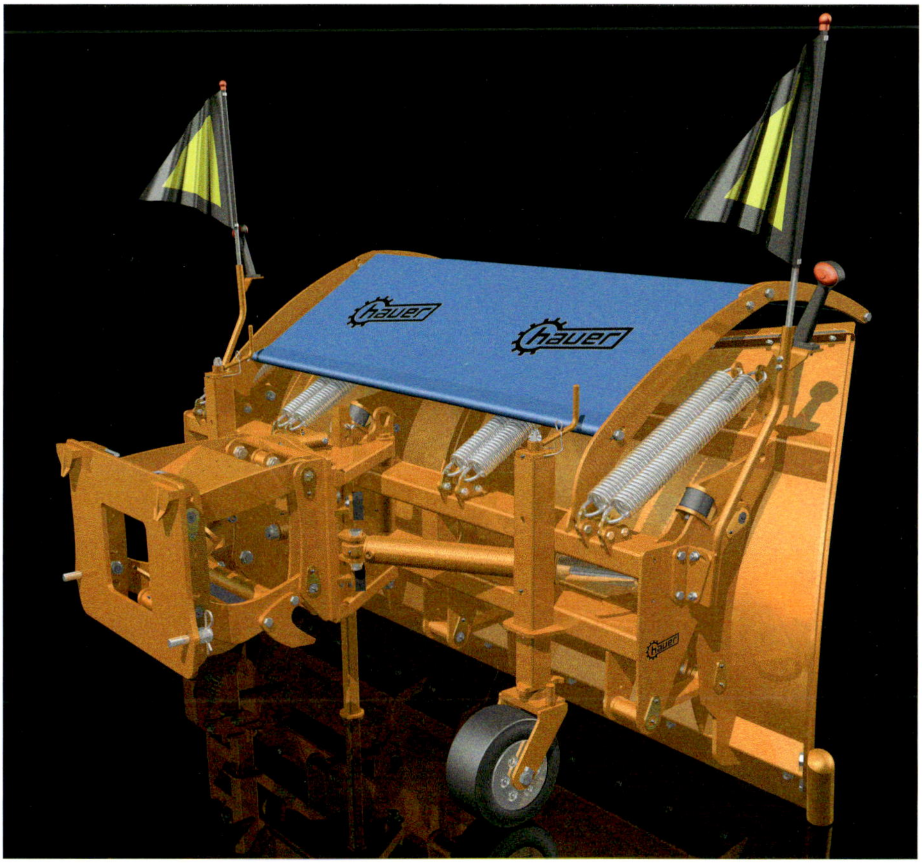

Bild 4.12: Schneepflug aus einer parametrischen Produktfamilie (Quelle: Franz Hauer GesmbH & Co KG)

Die *ENCO Energie Componenten GmbH* in Pinsdorf, im oberösterreichischen Traunviertel, produziert Behälter und Apparate für die Landwirtschaft, die Milch-, Nahrungsmittel- und Getränkeindustrie. Die Verantwortlichen sahen ihren Anlagenbau mit seinen vielen Verrohrungen und Rohrführungen im Raum als prädestiniert für 3D-Anwendungen an und führten ein parametrisches CAD-System ein. Für ihre vielfältigen Behältervarianten entwickelten die Pinsdorfer Anlagenbauer ein spreadsheet-gesteuertes, parametrisches Mastermodell für Behälter mit bis zu 60 Anschlussflanschen. Bei den vielen Anschlüssen pro Behälter sind immer wieder Anpassungen im Lauf des Projekts notwendig. Verschiedene Medien werden zugeführt und gemischt, andere Anschlüsse dienen zum Einsprühen eines Reinigungsmediums, Messeinrichtungen sind anzuschließen, Rohrverläufe sind zu korrigieren usw.

Zwei bis drei Änderungen der Anschlüsse kommen im Laufe der Planung einer Anlage regelmäßig vor. In der Vergangenheit bedeutete eine solche Korrektur einen Konstruktionsaufwand von mehreren Stunden. Mithilfe des tabellengesteuerten Parametrikmodells ist die Aufgabe in Minuten erledigt. „Früher haben wir eine Stunde für einen Behälterboden mit mehreren Anschlüssen benötigt, heute schaffen wir es in fünf Minuten. Für einen größeren war ein Aufwand von einem Tag erforderlich. Heute plane ich maximal eine Stunde dafür ein“, erklärt der Ingenieur Michael Stöglehner. „Standardwärmetauscher haben wir inzwischen ebenfalls para-

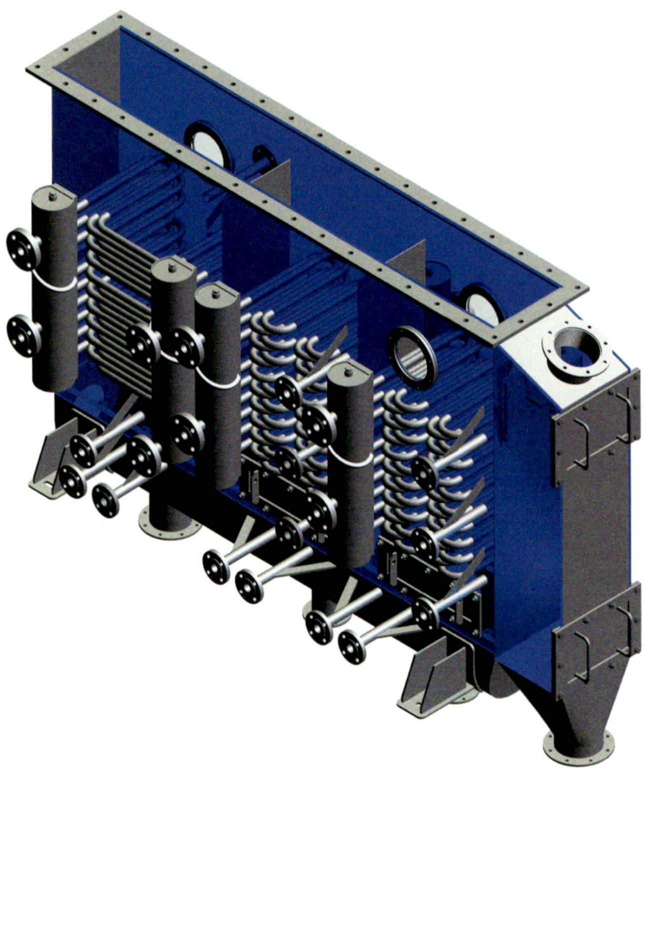

Bild 4.13:
Wärmetauscher (Quelle: ENCO)

metrisch aufgebaut. Es gibt einige, die im Wesentlichen immer gleich aussehen, nur die Breite, Höhe und Tiefe verändern sich. Nach Eingabe der veränderten Parameter lassen sich diese Geräte jetzt nahezu automatisch generieren. Das bringt uns einen großen Zeitgewinn", ergänzt Jochen Distler, Betriebsleiter bei ENCO.

4.5 Produktkonfiguration und automatisierte Konstruktion

Durch den Ausbau der parametrischen Baugruppenkonfiguration und die Kombination mit einem Angebotssystem entsteht ein effektives Werkzeug für den Verkauf. Es kennt alle zulässigen Konfigurationen und erstellt im Auftragsfalle alle Fertigungsunterlagen automatisch. Es erlaubt variable kundenspezifische Angebote, ohne dass die Konstruktion damit befasst ist.

Spezialisierte Software-Entwickler bieten solche Lösungen an, passen sie kunden- und systemspezifisch an. Ein Beispiel ist der Power Configurator, den die Acatec Software GmbH für eine Reihe von CAD-Systemen anbietet. Unter den Namen Autodesk Inventor iLogic und Autodesk Inventor Automation Professional gibt es von Autodesk erweiterte Lösungen für die Produktkonfiguration bzw. Entwicklersoftware für Inventor. Kunden können diese zusammen mit Consulting-Dienstleistung erwerben, um eine integrierte Lösung maßgeschneidert zu realisieren. Sie können auch selbst die Werkzeuge implementieren, um automatisierte Vertriebslösungen in eigener Regie zu entwickeln, etwa ein Planungs- und Angebotsprogramm für Gebäudelifte. Lifte müssen immer an die Gebäuderandbedingungen wie Zahl der Stockwerke, verfügbarer Bauraum, Stockwerkshöhe, zu befördernde Personenzahl oder Lasten, Türöffnung usw. angepasst werden. Zu jeder Zeit soll auf Knopfdruck eine Kostenkalkulation für den Kunden möglich sein. Der Vertriebsmitarbeiter kann so kundenspezifisch schnell eine Anlage konfigurieren, die am Ende auch allen Sicherheitsanforderungen und dem vorgegebenen finanziellen Rahmen entspricht.

4.5.1 Erweiterung der Konfigurationslogik

So nützlich die parametrische Konstruktion ist, hat sie doch auch Limitierungen. Die Grenzen werden offenbar, wenn es gilt, logische Bedingungen zu definieren, mit Boole'schen Operatoren oder Textelementen (strings) zu arbeiten, Variablen mit Listenwerten zu belegen, Gültigkeitsbereiche von Parametern festzulegen oder mit nichtgeometrischen Attributen wie Farbe, Material etc. zu arbeiten. Die Konfiguratoren geben den parametrischen CAD-Systemen einen Logik-Überbau, der selbst keine Geometrie erzeugt, aber dazu dient, parametrische Modelle und Baugruppen mit den notwendigen Werten zu beliefern, die aus der regelbasierten Logik-Lösung kommen. Solche Verfahren wie iLogic verwenden eine einfache Programmiersprache zusammen mit angepassten Funktionen, um die parametrischen Modelle zu steuern. Dadurch bleiben die Anforderungen an die Programmierkenntnisse niedrig und die Möglichkeiten, die Lösung anzupassen und zu erweitern, sehr hoch. Die Logiklösung ist in der Lage, Produktmerkmale aufgrund von logischen Bedingungen zu unterdrücken. Sie erlaubt Antrieb A durch Antrieb B als Folge einer „if ... then ... else"-Bedingung zu ersetzen. Vor allem muss nicht jede mögliche Variante durch

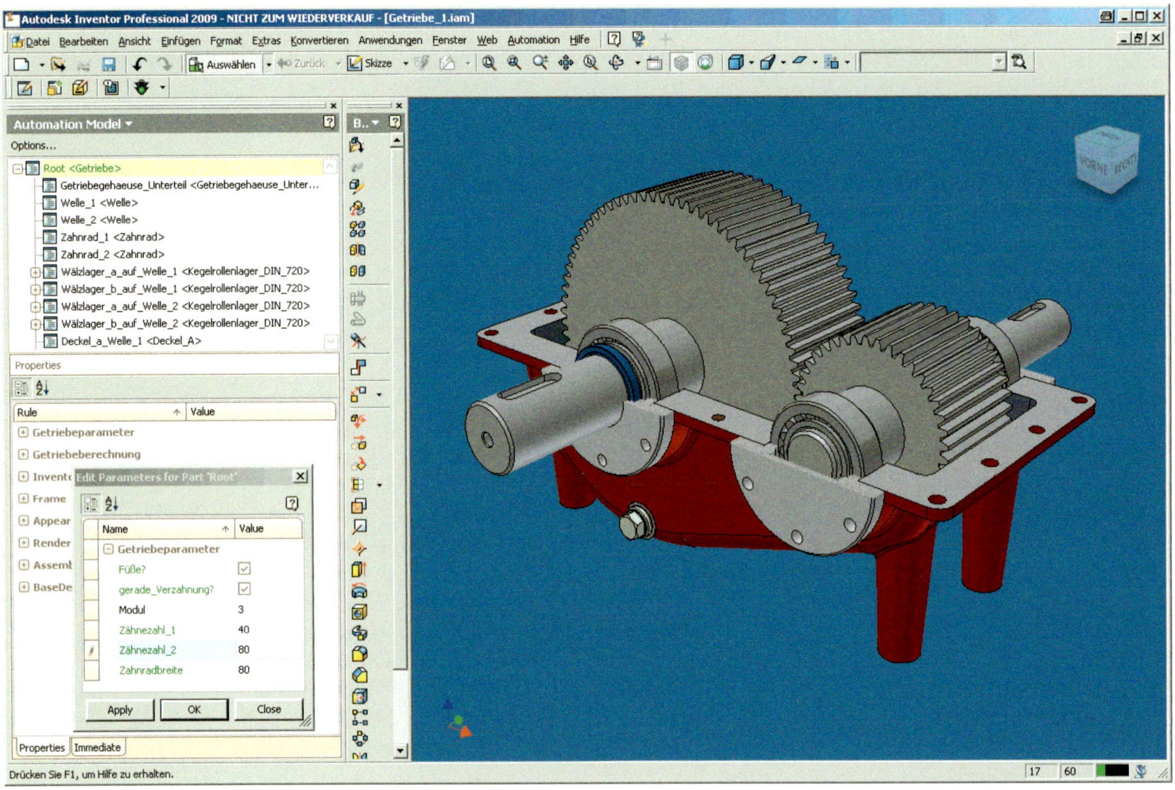

Bild 4.14: Konfiguration eines Getriebes mit Inventor Automation Professional anhand weniger Eingabeparameter. Links: Fenster mit variablen Eingabeparametern (grün) für dieses Getriebe. Mit geänderten Zähnezahlen erzeugt das System automatisch eine neue Getriebevariante (Quelle: Mensch und Maschine CAD-praxis GmbH).

eine Zeile in einer Tabellenkalkulation abgedeckt werden, wie das bei der Steuerung durch solche Spreadsheet-Tabellen notwendig ist, es sei denn, der Konstrukteur greift manuell ein. Ein regelbasiertes Logikmodul bietet somit wesentlich mehr Flexibilität als die rein parametrische Steuerung von Zusammenbauten über eine Tabelle.

4.5.2 Datenbankintegration

Noch einige Schritte weiter gehen Automatisierungslösungen, die datenbankorientiert arbeiten und daher noch mehr Flexibilität bieten, um Zeichnungsableitungen zu steuern und ergänzende Applikationen, wie etwa die Angebotserstellung mit einer Textverarbeitung zu integrieren. Lösungen dieser Art sind Expertensysteme oder Entwicklungsumgebungen zur Automatisierung, sowohl der Angebotserstellung als auch der kompletten CAD-Konstruktion. Anwendungsfälle gibt es in allen Branchen, man denke nur an die konfigurierbare Fördertechnik mit Gurt- und Rollenfördersystemen, an standardisierte Gebäudelifte, den Behälterbau in der Verfahrenstechnik oder den Fensterbau in der Gebäudetechnik.

Die Logik einer solchen Entwicklungsumgebung, wie sie Autodesk beispielsweise mit Inventor Automation Professional bietet, ist mehrfach wieder verwendbar und ermöglicht vollständige Applikationen, etwa die Automatisierung der Angebotserstellung der erwähnten Förderanlagen oder einer Hydraulikpresse einschließlich der Generierung der dazugehörigen Dokumentation und Fertigungsunterlagen. Sinnvollerweise baut ein erfahrener Entwickler mit entsprechendem Wissensvorsprung die Programm-Logik auf. Die einzelnen Anwender sollen sich nicht damit herumschlagen. Deshalb empfiehlt sich die Unterscheidung in einen Entwickler- und Anwender-Bereich. Der Entwickler muss die Konfigurationsregeln erfassen und in der wieder verwendbaren Logik festschreiben. Für seine Ausbildung sind zwei Wochen Training und kompetente Unterstützung in der Einführungsphase einzuplanen. Projekte dieser Art kann keinesfalls ein Konstrukteur neben seiner Tagesarbeit stemmen. Entwickler sollten neben einem Verständnis für die Konstruktionsaufgaben und die Anforderungen der Konfiguration einen Sinn für komplexe logische Strukturen mitbringen, nicht zwangsläufig die Kenntnis einer Programmiersprache (wenn die Automationslösung benutzerfreundlich genug ist). Die Anwender brauchen dagegen nur eine kurze Einweisung in die Bedienung und Randbedingungen eines so entstandenen „Produktkonfigurators“ oder einer „Konstruktionsautomation“.

4.5.3 Online-Produktkonfiguration

Ein Produktkonfigurator benötigt nur eine begrenzte Zahl von Parametern. Sobald alle notwendigen Daten und Optionen definiert sind, generiert er automatisch und fehlerfrei Angebote, alle Fertigungsunterlagen, Stücklisten, Datenblätter und 3D-CAD-Darstellungen. Wenn also nur wenige Eingaben nötig sind, ist es ein kurzer Weg, um eine solche Lösung online über eine Weboberfläche mit den nötigen Parametern zu versorgen. Dann braucht kein Vertriebsmitarbeiter mehr Hand anzulegen, der Endkunde selbst konfiguriert das gewünschte Produkt in seinem Webbrowser und erhält sofort eine perfekte 3D-Visualisierung. Voraussetzung dafür ist eine straffe und intuitiv bedienbare Applikation, die nicht zu viele Eingaben benötigt und Falscheingaben sicher abfängt. Der Vorteil: Konstruktion und Vertrieb werden von Routineaufgaben völlig befreit. Diese Kollegen können sich jetzt um kreative Aufgaben kümmern, die sich nicht automatisieren lassen.

Online-Selbstbedienungslösungen befreien den Vertrieb und die Konstruktion von Routineaufgaben.

4.5.4 Hohe Kostenvorteile erzielbar

Regeln sind das Grundgerüst solcher Automationslösungen. Sie beschreiben geometrische und räumliche Bedingungen, die Größe und Topologie (Ausprägung) von Komponenten und Baugruppen, berücksichtigen Normen und Standards, integrieren Berechnungen externer Programme oder Informationen aus Datenbanken, um beispielsweise eine Zahnradgeometrie, Materialverbrauch oder Preise zu berechnen, ergänzen Fertigungsinformationen, kalkulieren daraus Kosten und Preise, steuern und formatieren die Ausgabe in illustrierten Textdateien oder Spreadsheets zu kompletten Angeboten.

Innerhalb des CAD-Systems entwickelte Bauteile und Baugruppen übernimmt die Automationssoftware idealerweise direkt in ihre Regelmodelle und bietet damit enorme Zeitersparnisse. Der Entwickler fängt nicht bei null an, sondern nutzt vorhandene Konstruktionen. Die Stärken der Systeme ergänzen sich: Das CAD-System liefert die parametrischen Modelle und Baugruppen. Mithilfe der Automationslösung ergänzt der Entwickler diese zu einem regelbasierten Variantenmodell.

Wenn ein Unternehmen sein Produktangebot mit einem Produktkonfigurator beschreibt, unterwirft es sich einer sorgfältig geplanten Standardisierung, die in dem Automationsmodell formuliert ist. Diese Standardisierung führt für sich bereits zu beträchtlichen Kostenvorteilen in der Fertigung. Das Unternehmen ist zusätzlich in der Lage, kundenspezifische Produktkonfigurationen sehr effizient zu realisieren und damit seinen Kunden einen besonderen Service mit kurzen Lieferzeiten zu bieten. Die Automatisierung der Konstruktion und Angebotserstellung reduziert den Aufwand im Vertrieb und in der Produktentwicklung um bis zu 80 Prozent, wie die Erfahrung zeigt, sobald der Initialaufwand einmal geleistet ist. Wichtig ist allerdings, dass die Automationslösung mit überschaubarem Aufwand erstellt werden kann und flexibel anpassbar ist. Sie darf Weiterentwicklungen und Innovationen nicht behindern.

4.6 Kaufteile und Normteile

Lieber kaufen statt selber bauen!

Jedem Technikstudenten wird schon im Grundstudium eingetrichtert, welche Bedeutung Normen und Standards in der Fertigungsindustrie haben. Die Selbstdisziplinierung durch Standardisierung hat technische und vor allem ökonomische Gründe. In der Maschinenbaukonstruktion gilt deshalb schon lange die Regel: „Möglichst kaufen statt selber bauen". Normteile und Kaufteile sind immer weitaus kostengünstiger als eigene Entwicklung und Fertigung, vor allem wenn keine großen Stückzahlen erreicht werden. Eine Ausnahme von der Regel braucht eine gute Begründung. Bei vielen Konstruktionsaufgaben machen heute Norm- und Zukaufteile mehr als die Hälfte des Gesamtaufbaus aus. Entsprechend hoch ist das Einsparungspotenzial durch den Einsatz von digitalen Produktkatalogen, die obendrein den Aufwand der Zeichner und Konstrukteure vermindern. Kostendruck und globaler Wettbewerb zwingen die Maschinenbauer, alle Möglichkeiten zu nutzen, effizient, kostengünstig und schnell ihre Produkte auf den Markt zu bringen, ohne Kompromisse bei der Qualität. Standardisierung, intelligentes Variantenmanagement und ein niedriger Anteil an Eigenfertigung können dabei helfen, diese Ziele zu erreichen.

Die Lieferanten von Bauteilen und Komponenten erkennen zunehmend, dass ihre Kunden nicht nur ihre Bauteile brauchen, sondern auch die zugehörige CAD-Geometrie und alle übrigen beschreibenden Daten, die der Kunde direkt in sein PDM- oder ERP-System einlesen will. Daraus sind inzwischen komplexe Bereiche der Softwareentwicklung und ein eigenständiger Markt entstanden. Er wird von Firmen wie der Amberger TraceParts GmbH oder der Augsburger CADENAS GmbH unabhängig von den CAD-Herstellern bedient.

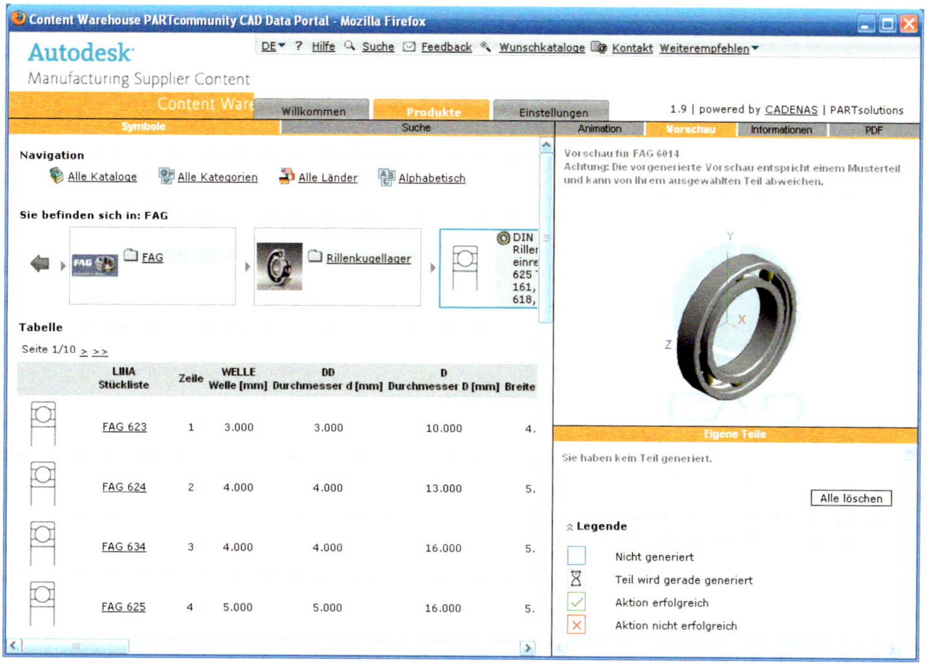

Bild 4.15: Supplier Content Center – Auswahl eines Zukaufteils (Quelle: http://autodesk.partcommunity.com)

Die Augsburger unterstützen die Lieferanten von Normteilen und Komponenten beispielsweise mit ihrer Softwarelösung eCATALOGsolutions, um elektronische Produktkataloge zu erstellen, zu verwalten und zu vermarkten. Der Kern dieser Software ist eine modulare Multimediadatenbank. Hier können Teilelieferanten ohne Programmierkenntnisse die Katalogstruktur, das Layout und sogar die CAD-Daten für alle gängigen CAD-Systeme erstellen, verwalten und bearbeiten. Die Produktdaten gelangen so komplett vorbereitet für den Einsatz zu der Stelle, an der die Entscheidung für das Zukaufteil fällt: zum Konstrukteur. Er wird die Komponente vorziehen, deren Geometrie er nicht erst noch modellieren muss. So bedienen die Hersteller, die mit CADENAS zusammenarbeiten, alle Medien, die zur Verbreitung der Produktinformationen infrage kommen und liefern dem Konstrukteur nicht nur die Geometrie der Kaufteile, sondern auch nichtgeometrische Informationen, Metadaten, Stücklisteninformationen und mehr. Die Konstrukteure können die elektronischen Kataloge in der Regel kostenlos nutzen, wobei die Katalog-Software dabei hilft, die Bauteile intelligent in die betrieblichen Prozesse und Systeme einzubinden.

Idealerweise gelangen die Kunden über einen Button im CAD-Menü direkt zum Supplier Content Center, einem Online-Portal, auf dem die digitalen Komponentenkataloge der bedeutenden Hersteller kostenlos zur Verfügung stehen. Dort wählen sie die gewünschten Komponenten aus und laden sie im korrekten Format des Zielsystems direkt in ihre Baugruppe. Die Kaufteilebibliothek erspart den CAD-Anwendern den Modellieraufwand für die Lieferantenteile und hilft Fehler zu vermeiden, denn die Katalogdaten sind aktuell, ihre Qualität ist durch Hersteller-Qualifikationen sichergestellt.

Modelldaten von Kaufteilen am besten kosten- und fehlerfrei vom Hersteller beziehen!

4.6.1 Teilemanagement

Die Augsburger Katalogspezialisten nutzen ihre Erfahrungen, um durch eine Optimierung des Teilebestands in den Unternehmen, durch Wiederverwendung vorhandener Teile und Erhöhung des Anteils an Kaufteilen Entwicklungs- und Produktionskosten zu senken.

Produktkosten werden vor allem in der Konstruktion festgelegt.

Die Kosten eines Produkts oder einer Konstruktion werden vor allem in der Entwicklungsphase festgelegt. Ist das Produkt erst einmal ausgelegt, definiert, erprobt und die Fertigung angelaufen, führen Konstruktionsänderungen zu einem hohen Aufwand. In vielen Unternehmen des Maschinenbaus gibt es noch Produktivitätsreserven und ungenutzte Einsparungspotenziale, die sich durch ein konsequentes Teilemanagement aktivieren lassen. In der Regel finden sich bei einer detaillierten Analyse bereits im Teilebestand viele Redundanzen und damit verbundene Einsparungsreserven. Eine solche Untersuchung kann sehr lohnend sein. Gleichermaßen wirksam und ebenfalls notwendig ist aber das Teilemanagement in der Konstruktion vor der Freigabe für die Produktion.

Die Pflege eines Datensatzes für ein Teil kostet 500 bis 2.000 € jährlich, die Neuanlage weitere 1.000 €.

Studien und Analysen von Großunternehmen zeigen, dass allein für die Pflege der Datensätze eines in den Datenbanken abgespeicherten Bauteils 500 bis 2.000 € jährlich aufzuwenden sind. Für die Neuanlage eines Teils sind zusätzlich bis zu 1.000 € zu veranschlagen. Diese Beträge gelten für Kaufteile. Hier ist noch nicht die Rede von den Entwicklungs- und Fertigungskosten. Wenn nun die Konstrukteure keine geeigneten Werkzeuge haben, um festzustellen, welche Bauteile bereits im System vorhanden sind, oder nur unzureichenden Zugriff auf bereits abgelegte Teile haben, dann werden viele Teile doppelt und mehrfach angelegt und diese Kosten entsprechend vervielfacht. Das Einsparungspotenzial durch eine bessere Bauteile-

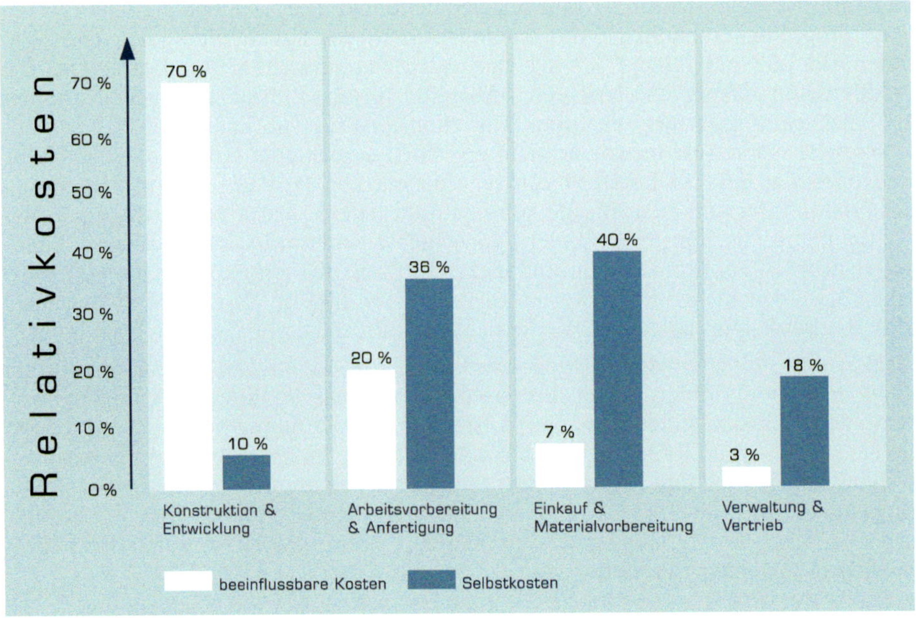

Bild 4.16: Produktkostenoptimierung: beeinflussbare Kosten (Quelle: Cadenas)

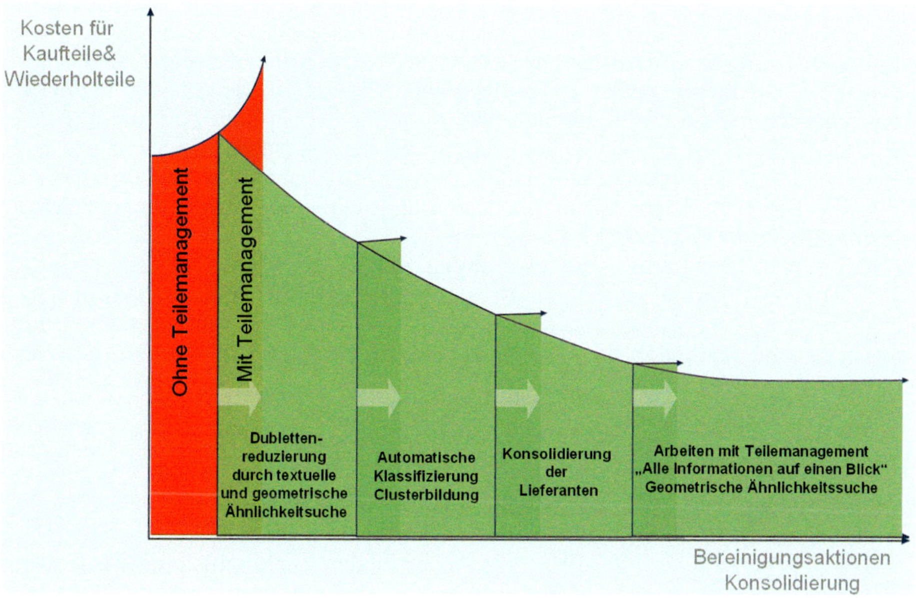

Bild 4.17: Ziel des Teilemanagements: Konsolidierung des Teilestamms (Quelle: Cadenas)

ökonomie und die Reduzierung aller im Unternehmen befindlichen Dubletten ist enorm.

Es ist mühsam, ohne systematische Ablage die Teile und alle relevanten Unterlagen einer Baugruppe zusammenzusuchen. Deshalb macht sich eine geordnete Produktdatenverwaltung (siehe Kapitel 10, PDM – Rückgrat der digitalen Entwicklung, Seite 221) schnell bezahlt. Sie erleichtert das Wiederfinden und die Wiederverwendung vorhandener Bauteile und Konstruktionen und spart im günstigsten Fall – nämlich dann, wenn ein vorhandenes Teil zum Einsatz kommt, statt eines neu zu konstruieren – bis zu 100 Prozent des Konstruktionsaufwandes und einen großen Teil der Fertigungskosten. Der geringe Mehraufwand für die systematische Datenverwaltung von Anfang an zahlt sich schnell aus.

Selbstkonstruieren und Bauen ist durchschnittlich zwölfmal so teuer wie ein gleichwertiges Kaufteil einzusetzen.

Einschlägige Studien stellen fest, dass ein Ingenieur, der eine Komponente selbst konstruiert und produzieren lässt, durchschnittlich zwölfmal so hohe Kosten verursacht, als wenn er ein gleichwertiges Kaufteil einsetzen würde. Da in vielen Konstruktionen der größte Teil der Komponenten mit Kaufteilen abgedeckt werden kann, ist es besonders wichtig, dass der Ingenieur nicht nur gut über das Produktportfolio im Haus informiert ist, sondern auch über die Produkte, die auf dem Markt erhältlich sind.

4.7 Große Baugruppen

Die Projekte, die 3D-CAD-Anwender heute in Angriff nehmen, werden immer größer. Die Entwicklung großer Industrieanlagen, Spezialfahrzeuge oder komplexer Transportsysteme, um nur einige Beispiele zu nennen, stellt hohe Anforderungen an die Konstruktionssysteme. Die Leistungsfähigkeit der grafischen Arbeitsplatzsysteme wuchs zwar in den letzten Jahrzehnten exponentiell und die Kosten für CAD-Hardware fielen im selben Maße, doch die Baugruppen der Anwender wachsen im Gleichschritt mit der Leistung und den Speicherkapazitäten der Rechner, sodass die Wünsche nach Performance-Verbesserungen wohl nie endgültig befriedigt werden. Die CAD-Konstrukteure wagen sich an zunehmend komplexere Konstruktionen, mit denen sie an die Leistungsgrenzen der jeweils vorhandenen Systeme stoßen. Entsprechend sind Methoden, Regeln, Tipps und Tricks gefragt, die helfen, innerhalb dieser Grenzen besser zurechtzukommen.

4.7.1 Was sind „große" Baugruppen?

Auf diese Frage gibt es unterschiedliche Antworten, je nachdem, in welcher Branche sie gestellt wird. Im Fahrzeugbau gilt die Konstruktion eines Motors als komplexe Baugruppe. Die Zahl der Einzelteile ist zwar nicht sehr hoch, schätzungsweise wenige Hundert, aber die Komplexität der Teile – man denke nur an den Motorblock – ist sehr groß (Bild 4.18, links). Im Anlagenbau sind dagegen die einzelnen Teile eher einfach gestaltet, aber die Vielfalt und Anzahl kann bei großen Anlagen extrem hoch sein (Bild 4.18, rechts) und die Leistungsfähigkeit einer Workstation bis an die Grenzen beanspruchen. Mehrere Zehntausend Einzelteile sind keine Seltenheit.

Bild 4.18: Große Baugruppen: Im Fahrzeugbau ein Motor, im Anlagenbau eine große Produktionsanlage (Quelle: Autodesk)

4.7.2 Wie lässt sich die System-Performance optimieren?

Es gibt eine Reihe von Faktoren, die eine Auswirkung auf die Leistung eines CAD-Systems haben und damit die Produktivität des Anwenders beeinflussen. Einige davon hat der Anwender selbst in der Hand, andere kann der Arbeitgeber oder der IT-Leiter steuern, entweder durch organisatorische Maßnahmen oder durch gezielte Investitionen in neue Hardware. Wartezeiten vor dem Bildschirm sind teuer, deshalb lohnen sich eine gute Planung der Arbeitsweise und ein leistungsfähiger PC.

4.7.2.1 Methodische Arbeitsweise, Regeln

Teile so einfach wie möglich und nur so genau wie nötig darstellen und fertigen!

Die beste Hardware ersetzt keine vorausschauende und methodische Konstruktion. Ganz unabhängig von der CAD-Technik hat der Konstrukteur zunächst seinen fachlichen Regeln zu folgen: Die gewünschte Funktion bestimmt die Form seines Bauteils. Die Form legt zum großen Teil die Kosten fest. Deshalb gilt es, eine einfache Gestaltung zu finden, welche die Produktionskosten minimiert – so einfach wie möglich und nur so genau wie nötig.

Auch beim Einsatz der CAD-Technologien gilt es, überlegt vorzugehen, um das Potenzial der Software optimal zu nutzen. Viele Unternehmen planen deshalb eine CAD-Einführung generalstabsmäßig – und sie tun gut daran. Das bedeutet: Definition von Vorlagen, von firmenspezifischen Normen und Regeln, auch die Festlegung von Detaillierungsgraden, die einen Einfluss auf das Datenvolumen und damit die Performance von großen Baugruppen haben. Dieser Einfluss multipliziert sich, wenn Bauteile sehr häufig in einer Konstruktion vorkommen. Deshalb sollte der Anwender darüber nachdenken, ob ein Standardbauteil bis ins Detail ausmodelliert oder in einer vereinfachten Darstellung in Baugruppen verwendet werden soll (Bild 4.19). Das gilt analog für Kaufteile, die ja nicht intern gefertigt werden müssen. Eine reduzierte Darstellung von Kaufteilen und Normteilen wird in den meisten Fällen ausreichen und gleichzeitig die Rechner- und Speicherkapazitäten entlasten. Selbst im Sondermaschinenbau sind oft 30 bis 40 Prozent des Teilespektrums Kaufteile. Wenn diese getreu bis ins letzte Detail in der Konstruktion eingesetzt werden, belasten sie unnötig die vorhandenen Ressourcen und kosten Konstruktionszeit.

Diese verbindlichen Regeln und Methoden schreiben viele Firmen in einem Konstruktionshandbuch fest, das meist erfahrene Konstrukteure zusammen mit Fachleuten des Herstellers oder des betreuenden Systemhauses erstellen.

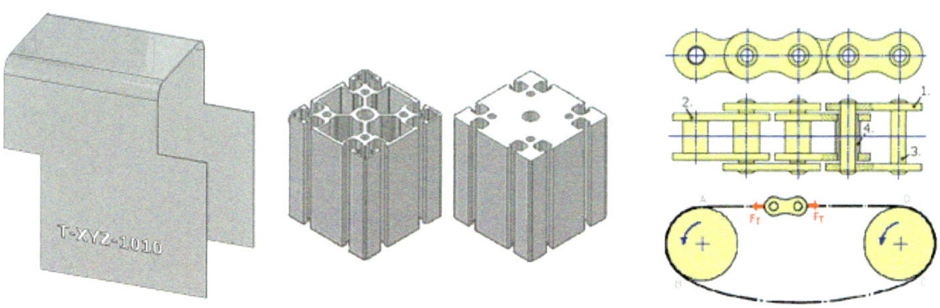

Bild 4.19: Detaillierungsgrad von Kaufteilen und Normteilen prüfen: Kann die Schrift wegbleiben? Das Profil vereinfacht werden? Brauchen wir die Darstellung jedes Kettengliedes?

4.7.2.2 Vorausschauend konstruieren

Bild 4.20:
Bauteilvereinfachung – Dateigröße mit Zahnkranz, Radien und Fasen: 1MB bzw. ohne: 0,2 MB

Es lohnt sich, bei der Konstruktion von Einzelteilen bereits an mögliche Folgen für die spätere Arbeit mit großen Baugruppen zu denken. Bei der Übernahme von 2D-Daten in das 3D-System sollte der Anwender nicht wahllos vorgehen, keinen unnötigen Datenmüll im Hintergrund anhäufen und fortan mitschleppen, sondern nur die Daten übernehmen, die wirklich gebraucht werden.

Hier einige Tipps:

- Das Weglassen von Details (Bild 4.20) reduziert in der Regel den Speicherbedarf stark. Features wie Radien, Fasen, Spiegelungen sind effizienter und einfacher zu handhaben als entsprechende Geometrien, die dediziert über Skizzen definiert wurden.
- In Bauteilen eingeprägte oder eingestanzte Firmenlogos sind sehr datenintensiv und sollten nur sehr eingeschränkt zum Einsatz kommen.
- Bei Wiederholteilen und Kaufteilen sollten bevorzugt vereinfachte Ersatzdarstellungen und Hüllgeometrien verwendet werden. Eine Schraube mit ausmodelliertem Gewinde ist nur selten notwendig!
- Umfangreiche Elementanordnungen auf Bauteilen sind möglichst zu unterdrücken, auf unnötige Details in Bauteilen ist zu verzichten. Die Modellierung von Gewinde, Rundungen und Zahnradzähnen ist unsinnig, wenn diese Details für die Fertigung nicht erforderlich sind.
- Redundanzen wie unnötige Abhängigkeiten, redundante Konstruktionselemente oder Teile, unnötige Komplexität sollten vermieden werden.
- Komponentenanordnungen (auch Muster oder Patterns genannt, für rechteckige oder kreisförmige Anordnungen) sind effizient und deshalb zu bevorzugen. Diese Darstellungsweise spart Speicherplatz, weil die wiederholte Komponente nur einmal definiert wird und zusätzlich lediglich noch die Positionen gespeichert werden.
- Ersatzobjekte sind oft sinnvoll, um eine gesamte Baugruppe durch eine einzige Bauteildatei zu ersetzen. Viele Komponenten werden dabei in einem einzigen Teil zusammengefasst. Das System kann das einzelne Teil schneller öffnen als eine Vielzahl und benötigt weniger Speicher dafür.
- Vereinfachte Ersatzkörper sind sehr nützlich, beispielsweise die leere Hülle einer Baugruppe, ein Zylinder, ein Quader, wenn das System diese Möglichkeiten einfach unterstützt und wo der Anwendungsfall es erlaubt. Autodesk Inventor bietet

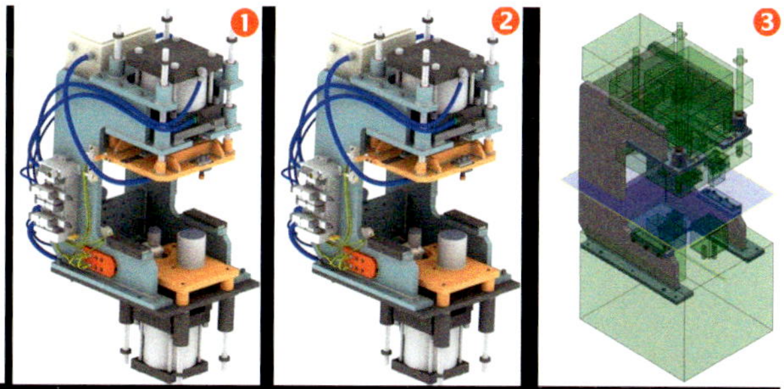

Verbrauchter Speicher [MB]	269	195	45
Geöffnete Bauteile/Baugruppen	212	1	1
Gesamtanzahl Bauteile/Baugruppen	632	2	2

Bild 4.21: Reduzierung des Speicherbedarfs für eine abgeleitete Baugruppe (2) als einzelnes Teil und die automatische Erstellung virtueller Ersatzkörper (3) (Quelle: Autodesk)

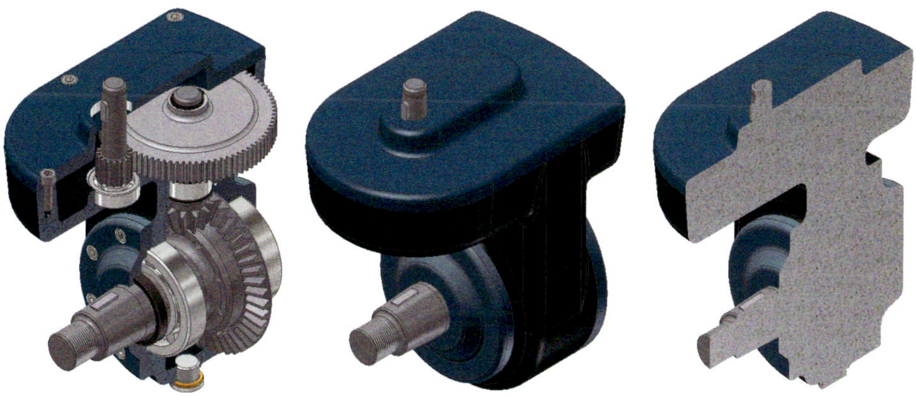

Bild 4.22: Darstellung einer Baugruppe, z. B. eines Kaufteils, als Hüllmodell (Shrinkwrap), um die Datenmenge zu reduzieren (Quelle: Autodesk)

z. B. eine Funktion, um automatisch eine Hüllmodell (engl. „Shrinkwrap“) als Ersatzmodell zu erzeugen. Das Innenleben des Modells wird dabei ignoriert. Der Anwender kann aber auch Zwischenstufen wählen und mehr oder weniger detailliert Teile der Baugruppe darstellen oder vereinfachen, beispielsweise Bohrungen überdecken. Das Ergebnis ist in allen Fällen eine reduzierte Datenmenge, einfachere Handhabung der Gesamtkonstruktion und verbesserte Performance der Anwendung. Eine realitätsnahe Visualisierung der Baugruppe kann erhalten bleiben. Für einen Gebäudeplaner, der lediglich die Anordnung von Maschinen festlegen muss, reicht das Hüllmodell einer Maschine. Im Hinblick auf den Schutz von Firmen-Know-how kann diese Funktion sicherstellen, dass externe Empfänger der Daten nur die notwendigen äußeren Geometrien, ohne das Innenleben einer Baugruppe oder einer Komponente, erhalten. Das Know-how des Herstellers bleibt so geschützt. Diese Funktion ist deshalb eine ideale Lösung für Kaufteile: Sie bietet ein gute Darstellung der Außenkontur bei geringem Speicherbedarf.

- Wenn möglich, sollte in der Baugruppendatei die Sichtbarkeit von datenintensiven Teilen wie Windungen und Federn deaktiviert werden.
- Große Baugruppen sollte man nur mit den aktuell benötigten Komponenten darstellen, um die Grafikperformance zu verbessern.
- Günstig sind Darstellungen, in denen Unterbaugruppen mit bestimmten Farben dargestellt werden, um sie besser unterscheiden und verwalten zu können.
- Der Anwender sollte die Parameter und Einstellungen kennen, die das jeweilige System bietet, um die Darstellung von Details so einzurichten, dass die Detailtreue – bei optimaler Systemperformance – ausreicht.

4.7.2.3 Hardware, Netzwerk, Software

Dicke Hardware ist nicht alles! Kosten und Nutzen müssen in einer vernünftigen Relation zueinander stehen. Die Hardware ist dem Zweck entsprechend zu konfigurieren. 3D-CAD-Software ist komplex und ihre Anwendung stellt in der Regel hohe Ansprüche. Deshalb sollten die Prozessoren für CAD-Systeme bei Neuanschaffungen immer aus den aktuell leistungsfähigsten Produkten ausgewählt werden. Entscheidend ist der verfügbare Hauptspeicher. Für komplexe Konstruktionen ist ein großzügiger Ausbau zu empfehlen, 32 GB sind nicht unvernünftig. Beachten Sie die Empfehlungen der Softwarehersteller! Ein 32-Bit-Windows-Betriebssystem kann maximal 4 GB Hauptspeicher adressieren. Davon stehen nur 2 GB für Anwendungen zur Verfügung, 2 GB sind für das System reserviert (außer man nutzt den sog. 3-GB-Switch). Deshalb ist ein 64-Bit-Betriebssystem die Voraussetzung, um mehr Hauptspeicher zu nutzen: Windows XP Professional x64 Edition (SP2), Windows Vista 64-Bit (SP1) oder Windows 7. Damit sind schon die Plattformen genannt, die heute für die 3D-Konstruktion sinnvoll sind.

Achten Sie auf die Herstellerempfehlungen und -Zertifizierungen der geeigneten Grafikprozessoren sowie die Unterstützung der wichtigen Grafik-APIs wie Direct3D 9 und Direct3D 10.

Die Verwendung schneller Festplatten ist sinnvoll, damit Lese- und Schreibvorgänge das System nicht abbremsen. Eine regelmäßige Defragmentierung kann die Zugriffszeiten verbessern. Wenn ein PDM-System die Konstruktionsdaten auf einem zentralen Server verwaltet, holen die Anwender die Daten regelmäßig über das Netzwerk und arbeiten über das LAN zusammen. Auch Normteilbibliotheken sind üblicherweise zentral installiert. Damit keine Wartezeiten entstehen, ist eine ausreichende Bandbreite für das lokale Netz erforderlich.

Es ist ratsam, sich in allen Fragen der Hardware-, Netzwerk- und Softwarekonfiguration von kompetenten Fachleuten des Softwarelieferanten beraten zu lassen.

Ein wichtiger Aspekt ist auch der Versionsstand der CAD-Software. Sie wächst nicht nur an Funktionsumfang, sondern erhält laufend Verbesserungen, etwa die Unterstützung neuer Hardwarekomponenten, die der Produktivität der Benutzer zugutekommen.

Weitere Möglichkeiten, die Systemperformance bei großen Baugruppen hochzuhalten, liegen in den Konfigurationsmöglichkeiten der jeweiligen CAD-Software. Viele komfortable Funktionen der Software brauchen zusätzliche Rechenleistung, Hauptspeicher- oder Festplattenkapazität und verschlechtern die Antwortzeiten. Es ist zu prüfen, ob auf die eine oder andere Funktion nicht besser verzichtet wird.

4.8 Parametrische oder direkte Modellierung

Fast zwei Jahrzehnte lang galt die historienbasierte, parametrische Modellierung als das Nonplusultra der 3D-CAD-Konstruktion. Bei dieser Technik werden die Modellierungsoperationen in einem Feature-Baum sequenziell abgespeichert. So wird die Modellierung für den Rechner in eine Reihe von Teilschritten (Features) aufgeteilt und in sequenzieller Abfolge (als sogenannte History) berechnet. Die direkte Modellierung konnte sich dagegen nicht durchsetzen. Einer der Gründe: Die CAD-Workstations boten bis vor wenigen Jahren nicht genug Rechnerleistung, um komplexe Modelloperationen ausreichend flott durchzuführen. Das hat sich geändert. Heute besitzen durchschnittliche CAD-Arbeitsplätze genug CPU- und Grafikpower, um beide Techniken sogar gleichzeitig zu unterstützen.

4.8.1 Parametrik ist ideal – aber nicht für alles

Die geometrischen Größen sind in parametrischen Konstruktionen variabel abgelegt und werden über die Bemaßung gesteuert. Auf diese Weise lassen sich durch simple Maßänderungen Modifikationen der Konstruktion durchführen oder Varianten erzeugen. Das entspricht der Idealvorstellung der Ingenieure. Allerdings erfordert die Parametriktechnologie eine geplante und überlegte Vorgehensweise, die Vergabe von geometrischen Abhängigkeiten wie „parallel“, „tangential“, „konzentrisch“, „koplanar“ oder „lotrecht“. Sie wird zwar durch exzellente Unterstützung der Software erleichtert, aber bei komplexen Teilen nimmt der Aufwand zu und wird als enges Korsett empfunden. Die Schwierigkeiten wachsen, wenn Anwender die Konstruktion eines Kollegen übernehmen, die Intentionen des Kollegen herausfinden und seinen Entwurf weiterbearbeiten wollen. Zudem sind die parametrischen Eigenschaften nicht für jede Konstruktion und für alle Komponenten notwendig. Und wenn Fremddaten via STEP oder direkt zu übernehmen sind, stehen überhaupt keine Features zur Verfügung.

Die simplere Direktmodellierung, die es ja schon lange gibt, führt in diesen Fällen mit weniger Nachdenken und Planung schneller zum Ergebnis. Die Übergabe einer Konstruktion ist einfacher. Moderne Software- und Hardware-Technologien sorgen für ein Revival der älteren Methode. Deshalb wandelt sich in der Branche gerade das Meinungsbild und die direkte Modellierung gewinnt zusehends Unterstützung.

Anwender wollen die Vorteile beider Technologien: der parametrischen und der direkten Modellierung.

4.8.2 PTC: CoCreate

Die Branche horchte auf, als PTC (Parametric Technologie Corporation), Hersteller und Pionier der parametrischen 3D-Modellierungssoftware Pro/Engineer, im Jahr 2006 die Übernahme von CoCreate verkündete. Vor allem erklärte die Firma, sie wolle „mit dieser Übernahme sämtliche gängigen Modellierungskonzepte abdecken – parametrische sowie explizite Modellierung, abgeleitete Modellerstellung und 2D-Konstruktion", und weiter: Jedes dieser Modellierungsverfahren biete in Verbindung mit dem PTC-Produktentwicklungssystem einen klaren Wettbewerbsvorteil gegenüber anderen Anbietern der Branche. Für den Außenstehenden entstand damals der Eindruck: PTC ist vom Glauben abgefallen. Heute bietet PTC die direkte oder – wie es bei PTC heißt – explizite Modellierung der CoCreate-Produktfamilie parallel neben seiner Parametrik-Produktlinie Pro/Engineer an. Inzwischen macht sich die Einsicht breit: Es gibt tatsächlich eine Berechtigung für beide Methoden.

4.8.3 Synchronous-Technologie von Siemens PLM Software

Zwei Jahre später trat Siemens PLM Software mit ähnlichen Absichten vor die Presse. Im April 2008 kündigte das Unternehmen seine Synchronous-Technologie an, die einen Schritt weitergehen und die Vorteile der parametrischen und direkten Modellierung kombinieren soll. Siemens integriert die Technologie in seinen Produktfamilien NX und Solid Edge. Erste Schritte dieser Integration sind bereits erfolgt und in den jüngsten Produktversionen auf dem Markt. Auch Siemens lobt die Vorteile der direkten Modellierung, vor allem ihre Geschwindigkeit bei unvorhergesehenen Konstruktionsänderungen und ihre Flexibilität bei der Bearbeitung importierter Fremdgeometrie, die direkt weiterverarbeitet werden kann, ohne sie neu zu modellieren. Auch für Anwender ist die direkte Modellierung einfacher zu handhaben. Allerdings wäre die traditionelle direkte Modellierung laut Siemens nicht gut geeignet für die Konstruktion von Bauteilefamilien und Produktfamilien. Die optimale Lösung sieht der Hersteller in seiner kombinierten Technologie, die komplexe Konstruktionen ermöglicht, die mit der parametrischen Methode nicht möglich wären.

4.8.4 Autodesk Inventor Fusion

An Autodesk gingen diese neuen Trends nicht vorbei. Die Kalifornier beschäftigen sich seit einigen Jahren mit diesem Thema. Die voranpreschenden Konkurrenten holten sie aus der Deckung. Im Dezember 2008 führten sie ihre Entwicklung namens Inventor Fusion, eine feature-basierte Direkt-Modellierungssoftware, erstmals Kunden vor. Der Name ist Programm: Inventor Fusion will eine nahtlose Integration der Direktmodellierung und der parametrischen Modellierung herstellen. Featurebasiert bedeutet, dass die Software mit funktionalen Bauteilformen und intelligenten Eigenschaften (Features) arbeitet, die ein CAD-System interpretieren kann, beispielsweise typischen Maschinenbau-Formelementen wie Bohrungen mit zylindrischen oder konischen Senkungen. Mehr noch: Inventor Fusion erkennt die Features importierter Modelldaten, etwa Rundungen (Fillets), Senkbohrungen, Taschen oder andere häufig vorkommende Formelemente, egal aus welchem System das Modell kommt, und erzeugt einen Feature-Baum. Anschließend erlaubt es die Software, solche importierten Konstruktionen einfach und problemlos zu modifizieren und weiterzubearbeiten.

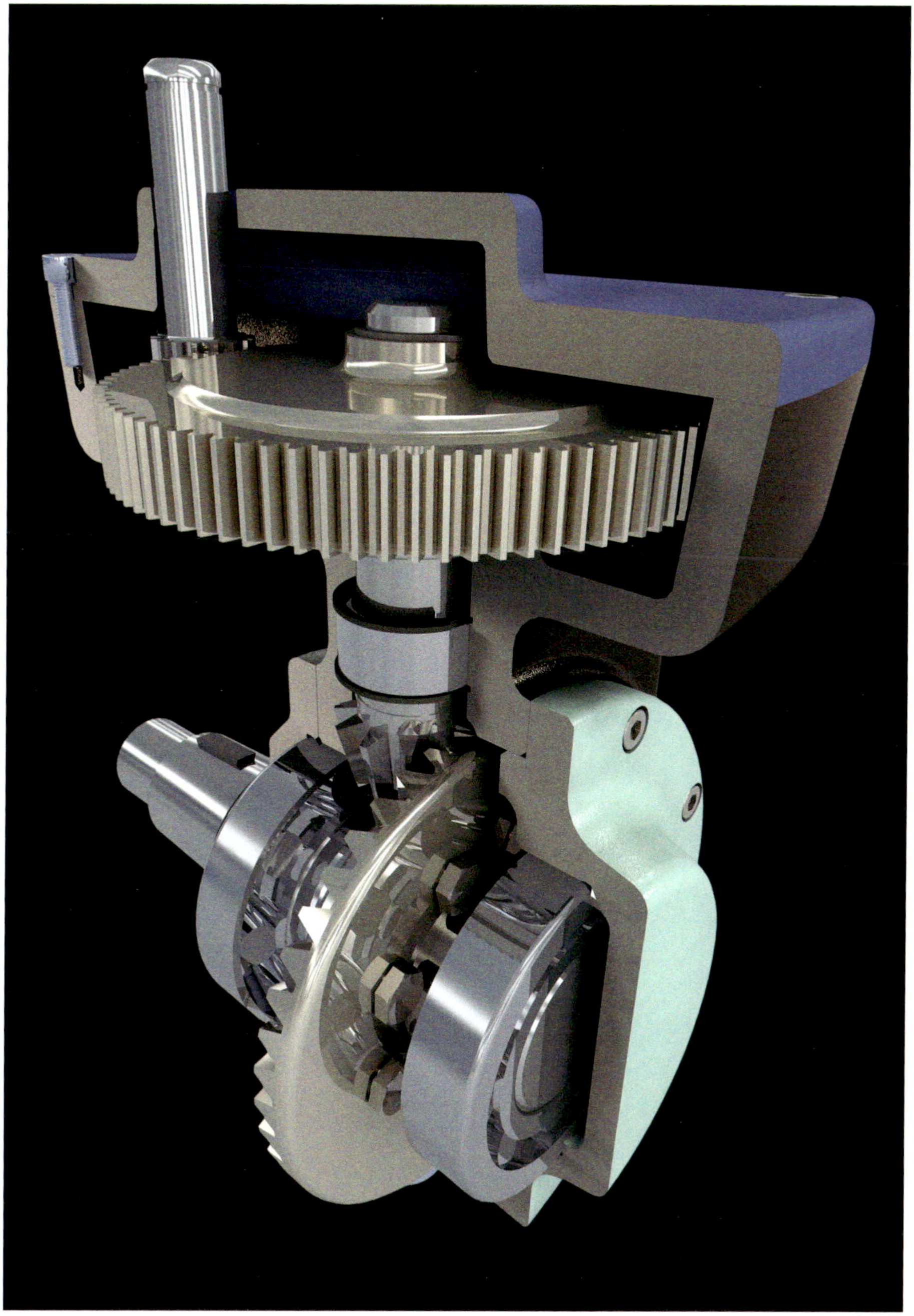

Bild 4.23:
Inventor-Fusion-Baugruppe
(Quelle: Autodesk)

Inventor Fusion steht derzeit (Feb. 2010) als öffentliche, sogenannte Technology Preview Software, kostenlos und unverbindlich für den Download und Test zur Verfügung. Die Prototyp-Software läuft unabhängig von Inventor als kompaktes und eigenständiges Produkt und ist deshalb einfach und schnell zu installieren. Sie verlässt in vielerlei Hinsicht die eingetretenen Pfade, sowohl bei der grundlegenden Modellierung als auch bei der Anwenderoberfläche, und greift die bewährten Funktionen der bekannten Autodesk-Produkte auf: von AutoCAD etwa die direkte Art der Bemaßung, von Inventor beispielsweise die Methode, Bögen ohne Befehl zu erzeugen, und neue Bedienkonzepte von Alias. Insofern bedeutet der Name Fusion auch eine Verschmelzung der besten Teile aus den Anwenderoberflächen der Autodesk-Bestseller. Fusion ist für eine dynamischere Arbeitsweise vorbereitet, als sie bei traditionellen Produkten zu finden ist. Der Anwender sieht das Ergebnis einer Bearbeitung nicht erst nach Abschluss eines Befehls, sondern agiert mit dem Cursor, der das Modell in Echtzeit verlängert, verkürzt, eine Tasche anpasst, eine Bohrung vergrößert oder verschiebt.

4.8.4.1 Weniger ist mehr

Die reduzierte, neu organisierte Benutzeroberfläche gehört zu den Besonderheiten von Inventor Fusion. Radial an der Cursorposition angeordnete Menüs, mit kontextsensitivem Angebot an möglichen Optionen, bieten sofortigen Zugang zu den gera-

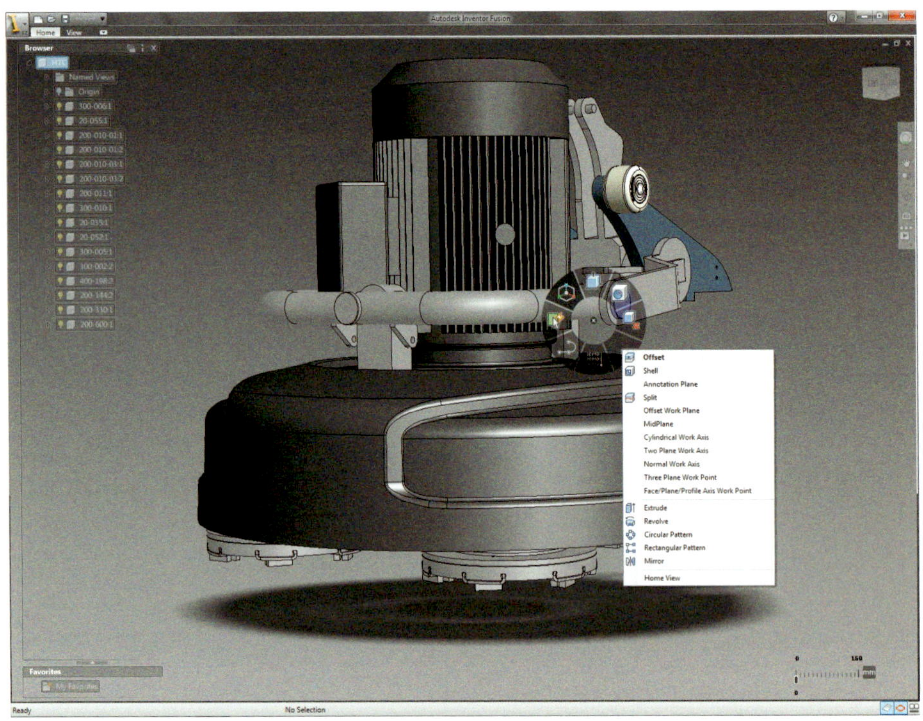

Bild 4.24:
Die Benutzeroberfläche der Inventor-Fusion-Technologie fokussiert den Anwender auf die direkte Manipulation und Bearbeitung der Konstruktion, ohne Ablenkung durch Dialogfenster und umfangreiche Menübereiche (Quelle: Autodesk).

de benötigten Befehlen. Mausbewegungen und Ablenkung durch Werkzeugleisten und Dialogfenster werden minimiert. Den sogenannten Modellbrowser, der die Struktur eines Modells darstellt, blendet die Software transparent ein. Auf diese Weise verdeckt er keine Grafikfläche.

Viele der Menübefehle weisen eine erweiterte Anwenderführung auf. Bei der ersten Berührung mit dem Cursor erscheint eine Kurzbeschreibung des Befehls, bei weiterem Verharren des Cursors auf dem Menüfeld expandiert diese Hilfestellung zu einer ausführlichen Beschreibung mit erklärenden Grafiken. Diese Technik hilft, sich in die Software-Bedienung einzuarbeiten, ohne dicke Handbücher zu wälzen, und entspricht den Gewohnheiten der Online-Profis von heute.

Die meisten Funktionen stehen direkt an der Cursorposition über das Mausmenü zur Verfügung, das in den Alias-Produkten vor einigen Jahren eingeführt wurde und als Ersatz für kontextsensitive Menüs unter der rechten Maustaste dient. Fusion kombiniert die beiden Techniken, das neue radiale Mausmenü und die gewohnten Dropdown-Menüs. Die Befehlsauswahl im Mausmenü erfolgt durch radiale Cursorschwenks (auch „Mausgesten" oder engl. „mouse gestures" genannt) auf dem kürzesten Weg, ohne Irrfahrten quer über den Bildschirm.

Ein Novum ist die „Triade", ein 3D-Symbol, das die Ansteuerung aller 3D-Transformationen unterstützt: Translationen, Rotationen und Skalierungen. Neu ist auch der Auswahlstreifen, der dabei hilft, übereinanderliegende Elemente wie aus einem Filmstreifen auszuwählen. Die Navigation mithilfe von Steuerrädern (Navigation Wheels) im 3D-Raum, die Inventor-Anwender schon kennen, wurde in Fusion weiter ausgebaut. Die Software kennt verschiedene Arten von Steuerrädern, die an unterschiedliche Navigationsaufgaben angepasst sind, etwa für die 2D-Navigation, die Manipulation großer Objekte oder den Spaziergang durch ein virtuelles Gebäude.

4.8.4.2 Freies Skizzieren und Modellieren

Die Fusion-Werkzeuge gestatten das intuitive, schnelle und einfache Skizzieren von Konstruktionsideen und Formen. Mit kontextsensitiven Schiebe- und Ziehfunktionen lässt sich die Skizze modifizieren und anpassen. Direkte Modellierung bedeutet für den Bediener, dass er sein Modell intuitiv bearbeiten kann. Er verwendet Funktionen, die sich anfühlen wie handwerkliches Arbeiten: Er zieht, drückt oder kippt Kanten und Flächen seines Modells in die gewünschte Richtung und muss sich dabei nicht um Abhängigkeiten kümmern. Hilfen wie automatische Bemaßungen, Echtzeitvisualisierung der Zeichnungen und der Geometrieverhältnisse stellen sicher, dass die Anwender rasch zum gewünschten Ergebnis kommen.

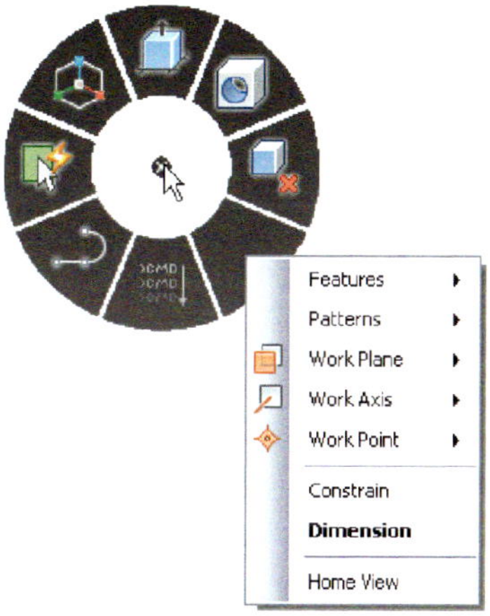

Bild 4.25: Radial angeordnete Mausmenüs

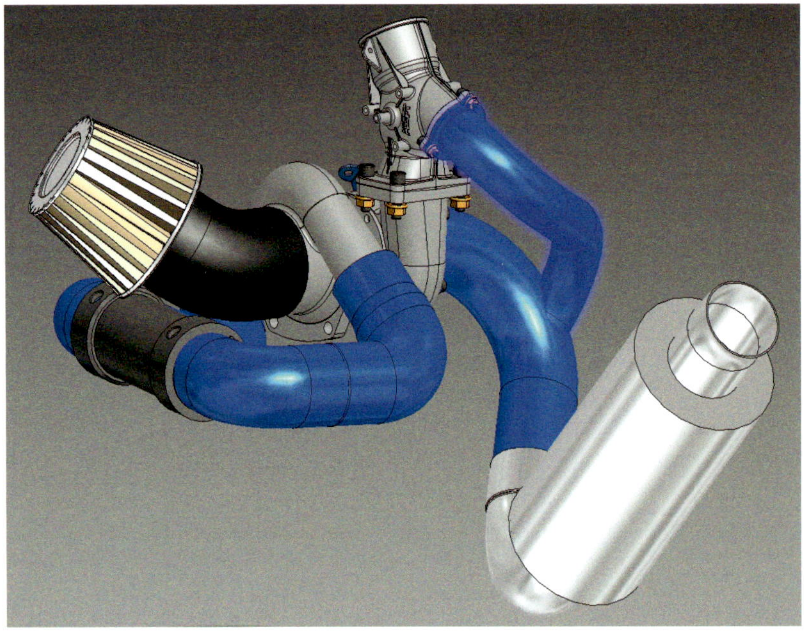

Bild 4.26: Rohrkonstruktion in Inventor Fusion (Quelle: Autodesk)

Inventor Fusion erlaubt die bewegliche Definition oder Änderung der Produktstruktur. Mit der Struktur importierter Daten zu arbeiten, war mit den gewohnten Systemen immer problematisch. Die neue Software zeigt gerade darin Stärken: in der Erkennung und Bearbeitung von Features und Strukturen importierter Konstruktionen. Auch bei der Manipulation der Produktstruktur oder der Erzeugung neuer Komponenten und Baugruppen aus 3D-Elementen per Drag&Drop agiert die Software flexibel.

4.8.4.3 Direkte Änderungen

Inventor Fusion erlaubt das Öffnen und Modifizieren vorhandener parametrischer Modelle mit seinen direkten Modellierungsfunktionen. Der Benutzer ist dabei nicht durch die vorhandene Historie und bestehende Abhängigkeiten eingeschränkt. Ein Change Manager analysiert diese direkten Änderungen und hilft beim Update der Modellhistorie. Der Anwender kann die Vorschläge des Change Managers übernehmen und das Update automatisch durchführen lassen. Er kann aber auch jede Änderung einzeln bearbeiten, annehmen oder verwerfen. Er hat außerdem die Möglichkeit, Parameter manuell zu ändern, um das parametrische Modell an die direkt generierte Topologie anzupassen.

Die Übernahme der direkten Änderungen im Feature-Baum ist flexibel in dem Sinne, dass die Baumstruktur angepasst wird, je nachdem welche Vorschläge der Anwender akzeptiert oder verwirft. Der Change Manager löscht nicht etwa nur bestehende Features und Abhängigkeiten und fügt neue Features am Ende der Historie hinzu, wie dies in anderen Systemen der Fall ist, sondern verändert auch die Sequenz der Baumstruktur, entfernt etwa Zweige und setzt neue ein. Nach der Aktualisierung sieht der Feature-Tree eines direkt modifizierten Modells genau so aus, als ob die Änderungen mit parametrischen Funktionen durchgeführt worden wären. Natürlich erfordert die Integration von direkten Änderungen in parametrischen Modellen eine Änderungsverwaltung in einem PDM-System.

Die Direktmodellierung und der Change Manager lassen auch Änderungen an komplexen Modellen zu. Über die direkte Modellierung werden Bohrungen von komplexen Gussteilen auf Wunsch eliminiert, Flächen verschoben oder mit Entformungsschrägen versehen, Features gelöscht oder neu eingefügt. Oder es wird die Größe eines Features wie etwa eines Schlitzes entlang einer Kurvenlinie in die Länge gezogen. Obwohl die von diesen Änderungen betroffenen Features auf den gesamten Strukturbaum mit gegenseitigen Abhängigkeiten verteilt sind, erkennt der Change Manager die nachgelagerten Auswirkungen und aktualisiert den Strukturbaum entsprechend. Aufgrund der bestehenden Assoziativität werden alle an Einzelteilen vorgenommenen Änderungen in den Baugruppen, in der Zeichnungsdokumentation und in anderen nachfolgenden Anwendungen berücksichtigt.

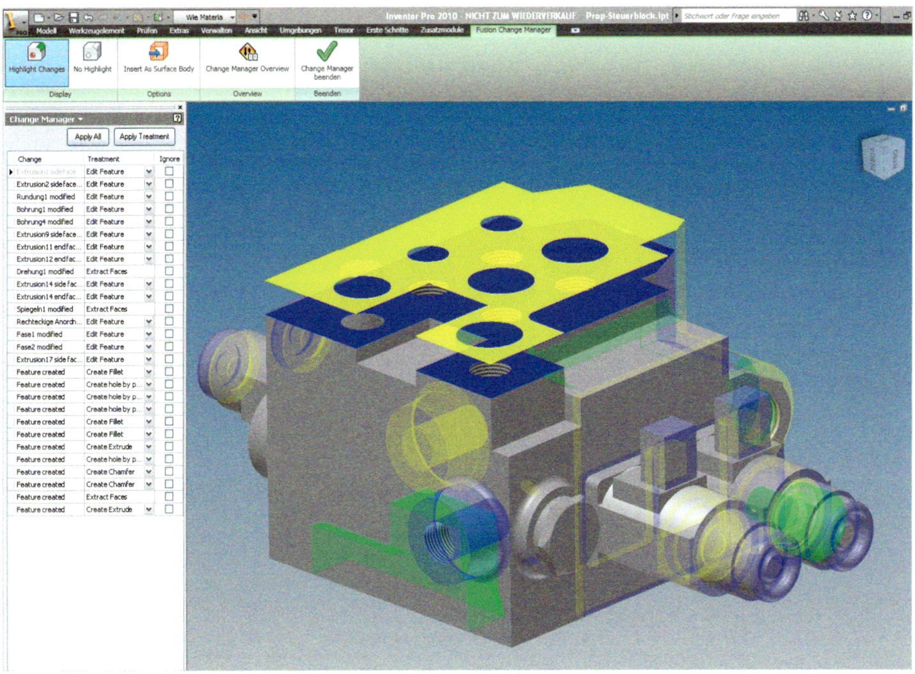

Bild 4.27: Inventor Fusion erlaubt Änderungen an parametrischen Modellen durch Direktmodellierung und deren kontrollierte Übernahme (Quelle: Autodesk).

4.8.4.4 Parametrische und direkte Modellierung wachsen zusammen

Die Produktentwicklung bei den großen CAD-Herstellern zeigt, dass künftig die direkte Modellierung neben den Parametrik-Methoden zur Verfügung stehen wird. Siemens und Autodesk suchen dabei die Integration der beiden Technologien.

Rosige Zukunft: Bessere Zusammenarbeit zwischen unterschiedlichen Systemen

Die neuen Software-Lösungen liefern Direktmodellierungswerkzeuge, die eine effiziente Arbeit mit 3D-Daten ermöglichen, unabhängig von ihrer Herkunft. Das ist vielversprechend, denn die Zusammenarbeit und der problemlose Austausch von Produktdaten über die Systemgrenzen hinweg bleibt ein wichtiges Anliegen der Anwender. Die Direktmodellierung wird eine Reihe von Aufgaben übernehmen, für die eine parametrische, historienbasierte Modellierung zu aufwendig ist und auch nicht benötigt wird.

5 Branchenlösungen

Neben der Strategie, alle Prozesse und Anwendungen, die an der Entwicklung des digitalen Prototyps beteiligt sind, möglichst nahtlos zu verbinden und zu integrieren, gibt es eine weitere Stoßrichtung der Entwicklung: die Vertiefung der Anwendungen. Immer mehr Fachwissen der Ingenieure, Konstrukteure und Techniker wird dabei direkt in der Software implementiert. Die Software und Rechner sollen die zeitraubenden Routineaufgaben übernehmen und den Fachleuten mehr Freiheit für die kreativen Seiten der Entwicklung ermöglichen. Dabei richten die Software-Hersteller ihr Augenmerk auf die verschiedenen Branchen und Bereiche des Maschinenbaus. Sie versuchen herauszufinden: Wo ist durch Automatisierung und Rechnerunterstützung die größte Effizienzverbesserung zu erzielen? Dort setzen sie zuerst den Hebel an. In die gleiche Richtung zielt auch die Intention, die numerischen Analyse- und Simulationsverfahren näher und anwendungsfreundlicher an den Arbeitsplatz des Konstrukteurs zu bringen.

5.1 Blechkonstruktion

Die Verarbeitung von Blech gehört zu den Themen, die verschiedene Software-Hersteller schon länger im Blick haben. Sie hat sich zu einem vorteilhaften Fertigungsverfahren im Maschinenbau entwickelt. Nicht selten besteht die überwiegende Zahl der Teile einer Maschine oder eines Gerätes aus Blech. 60 bis 70 Prozent der Teile sind es in vielen Firmen und Branchen des Sondermaschinenbaus. Die Gründe liegen in den Vorteilen der modernen Fertigungstechnologien: Blechteile mit Schnittformen beliebiger Komplexität sind auf modernen Wasserstrahl- oder Laserschneidemaschinen sehr schnell, präzise, verzugsfrei und kostengünstig zu schneiden. Die Nachbearbeitung beschränkt sich auf einfache Arbeitsgänge wie Entgraten oder entfällt ganz. Die erreichbare Genauigkeit liegt bei 0,05 Millimeter. Die CNC-gesteuerten Maschinen können die Schnittgeometrie direkt aus den CAD-Systemen übernehmen, sodass auch kleinste Losgrößen ohne große Vorbereitung wirtschaftlich zu fertigen sind. Das gilt sowohl für dünne Bleche bis fünf Millimeter als auch für dicke Bleche bis 30 Millimeter und mehr.

Die Verarbeitung von Blech hat sich als wirtschaftliches Verfahren herausgestellt: Blechschneiden und -kanten ist effizienter als andere Alternativen

Ein weiteres Plus von Blechteilen: Bei allen Formen, die durch Biegen oder Kanten herzustellen sind, lassen sich Kosten sparen, denn jede spanende Bearbeitung oder Schweißnaht, die notwendig ist, kostet ein Vielfaches an Zeit und Geld.

5.1.1 Räumliche Blechteile konstruieren

Blechteile sind meist räumliche Gebilde, mit Faltungen und Biegekanten in unterschiedlichen Richtungen. Deshalb ist ihre Darstellung und Abwicklung eine Aufgabenstellung, die am besten in einem 3D-CAD-System bearbeitet wird. Das ist der Grund, warum auch Autodesk sein 3D-System Inventor mit umfassender Funktionalität für die Konstruktion und virtuelle Bearbeitung von Blechteilen ausstattete. Am Beispiel des Inventor-Blechmoduls zeigen wir im Folgenden die Möglichkeiten und Funktionen moderner Software, die Blechkonstruktion zu erleichtern und zu automatisieren sowie die abgewickelte Form für die Fertigung zu detaillieren und vorzubereiten.

5.1.2 Ablauf der 3D-Blechkonstruktion

Bild 5.1:
Ablauf der 3D-Blechkonstruktion

Der Konstrukteur entwirft zunächst das gebogene Blechbauteil als digitalen Prototyp. Dafür bieten sich zwei grundsätzlich unterschiedliche Vorgehensweisen an. Ist die Geometrie des Bauteils schon vorhanden, so kann er den Flächen des Modells eine Wandstärke zuweisen und nicht benötigte Flächen entfernen. Er trennt mithilfe der Funktionen, die Inventor für die Blechkonstruktion bereithält, Kanten auf, rundet die Biegekanten, fügt Freistellungen ein etc. Als Ergebnis entsteht ein virtuelles Biegeteil, das dem realen Teil exakt entspricht, mit korrekten Blechstärken und Biegeradien, das er schließlich auf Knopfdruck in die Ebene abwickelt.

Für komplizierte Formen und Neukonstruktionen empfiehlt sich der gewohnte Aufbau als 3D-Teil wie bei jedem anderen. Spezielle Funktionen unterstützen diesen Entwurf: Flächen und Laschen werden skizziert, aneinandergefügt und bilden die Grundform, die anschließend mit Falzen, weiteren Laschen, Bohrungen, Eckenfreistellungen, Rundungen oder Fasen ergänzt wird. Die Blechflächen können Ausklinkungen (z. B. Lüftungsschlitze) oder Ausstanzungen mit vordefinierten Stanzwerkzeugen in beliebiger Anordnung erhalten. Sobald der virtuelle Prototyp vollständig und fertigungsgerecht definiert ist, kann der Konstrukteur die automatische Abwicklung veranlassen, die er als Fertigungszeichnung oder als DXF-Datei ausgeben kann, dem Format, das die meisten CAM-Systeme importieren können.

5.1.3 Funktionen

Das Auswahlmenü *Blechelemente* zeigt die Hauptfunktionen, die das System für die Blechkonstruktion bereithält. Es deckt alle wesentlichen Aufgaben ab. Allerdings verbirgt sich hinter jeder einzelnen Schaltfläche jeweils ein umfangreiches Untermenü mit zahlreichen Optionen und Parametern.

Der Konstrukteur beginnt die Arbeit an einem Blechteil normalerweise mit dem Öffnen einer spezifischen Vorlage. Er gibt so automatisch den Bauteiltyp „Blech" vor und wählt den Funktionsbereich Blechkonstruktion der Software sowie Standardeinstellungen für Material und Abwicklungsmethode aus.

5.1.4 Abwicklung und Längenkorrektur

Das Biegen von Blech verhält sich in der Realität anders, als man sich das gerne vorstellen würde, nämlich gerade nicht als ideale Biegung entlang der idealen neutralen Faser in der Mitte der Blechstärke (Bild 5.2). Beim Biegen ergibt sich in Wirklichkeit eine Dehnung des Materials bzw. eine Verlängerung des Bleches, denn das Stauchen des Materials an der Innenseite erfordert mehr Kraft als das Dehnen an der Außenseite. In der Konsequenz wird das Blech an der Außenseite der gebogenen Kante stärker gestreckt, als es an der Innenseite gestaucht wird. Die spannungsfreie, sogenannte „neutrale Faser" verschiebt sich dadurch in Richtung des inneren Biegeradius. Die Länge des abgewickelten Blechs muss entsprechend korrigiert bzw. konkreter: gekürzt werden. Dies geschieht in erster Näherung durch einen Korrekturfaktor, den k-Faktor, der von Material, Blechdicke und Biegeradius abhängig ist. Da auch Biegewinkel und Maschineneigenschaften einen Einfluss haben, ist es notwendig, k-Werte experimentell zu bestimmen und in Tabellen zu erfassen, wenn man genaue Ergebnisse erhalten will.

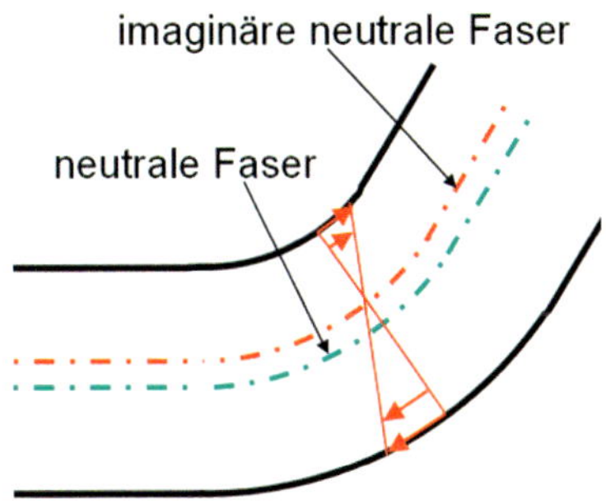

Bild 5.2: Verschiebung der neutralen Faser beim Biegen. Die Überdehnung der Außenfaser führt zur Verlängerung des Blechs beim Biegen.

$$L_k = 2\,\pi\,(r_i + k\,s)\,(\beta / 360) + L_1 + L_2$$

Dabei bedeutet:

L_k	korrigierte, abgewickelte Blechlänge
π	3,14159 (Kreiszahl)
r_i	innerer Biegeradius
k	Korrekturfaktor
s	Blechdicke
β	innerer Biegewinkel
L_1	Schenkellänge vor und
L_2	Schenkellänge nach der Biegezone

Bild 5.3: Näherungsformel für die Berechnung der abgewickelten Blechlänge

Auch in der Vergangenheit und in der 2D-CAD-Konstruktion mussten Blechkonstruktionen rechnerisch und zeichnerisch abgewickelt und Blechzuschnitte mit der notwendigen Korrektur der gestreckten Längen definiert werden. Früher ermittelte der Konstrukteur die korri-

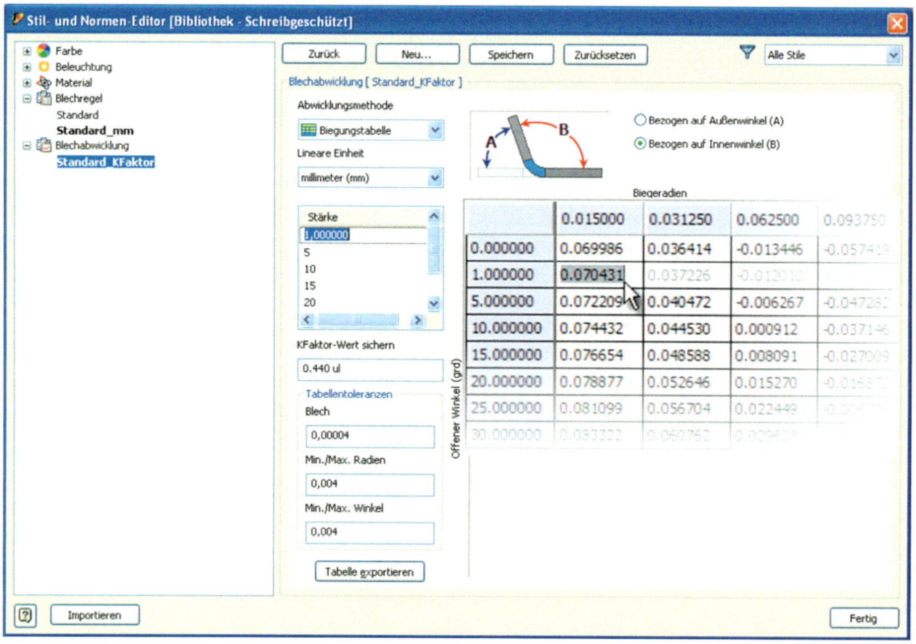

	0.015000	0.031250	0.062500
0.000000	0.069986	0.036414	-0.013446
1.000000	0.070431		
5.000000	0.072209	0.040472	-0.006267
10.000000	0.074432	0.044530	0.000912
15.000000	0.076654	0.048588	0.008091
20.000000	0.078877	0.052646	0.015270
25.000000	0.081099	0.056704	0.022449

Bild 5.4: Biegetabelle mit Korrekturwerten abhängig von Biegewinkel und -radius

gierte Länge manuell anhand einer linearen Näherung und einem geometrisch bestimmten k-Faktor (nach der inzwischen zurückgezogenen DIN 6935). Wo diese Näherung nicht genügte, wurden für die manuelle Rechnung immer schon maschinenspezifische Tabellen verwendet, um genauere Ergebnisse zu erhalten. So ließ sich das nichtlineare Werkstoffverhalten besser berücksichtigen.

Die automatische Korrektur von Inventor unterstützt sowohl die Anwendung einer linearen Näherungsformel (Bild 5.3) als auch die genauere Tabellenmethode, die allerdings für unterschiedliche Materialien und Blechdicken entsprechende Tabellen voraussetzt. Solche Tabellen, die entweder die Maschinenhersteller liefern oder die Fertigung intern experimentell ermittelt, können im „Stil- und Normen-Editor" (Bild 5.4) importiert werden. Die Software interpoliert beim Abwickeln in der Tabelle zwischen benachbarten Werten, wenn ein Biegeradius oder ein Biegungswinkel nicht einem bestimmten Eintrag entspricht.

5.1.5 Voreinstellungen

Die Voreinstellungen für Blechparameter, Abwicklung und Korrekturmethode sind Teil der sogenannten „Blechstile", die wiederum in der „Stilbilbliothek" von Inventor integriert sind, wo sie zentral definiert und verwaltet werden.

Über die Schaltfläche „Blechstandards" ändert der Konstrukteur die Voreinstellungen, wie Blechstärke, Material und Abwicklungsregeln. Der „Stil- und Normen-Editor" ermöglicht die Anpassung der Blechattribute und -Parameter für Material, Biegung, Freistellungen und Abwicklung.

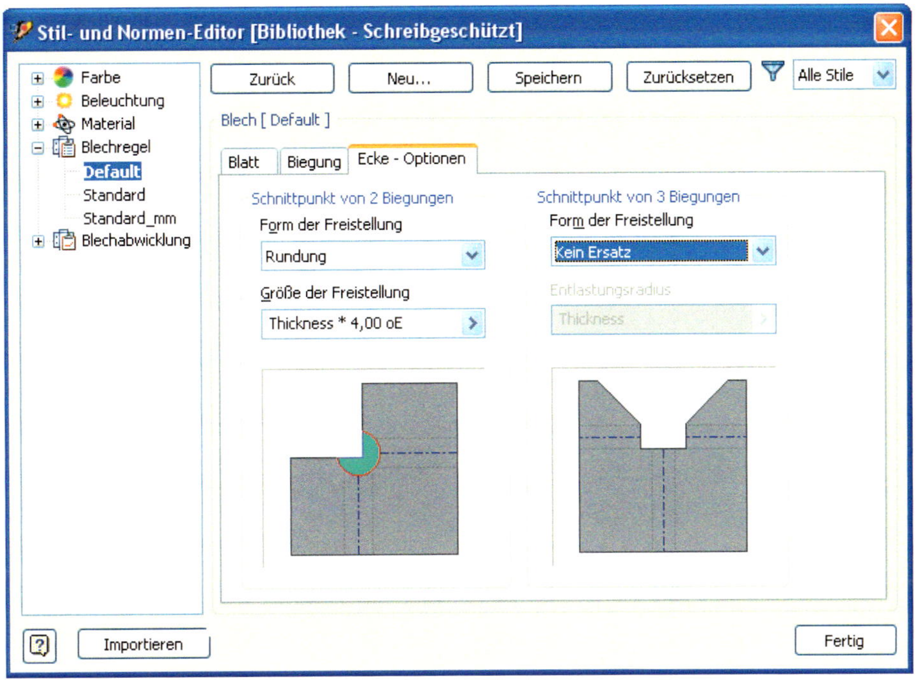

Bild 5.5:
Definition der Eckenfreistellungen

Eine weitere Besonderheit der Blechkonstruktion sind die Eckenfreistellungen, die dazu dienen, unschöne Verwölbungen und Verformungen der Blechflächen durch die Materialkonzentration in den Ecken von Biegeteilen zu vermeiden. Ihre Form und Geometrieparameter legt der Benutzer ebenfalls in den Blechstilen fest (Bild 5.5).

5.1.6 Aufbau eines Blechteils

Dieser Abschnitt zeigt an Beispielen die Möglichkeiten, die moderne CAD-Software bietet, um realitätsnahe digitale Prototypen von Blechteilen zu konstruieren.

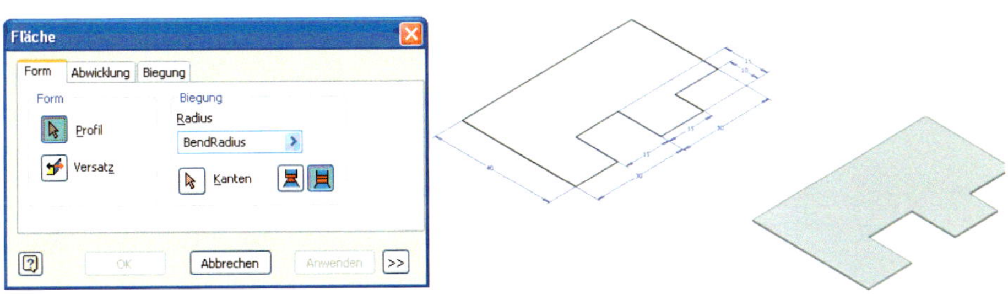

Bild 5.6:
Erzeugung einer Basisfläche

5.1.6.1 Fläche

Als erstes Formelement wählt der Anwender meist eine Hauptfläche als Basis, die er aus einer Profilskizze durch Hinzufügen einer Blechstärke erzeugt. An die Basisfläche schließen sich Seitenflächen an. Sie entstehen entweder durch Biegen von Teilen der Basisfläche, die Erstellung von Laschen mit weiteren Seitenflächen oder durch separate Erzeugung von Seitenflächen und anschließende Verbindung mit der Basisfläche (Bild 5.6).

5.1.6.2 Lasche

Bild 5.7: Dialogfenster zur Erzeugung von Laschen

Der Begriff Lasche bezeichnet in der Blechkonstruktion Blechstreifen, die an eine Hauptfläche anschließen und zur Verstärkung, als Verbindungselement, als Abdeckung oder Befestigungselement dienen. Die Funktion Lasche erlaubt die Erzeugung einer oder mehrerer solcher Blechstreifen durch Auswählen einer oder mehrerer Kanten und Vorgabe weiterer Parameter in einem Dialogfenster (Bild 5.7). Bei der gleichzeitigen Auswahl mehrer Kanten erzeugt Inventor automatisch die gewünschten Laschen an allen gewählten Kanten (Bild 5.8 rechts).

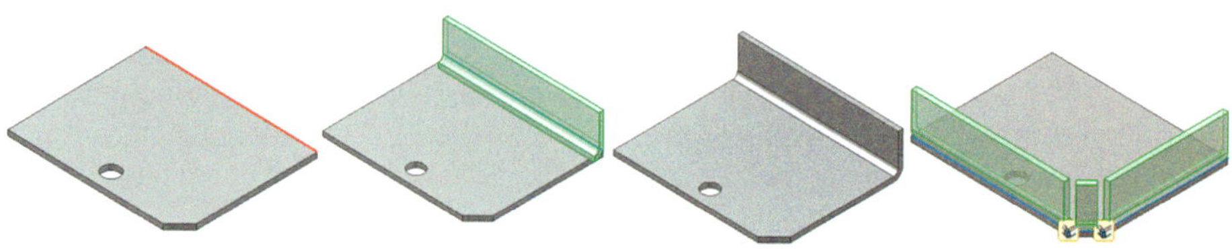

Bild 5.8: Erzeugung einer Basisfläche mit einer Lasche oder mehrerer Laschen gleichzeitig (rechts)

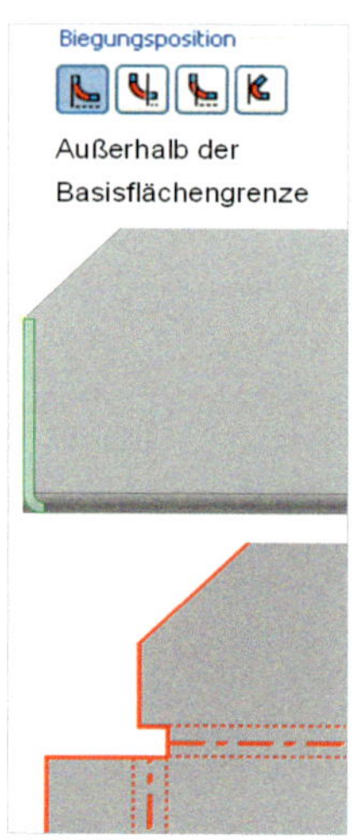

Bild 5.9: Festlegung der Biegungsposition relativ zur Basisfläche

5.1.6.3 Form

Notwendige Parameter zur Festlegung der Laschenform (Bild 5.7) sind:

- Laschenwinkel: Das ist der Winkel der Lasche gegenüber der Basisfläche (auch Öffnungswinkel genannt).
- Biegeradius
- Höhengrenze: Damit ist die Höhe bzw. Länge der Lasche gegenüber der Basisfläche gemeint, die auf unterschiedliche Weise definiert werden kann: durch einen absoluten Wert oder durch Bezug auf einen Punkt der Bauteilgeometrie.
- Höhenbezugspunkt: Er legt die Art und Weise der Höhenmessung fest.
- Biegungsposition: Sie dient zur Festlegung der Position, an

der die Biegung, bezogen auf die Basisfläche, beginnen soll (Bild 5.9).

- Breite (im Dialogfenster als „Breitenverlängerung" bezeichnet): Sie dient zur Definition der Breite der Lasche und kann sich über die gesamte Kantenlänge (Default) erstrecken, mittig liegen oder mit einem Versatz von einer Ecke gemessen, alternativ mit Versatz von zwei Ecken gemessen, positioniert sein oder, bezogen auf zwei Punkte bzw. Ebenen, an der Kante anschließen.
- Eckenfreistellung (im Dialogfenster „Eckenbearbeitung"): Für die Eckenfreistellung gibt es ein eigenes Dialogfenster, das die Ausprägung der Ecken festlegt, beispielsweise die Art und Größe des Spaltes oder die Art und Größe der Freistellung.

5.1.6.4 Biegung

Wird eine Lasche gebogen, so ist in der Regel an den Enden der Biegelinie (Bild 5.10) eine Freistellung erforderlich. Inventor bietet eine runde oder rechteckige Freistellung an. Die Freistellung kann bei einfachen Biegeteilen auch unterdrückt werden.

5.1.6.5 Ecken

Für die Ausprägung von Ecken zwischen Laschen stehen verschiedene Optionen zur Verfügung (Bild 5.11):

- Freistellung der Biegezone
- runde Freistellung
- quadratische Freistellung
- ohne Freistellung („Schleife")
- Freistellung für eine lineare Schweißnaht

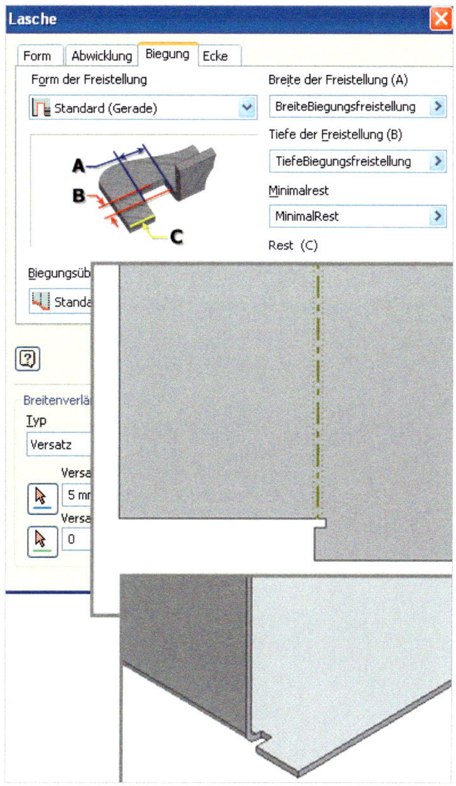

Bild 5.10: Biegen einer Lasche: ohne, mit runder oder rechteckiger Freistellung

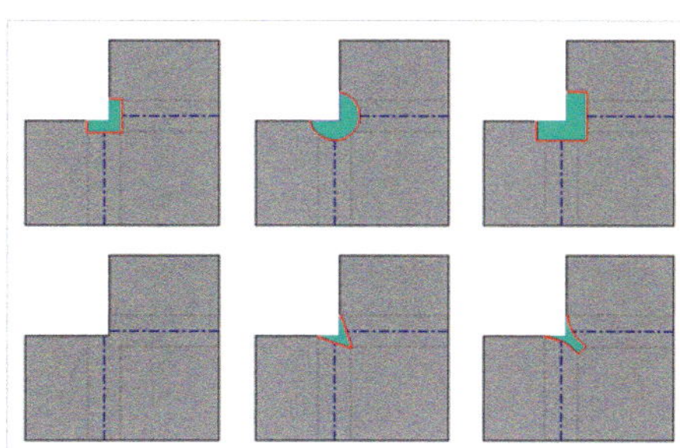

Bild 5.11: Formen der Eckenfreistellung bei Laschen

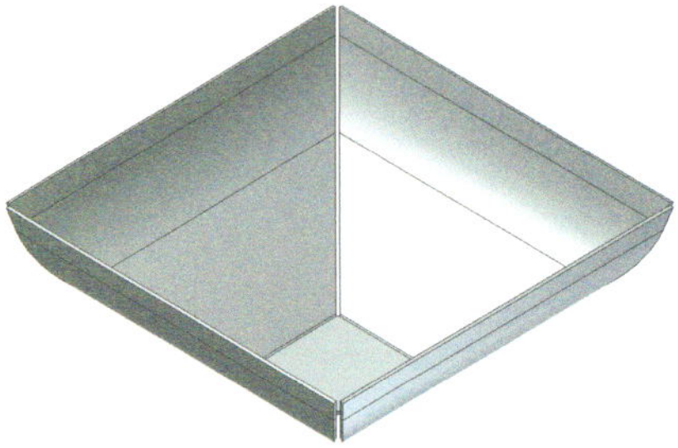

Bild 5.12: Freistellung für Lichtbogenschweißnähte

- Freistellung für Lichtbogenschweißnaht: Mit dieser Option wurden die Funktionen Eckverbindung, Lasche und Konturlasche erweitert. Diese Freistellung ist im gefalteten Modell durch einen gleichmäßigen Spalt zwischen den Laschen charakterisiert, der abstandsgetreu entlang der Länge der Freistellung verläuft. Sie ist für das nachfolgende Bogenschweißen optimiert. Diese Art der Freistellung ermöglicht auch konstante Abstände bei großen Biegeradien (Bild 5.12)

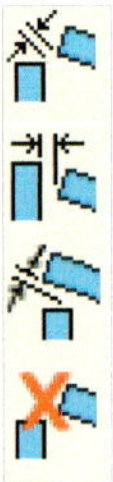

Bild 5.13: Ausprägung des Spalts zwischen zwei Laschen

- Ecken mit Dreifachbiegung: Die Dreifachbiegung (Bild 5.14) ist Teil des Ablaufes bei der Erstellung von Laschen und Konturlaschen und erfordert keine separaten Schritte.
- Symmetrischer Spalt („Lücke") zwischen zwei Laschen, mit Angabe der Breite der Lücke (Bild 5.13)
- Offener, unbearbeiteter Spalt
- Überlappung der Laschen-Enden, mit Angabe der Breite der Lücke und der Überlappung (Bild 5.15, keine Überlappung = 0, vollständige Überlappung= 1, teilweise Überlappung im Beispiel 35 % der Blechdicke = 0,35)
- Automatische Gehrung. Wenn mehrere Kanten (in einer Ebene) ausgewählt werden und diese Kanten aneinander angrenzen oder koinzident sind, kann Inventor optional eine automatische Gehrung der benachbarten Laschen oder Konturlaschen in Verbindung mit der Platzierung einer Freistellung erzeugen (Bild 5.16).

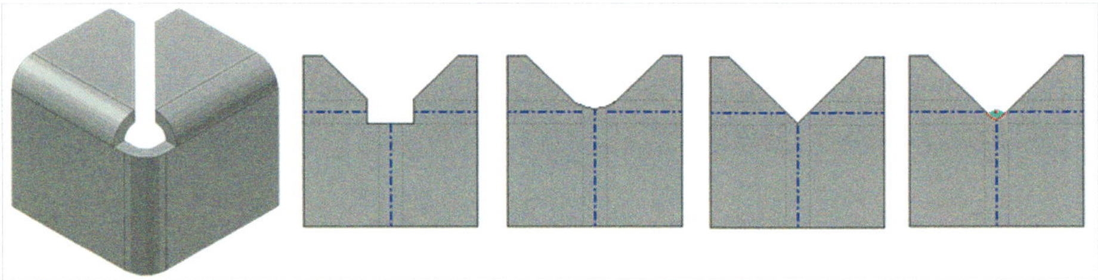

Bild 5.14: Freistellungen bei Ecken mit drei Biegekanten

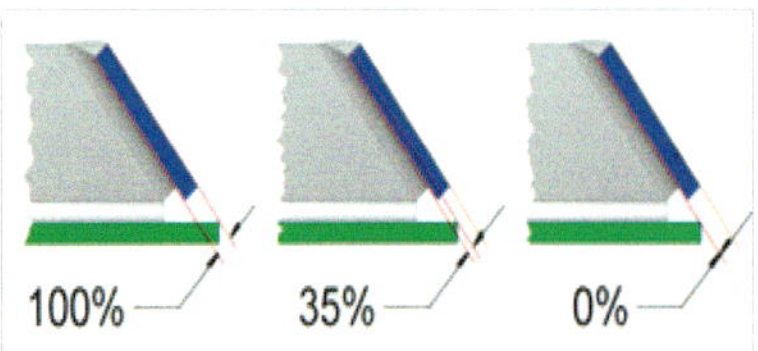

Bild 5.15: Ausprägung der Überlappung von zwei Laschen

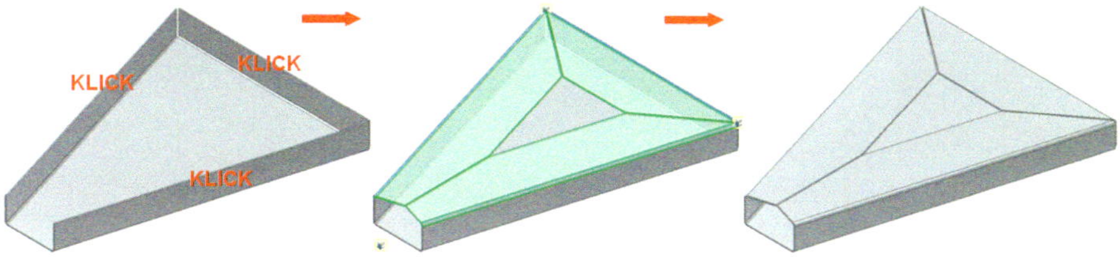

Bild 5.16: Auswahl mehrerer Kanten und automatische Erzeugung mehrerer Laschen (in einer Ebene) mit Gehrung der benachbarten Laschen

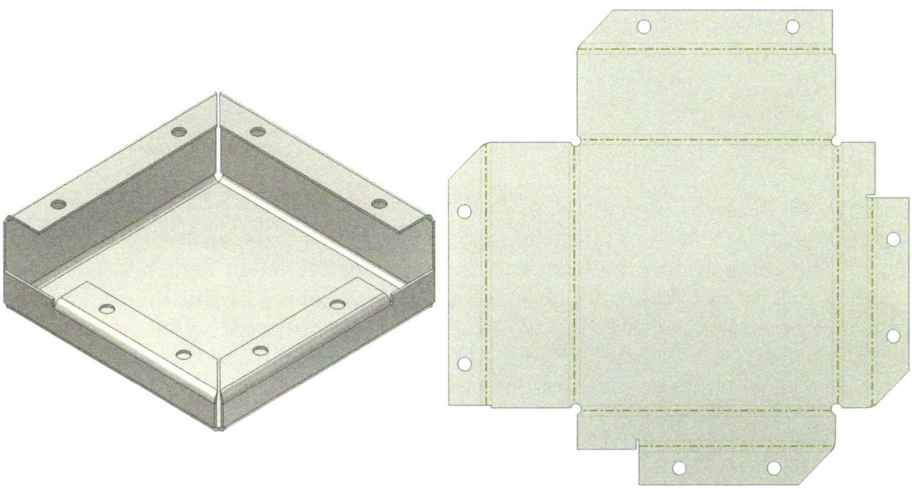

Bild 5.17: Anwendungsbeispiel: Eckfreistellungen und Laschen mit Gehrung (Quelle: Autodesk)

5.1.6.6 Konturlaschen

Die Funktion Konturlasche erzeugt eine Blechfläche anhand einer offenen Profilskizze. Sie ist nur dann verfügbar, wenn im Bauteil ein nicht einbezogenes offenes Profil vorhanden ist. Nach dem Anklicken des Befehls erscheint das Dialogfenster wie in Bild 5.18 dargestellt. Zur Modifikation der Voreinstellungen für Abwicklung, Biegung und Ecke sind pro Element die entsprechenden Registerkarten anzuklicken und mit passenden Parametern zu versehen.

Bild 5.18: Dialogfenster für Konturlaschen

Bild 5.19:
Erzeugung von Konturlaschen

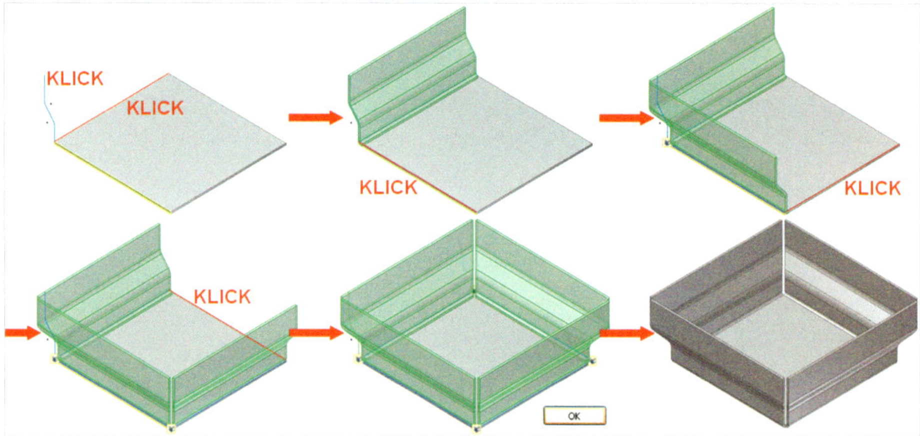

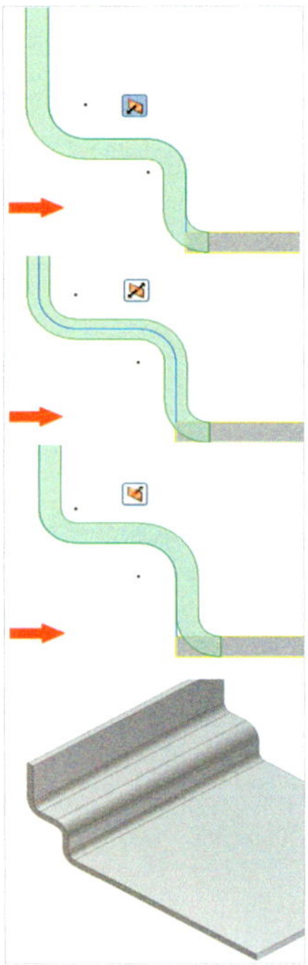

Bild 5.20:
Ein Konturprofil definiert Außenfläche, Mittelebene oder Innenfläche der Konturlasche.

Für die Erzeugung der Konturlaschen kann der Konstrukteur im Dialog die betreffenden Kanten auswählen und die Kontur über alle selektierten Kanten modellieren. Er erhält dabei eine Vorschau des fertigen Elementes zur visuellen Kontrolle. Diese Vorschau ist grün schattiert (Bild 5.19), sodass der Anwender eine realitätsnahe Darstellung seiner Entwurfsabsicht erhält. In der Voransicht sind bereits Freistellungen von Ecken sichtbar, die Inventor selbsttätig einfügt und die nachfolgend im Dialog noch modifiziert werden können.

Das Werkzeug für Konturlaschen bietet eine Versatzoption, die das Konturprofil zur Festlegung der Außenfläche, Mittelebene oder Innenfläche der Konturlasche verwendet. Bei Auswahl der Mittelebene wird Material auf beiden Seiten des Konturprofils erzeugt (Bild 5.20).

5.1.6.7 Profilrollen

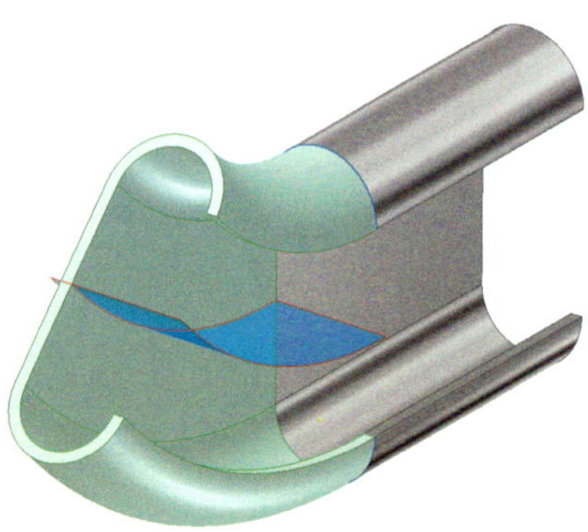

Bild 5.21:
Rollverformung

Ähnlich wie bei der Konturlasche definiert eine offene Profilskizze die Kontur für eine Verformung durch Rollen. Außerdem erwartet dieses Feature die Festlegung einer Drehachse und eines Winkels. Mit Richtungs- und Abstandsangaben legt der Anwender Materialstärke und Winkel bezogen auf des Profil fest, oder er verwendet das Profil als Mittelebene für die Blechdicke und Richtung der Extrusion. Gerollte Profile lassen sich abwickeln. Im abgewickelten Zustand kann das Blech bearbeitet werden und wieder gefaltet bzw. gerollt werden.

5.1.6.8 Ausklinkung

Mit der Funktion Ausklinkung schneidet die Inventor-Blechsoftware Material aus dem Blechteil. Die Form der Ausklinkung definiert ein skizziertes Profil. Das Ergebnis ist abhängig von den gewählten Einstellungen im Dialogfenster:

1. Ausklinkung aus dem modellierten Bauteil (erste Reihe in Bild 5.22). Diese Einstellung wäre beispielsweise erforderlich, wenn die Ausklinkung am gebogenen Blechteil durch ein imaginäres Schneidwerkzeug generiert würde.
2. Ausklinkung aus dem abgewickelten Blech „über Biegung hinweg ..." (zweite Reihe in Bild 5.22). Diese Einstellung wäre erforderlich, wenn die Ausklinkung am abgewickelten Blechteil mit einem rechteckigen Werkzeug ausgestanzt würde.

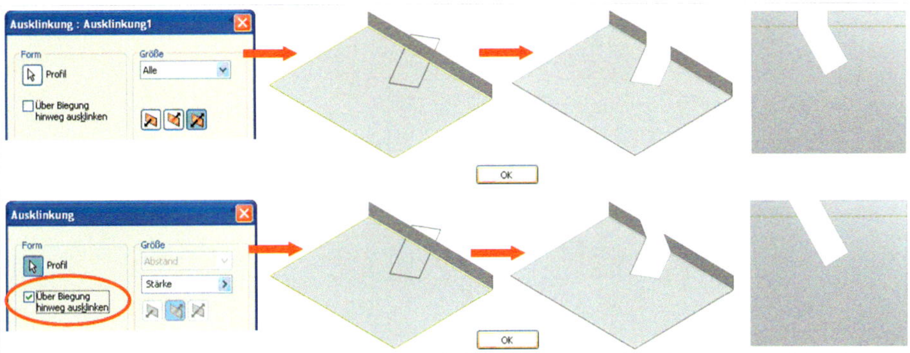

Bild 5.22: Ausklinkung, verschiedene Optionen

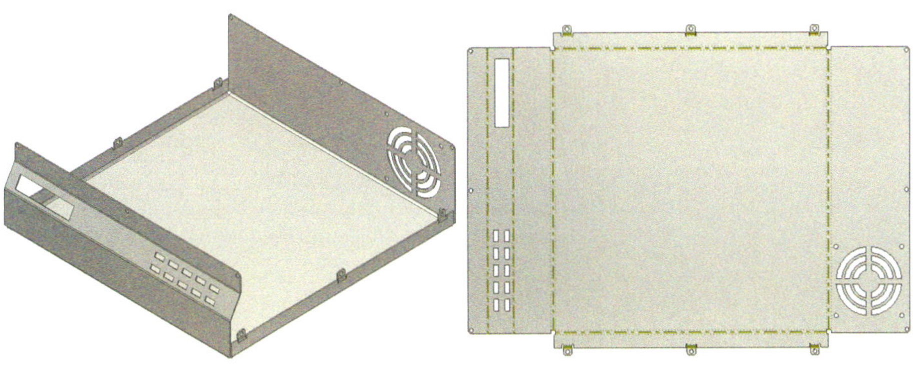

Bild 5.23: Anwendungsbeispiel mit Konturlasche, Ausklinkungen (Quelle: Autodesk)

5.1.6.9 Falz

Die Funktion Falz erstellt einen Blechfalz entlang der ausgewählten Kontur, entweder zur Verstärkung einer Blechkante oder um scharfe Kanten zu vermeiden. Im Dialogfenster definiert der Konstrukteur die Parameter Typ, Klapprichtung, Abstand (Spalt zwischen Basisblech und umgeklappter Lasche, z. B. 0,5 x Blechdicke), Länge bzw. Tiefe des Falzes, Biegeradius und Biegewinkel.

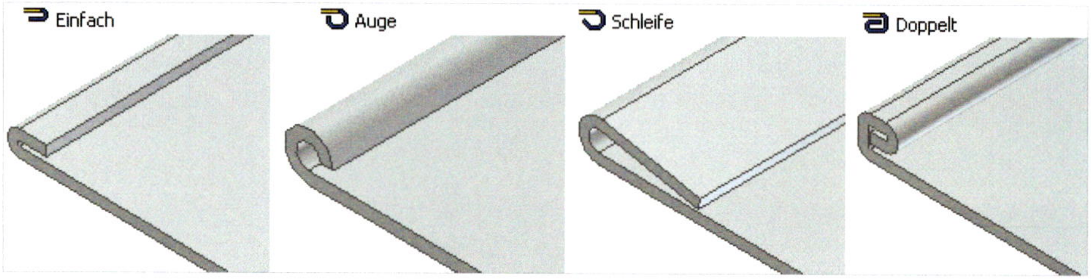

Bild 5.24: Die verschiedenen Typen eines Falzes

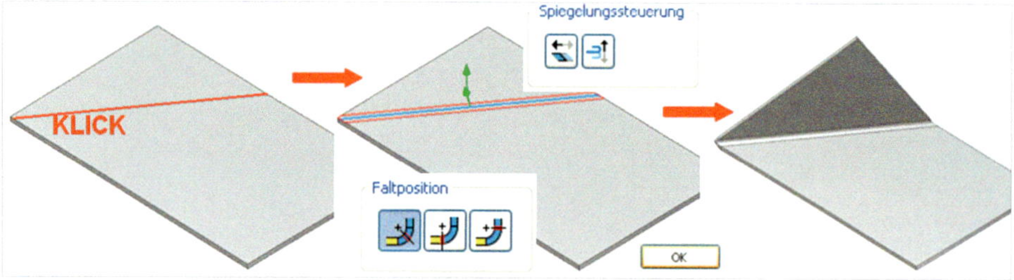

Bild 5.25: Ablauf Falten

5.1.6.10 Falten

Die Funktion Falten biegt eine Blechfläche an einer Skizzenlinie (Bild 5.25). Die Skizzenlinie darf nur aus einem einzigen Liniensegment bestehen und muss an Blechkanten enden. Der Anwender wählt die Biegelinie und legt die Parameter, Klapprichtung, Position der Faltung bezüglich der Biegelinie, Biegeradius und Biegewinkel fest.

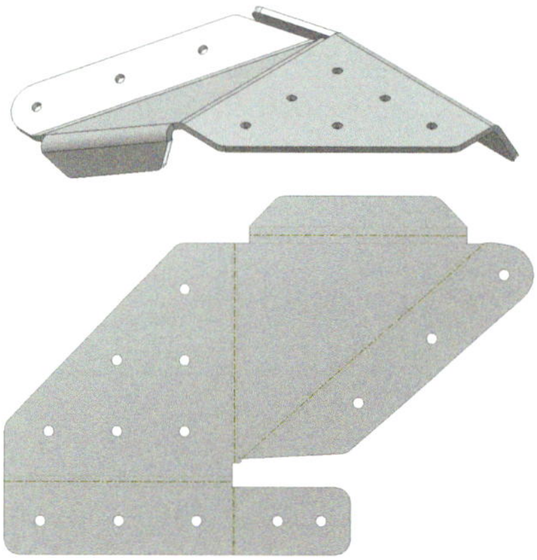

Bild 5.26: Anwendungsbeispiel: Falten

5.1.6.11 Eckverbindung

Die Funktion Eckverbindung verbindet zwei sich in der Verlängerung schneidende (Bild 5.27) oder koplanare Blechflächen. Sie trennt aber auch rechteckige, geschlossene Ecken auf (üblicherweise von konvertierten Bauteilmodellen, vgl. Bild 5.28) und erstellt eine Eckverbindung. Der Konstrukteur entscheidet sich für Verbindung oder Auftrennung, Verbindungstyp, definiert das Maß an Überlappung der Flanschflächen, den Abstand (Spalt) zwischen den Kanten der Eckverbindung und die Form der Eckfreistellung. Dafür gibt es wiederum mehrere Optionen für zwei oder drei Biegekanten, die in der Ecke zusammentreffen. Sie wurden bereits analog im Abschnitt Lasche beschrieben (Kap. 5.1.6.5, Ecken, Seite 89, Bild 5.11 und 5.14).

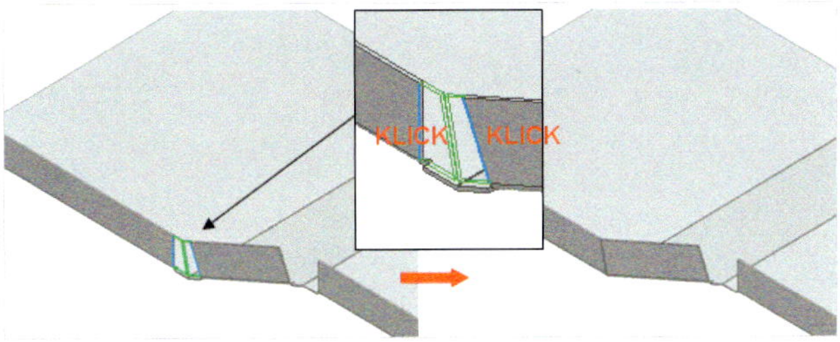

Bild 5.27:
Auftrennung einer Ecke: Das Bauteil wird so gestaltet, dass es als Blech abgewickelt werden kann.

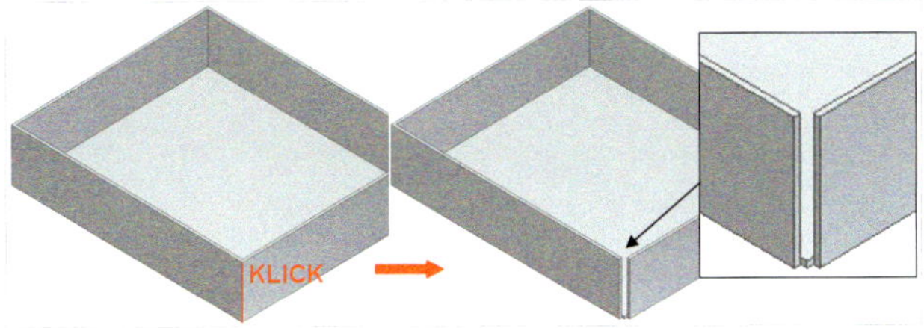

Bild 5.28:
Eckverbindung (Bauteil befindet sich in Arbeit, Biegeradien werden erst in den nächsten Schritten angebracht.)

5.1.6.12 Biegung

Die Funktion Biegung dient dazu, zwei vorhandene Blechflächen mit einer gebogenen Fläche zu verbinden. Der Anwender kann zwischen den beiden Flächen, die nicht parallel sein müssen, eine Fläche einfügen. Dazu hat er mehrere Alternativen zur Verfügung:

1. Die eingefügte Fläche wird zwischen der Basisfläche und der Nebenfläche nach Auswahl zweier Kanten aufgespannt (Bild 5.29 links).
2. Einfügung nach Auswahl zweier Kanten und Vorgabe eines 45°-Winkels (Bild 5.29 rechts)

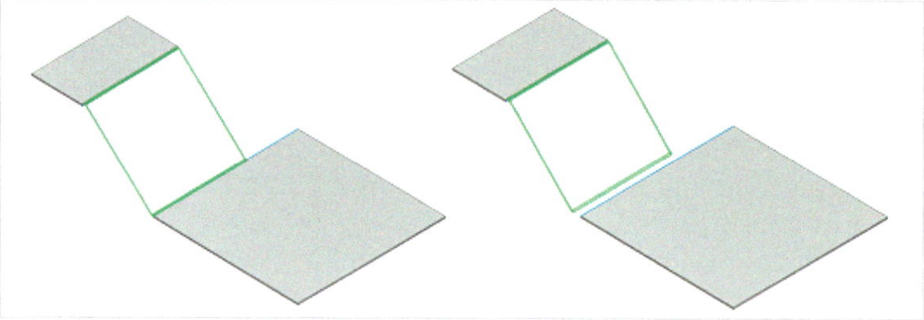

Bild 5.29: Doppelbiegung. Die eingefügte Fläche wird zwischen der Basisfläche und der Nebenfläche nach Auswahl zweier Kanten aufgespannt (links) oder nach Auswahl zweier Kanten und Vorgabe eines 45°-Winkels (rechts).

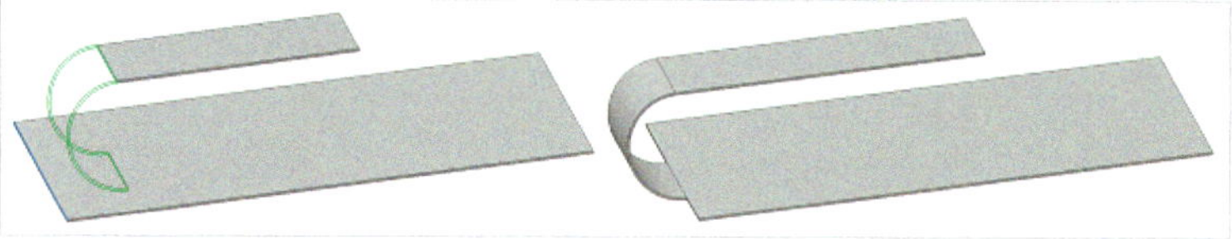

Bild 5.30: Doppelte Biegung mit Option „Ganzer Radius"

Bild 5.31: Doppelte 90°-Biegung

Bild 5.32: Ergänzungsfläche erzeugt durch Verlängerung der Basis- oder Nebenfläche

3. Nach Auswahl zweier Kanten und Vorgabe eines Radius (Option „Ganzer Radius"). Die eingefügte Fläche ist eine halbe Zylinderfläche (Bild 5.30).
4. Nach Auswahl zweier Kanten und Vorgabe einer doppelten 90°-Biegung. Die eingefügte Fläche steht rechtwinklig zur Basisfläche (Bild 5.31).
5. Eine alternative Option ergänzt die eingefügte Fläche als Verlängerung der Basisfläche oder als Verlängerung der Nebenfläche (Bild 5.32).

5.1.6.13 Stanzwerkzeug

Betriebe, die viel mit Blech arbeiten, benutzen häufig Stanzwerkzeuge, um gängige und spezielle Ausklinkungen sowie Prägungen auf Blechbauteilen zu erzeugen. Die Funktion Stanzwerkzeug (Bild 5.33) dient dazu, gestanzte Formen als sog. iFeatures zu definieren, die mit einer Aktion mehrmals in ein Blech eingefügt werden können. iFeatures sind bei Inventor parametrisch vordefinierte Geometrieelemente, die in einer Bibliothek abgelegt sind und beim Einfügen mit variablen Parametern belegt und generiert werden.

Die gestanzte Geometrie wird als „normales" iFeature für Blech generiert, das genau ein Objekt vom Typ „Punkt, Mittelpunkt“ enthält. Dieser Punkt ist der Referenzpunkt für das nachfolgende Einfügen beim Aufruf der Funktion Stanzwerkzeug.

Innerhalb des Blechteils ist eine Skizze mit Objekten vom Typ „Punkt, Mittelpunkt“ erforderlich. Diese Punkte dienen als Referenzen für das automatische Einfügen. Endpunkte, Mittelpunkte oder Arbeitspunkte anderer Objekte können manuell als Einfügepunkte bestimmt werden (Bild 5.34).

Nach dem Anklicken der Funktion Stanzwerkzeug wählt der Anwender

1. aus dem Ordner für Stanzwerkzeuge das gewünschte iFeature aus,
2. gibt die Einfügeposition (Mittelpunkte werden automatisch gewählt, andere Punkte sind manuell zu definieren) und
3. schließlich die Werte für die einzelnen Parameter des iFeature an.

Bild 5.33: Dialogfenster Stanzwerkzeug

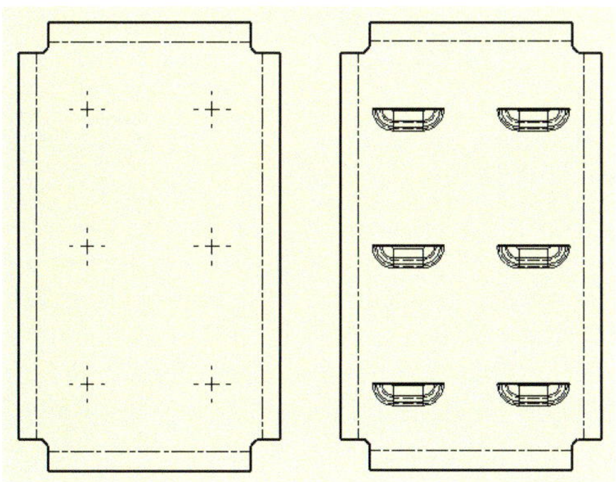

Bild 5.34: Automatisches Einfügen von Stanzformen in einem Blechteil an Mittelpunkten

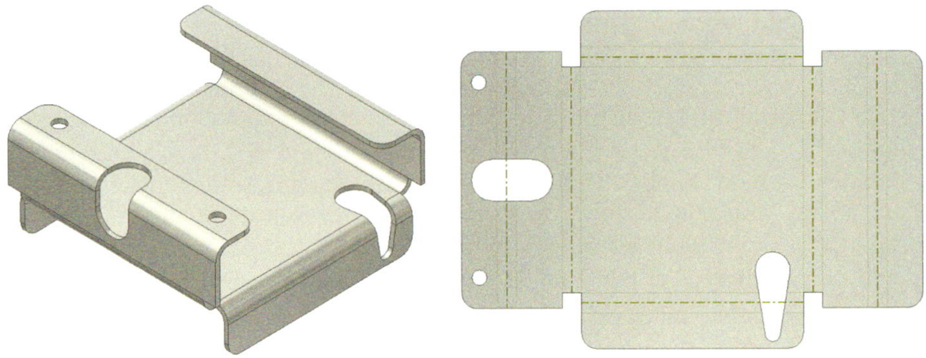

Bild 5.35:
Beispiel: Blechteil mit Laschen, Freistellungen, Ausklinkungen, Abwicklung

5.1.6.14 Übergangsflansch

Die Funktion Übergangsflansch (Lofted Flange) erzeugt eine Übergangsfläche zwischen zwei beliebig unterschiedlichen Formen, wie sie etwa beim Übergang von einem rechteckigen auf einen kreisförmigen Rohrquerschnitt in der Lüftungstechnik benötigt wird. Das Besondere daran: Inventor liefert die Ausgabedaten der Übergangsfläche so, dass sie entweder durch Tiefziehen oder Abkanten erzeugt werden kann.

Eine Schlitzfunktion erlaubt das Aufschneiden des Übergangsflansches, um seine Fläche anschließend abwickeln zu können. Der Anwender legt zur Festlegung des Schlitzes einen Punkt auf einer Kante oder zwei Punkte auf beiden Seiten der ausgewählten Fläche fest. Danach ist die Abwicklung möglich.

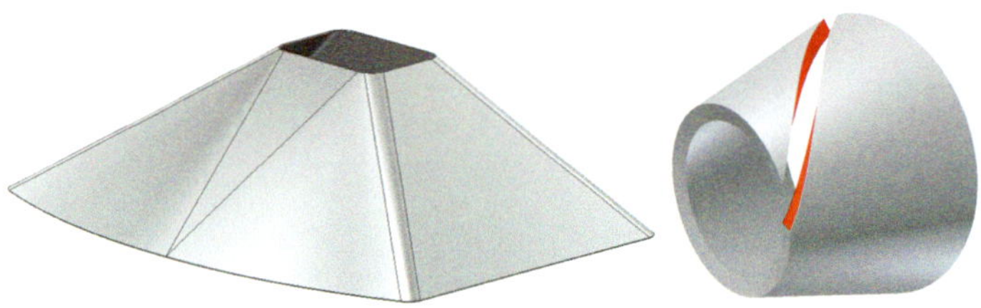

Bild 5.36:
Übergangsflansch und Schlitzfunktion

5.1.7 Bauteilefamilien

Es bietet sich an, die Vorteile der parametrischen Modellierung des CAD-Systems auch für ähnliche Blechteile zu verwenden und als parametrische Bauteilefamilien zu definieren, die bei Inventor iParts genannt werden. Zusätzlich zu den Parametern in normalen iParts können iParts für Blechteilkomponenten auch Verweise auf Regeln und Stile für Bleche und Abwicklungen enthalten. Das bedeutet, dass Blech-iParts nicht nur Geometriedaten, sondern auch variable Fertigungsinformationen berücksichtigen können, die sich auf unterschiedliche Hersteller oder Maschinen beziehen. So lässt sich die Abwicklung über die iPart-Tabelle sogar maschinenspezifisch steuern. Auch die Zuordnung unterschiedlicher Abwicklungsrichtungen zu den Ableitungen einer iPart-Familie ist möglich. Blech-iParts können mit ihren Abwicklungen im offenen DWF-Format ausgegeben werden, beispielsweise für die Weitergabe an Fertigungspartner.

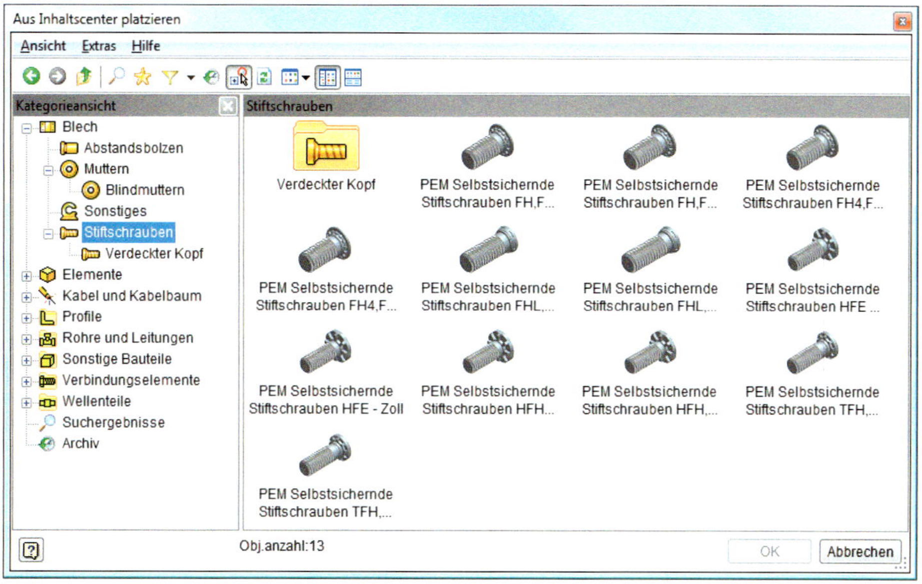

Bild 5.37: PEM-Einpressbefestiger

5.1.8 Verbindungselemente

Die Inventor-Teilebibliothek (genannt „Inhaltscenter") bietet eine spezielle Teilekategorie für die Blechkonstruktion: eine umfassende Auswahl an gängigen Verbindungselementen, die PEM-Einpressbefestiger (Bild 5.37). Diese PEM-Elemente dienen in Blechkonstruktionen als „selbstvernietende" semipermanente Verbindungselemente. Wenn diese Einpressbefestiger in einem Blechteil eingesetzt werden, machen sie aus dem Bauteil eine Baugruppe und die Verbinder finden Eingang in einer Stückliste. Inventor unterstützt die Verwendung dieser speziellen Verbinder in einer Baugruppe durch die weitgehend automatisierten Funktionen des Schraubenverbindungs-Generators, beispielsweise durch die Platzierung mithilfe der bequemen Autodrop-Funktion.

5.1.9 Abwicklung

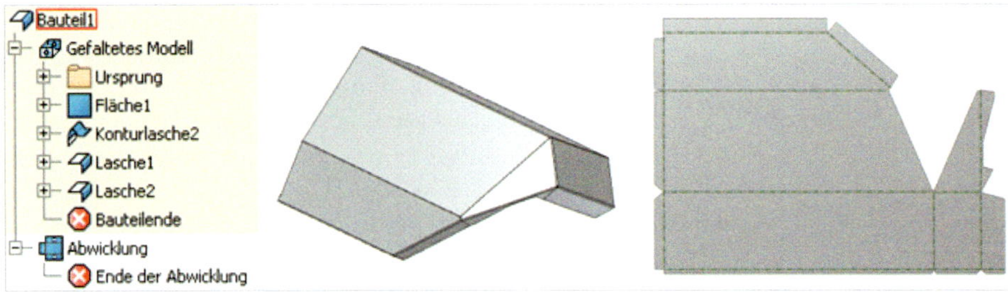

Bild 5.38: Darstellung des gefalteten Modells und der Abwicklung im Modellbrowser, 3D-Modellansicht und 2D-Abwicklung (Quelle: Autodesk)

Bild 5.39: Optionen für die Darstellung der Abwicklung

Der Modellbrowser von Inventor präsentiert das gefaltete Modell und die Abwicklung in getrennten Zweigen der Modellstruktur (Bild 5.38).

Die Abwicklung stellt die Ausgangsform des Blechs dar, bevor es gebogen wird, wobei die Biegekanten, Biegezonen, Stanzpositionen sowie alle Konturen, die in der Fertigung ausgeschnitten werden, eingetragen sind. Wie oben bereits beschrieben, errechnet die Software für alle Biegekanten eine Längenkorrektur der abgewickelten Geometrie entsprechend den vorher definierten Blechstilen und -Regeln. Blechteile mit ebenen Flächen wickelt Inventor in der Regel ohne weitere Angaben ab.

Formelemente, wie Vertiefungen oder Prägungen, sollen und brauchen nicht abgewickelt zu werden. Der Konstrukteur platziert diese Elemente, die mit einem Stanzwerkzeug erzeugt werden, auf der Blechfläche, oder stellt sie symbolisch durch einen Platzhalter dar.

Zu beachten ist: Die Abfrage der physikalischen Eigenschaften wie Masse und Volumen führt (wegen der Korrektur der gestreckten Längen) zu geringfügig unterschiedlichen Ergebnissen, je nachdem, ob sie für das gefaltete Modell oder die Abwicklung ermittelt werden.

Ein Klick mit der rechten Maustaste auf das Abwicklungssymbol im Modellbrowser (Bild 5.38) und die Auswahl „Abwicklungsdefinition bearbeiten" öffnet ein neues Dialogfenster. Inventor besitzt einen Mechanismus, mit dem der Anwender die Ausrichtung der generierten Abwicklung ändern und sie – an dieser Stelle in der

Registerkarte „Ausrichtung" (Bild 5.39 oben) – mit einem Namen versehen kann. Solche benannten Abwicklungsausrichtungen kann er in iPart-Definitionstabellen dazu verwenden, um die Ausrichtung der Abwicklungen in den Variantendateien zu definieren.

Auf der Registerkarte „Stanzungsdarstellung" (Bild 5.39 Mitte) legt der Konstrukteur die Art der Darstellung von Stanzelementen im gefalteten Modell fest. Auf der Registerkarte „Biegungswinkel" definiert er, welchen Winkel er als Biegungswinkel in der Zeichnung eintragen will: den inneren Winkel B oder den äußeren Winkel A (Bild 5.39 unten).

5.1.10 Fertigungszeichnungen

Die Größe der Abwicklung und damit den Platzbedarf auf der Blechtafel liefert Inventor nach einem Rechtsklick auf das Abwicklungssymbol im Modellbrowser unter der Option „Grenzen..." (Bild 5.40).

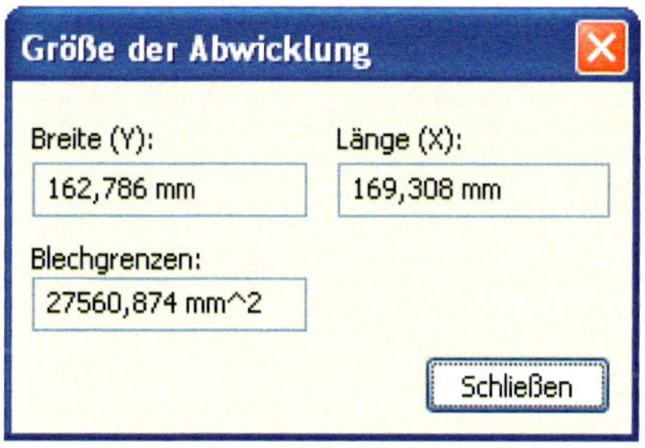

Bild 5.40: Platzbedarf der Abwicklung

Inventor unterstützt den Eintrag von Biegeanweisungen wie Biegerichtung, Biegewinkel und Radius auf der Abwicklungszeichnung und liest die entsprechenden Parameter automatisch aus dem 3D-Modell aus. Sie werden an den Biegelinien in der Zeichnung eingefügt (Bild 5.41). Optional trägt Inventor auch eine Biegetabelle ein. Sie zeigt fortlaufende Nummern für die Biegekanten, Biegewinkel, Biegeradius und Biegerichtung (Bild 5.42).

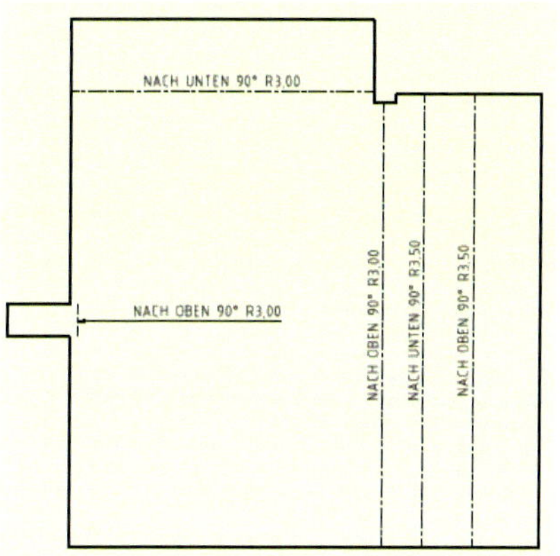

Bild 5.41: Biege-Anweisungen in der Zeichnung

Enthält das Blechteil Stanzungen, dann hat der Konstrukteur die Möglichkeit, eine Stanzanweisung zu erstellen, die alle notwendigen Informationen aufweist: Stanzwerkzeug-Nummer, Winkel, Richtung und Tiefe. Anhand von Stanzmittelpunkten, die in der Zeichnung eingetragen werden, kann er eine Stanztabelle mit der Funktion „Bohrungstabelle" definieren und einfügen. Weil der Laser beim Schnitt exakte Ecken und Kanten „verbrennen" würde, kann der Anwender scharfe Ecken in der Abwicklungszeichnung geringfügig modifizieren und kleine Radien für den Laserschnitt anbringen, die allerdings nicht im gefalteten Modell wiedergegeben werden. Sie sind nur für die Fertigung relevant. Bis Version 2009 hat Inventor nur die Bearbeitung von Blech durch Schneiden und Biegen bzw. Kanten zugelassen. Ab Version 2010 ist eine Verformung durch Tiefziehen und Profilrollen möglich. Außerdem sind in der jüngsten Version eine Bearbeitung der Abwicklung und ein anschließendes Zurückfalten, mit Wiedergabe der realistischen Verformungen des bearbeiteten Bleches, möglich.

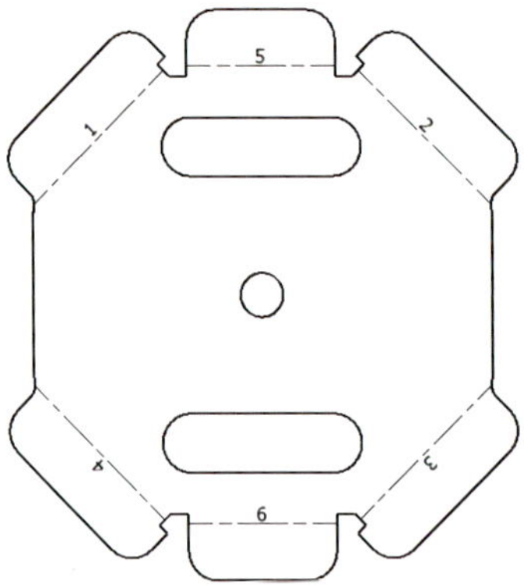

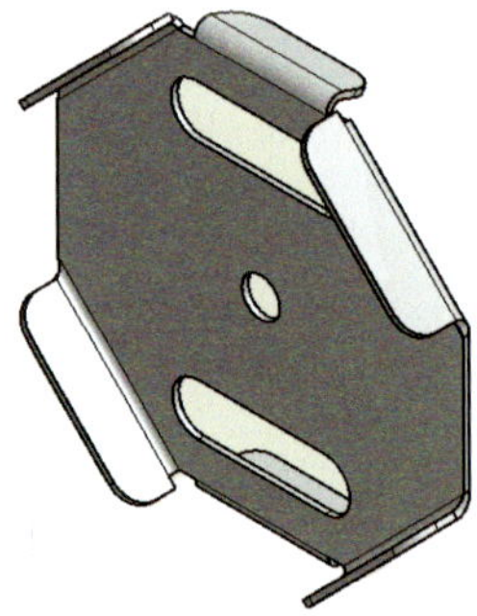

BEND TABLE			
BEND NUMBER	BEND ANGLE	BEND RADIUS	BEND DIRECTION
1	90	.06	UP
2	90	.06	UP
3	90	.06	UP
4	90	.06	UP
5	110	.06	DOWN
6	110	.06	DOWN

Bild 5.42:
Biegetabelle in der Zeichnung (Quelle: Autodesk)

5.1.11 Daten für die Fertigung

Der Anwender kann schließlich, wenn die Konstruktion abgeschlossen ist, im Modellbrowser die Abwicklung auswählen und über den Befehl „Kopie speichern unter" (aus dem Kontext-Menü) in den Dateiformaten SAT, DXF oder DWG ausgeben. Dabei hat er die Möglichkeit, nach verschiedenen AutoCAD-Versionen zu unterscheiden (AutoCAD R12, 2000, 2004, 2007). Die Ausgabe steuert er mit einer Reihe von Vorgaben, u. a. durch die Aktivierung/ Deaktivierung von Layern (Bild 5.43).

Ein weiterer Schalter bewirkt, dass die gesamte Geometrie beim Export an eine Position mit positiven x- und y-Koordinaten verschoben wird.

Und schließlich ersetzt Inventor wahlweise die Spline-Kurven in der Blechgeometrie durch Polygonzüge und fügt sie zu einem einzelnen Polygonzug (Polyline) zusammen. Die Genauigkeit der Polyline-Approximation ist dabei einstellbar (Bild 5.44). Diese Eigenschaften sind für viele Schneidemaschinen bzw. CAM-Systeme erwünscht, die ihre Schneidwerkzeuge nur entlang von Polygonzügen fahren, damit sie die Daten direkt verarbeiten können.

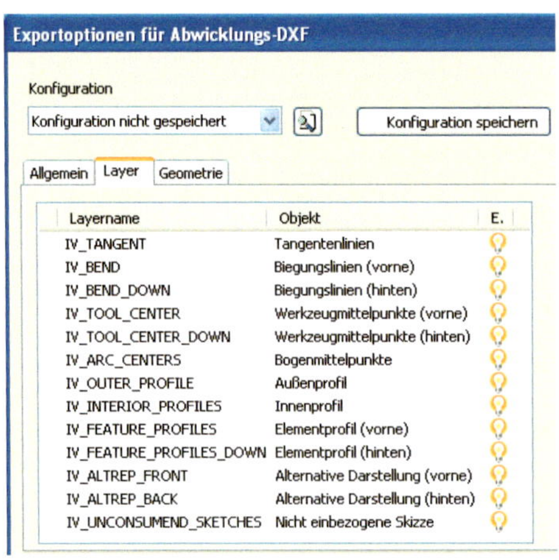

Bild 5.43:
Export: Aktivierung/ Deaktivierung von Layern

Für die weitere Nachbearbeitung der DWG- oder DXF-Daten kann Inventor eine XML-Datei ausgeben, die Anweisungen für Modifikationen enthält. In einem nachgeschalteten Prozess führt Inventor dann diese XML-Datei aus.

Bild 5.44: Export: Splines durch Polygonzug ersetzen

5.1.12 Innovativere Lösungen, Fehlversuche vermeiden

Die Blechkonstruktion von Inventor erlaubt nicht nur eine perfekte Visualisierung komplexer Blechteile in 3D, sondern auch die korrekte Abwicklung und Vorbereitung selbst komplizierter Blechformen als virtuellen Prototyp für die Fertigung. Sie beschleunigt so den Weg vom Entwurf bis zum fertigen Teil und vermeidet kosten- und zeitintensive Fertigungsversuche. Die Wirtschaftlichkeit, Effizienz und Präzision moderner Fertigungstechnologien für Blechteile kommt dadurch erst richtig zum Tragen.

„Manche Konstruktionen, die wir heute realisieren, wären früher nicht machbar gewesen. Inventor ermöglicht raffiniertere Konstruktionen in Blech, die deutlich Produktionskosten sparen", stellt Achim Otterbein fest, Leiter Konstruktion und Entwicklung bei *Hubtex*, einem Hersteller von spezialisierten Gabelstaplern.

Durch eine enge Verbindung von Konstruktion und Fertigung versuchen die Lokomotivenbauer der *Vossloh Locomotives GmbH* Aufwand und Kosten zu reduzieren. Das gelingt bereits sehr gut für den Bereich Blechkonstruktion und -fertigung. Die mit dem CAD-System abgewickelten Blechteile gehen direkt an die Fertigung. Vossloh beschränkt sich in der eigenen Fertigung auf das Laserschneiden und Schweißen und deckt damit einen großen Teil des Teilespektrums ab. Rund ein Viertel aller Teile einer Lokomotive sind Blechteile. Die Prozesskette bis hin zum Laserschneiden erweist sich dabei als besonders ökonomisch, da sie viele Arbeitsgänge einsparen hilft.

Die Blechkonstruktion und -abwicklung spielt eine große Rolle bei *Dynapac*, dem internationalen Hersteller von Maschinen für den Straßenbau. 60 bis 70 Prozent des Teilespektrums dieser Firma sind Blechteile, die entweder gekantet oder geschweißt werden. „Gerade mit Unterstützung der 3D-Konstruktion gehen wir immer mehr dazu über, Bleche kostengünstiger zu kanten, statt zu schweißen, wie das früher in der 2D-Konstruktion häufig gemacht wurde. Das Gros der Bleche liegt in dem Bereich von drei bis zehn Millimetern und lässt sich noch kanten", erklärt Detlef von Döllen, Projektleiter und CAD-Verantwortlicher in der Konstruktion von Dynapac.

5.2 Schweißkonstruktion

Bei größeren Blechstärken über zehn Millimeter oder bei Konstruktionen mit Halbzeugen ergeben dauerhafte Schweißverbindungen kostengünstige Lösungen im Schwermaschinenbau, im Fahrzeugbau, beim Bau von Sondermaschinen oder Vorrichtungen in der Fertigung und in vielen anderen Branchen. Die Besonderheiten geschweißter Vorrichtungen und Komponenten erfordern eine Reihe von spezifischen CAD-Funktionen, damit die Arbeitsprozesse optimal und strukturiert ablaufen.

Eine Schweißbaugruppe besteht zunächst aus vielen Einzelteilen, Blechen, Profilen, Drehteilen und anderen Elementen, die getrennt gefertigt werden, bevor sie durch das Schweißen zu einem neuen, komplexeren Bauteil zusammengefügt werden. Die Schweißbaugruppe soll anschließend möglicherweise als ein einziges Bauteil gelten. Sie ist ja nach dem Schweißen nicht mehr zerstörungsfrei demontierbar.

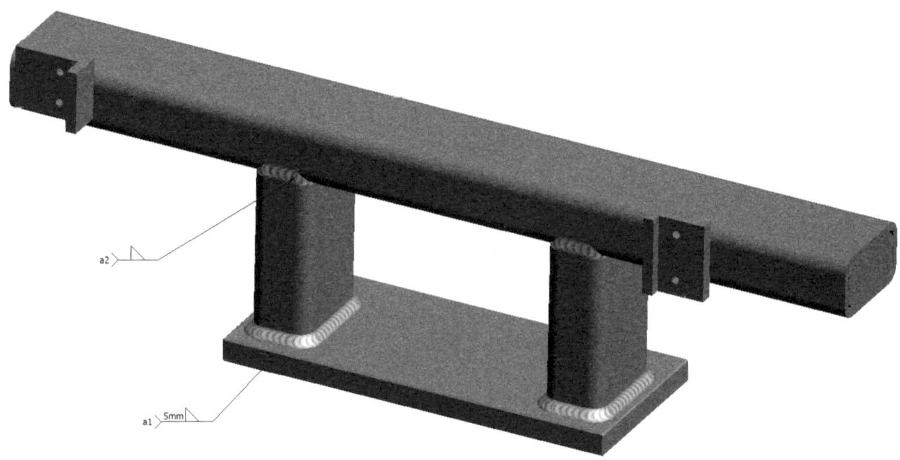

Bild 5.45: Bildliche und symbolische Darstellung von Schweißnähten in Autodesk Inventor

5.2.1 Schweißbaugruppen

Die CAD-Software braucht deshalb einige Funktionen, die den Anforderungen der Maschinenbauer im Hinblick auf Schweißkonstruktionen und deren Besonderheiten Rechnung tragen.

Der CAD-Anwender soll jede beliebige Baugruppe als eine „Schweißbaugruppe" mit besonderen Eigenschaften anlegen können. Diese Eigenschaften der Schweißbaugruppe bleiben fortan erhalten und erlauben die Zuordnung zu spezifischen CAD-Funktionsbereichen für die Bearbeitung von Schweißbaugruppen. Die Software muss es beispielsweise zulassen, die Schweißbaugruppe für die Stückliste als ein Teil oder mehrere Teile zu definieren, und es so dem Konstrukteur ermöglichen, die Liste entsprechend den Anforderungen der Fertigung zu generieren.

5.2.2 Drei Fertigungsphasen

Bild 5.46:
Eintrag von Kehlnähten mit flexiblen Nahtlängen. Ein Spalt zwischen den Bauteilen ist möglich (Quelle: Autodesk).

Schweißbaugruppen können drei verschiedene Zustände beziehungsweise Prozessstufen einnehmen, die den aufeinanderfolgenden Abschnitten in der Fertigung entsprechen:

1. Die erste Phase ist die Schweißvorbereitung, in der z. B. die Schweißfasen angebracht werden.
2. In einer zweiten Phase erfolgt der Eintrag der Schweißnähte, Kehlnähte oder anderer Nahtformen in symbolischer oder ausmodellierter Form.
3. In der dritten Phase definiert der Konstrukteur die abschließende Bearbeitung, wie Bohren, Fräsen etc., also alle Vorgänge, bei denen es auf die Maßhaltigkeit ankommt. Durch das Schweißen entsteht in der Regel ein Verzug in den Bauteilen, der durch eine spanende Nachbearbeitung wieder ausgeglichen werden muss.

Der Konstrukteur kann in der Zeichnungsableitung auf jeden der drei Zustände zugreifen und Zeichnungen erstellen, sodass alle Arbeitsgänge für die Fertigung separat beschrieben werden können.

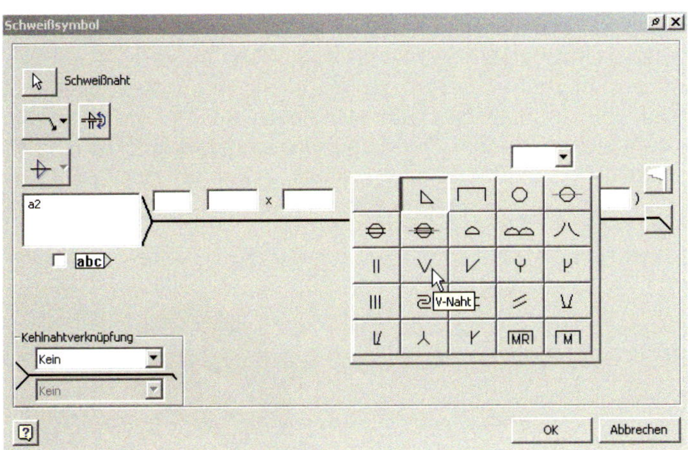

Bild 5.47:
Auswahl und Eintrag der Schweißsymbole

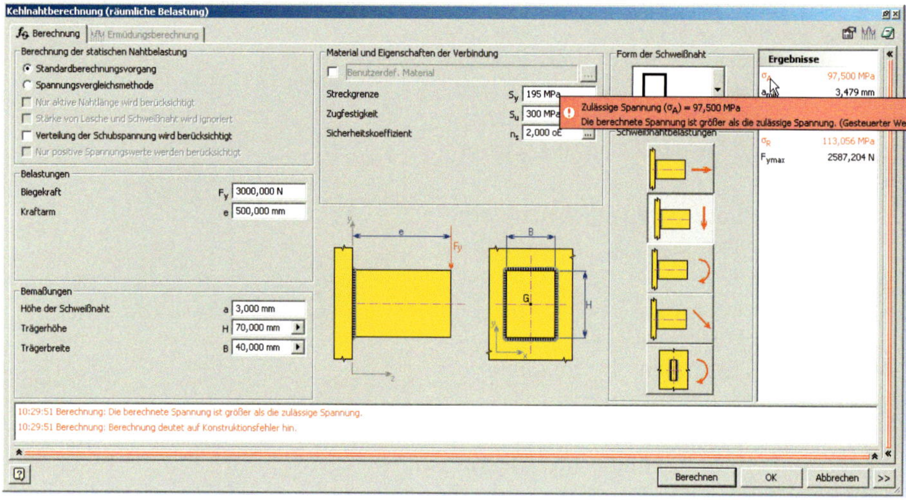

Bild 5.48:
Festigkeitsberechnung von Kehlnähten

CAD-Systeme wie Inventor erlauben die Festigkeitsberechnung von Schweißnähten für unterschiedliche Belastungsfälle und Nahtformen. Nähte in den verschiedensten Formen (vgl. Bild 5.45, 5.46) kann der Anwender beispielsweise durchgehend oder als einzelne Raupen definieren, die in einem vorgegebenen Abstand versetzt sind. Er trägt dazu die Schweißsymbole und weitere Angaben zur normgerechten Beschreibung der Naht ein. Optional lässt er die Nähte vom System ausmodellieren. Die Berechnung selbst wird in der Baugruppenstruktur mit abgelegt. Für alle Nähte kann eine Massenberechnung erfolgen. Die Nähte können aber auch in die Gesamtmassenberechnung aufgenommen werden. Als Ergebnis erzeugt beispielsweise Inventor bei Bedarf einen Schweißnahtbericht und exportiert ihn in eine Spreadsheet-Tabelle oder trägt ihn alternativ als assoziative Tabelle in der Zeichnung ein (Bild 5.49). Der Bericht stellt automatisch Daten der Schweißnähte wie Kennung, Länge, Masse, Fläche, Volumen zusammen. Der Anwender kann den Bericht modifizieren, etwa Zeilen und Spalten hinzufügen oder löschen, Felder überschreiben und mehr.

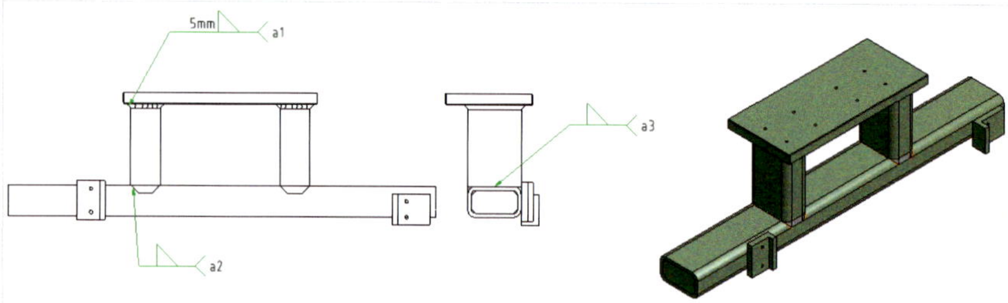

Schweißnahtbericht

ID	Typ	Länge	Maßeinheit	Masse	Maßeinheit	Fläche	Maßeinheit	Volumen	Maßeinheit
Kehlnaht 3	Kehlnaht	405664	mm	0,061	kg	19115	mm^2	7754000	mm^3
Kelchnaht 3	Kelchnaht	N/V		0,019	kg	N/V		2441000	mm^3
Schweißnahtzeichen 3	Dekorative Naht	352808	mm	0,014	kg	5000	mm^2	1764000	mm^3

Bild 5.49:
Zeichnungsableitung und Schweißnahtbericht bei Autodesk Inventor

5.3 Anlagenbau (kleine Anlagen)

Firmen, die Maschinen und kleinere Anlagen unter einem Dach planen, brauchen ein System, das möglichst der Konstruktion von Maschinen und Anlagen gleichermaßen gerecht wird. Plant-Design-Systeme, wie sie für Planungen von Großanlagen in der Öl- oder chemischen Industrie eingesetzt werden, sind für diese Aufgaben überdimensioniert. Ihnen fehlen zudem die Eigenschaften eines Mechanik-CAD-Systems. Oft gibt es neben der allgemeinen mechanischen Konstruktion Aufgabenstellungen, die eine spezifische Unterstützung bei der Planung von Rohrleitungen erfordern. Das ist bei hydraulischen und pneumatischen Steuerungen und Antrieben der Fall, bei der Zuführung von Kraftstoffen oder bei Kühlkreisläufen wie im Fahrzeugbau. Anlagen der Lebensmittel- oder Pharmaproduktion oder Antriebe in der Luft- und Raumfahrt sind weitere Beispiele. Auch im verfahrenstechnischen Anlagenbau werden nicht immer Großanlagen gebaut. Enge Bauräume und Anlagenteile, die zusammen mit Maschinen, Behältern und anderen Komponenten in einem Team entwickelt werden, stellen besondere Anforderungen an das verwendete Konstruktionssystem. Es soll Ansprüche der Mechanikkonstruktion und des Anlagenbaus gleichermaßen abdecken. In diesen Fällen ist eine Lösung gefordert, die diesen „maschinenbaunahen" Anlagenbau optimal unterstützt. Zumal die teuren großen Anlagenbausysteme für große Datenmengen und Vereinfachungen ausgelegt sind und die Detailkonstruktion eher vernachlässigen.

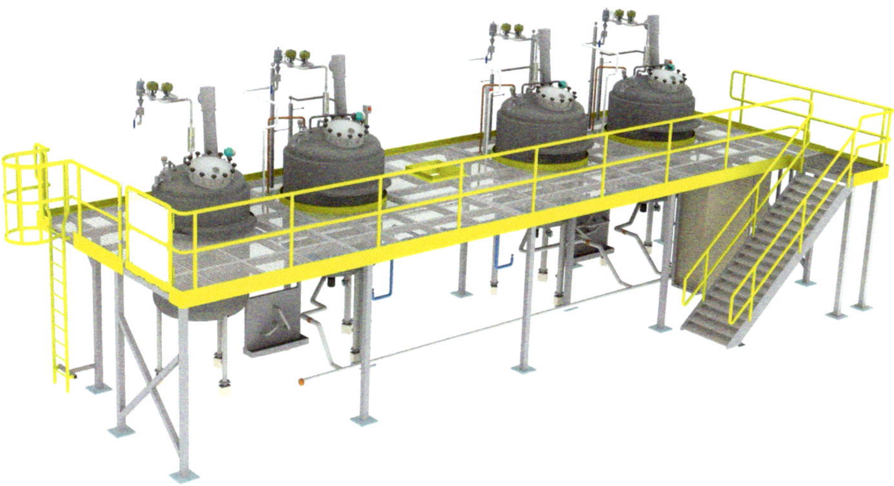

Bild 5.50: Stahlbaukonstruktionen sind die Basis einer verfahrenstechnischen Anlage: Stützgerüst, Arbeitsbühnen, Treppen, Geländer (Quelle: Autodesk).

5.3.1 Stahlbaukonstruktion

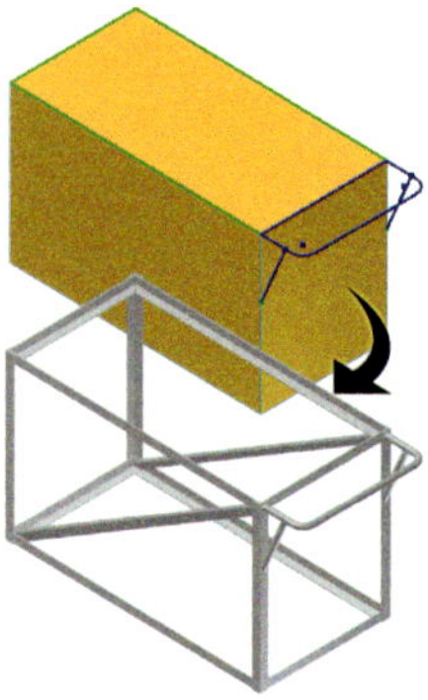

Bild 5.51:
Bauraummodell (Quader und Skizze für Handlauf) und fertige Rahmenkonstruktion (Quelle: Autodesk)

Für die Aufstellung von Behältern, Montagerahmen von Rohrleitungen oder Arbeitsbühnen konstruiert der Anlagenbauer Stahlgerüste und -gestelle aus Normstahlprofilen. Die Konstruktion solcher tragender Stahlstrukturen ist durch einfache Geometrien und viele ähnliche Teile oder Baugruppen gekennzeichnet. Ihr Aufbau ist eine Routinearbeit, die sich in hohem Maße in einem CAD-System – hier gezeigt am Beispiel Autodesk Inventor – automatisieren lässt. Der Konstrukteur definiert dabei zunächst ein idealisiertes Bauraummodell entweder als Draht- oder Volumenmodell und geht anschließend daran, mit Unterstützung der Software die Kanten des idealen Modells durch Profilstäbe zu ersetzen (Bild 5.51). Das System bietet ihm eine Auswahl der verfügbaren Normprofile. Er platziert diese entlang der Kanten seines Idealmodells bzw. Skelettmodells in 2D- oder 3D-Skizzen oder auf Verbindungen von Punkt zu Punkt, die er dafür nutzen kann. Die Orientierung und Position der Profilstäbe bezogen auf das Bauraummodell (auch Skelettmodell genannt) legt er flexibel mit wenigen Mausklicks fest. Der Begriff „Skelettmodell“ spielt auf ein Drahtmodell an, weil die Kanten und Eckpunkte dabei wesentlich sind.

Komplexe Stahlgerüste baut der Konstrukteur aus mehreren Teilmodellen auf und stellt sie anschließend in einer Baugruppe zusammen. Das erleichtert die Übersicht und den Entwurf.

5.3.1.1 Platzierung der Profile

Die Platzierung nimmt der Anwender in einem Einfüge-Menüfenster (Bild 5.52) vor, das dazu dient, die Orientierung des Profils in Bezug auf die vorgegebene Bauraumgeometrie festzulegen. Zudem werden hier alle Eigenschaften wie DIN-Norm, Typ, Größe, Material, Farbe angegeben.

Diese Orientierung und die Attribute eines bereits eingefügten Profils sind im Editor jederzeit änderbar. Auch ein Spiegeln ist jederzeit möglich, ebenso die Angabe eines

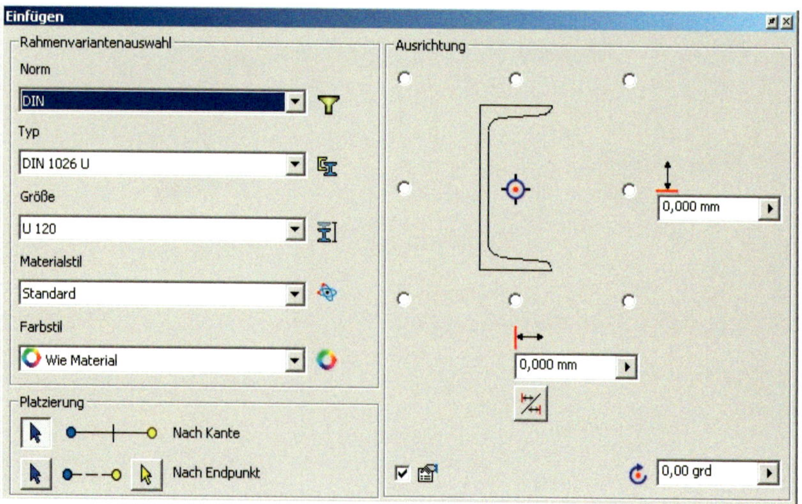

Bild 5.52:
Menüfunktionen für das Einfügen eines Normprofils

Versatzes, d. h. die Vorgabe eines Abstandes von den idealisierten Kanten der Entwurfsgeometrie. Wenn das Bauraummodell die umhüllende Geometrie darstellt und das Stahlgerüst noch mit einem Blech verkleidet werden soll, dann müssen die Profile beispielsweise immer innerhalb der Hüllgeometrie liegen und im Menü mit einem Abstand gegenüber der Bauraumgeometrie positioniert werden, der auch noch die Blechdicke berücksichtigt.

5.3.1.2 Ausprägung der Verbindungen

Danach geht der Konstrukteur mit intuitiv zu bedienenden Werkzeugen an die Gestaltung der Eckverbindungen. Er definiert die Ausprägung des Profilendes und legt damit gleichzeitig auch die Längen der Profilzuschnitte fest. Dabei kann er jederzeit wieder zum Ausgangsprofil zurückkehren, um auf eine andere Form, etwa eine stumpfe Verbindung zu wechseln.

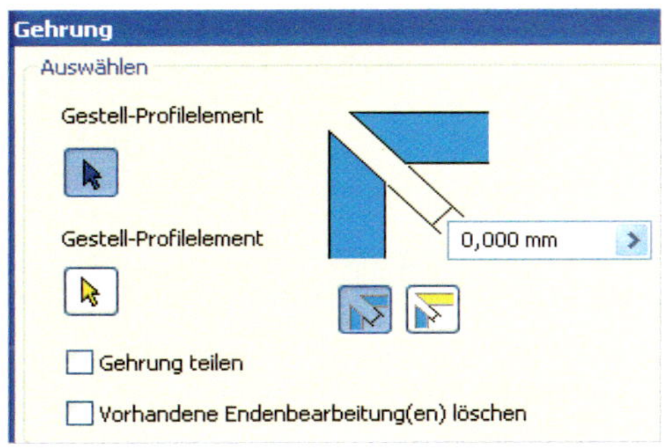

Bild 5.53: Definition einer Gehrung

5.3.1.3 Gehrungsschnitt

Für einen Gehrungsschnitt wählt der Anwender per Mausklick beispielsweise die beiden Profile aus, die entlang einer Skelettlinie platziert wurden (Bild 5.54 oben und Mitte). Sie sollen verbunden werden. Er klickt auf die Schaltfläche „Gehrung“, wählt die Ausprägung des Profilendes und definiert die Einstellung eines Offsets (Abstand, Bild 5.53). Den Rest führt das System automatisch durch. Das Ergebnis zeigt Bild 5.54 unten.

Im Beispiel trifft eine diagonale Strebe auf den gleichen Verbindungspunkt (Bild 5.54 unten). Die Aufgabe des Anwenders besteht nun darin, diese Strebe in die Konstruktion einzupassen. Dabei hilft die Funktion „Stutzen – Auf Fläche dehnen“ (ohne Bild). Der Konstrukteur wählt das zu bearbeitende Profil und die Fläche des vertikalen Vierkantrohres, an der das Profil abgeschnitten werden soll. Das System führt den gewünschten Schnitt augenblicklich durch. Der gleiche Vorgang ist für die Kürzung am horizontalen U-Profil erforderlich. Danach ist dieser Eckpunkt fertiggestellt.

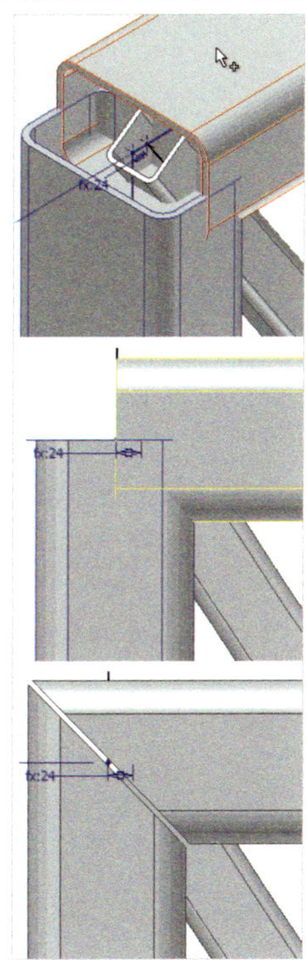

Bild 5.54: Definition eines Gehrungsschnitts

5.3.1.4 Stoßverbindung

Bei der Stoßverbindung führt der Konstrukteur das Profil stumpf bis an eine Kante oder Fläche eines zweiten Profils, die seine Länge begrenzt. Ein Abstandswert definiert das gewünschte Spiel zwischen den beiden Elementen in der Längsrichtung. Ein zweiter Parameter steuert den Versatz in Querrichtung (Bild 5.55).

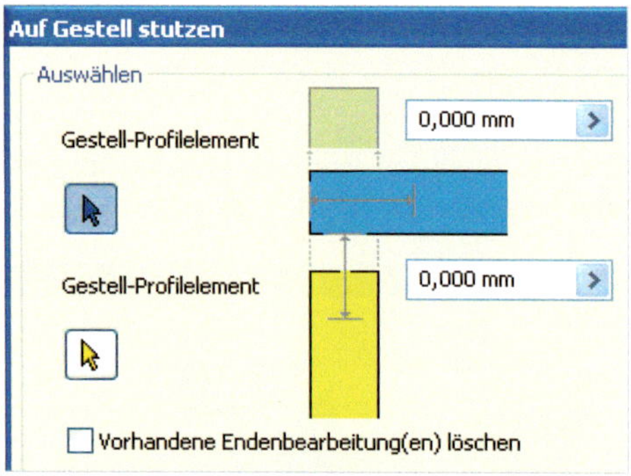

Bild 5.55: Profil einpassen: Stoßverbindung

Soll ein Profil in einer oder beiden Richtungen verlängert oder verkürzt werden, so klickt er auf die Schaltfläche „Rahmenvariante verlängern/kürzen" und gibt das gewünschte Maß an (ohne Bild).

5.3.1.5 Profile passend beschneiden

Bei der Verbindung ungleicher Profile ist es oft erforderlich, das Ende eines Profils passend zu bearbeiten, damit es in das zweite Profil eingefügt und sicher verschweißt werden kann. Über die Schaltfläche „Nuten" wird eine Funktion (Bild 5.56) aktiviert, die ein Profil (in der Menufläche blau) unter Verwendung der Geometrie des zweiten Profils (gelb) passend beschneidet. Ein Beispiel zeigt Bild 5.57.

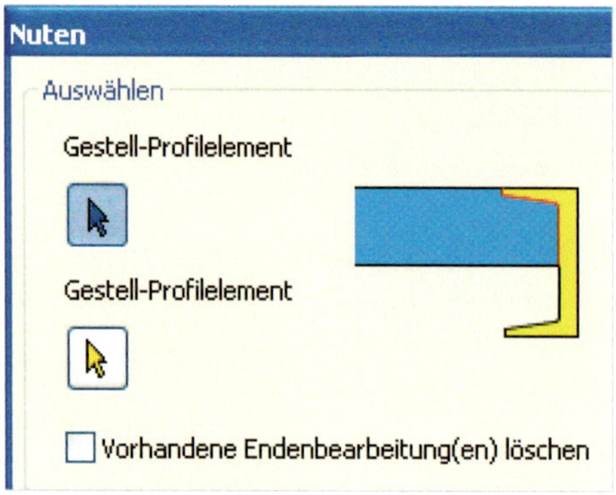

Bild 5.56: Profil passend beschneiden

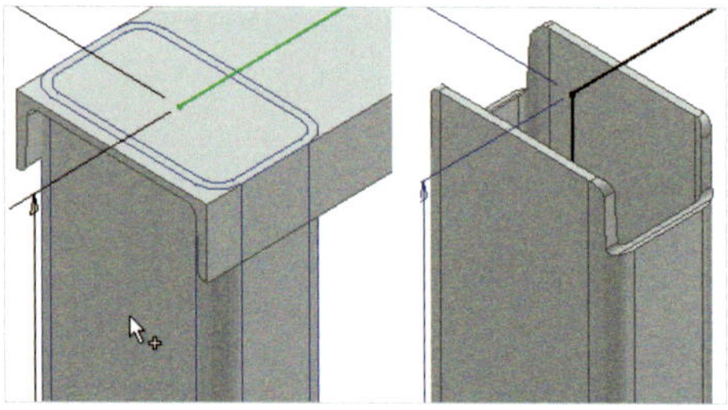

Bild 5.57: Profil einpassen: Das Vierkantrohr wurde mithilfe des U-Profils passend beschnitten.

5.3.1.6 Profileigenschaften

Alle Informationen über das Profil, wie Normbezeichnung, Abmessungen, Material, Farbe, Volumen, Masse und Positionierung relativ zu der Bezugsgeometrie des Bauraums, können über die Schaltfläche „Rahmenvarianteninformationen" jederzeit abgefragt werden (ohne Bild).

5.3.1.7 Geländer und Handläufe

Treppen und Arbeitsbühnen erhalten Handlaufprofile, die häufig gebogen sind. Die Software erstellt automatisch solche Handläufe auf der Basis entsprechender Skizzen (2D- oder 3D, Splines, Kurven). Den gebogenen Verlauf eines Handlaufs erzeugt der Konstrukteur dabei in wenigen Klicks durch Mehrfachauswahl oder Selektion einer Linie, die den Verlauf definiert, und die Vorgabe eines Normprofils, das den Handlaufquerschnitt festlegt.

Die integrierten Stücklistenfunktionen produzieren automatisch Listen aller einzelnen Zuschnitte, aber auch Summenlisten geordnet nach Normen, um beispielsweise die Gesamtlänge verbauter Profile für die Bestellung zu ermitteln.

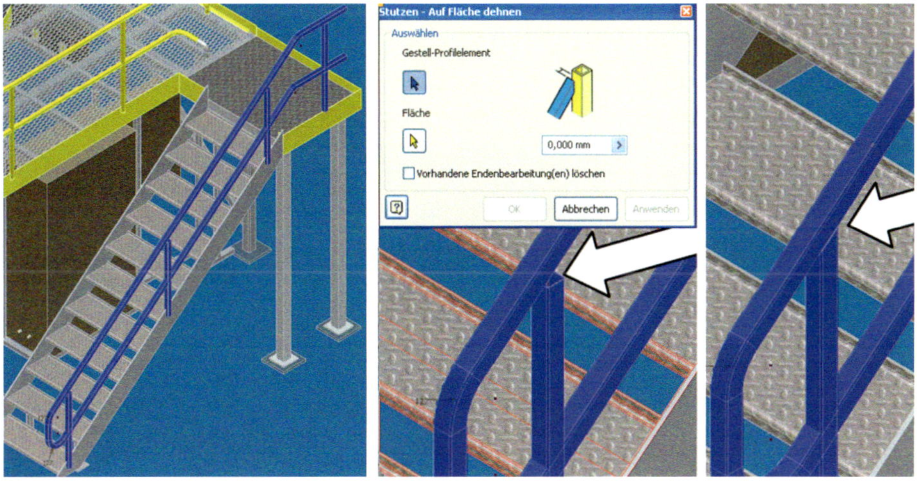

Bild 5.58: Komplettes Geländer – Verlängerung des Pfostens bis zum Handlauf, die virtuelle Fläche der Handlaufunterseite „schneidet" den Pfosten ab.

Beispiel: Treppengeländer

Das Skelett des Treppengeländers liegt als Skizze vor. Der Konstrukteur wählt ein quadratisches Rohrprofil für die Ausführung des Geländers. Den gebogenen Verlauf des Handlaufs erzeugt er durch Selektion der Skizzenlinien, die den Verlauf festlegen („Verkettungsauswahl"). Analog generiert er die vertikalen Pfosten (Bild 5.58 links).

Damit ist das Geländer im Wesentlichen definiert. Einige Details sind zu korrigieren: Die vertikalen Pfosten sind bis zur Handlaufunterseite zu verlängern und passend abzuschneiden (Bild 5.58, Mitte und rechts)

Die vertikalen Pfosten kreuzen sich mit dem Handlauf bzw. den Querstreben im virtuellen Modell. Für die reale Fertigung müssen Handlauf bzw. Querstreben an den Pfosten enden, d. h. abgeschnitten werden, und auch zwischen den Pfosten auf Stoß „gestutzt" werden (Funktion „auf Rahmen stutzen", ohne Bild).

5.3.1.8 Berechnungen integriert

Die wichtigsten Berechnungsverfahren sind integriert anwendbar, beispielsweise die Überprüfung der Knickbeanspruchung von Stützen und Stäben für die vier Euler'schen Knickfälle, die Berechnung der Grenzspannungen, ebenso die Überprüfung kritischer Profile hinsichtlich Biegung, Torsion, Zug oder Druck.

Die Querschnitte und Widerstandsmomente berechnet das System automatisch (Bild 5.59). Der Anwender braucht nur ein Material zu wählen. Für die wichtigsten Materialien stellt die Software die benötigten Kennwerte wie Streckgrenze, Elastizitätsmodul, Schubmodul und Dichte zur Verfügung.

Nach der Definition der Belastungen und Auflagerbedingungen liefert das System auf Knopfdruck Diagramme für den Verlauf von Kräften, Momenten, Torsion, Durchbiegung im Träger sowie die Überprüfung der Knickbeanspruchung von Stützen und Stäben nach verschiedenen Verfahren (Euler, Rankine und Johnson, Bilder 5.60, 5.61). Wahlweise kann der Konstrukteur die Ergebnisse der Berechnung als HTML-Datei abspeichern oder in Word übernehmen.

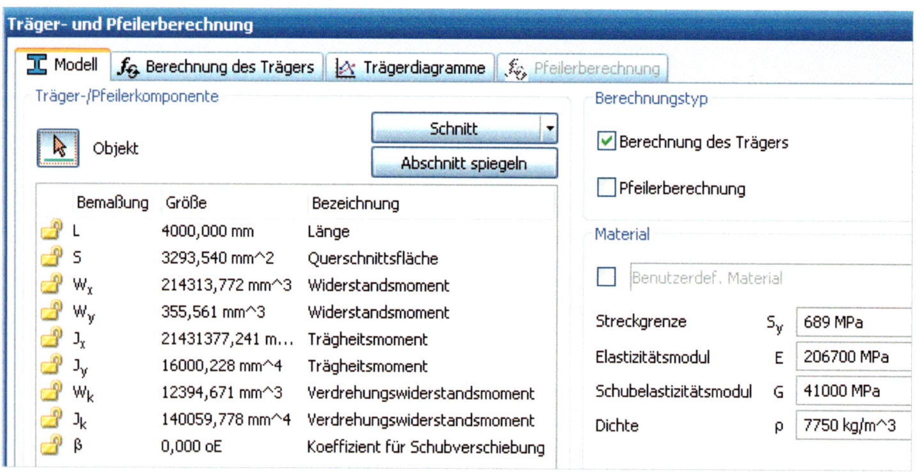

Bild 5.59: Festigkeitsrechnung: relevante Profileigenschaften

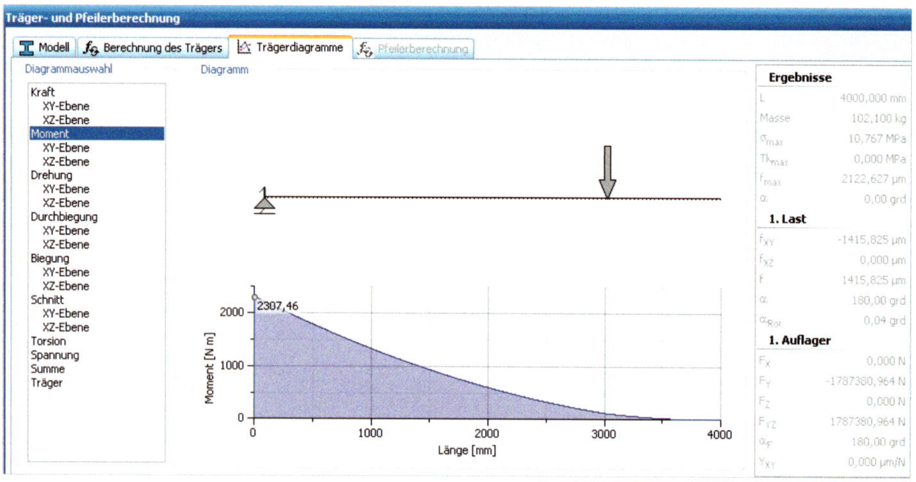

Bild 5.60: Festigkeitsrechnung: Momentenverlauf

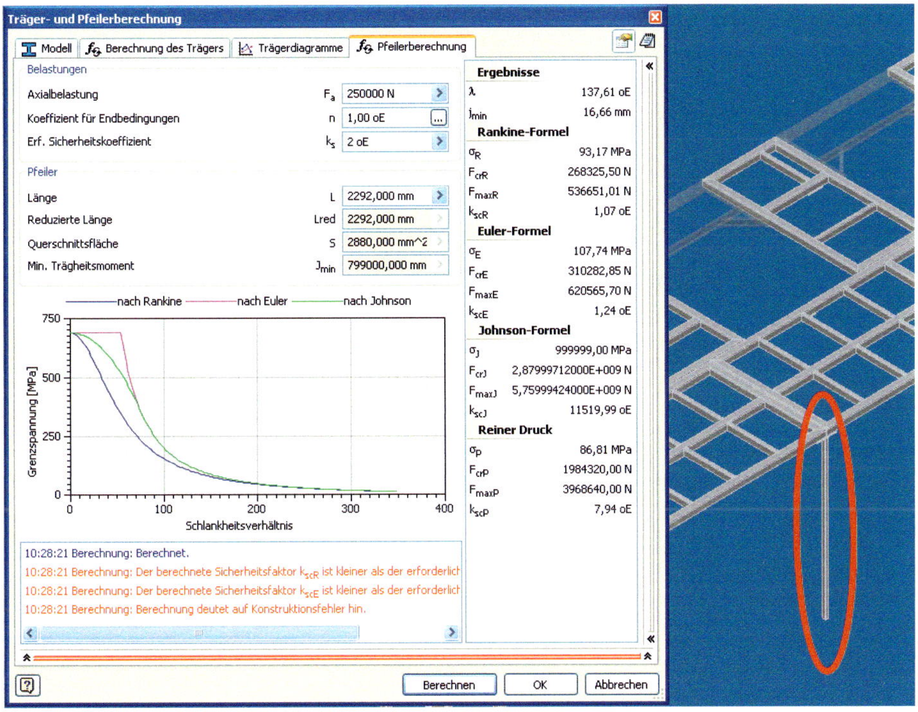

Bild 5.61: Überprüfung der Knickbeanspruchung der axial belasteten Stützen

5.3.2 Rohrleitungen

Die Rohrleitungskonstruktion ist neben den Stahlbauaufgaben eine Besonderheit des Anlagenbaus. Vor allem braucht der Anwender unterschiedliche Leitungsarten wie geschweißte, gebogene und verschraubte Rohre sowie flexible Schläuche, um seine virtuelle Anlage präzise darzustellen. Er wählt zu Beginn seiner Arbeit die Art der Rohre, die er verwenden will, und definiert anschließend den Verlauf einer Rohrverbindung durch Festlegung eines Anfangs- und Endpunktes sowie von Zwischenpunkten, die den Verlauf bestimmen. Ein regelbasiertes Werkzeug generiert dann automatisch die Rohrleitung, wobei das System Konstruktionsregeln wie minimale und maximale Länge eines Rohrsegments anwendet.

Geschweißte, gebogene und verschraubte Rohre sowie flexible Schläuche werden in virtuellen Anlagen gebraucht.

Rohrtypen, die gebogen werden können, ohne fertige Rohrkrümmer einzusetzen, biegt der Anwender nach Angabe von Biegeradius und Winkel oder mithilfe von sogenannten „Griffen“. Die Griffe ermöglichen das Biegen mithilfe von Maus- und Cursor-Funktionen. Für die spätere Fertigung liefert das System automatisch die Tabellen mit den notwendigen Daten für die Biegemaschine. Das spart Zeit und vermeidet Fehler.

Bild 5.62:
Rohrleitungskonstruktion
(Quelle: Autodesk)

Die Autodesk-Software enthält eine umfangreiche Bibliothek von genormten Rohrleitungskomponenten wie Rohren, Anschlussstücken, Ventilen usw. Sie ist erweiterbar und unterstützt die Ergänzung, Verwaltung und Verwendung von Normteilen für viele Anwendungsbereiche. Beim Umwandeln des Rohrverlaufs in Rohrleitungen werden automatisch und nach Bedarf Anschlussstücke und Rohrsegmente eingefügt, wobei Verschnittzugaben individuell einstellbar sind. Danach ist die Berechnung von Masseneigenschaften oder eine Kollisionsprüfung möglich.

5.3.2.1 Selbstentleerende Leitungen

In der Produktion von Lebensmitteln, Getränken oder pharmazeutischen Produkten bestehen höchste Hygieneanforderungen. Die Konstrukteure in diesen Branchen verwenden zertifizierte Armaturen aus Edelstahl und vermeiden Geometrien, in denen sich schädliche Mikroorganismen halten können. Alle Leitungen müssen mit einem entsprechenden Gefälle versehen sein, damit eine vorschriftsmäßige Reinigung und Sterilisation sichergestellt ist. Durch eine regelbasierte automatische Planung von Leitungen mit dem nötigen Gefälle ermöglicht es die Inventor-Rohrleitungskonstruktion, rasch eine virtuelle Anlage zu entwickeln, die den Vorschriften entspricht und vom Kunden oder einer Zulassungsstelle überprüft werden kann.

5.3.2.2 Flexible Schläuche

Die Rohrleitungskonstruktion von Inventor Professional unterstützt auch die Modellierung flexibler Schläuche. So können bei der Entwicklung virtueller Prototypen die Lage und die Eigenschaften, beispielsweise von Hydraulikschläuchen, mithilfe von 3D-Spline-Funktionen realistisch dargestellt werden. Die Software überprüft die minimalen Biegeradien und berechnet automatisch die Schlauchlänge. Da die gesamte Konstruktion in Inventor erstellt wird, ist die Ableitung von Zeichnungen für alle Baugruppen problemlos. Die Rohr- oder Schlauchkonstruktionen sind schnell detailliert und in Zeichnungen ausgegeben.

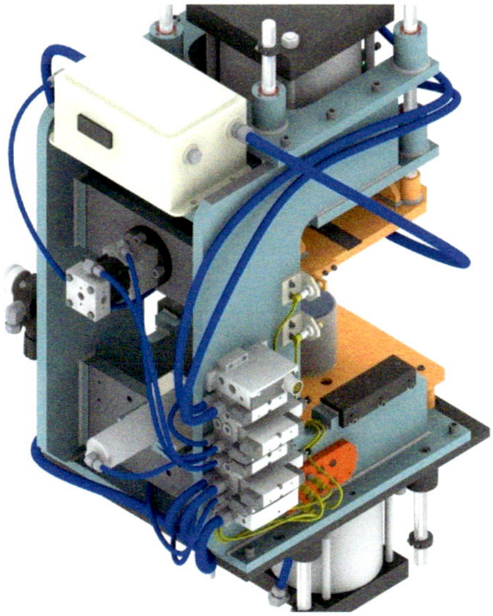

Bild 5.63: Konstruktion flexibler Schläuche (Quelle: Autodesk)

5.3.2.3 Stücklisten auf Knopfdruck

Die zugehörigen Stücklisten, mit aufsummierten Rohr- und Schlauchlängen, gibt das System auf Knopfdruck aus. Das Gleiche gilt für die in Stahlbaugerüsten verbauten Profile. Nicht im Modell aufgeführte Komponenten, wie Dichtmittel oder Ersatzschrauben, können in der Stückliste manuell ergänzt werden. Früher in der 2D-Konstruktion bekannte Probleme mit unvollständigen Stücklisten treten dann nicht mehr auf.

5.3.2.4 Integrierte PDM-Lösung

Alle zur Gesamtkonstruktion gehörigen Daten und Dokumente sollte einheitlich ein PDM-System verwalten und dafür sorgen, dass Daten nicht versehentlich überschrieben werden und jederzeit schnell gefunden werden können. Wenn mehrere Mitarbeiter oder Abteilungen simultan an einem komplexen Projekt arbeiten –

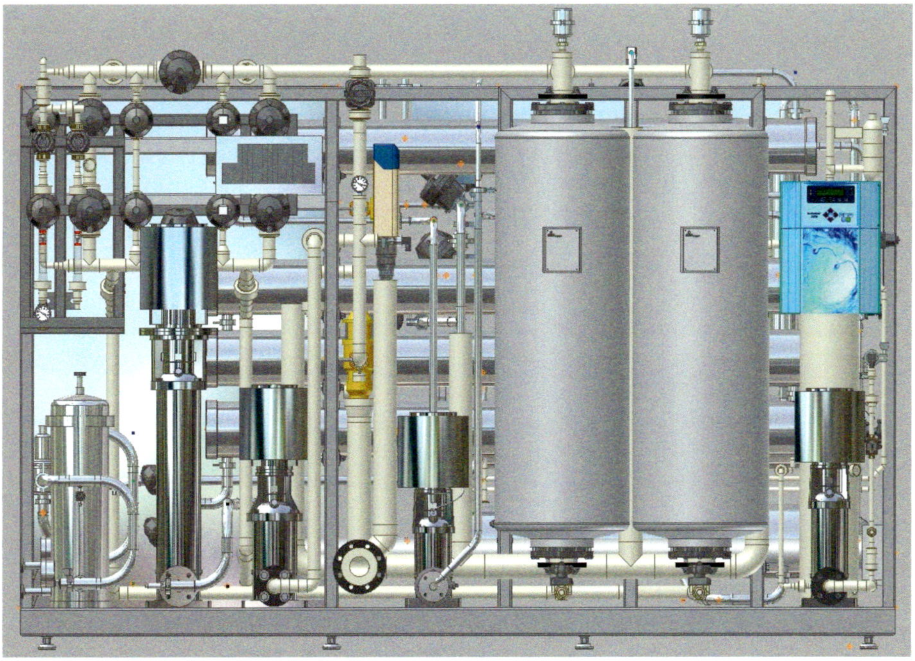

Bild 5.64: Osmotron-Anlage zur Wasser-Reinigung (Quelle: Christ Water Technology Group)

möglicherweise an unterschiedlichen Standorten –, ist ein PDM-System unverzichtbar, um alle Produkt- und Projektdokumente einschließlich der Rohrleitungsdaten zu verwalten und die korrekten Versionen den beteiligten und berechtigten Personen zur Verfügung zu stellen. Änderungen sind zu dokumentieren und die elektronischen Freigaben sind zu verwalten (mehr dazu: Kapitel 10, Produktdatenmanagement, Seite 221).

5.3.2.5 Geringere Kosten – höhere Qualität

Die Vorteile der virtuellen Anlagenkonstruktion liegen im Gesamtprozess, in der besseren Qualität der Konstruktion, in Einsparungen in der Montage und höherer Planungssicherheit. Was zur Not noch funktionieren mag, solange alle Kollegen an einem Standort und auf Zuruf arbeiten, reicht keinesfalls mehr aus, wenn Konstrukteure in einer globalen Organisation in Projekten zusammenarbeiten sollen. Dann führt an einer digitalen Lösung, integriert in einem PDM-System, kein Weg vorbei.

Höherer Vorfertigungsgrad durch Digital Prototyping

Die *Zettl Ingenieur- und Vertriebsgesellschaft*, Maschinen- und Anlagenbauer in München, stellte ihre Anlagenkonstruktion auf eine neue und integrierte 3D-Lösung um. Für Michael Zettl, den Geschäftsführer des Unternehmens, ist wichtig: „Wir können heute Anlagen als digitalen Prototyp genauer planen, einschließlich der präzisen Aufstellungssituation. Das führt zu einem höheren Vorfertigungsgrad und zur Reduzierung teurer Arbeiten während der Montage vor Ort. Wir profitieren auch von einer verbesserten Kommunikation mit unseren Lieferanten. Alle wichtigen Fertigungspartner setzen unser System ein."

5.4 Anlagenbau (Großanlagen)

Die Anforderungen in der Entwicklung von Großanlagen unterscheiden sich vom „maschinenbaunahen" Anlagenbau des vorhergehenden Kapitels, der gut mit einem MCAD-System und ergänzenden anlagenbauspezifischen Funktionsbereichen erledigt werden kann. Die Unterschiede liegen in der räumlichen Ausdehnung der Anlagen, der Anzahl der Maschinen, Apparate, Armaturen und Rohrleitungen sowie dem damit verbundenen Datenvolumen. Die Basis eines Anlagenbau- oder Plant-Design-Systems ist daher eine leistungsfähige Datenbank, die eine Bauteilebibliothek und alle zugehörigen Attribute aufnimmt und verwaltet. Sie enthält Stahlbauelemente, Apparate, Maschinen, Geräte, Rohrleitungen, Kabel, Lüftungskanäle, Antriebe u. v. m. Auswertungen, Listen und die grafische Darstellung sind durch diese effiziente Architektur auch bei großen Projekten schnell zu erzeugen. Eine Anbindung an Warenwirtschaftssysteme (ERP-Systeme) ist damit flexibel möglich. Durch unterschiedliche Detaillierungsgrade der Komponentendarstellung lässt sich die Performance der Visualisierung bedarfsgerecht steuern.

Das Fachgebiet ist gekennzeichnet durch eine Vielzahl von Disziplinen und Gewerken, die in die Planung von Großanlagen einzubinden ist: Neben der Verfahrenstechnik spielen Bereiche wie Energieversorgung, Gebäudetechnik, Medienversorgung und -entsorgung, Elektrotechnik, Automatisierungstechnik, Maschinenbau, Fördertechnik, Sicherheit und Umweltschutz eine wichtige Rolle. Ein ganz wesentlicher Unterschied: Bei Großanlagen ist die präzise Planung des zeitlichen Ablaufs aller Bauprozesse entscheidend. Die Zeit als vierte Dimension spielt deshalb bei der Planung eine besondere Rolle.

Voraussetzung für die Planung einer Großanlage ist die Beherrschung aller Teilprozesse und ihrer apparativen Ausstattung. Ihre Verbindung und Anpassung ist die Hauptaufgabe der virtuellen Anlagenentwicklung. Sie hat keine Möglichkeit eine Versuchsanlage im realen Maßstab zu bauen. Mit dem Wissen und den Erfahrungen aus vorangegangenen Projekten, den Erkenntnissen aus Labor- oder Technikumsversuchen in kleinerem Maßstab und Leistungsbeschreibungen von Lieferanten müssen die Planer eine digitale Anlage entwerfen, analysieren und simulieren, bis sie sicher sind, dass sie den digitalen Prototyp erfolgreich in die Realität übertragen können.

5.4.1 P&ID-Fließschemata

Das zentrale Dokument der Anlagenplanung ist das P&ID-Diagramm (Piping & Instrumentation Diagram), der Schemaplan der Anlage, in dem alle Prozesse der Anlage mit ihren Komponenten und Verbindungen mit Unterstützung einer P&ID-Software zusammengeschaltet werden. Von diesem Dokument ausgehend verwalten die Planer ihre Projekte, Revisionen und Zeichnungen. Eine Änderungsverwaltung hilft, die verschiedenen Planungszustände zu überblicken, zu dokumentieren und zu bearbeiten. [7]

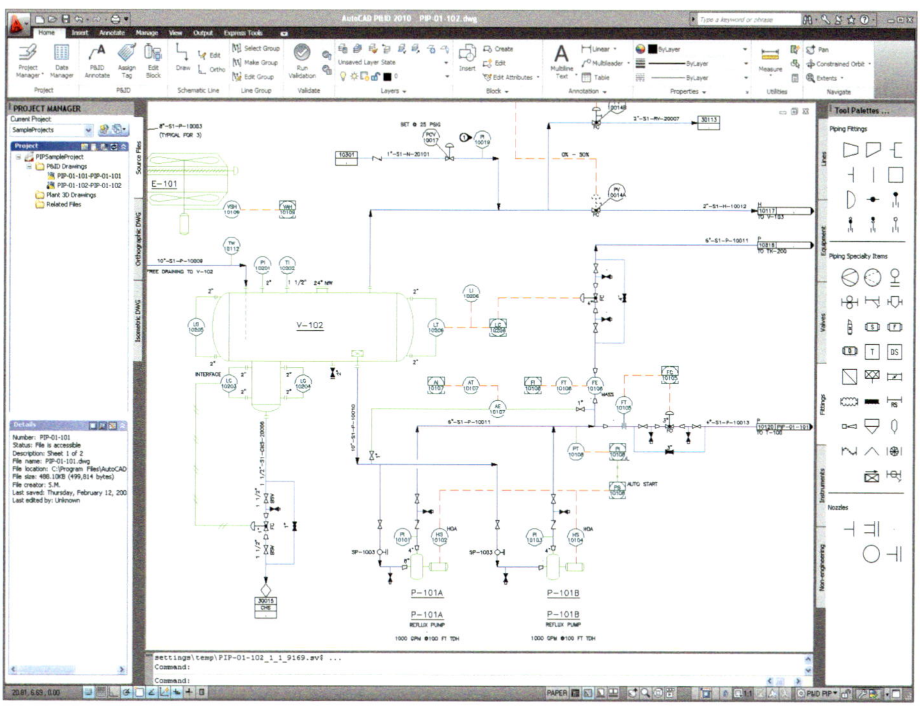

Bild 5.65: AutoCAD-P&ID-Schemaplan

Mit „dynamischen Linien“ definiert der Konstrukteur Leitungen im Schemaplan, verschiebt sie nach Bedarf und richtet sie am Fangraster aus. Eine intuitive Bearbeitung mithilfe von leistungsfähigen Funktionen wie den sogenannten „Griffen“ unterstützt ihn dabei. Er braucht nicht mehr so häufig seine Leitungen zu unterbrechen und wieder zu verbinden. Die P&ID-Applikation unterbricht Leitungen automatisch, ordnet sie den eingefügten Komponenten zu und verbindet sie automatisch, wenn eine Komponente entfernt wird.

„Dynamische Komponenten“ lassen sich durch dynamisch verknüpfte Eigenschaften und Informationen rasch verschieben und mit Fangrastern positionieren, ohne die zugrunde liegenden Daten der Komponenten bei jeder Änderung manuell bearbeiten zu müssen.

Standardisierte Symbole (nach ISO/DIN, EN, ISA oder JIS), eventuell auch firmen- oder projektspezifische Symbole, repräsentieren die Komponenten im Schemaplan. Dort fügt sie der Planer positionsgenau mithilfe eines Fangrasters ein. Bezeichnungen und Beschriftungen ergänzt er in standardisierten Formaten oder passt sie an. Eigenschaften der Symbole werden automatisch weitergegeben und Informationen können mit der Maus per „Drag-and-Drop“ aus dem Datenmanager gezogen und abgelegt werden. Sie erhalten automatisch die entsprechenden, vordefinierten Beschriftungsformate.

5.4.2 3D-Anlagenkonstruktion

Das P&ID-Schema ist die Ausgangsbasis für die dreidimensionale Anlagenkonstruktion. Durch den Datenaustausch zwischen der 3D-Anlagenkonstruktion und der Schemaplanung ist sichergestellt, dass alle Anlagendaten vollständig, konsistent und aktuell sind. Der Konstrukteur beginnt sein 3D-Projekt mit der Spezifikation wichtiger Parameter, die für die Erzeugung von Rohrleitungen und Komponenten maßgeblich sind, und der Vorauswahl von Bibliotheken und Komponenten, die er im Laufe der Arbeit braucht. Diese Daten kann er im Laufe des Projekts modifizieren und schließlich nutzen, um Berichte und Stücklisten zu erzeugen.

Die 3D-Anlagenkonstruktion unterstützt die Errichtung von Stahlbaugerüsten sowie die Platzierung von Apparaten, Maschinen und Rohrleitungen anhand von Normteil- und Komponentenbibliotheken. Bei Bedarf kann der Konstrukteur diese Bibliotheken für seine projektspezifischen Anforderungen anpassen.

5.4.2.1 Stahlbau

Der Funktionsbereich Stahlbaugerüste dient unter anderem dazu, Kollisionen im 3D-Anlagenmodell zu entdecken. Er hilft auch bei der parametrischen Generierung von tragenden Teilen, wie Stahlträgern oder Gerüstelementen wie Treppen und Leitern. Die Software AutoCAD 3D Plant erlaubt auch die Referenz auf externe Konstruktionen, die mit der Autodesk Revit Software, mit AutoCAD Structural Detailing oder anderen Anwendungen erzeugt wurden. Apparate und Geräte erzeugt, modifiziert und verwaltet der Konstrukteur mithilfe seiner 3D-Anlagenbau-Software

Bild 5.66: Anlagenbau (Quelle: Autodesk)

und der umfangreichen Normteilbibliotheken, die er über eine Werkzeugpalette bedient, benutzt oder anpasst.

5.4.2.2 Rohrleitungen

Die Software optimiert die Erzeugung und Bearbeitung der spezifizierten Rohrleitungen, legt den Leitungsverlauf fest, hilft bei der Änderung des Verlaufs und eingefügter Komponenten und verwaltet alle Verbindungen. Der Anwender wählt dabei zwischen halbautomatischer oder manueller Festlegung des Leitungsverlaufs. Zusätzlich benötigte Elemente wie Flansche und Dichtungen fügt das System automatisch hinzu.

5.4.2.3 Dokumentation

Aus dem 3D-Modell erzeugt der Konstrukteur einfach isometrische und orthografische Ansichten sowie weitere Planungsdokumente für die Weitergabe an andere Abteilungen. Diese Dokumente entstehen direkt aus dem 3D-Modell. Sie sind daher korrekt, konsistent und aktuell.

5.4.2.4 Listengenerierung

Eine Reihe von Funktionen der Anlagenbau-Software dient dazu, Informationen und Daten abzufragen und zu bearbeiten, die in Zeichnungen enthalten sind. Dazu gehören die Erzeugung von Materiallisten und anderen Listen, die sich durch die spezifischen Abfragen ergeben. Diese Daten lassen sich exportieren, beispielsweise im PCF-Format (Piping Component Format), um sie in andere Anwendungen wie Berechnungsprogramme oder Arbeitsvorbereitungssysteme zu übergeben.

Bild 5.67: Verfahrenstechnische Großanlage (Quelle: Autodesk)

5.4.3 Alle Gewerke einbinden

Die Visualisierung, Simulation und Analyse großer Entwurfs- und Konstruktionsprojekte des Anlagenbaus und der Gebäudeplanung erfordert eine Software-Lösung mit speziellen Funktionen und Eigenschaften. Dazu gehört die Zusammenführung von 3D-Daten aus unterschiedlichen Quellen, zum Beispiel aus dem Anlagenbau, aus der Tragwerksplanung, der Gebäudetechnik oder dem Architekturentwurf. Erst die vollständigen Daten aller beteiligten Gewerke sind eine verlässliche Basis, um Kollisionen in der Planung festzustellen und zu beseitigen.

Gerade im Anlagenbau und in der Gebäudeplanung sind solche Analysen am virtuellen Projekt unerlässlich, die alle Gewerke einbeziehen. Als Hersteller von CAD- und Planungssoftware, die vom Maschinenbau über den Anlagenbau, die Tragwerksplanung bis zum Gebäudeentwurf reichen, ist Autodesk besonders mit diesen Anforderungen konfrontiert und bietet seit dem Sommer 2009 eine Lösung an: Autodesk Navisworks. Die neue Software konsolidiert Daten aus unterschiedlichen Systemen in einem 3D-Modell für die disziplinübergreifende Zusammenarbeit verteilter Teams, für Analysen und Koordinationsaufgaben. Sie entdeckt „harte“ und „weiche“ Kollisionen, prüft Abstandsmaße und auch den zeitlichen Ablauf von

Bild 5.68:
Außenansicht einer Produktionsanlage, erzeugt mit Autodesk Navisworks (Quelle: Autodesk)

Planungen, um Fehler zu vermeiden. Die vierte Dimension, die Zeit, spielt bei der Planung von Großanlagen ebenso wie in der Planung von Bauprojekten eine größere Rolle als im Maschinenbau, deshalb sprechen die Anlagenbauer und Planer von Hoch- und Tiefbauprojekten auch von 4D-Modellen.

Applikationen wie Navisworks berücksichtigen den Zeitverlauf einer Planung. Sie fügen 3D-Daten aus vielen verschiedenen Formaten und ihre zeitliche Entstehung, unabhängig von der Dateigröße und einschließlich Punktewolken von 3D-Laserscannern, zu einem ganzheitlichen, dynamischen Informationsmodell zusammen, das von allen Projektbeteiligten genutzt werden kann. Planungsteams können disziplinübergreifend in einem gemeinsamen, umfassenden Datenmodell zusammenarbeiten, ihre Arbeit analysieren, kommentieren, erweitern, überarbeiten und fotorealistisch visualisieren. So sind sie besser für Entscheidungen gerüstet und können rechtzeitig reagieren.

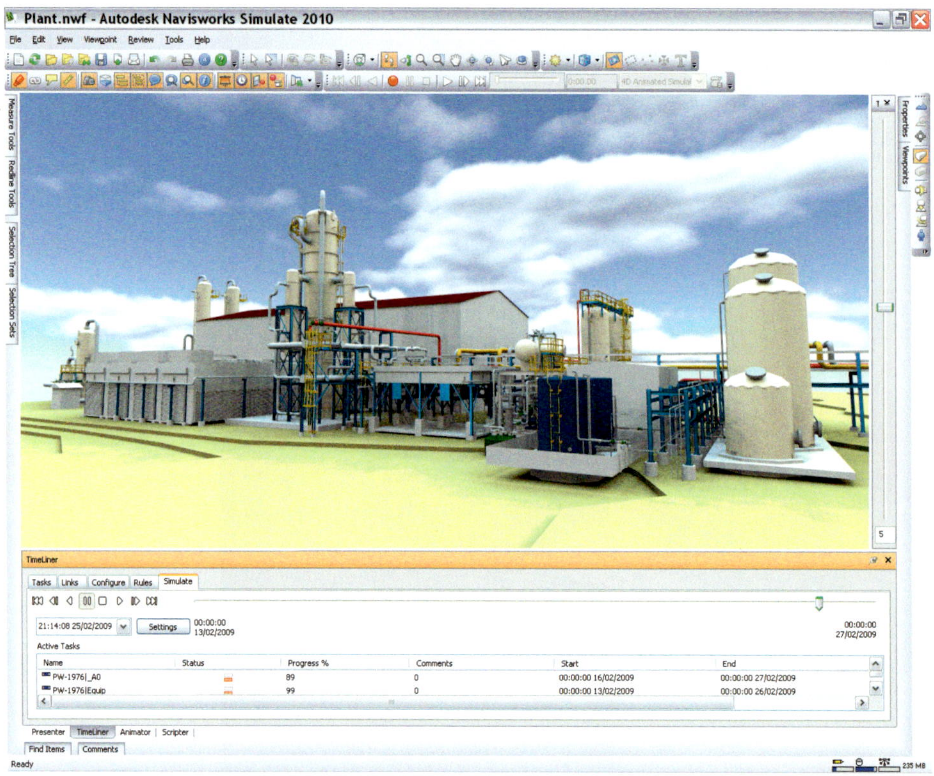

Bild 5.69:
Eine 4D-Simulation (einschließlich des zeitlichen Bauablaufs) eines Anlagenprojekts ermöglicht Autodesk Navisworks.

5.4.4 Vierdimensionale Baustelle

Ein Verbund von Hochschulen und Industrieunternehmen versucht, in einem Forschungsprojekt mit dem Namen ForBAU Lösungen für die vierdimensionale virtuelle Baustelle zu finden. Dabei geht es um den interdisziplinären Verbund aller beteiligten Gewerke, von der Baugrundmodellierung, der Trassen- und Brückenplanung über die CAD-Konstruktion und Ablaufsimulation bis hin zur Teileidentifikation auf der Baustelle. Die ForBAU-Forscher verbinden dabei Technologien des 3D-CAD, PDM und der Bauablaufplanung. Ihr Fazit: Es gibt Bedarf und Teillösungen. Der ganz große Wurf ist noch nicht in Sicht. Es lohnt sich aber, weiter an der Optimierung der gesamten Kette zu arbeiten. [8]

5.4.5 Beispiele: Stahlproduktionsanlagen

Anlagen für die Stahlproduktion sind immer große Anlagen aus der Sicht eines Maschinenbauers. Selbst die Elektrostahlwerke, die in der Branche Minimills genannt werden, sind Anlagen, deren Ausmaße die im Maschinenbau gewohnten Dimensionen sprengen. Sie produzieren „nur" 0,2 bis 1,5 Millionen Tonnen Stahl pro Jahr im Gegensatz zu den großen integrierten Stahlwerken, die erst ab 2 Millionen Tonnen und mehr wirtschaftlich arbeiten. Die Planung und der Bau von Stahlproduktionsanlagen laufen über viele Monate oder Jahre. Zahlreiche interne und externe Engineering-Abteilungen und Firmen arbeiten bei der Planung und dem Bau zusammen. Das stellt hohe Anforderungen an die Verwaltung und Kommunikation aller Projekt- und Produktdaten, eine enge Integration von CAD-, CAE- und ERP-Systemen.

Viele Disziplinen arbeiten zusammen, von Maschinenbau – konkreter: Schwermaschinenbau – über Stahlbau, Anlagenbau, Versorgungstechnik, Gebäudeplanung bis hin zur Steuerungstechnik und Software-Entwicklung. Damit es dabei nicht zu babylonischen Verhältnissen kommt, ist unverzichtbar, dass alle Beteiligten problemlos Daten und Informationen austauschen und weiterbearbeiten können. Das betrifft einerseits die unterschiedlichen Disziplinen vom Maschinenbau bis zum Bauwesen und von der Terrainvermessung bis zur Automatisierungstechnik. Das betrifft aber auch die vielen bei solchen Großprojekten beteiligten Firmen und Organisationen. Je mehr Beteiligte, desto aufwändiger ist die Kommunikation und desto größer ist das Risiko von Inkompatibilitäten oder Fehlern. Idealerweise benutzen die Partner die gleichen oder zumindest kompatible Software-Lösungen für die digitale Projekt- und Produktentwicklung.

5.4.5.1 voestalpine Stahl GmbH

Stefan Haunschmid, Leiter des Engineering-Bereichs bei der *voestalpine Stahl GmbH*, Linz, versucht, möglichst kostengünstig alle Gewerke unter einen Hut zu bekommen. „Gleichzeitig setzen wir einen Standard im Konzern und haben nur einen Ansprechpartner, wenn es Probleme gibt. Die Lieferanten können sich nicht gegenseitig die Schuld in die Schuhe schieben, denn es gibt nur einen. Der Aufwand für Schnittstellen verringert sich", begründet er. [9]

Bild 5.70:
Stranggießanlage – erstellt mit Autodesk 3ds Max (Quelle: Siemens VAI)

Dabei spielten Kostenargumente eine große Rolle. Der Unternehmensbereich Stranggusstechnik der *VAI* in Linz (früher eine Schwesterfirma der voestalpine Stahl, heute *Siemens VAI*) stellte in einer Umfrage vor einigen Jahren bei seinen Lieferanten fest, dass diese Partner unterschiedliche Preise berechnen, abhängig davon, mit welchem System sie ihre Konstruktionen erstellen. Ein deutlicher Hinweis auf das Preis-Leistungs-Verhältnis von Konstruktionssystemen und für die Linzer ein wichtiges Kriterium für ihre damalige CAD-Entscheidung.

Bereits in der Vorplanung, in der das Layout und der Leistungsumfang der Anlage festgelegt wird, erwarten die Auftraggeber und Betreiber der Anlage heute verständliche 3D-Visualisierungen oder sogar Animationen der virtuellen Anlage, damit sie sich vorstellen können, was sie kaufen. Die perfekte Visualisierung hilft dabei, im Interesse beider Seiten, Entscheidungen zu beschleunigen. Auch im Schwermaschinenbau spielen heute anspruchsvolle Verfahren der Simulation und Festigkeitsberechnung eine wichtige Rolle, um die Steifigkeit der Anlage zu gewährleisten, die notwendig ist, um eine einwandfreie Qualität der Stahlprodukte zu erreichen und lange Betriebszeiten ohne Unterbrechungen zu garantieren.

5.4.5.2 SMS Concast AG

Seit mehr als einem halben Jahrhundert entwickelt die *SMS Concast AG* Anlagen für die Stahlproduktion und gilt heute als führend im Bereich der Produktionsanlagen, die Stahl für Langprodukte wie Draht, Rund- und Kantstahl, Profile, Schienen und Nahtlosrohre erzeugen. Matthias Ebneter, Leiter der Entwicklung im Bereich Stranggießtechnik bei SMS Concast, stellt fest: „Die 3D-Visualisierung von Konstruktionen spielt im Verkauf eine zunehmende Rolle. In Kundengesprächen sind nicht alle Teilnehmer Techniker, sondern Prozessfachleute, die Schwierigkeiten haben, 2D-Zeichnungen zu lesen. Deshalb war eine optimale Präsentation unserer Projekte ein erhebliches Argument. Die Vorteile der Kollisionsprüfung im 3D-

Bild 5.71: Stranggießanlage mit Gießpfannenturm, konstruiert mit Autodesk Inventor (Quelle: SMS Concast)

System und die Vorteile integrierter Simulationsmethoden waren weitere gute Argumente." Auch die Mitarbeiter drängten auf moderne CAD-Technologie – genug Gründe für den Umstieg auf eine 3D-Gesamtlösung mit integrierten CAD/ERP-Systemen.

„Unsere Ansprüche an eine digitale Produktentwicklung waren hoch: Unser Ziel war ein integriertes Datenmodell der Produkte und ihre einheitliche Verwaltung. Die besonderen Anforderungen lagen dabei in der geografischen und organisatorischen Verteilung der Projekte", ergänzt Sacha Grossenbacher, Projektleiter IT bei der SMS Concast. Mehrere Standorte weltweit, in der Schweiz, in Indien, Italien und Spanien, externe Büros und Subunternehmer waren unter einen Hut zu bringen. Global sollten alle Projektbeteiligten die Produktdaten konsistent und kompatibel verwalten und austauschen können, wobei obendrein internationale technische und gesetzliche Normen zu beachten sind. Die Züricher legten großen Wert auf eine Gesamtlösung mit neuen, automatisierten und tief integrierten Prozessen. Sie befinden sich noch in der initialen Phase ihrer umfangreichen Umstellung, erkennen aber bereits, dass ihre Prozesse in der neuen, standortübergreifend integrierten Gesamtlösung sicherer ablaufen. „Auf allen Ebenen sind die Fortschritte bereits erkennbar", bestätigt Ebneter.

5.5 Kunststoff-Spritzguss

Schon die alten Mayas verstanden sich in präkolumbianischer Zeit auf die Verarbeitung von Naturkautschuk. Charles Goodyear entdeckte die Vulkanisation des Kautschuks zu dauerelastischem Gummi und den ersten Duroplast-Stoff Ebonit, einen mithilfe von Schwefel erhärteten Naturkautschuk, Werkstoff für Füllfederhalter, Klaviertasten, Tabakpfeifen und Telefonteile. Das Celluloid und die erste Spritz-

Bild 5.72:
Telefon W38 aus schwarzem Bakelit, entwickelt 1938 (Quelle: Jürgen Boldt, www.bakelitmuseum.de)

gussmaschine wurden um 1870 entwickelt. Anfang des 20. Jahrhunderts folgte Bakelit, der erste künstliche und industriell hergestellte Duroplast-Werkstoff, der vor allem in der aufstrebenden Elektroindustrie der ersten Hälfte des 20. Jahrhunderts zum Einsatz kam.

Nach 1950 nahm die Produktion von Kunststoffen enorm zu. Die Entwicklung der Thermoplaste und neuer Verarbeitungsverfahren führte zur kostengünstigen Herstellung von Formteilen. Kunststoff wurde daher zu einem Ersatzstoff mit besonderer Eignung für die industrielle Massenfertigung. Kunststoffe sind heute aus unserem Alltag nicht mehr wegzudenken. Elektrische Geräte, Elektronikprodukte, Haushaltsartikel, Bekleidung, Spielwaren, Autos, Gebäudetechnik: Überall verdrängen Stoffe und Komponenten aus Kunststoff die traditionellen Materialien. Aber auch in Serienprodukten der Investitionsgüterindustrie wie Gabelstaplern, Baumaschinen oder Geräten der Medizintechnik wächst ihr Anteil. Kunststoffe besitzen höchst variable technische Eigenschaften. Das macht sie zum bevorzugten Werkstoff für viele Artikel.

Bild 5.73:
Funktionelles Design durch flexible und komplexe Gestaltungsmöglichkeiten bei Kunststoff-Bauteilen (Bild: Autodesk)

Kunststoffe erlauben den Formgestaltern fast unbegrenzte Freiheiten. Gerade bei Serienprodukten legen die Hersteller großen Wert auf ein ansprechendes Design, das bei Consumer-Artikeln ein entscheidender Faktor ist (vgl. Kapitel 3.2, Industriedesign, Seite 42).

Die Kunststoffverarbeitung ist heute ein eigenständiger Industriezweig. Für die Produktion von Kunststoffteilen und Werkzeugen haben sich komplexe Netzwerke von Spezialisten und spezialisierten Unternehmen herausgebildet. Die Werkzeuge entwickeln Spezialisten in kleinen und kleinsten Firmen, die sich durch besonderes Wissen und Können im Markt behaupten.

5.5.1 Wachsende Ansprüche

Die zunehmende Komplexität von Kunststoffteilen erhöht die Anforderungen in der Werkzeugkonstruktion. Die verschiedenen Materialien (Thermoplaste, Duroplaste, Elastomere, faserverstärkte Stoffe) und Verfahren (Spritzgießen, Schaumgießen, Mehrkomponenten-Spritzgießen, In-Mold-Verfahren, Pulverspritzgießen etc.) steigern die Schwierigkeiten der Aufgaben.

Hohe Ansprüche an die Qualität und Termindruck sind typisch. Heute werden Geometrien und Toleranzen gefordert, die vor 15 Jahren noch undenkbar waren. Die Qualität der Formen und Werkzeuge ist in hohem Maße von der Erfahrung der Mitarbeiter abhängig. Gerade die erfahrensten Werkzeugbauer scheiden aber immer wieder aus dem Berufsleben aus und mit ihnen verlässt wertvolles Wissen die Firma. Eine Möglichkeit, diesen Verlust an Erfahrung wenigstens teilweise zu ersetzen, bietet neben einem angepassten Wissensmanagement (vgl. Kapitel 3.3, Wissensmanagement, Seite 46) die Simulation. Mangelnde Erfahrung durch reale Spritzgussversuche zu ersetzen, wäre aufwändig, teuer und zeitraubend und würde den Entwicklungszyklus verlängern. Die Simulation am virtuellen Prototyp soll deshalb solche Versuche ersetzen.

5.5.2 Digitale Technologien

Mit durchgängigen Lösungen für die digitale Entwicklung von Kunststoff-Formteilen versucht die Branche in Zentraleuropa, ihre gute Position auf den globalen Märkten zu verteidigen. Die moderne Kommunikation über das Internet und der einfache Austausch von Daten weltweit fördern den weltweiten Wettbewerb der Formenbauer. Auf der einen Seite ergibt sich dadurch ein Preisdruck, andererseits kann sich ein Formenbauer, der besondere Qualitäten und Innovationen beherrscht, leichter einen größeren Markt erschließen. Die flexible und enge Zusammenarbeit in dem Netzwerk von Designern, Auftraggebern, Konstruktionsdienstleistern, Formenbauern, Lieferanten und Fertigungsbetrieben erfordert daher den barrierefreien Austausch von Daten unterschiedlichster Auftraggeber und CAD-Systeme.

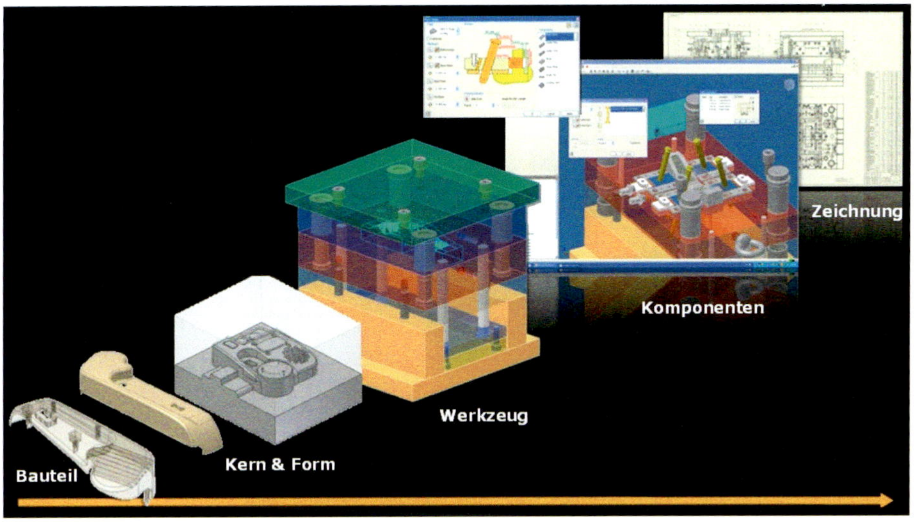

Bild 5.74: Der Werkzeug- und Formenbau erfordert viel Erfahrung und ist deshalb eine Nische für Spezialisten geworden (Quelle: Autodesk).

Bild 5.75: Spritzgusswerkzeug in Explosionsdarstellung (Quelle: Autodesk)

In der Zeichnungsdokumentation gelten die Autodesk-Formate DWG und DXF als weltweit akzeptierte, unverzichtbare Industriestandards. Für den Austausch von Formen sind 3D-Daten erforderlich. Einen besonderen Stellenwert haben sich in der Praxis dafür die Neutralformate STEP, SAT, JT, IGES und STL erworben. Diese neutralen Datenformate benötigen aber eine Übersetzung in zwei Schritten. Direktübersetzer sind daher oft die schnellere und bessere Lösung. Gefragt ist das Lesen und Schreiben von Originalformaten verbreiteter 3D-CAD-Systeme, etwa der Import und Export von Modellen im Parasolid und PTC Granite-Format, von Siemens NX-, SolidWorks-, Pro/Engineer-, Autodesk Inventor oder CATIA-Modellen.

5.5.3 Spritzgussmaschine

Das Prinzip einer Spritzgussmaschine zeigt Bild 5.76. Eine Schnecke fördert das Rohmaterial – Kunststoff in Pulverform oder als Granulat – aus dem Vorratstrichter in den beheizten Plastifizier-Zylinder. Dabei schmilzt der Kunststoff und wird schließlich mit hohem Druck in die Form eingespritzt, die von einer hydraulischen Schließeinheit zusammengehalten wird. Da die Formmasse während der Abkühlung schwindet, drückt die Spritzeinheit solange Material nach, bis die Abkühlung und Schwindung im Wesentlichen beendet ist.

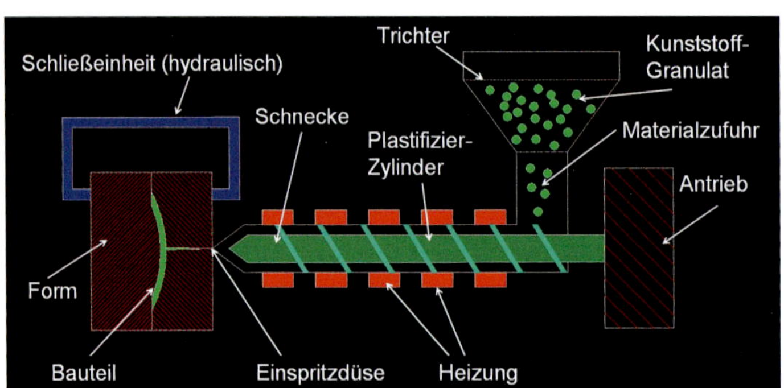

Bild 5.76: Schema einer Spritzgussmaschine (Quelle: Autodesk)

5.5.4 Detailkonstruktion

Der Prozess des Spritzgießens der heißen Kunststoffschmelze, der Verlauf der Abkühlung, die Schwindung, Einfallstellen usw. beeinflussen die Gestaltung der Spritzgussformteile – natürlich neben den funktionalen und ästhetischen Anforderungen. Nachdem der Industriedesigner das Erscheinungsbild und die wesentliche Funktion sowie die Handhabung eines Produktes festgelegt hat, geht es darum, die Details der Baugruppe und Teile auszuarbeiten. Dabei optimiert der Konstrukteur die technische Ausführung, die Fertigungs- und Montageeigenschaften.

Mit den sogenannten „Plastic Features" (Bild 5.77 bis 5.79) ermöglicht beispielsweise Autodesk Inventor 2010 eine vereinfachte und beschleunigte Konstruktion der Kunststoffteile mit ihren besonderen Formelementen. Die Software automatisiert die Modellierung von dünnwandigen Teilen und typischen Formmerkmalen von Plastikteilen wie Rippen, Gitter, Schraubensitzen, Schnappverbindungen oder Montageaugen weitgehend. Die gewohnten Funktionen für die Bauteile-Modellierung wie Extrusion, Rotation, Sweep, Loft, Radius und Fase wurden für die Gestaltung von Kunststoffteilen erweitert, um dem Konstrukteur spezielle Werkzeuge an die Hand zu geben, mit denen er die für Kunststoffteile typischen dünnwandigen Formen effizient definieren kann.

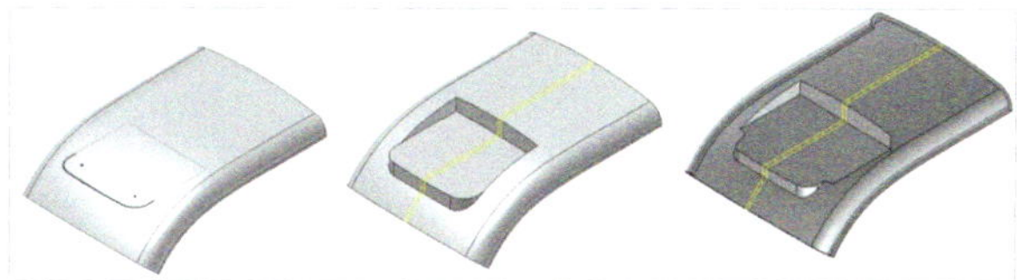

Bild 5.77: Konstruktion eines Absatzes für einen Schraubensitz oder einer Anschlagstelle für eine Halterung

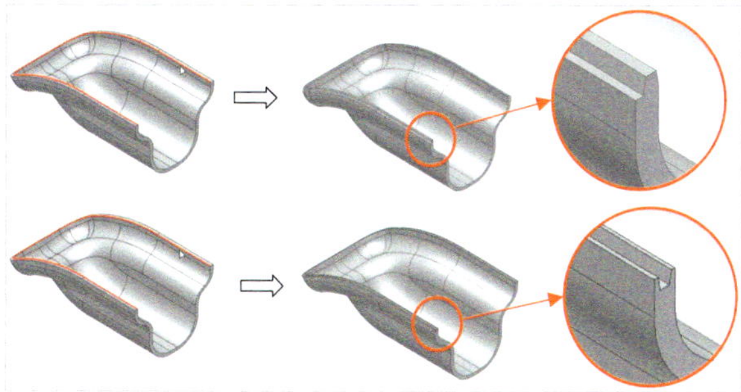

Bild 5.78: Konstruktion von Deckeldichtungen (Lippen)

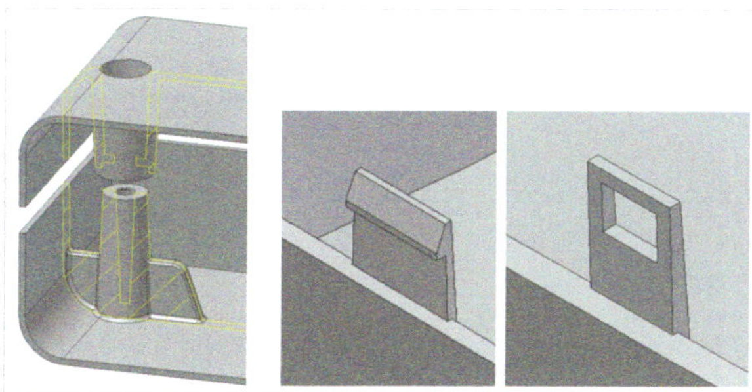

Bild 5.79: Konstruktion von Pfeilern und Rippen für Verschraubungen (links), Konstruktion eines Schnappverschlusses (rechts)

5.5.5 Werkzeug- und Formenbau

Kunststoff-Spritzgussteile werden meist in großen Stückzahlen hergestellt. Vor allem, wenn es sich um Gehäuseteile und Oberflächen von Produkten handelt, ist die Qualität der Formteile von großer Bedeutung. Diese Qualität, aber auch die Produktivität und Profitabilität der Spritzgussfertigung hängt von einer perfekten und durchdachten Werkzeugkonstruktion ab. Deshalb sind die Konstruktion und der Bau von Spritzgusswerkzeugen eine Sache für virtuose Experten.

Das Spritzgusswerkzeug besteht aus mehreren Baugruppen und Einzelteilen, vorwiegend aus Stahl, damit es genügend Standfestigkeit für große Stückzahlen von produzierten Kunststoffteilen bietet. Es kann eine oder zwei Trennebenen und mehrere Kavitäten pro Trennebene mit Formkernen aufweisen. Das heißt, es können mehrere Teile gleichzeitig in einer Form hergestellt werden.

Grundbestandteile von Spritzgusswerkzeugen (Bild 5.81) sind:

- Aufspannplatten zur Montage des Werkzeugs auf die Spritzgießmaschine
- Anguss und Angusskanäle
- Kühlkreislauf
- Auswerfereinheit

Die Spritzgussmaschine schießt den aufgeschmolzenen Kunststoff über den Plastifizier-Zylinder mit hohem Druck durch die Angusskanäle in die Kavitäten des Werkzeugs ein. Ein Kühlkreislauf beschleunigt über spezielle Kühlkanäle die Abkühlung des Formteils, bis der Kunststoff vollständig erstarrt ist und das Teil entformt werden kann. Die Dauer eines Zyklus (Zeit zwischen zwei Entformungen) ist abhängig von Werkstückgröße und Kühldauer. Die Entformung besorgen die sogenannten Auswerfer.

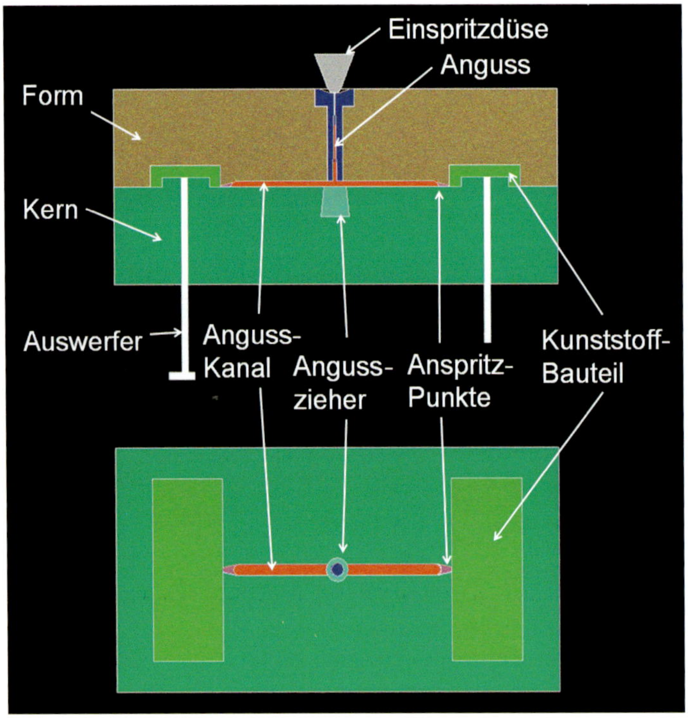

Bild 5.80: Schema von Form und Werkzeug (Quelle: Autodesk)

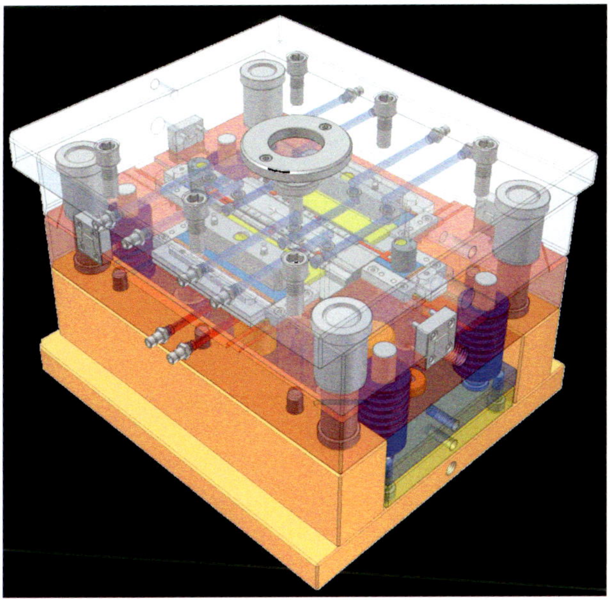

Bild 5.81: Spritzgusswerkzeug (Quelle: Autodesk)

Die Funktionen der Autodesk-Software für den Werkzeugbau (AutoCAD Inventor Tooling Suite) automatisieren die komplexen Aufgaben des Aufbaus von Spritzgusswerkzeugen. Die Software behält die Verknüpfungen zwischen dem Formteil und den Werkzeugkomponenten bei und bietet die Möglichkeit, Werkzeugteile wie Kern, Form, Schieber, Auswerfer, Kühlung oder seitliche Kerne anzupassen, wenn das Formteil modifiziert wird. Das System schlägt dem Anwender viele Schritte vor, etwa die Festlegung von Trennflächen, führt eine Entformungsanalyse (Hinterschnittprüfung) durch, reduziert den Zeitaufwand des Konstrukteurs auf Minuten statt Stunden. Eine Bibliothek von Normalien, der Grundelemente des Formen- und Werkzeugbaus, ist Teil der Software. Die Produkte namhafter Hersteller weltweit, darunter HASCO und DME, sind in der Bibliothek enthalten.

5.5.6 Ablauf der Werkzeugkonstruktion

Die Hauptmenüs der Tooling-Software geben die wesentlichen Schritte der Werkzeugkonstruktion vor, zunächst für eine einzelne Form (Menü „Formnest-Anordnung"), aber auch für ganze Familien von Formteilen (Menü „Werkzeugbaugruppe"). Am Beispiel einer Handy-Oberschale wird der Ablauf nachfolgend beispielhaft dargestellt.

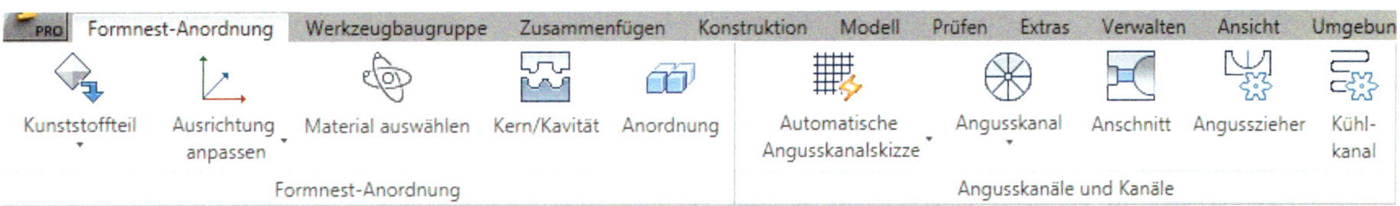

Bild 5.82: Hauptfunktionen der Werkzeugkonstruktion (Quelle: Autodesk)

1. Ausrichtung anpassen

Zu den ersten Aufgaben des Formenbauers gehört die Ausrichtung des Formteils, sodass es sich in der Öffnungsrichtung des Werkzeugs problemlos ausformen lässt. Der Befehl „Ausrichtung anpassen" führt eine Analyse der Modelloberflächen durch, prüft die Neigung aller Formflächen hinsichtlich der Entformbarkeit und zeigt das Ergebnis an: Alle grünen Oberflächen haben einen Verjüngungswinkel zwischen Oberfläche und Z-Achse, der größer als null Grad ist. Alle blauen Oberflächen haben einen Verjüngungswinkel zwischen Oberfläche und Z-Achse, der kleiner als null Grad ist (Hinterschnitt). Sie sind also nicht entformbar, müssen korrigiert oder mit besonderen Werkzeugen (z. B. Schieber) realisiert werden.

2. Material auswählen

Im nächsten Schritt wählt der Anwender aus einer Datenbank mit mehr als 7750 Materialien den gewünschten Werkstoff aus.

3. Formeinsatz definieren

Als Formeinsatz dient ein Quader, der ausreichend groß dimensioniert ist, um das Formteil und später definierte Elemente wie Angusskanäle, Auswerfer etc. aufzunehmen.

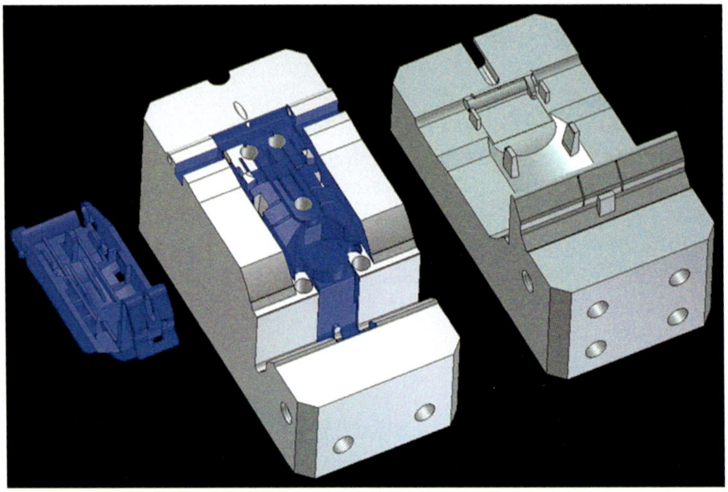

Bild 5.83:
Trennflächen erstellen. Links das Formteil, in der Mitte Kern, rechts Kavität. Das Teil erfordert zwei Schieber (Quelle: Autodesk).

4. Trennfläche erstellen

Das Erstellen einer geeigneten Trennfläche ist ein wichtiger Schritt in der erfolgreichen Konstruktion einer korrekten Einspritzgussform. Die richtige Trennfläche stellt sicher, dass die Konstruktion von Kern und Kavität die problemlose Entformung ermöglicht.

Zunächst werden Füllflächen eingeführt, die hilfsweise alle internen Öffnungen eines Bauteils, wie z. B. Löcher und Schlitze, verschließen, denn die Trennfläche muss lückenlos auch über solche Öffnungen hinweg verlaufen. Standardmäßig erkennt das System automatisch alle internen Füllflächen und listet sie mit Namen im Dialogfeld „Füllfläche wird erstellt" auf. Die Füllflächen werden im Bauteil farbig hervorgehoben. Der Anwender kann durch die Liste der generierten Füllflächen blättern und gegebenenfalls überflüssige oder ungeeignete Füllflächen löschen oder manuell eine fehlende Fläche hinzufügen.

Füllflächen erstellt

Mit Klick auf die Funktion „Trennfläche erstellen" erkennt das System eine Trennkontur. Nach Bestätigung der Kontur bildet Inventor die Trennfläche aus den Standardoberflächen und der Trennkontur.

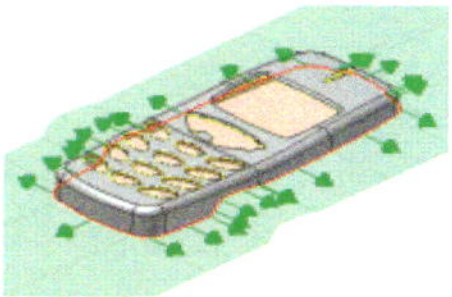

Trennkontur erkannt

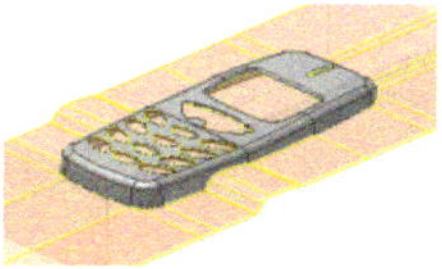

Trennflächen mit Standardoberflächen und Trennkontur bilden

5. Kern und Kavität erstellen

Der Befehl „Kern|Kavität erstellen" (Core|Cavity) teilt den Formeinsatz in Kern und Kavität. Inventor entfernt das bestimmende Formteil und den Formeinsatz aus der Anzeige und zeigt Kern und Kavität, wobei jetzt die Kavität transparent dargestellt wird. Mit der Erstellung von Kern und Kavität werden eine Kerndatei (_CR) und eine Kavitätsdatei (_CV) generiert.

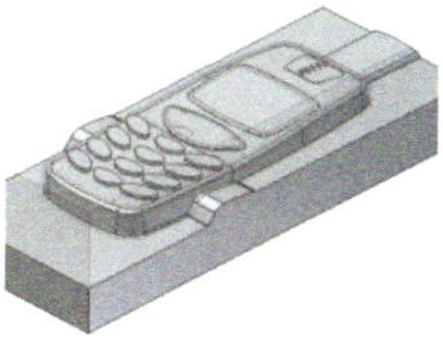

Kern/Kavität erstellen

6. Angusspunkt festlegen

Nach einem Klick auf die Schaltfläche „Angusspunkt" entfernt Inventor Kern und Kavität aus der Anzeige und präsentiert wieder das Formteil, um die Angabe eines Angusspunkts zu ermöglichen. Außerdem bietet das System das Dialogfeld „Angusspunkt" an. Der Anwender zoomt an eine Kante des Modells heran und wählt im Beispiel einen Punkt in der Nähe des Mittelpunkts der unteren Kante aus (Bild rechts).

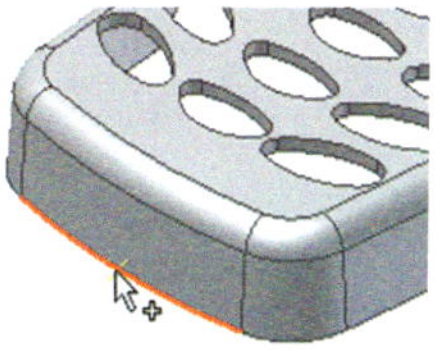

Angusspunkt festlegen

Anmerkung: Das ist eine Vereinfachung für dieses Beispiel. Fachlich korrekt und günstiger wäre ein Angusspunkt auf einer Fläche. Der Anguss kann exakt konstruiert und platziert werden, indem der Anwender Skizzen- und/oder Arbeitspunkte benutzt.

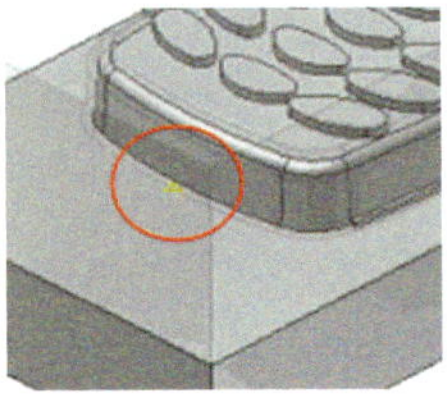

Angusspunktdefinition abgeschlossen

Das Dialogfeld „Angusspunkt“ enthält die Registerkarte „Vorschlagen“, die optional eine Analyse des Formteils ausführt und Positionen für eine benutzerdefinierte Wahl von Angusspunkten vorschlägt. Mit der Schaltfläche „Anwenden“ bestätigt der Formenbauer seine Wahl und der Angusspunkt ist festgelegt. Mit Klick auf „Fertig“ ist der Angusspunktprozess abgeschlossen und mit Klick auf „Kern/Kavität fertigstellen“ ist die Werkzeugbaugruppe abgeschlossen.

Diese automatische Ermittlung des optimalen Anspritzpunktes ist eine der Funktionen, die aus der Autodesk Moldflow Software kommen und in der AutoCAD Inventor Tooling Suite integriert wurden, um dem Formenbauer in frühen Phasen der Konstruktion zu helfen, seine Form zu optimieren. Zwei weitere Funktionen gehören dazu: die Füllsimulation und die Simulation der Schwindung. In Kap. 7.5.1, CAD-integrierte Simulation, Seite 172, sind diese Funktionen ausführlicher beschrieben.

7. Erstellen des Angusskanalsystems

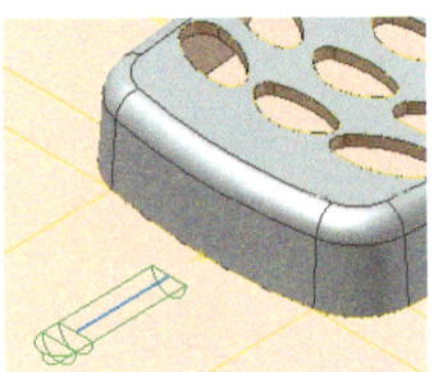

Der Formenbauer erstellt erst eine Angusskanalskizze, bevor er die Komponenten des Angusssystems hinzufügen kann. Mit dem Angusssystem, das aus Angusskanälen, Anschnitten, Angüssen und Angussziehern besteht, wird die Kunststoffschmelze aus der Maschinendüse an alle Kavitäten im Werkzeug gleichmäßig verteilt. Eine Angusskanalskizze erstellt der Anwender manuell oder lässt sie automatisch von Inventor erzeugen. Nach einem Klick auf den Befehl „Automatische Angusskanalskizze“ erzeugt die Software eine Angusskanalskizze auf der Basis von Layouts, die bei der Werkzeugkonstruktion üblich sind.

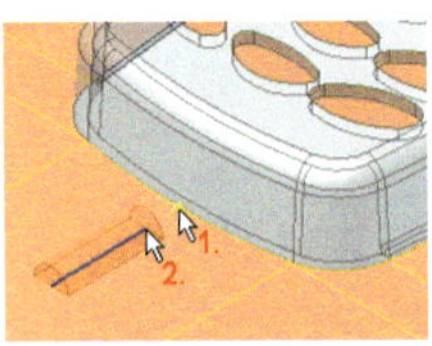

Für eine manuelle Skizze wählt der Anwender die ebene Trennfläche als Platzierungsebene für seine Skizze aus. Den festgelegten Angusspunkt projiziert er (koinzident) auf die Skizzenlinie des Angusskanals und beendet abschließend die Skizze. Inventor erstellt den Angusskanals als halbrunden Kanal jeweils für die Kern- und Kavitätsseite.

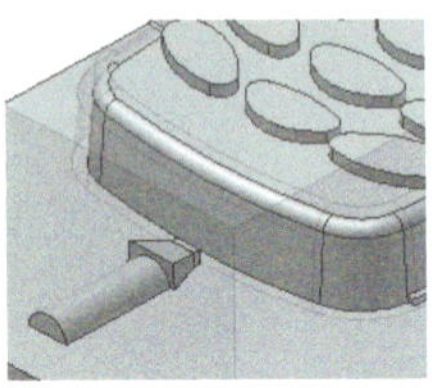

8. Erstellen eines Anschnitts

Anschnitte verbinden die Angusskanäle mit dem Werkzeug. Sie bilden den Übergang zwischen den Angusskanälen und der Werkzeugkavität. Den Anschnitt erstellt die Software zwischen Angusspunkt (1.) und dem Ende der Skizzenlinie (2.).

9. Erstellen des Werkzeugaufbaus

Der Werkzeugaufbau ist eine Baugruppe mit Stahlplatten, die Kerne und Kavitäten eines Werkzeugs enthalten. Der Formenbauer kann einen Standardaufbau zusammenstellen, indem er aus einer Werkzeug-Bibliothek von Anbietern wie DME oder HASCO eine Auswahl trifft. Inventor stellt diese Bibliotheken bereit. Oder er passt einen Standardaufbau an.

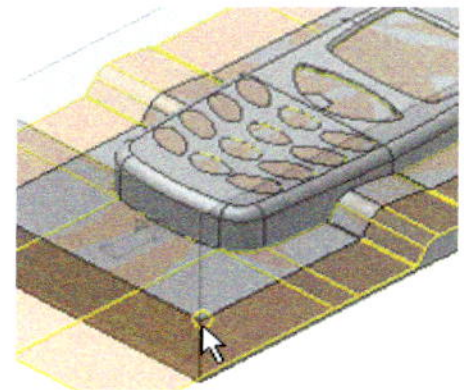
Referenzpunkt festlegen

Im ersten Schritt legt der Formenbauer den Anbieter, einen Aufbau und eine passende Größe für den Werkzeugaufbau fest, z. B. die Standardgröße 250 x 250 Millimeter. Anschließend wählt er im Grafikfenster einen Referenzpunkt am Formeinsatz aus (Bild rechts oben). Im Rahmen der verfügbaren Komponenten kann er seine Auswahl für den Aufbau modifizieren. Sobald der Aufbau feststeht, kann Inventor die Baugruppe generieren und speichern (Bild rechts).

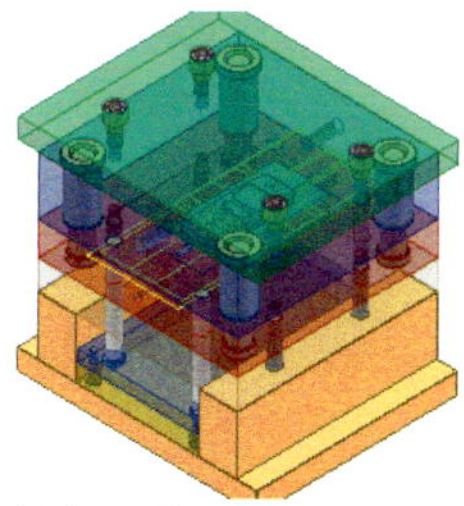
Vollständige Baugruppe

10. Einfügen von Auswerferstiften

Auswerfer sind Stifte oder Hülsen, die das erstarrte Formteil aus dem Werkzeug herausstoßen. Sie bestehen aus Stahl. Im Beispiel definiert der Anwender Auswerfer und ihre Größe an sechs Positionen des Formteils (Bild rechts) und zusätzlich einen Auswerfer für den Anguskanal (Bild darunter). Die Auswerferstifte generiert Inventor automatisch.

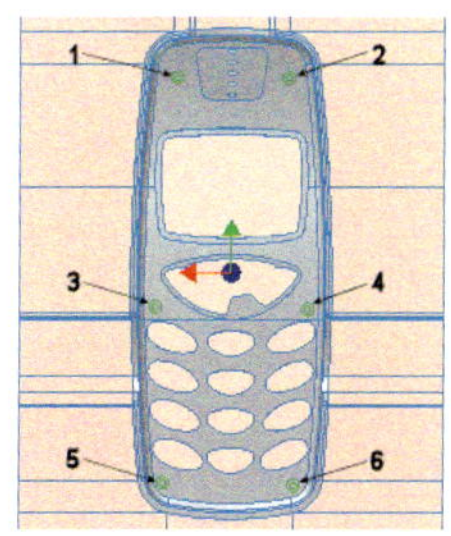

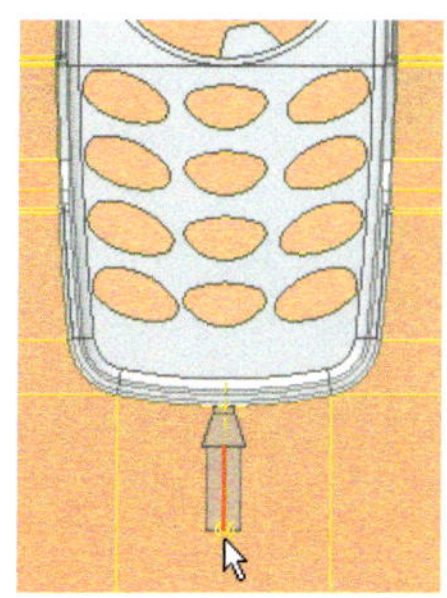

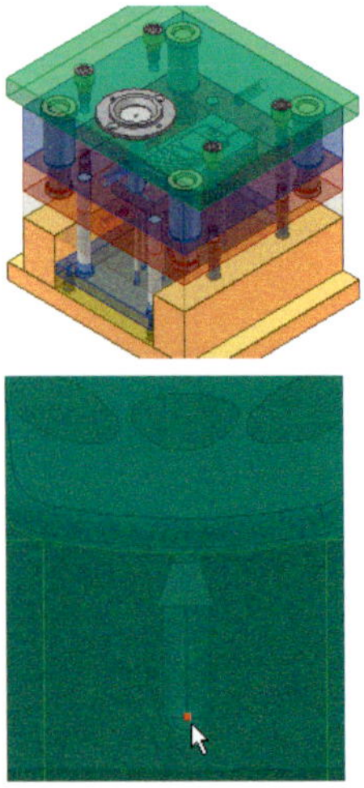

11. Erstellen einer Angussbuchse und eines Zentrierrings

Die Angussbuchse ist die Stelle, an der die Kunststoffschmelze in die Gussform eingespritzt wird. Die Kunststoffmasse wird von der Angussbuchse über die Angusskanäle, vorbei am Anschnitt, in die Kavität geleitet. Der Zentrierring sitzt über der Angussbuchse und richtet sich nach der Einspritzdüse aus. Der Formenbauer wählt eine Angussbuchse aus der Bibliothek, beispielsweise des Herstellers DME, und legt den Typ und die Position fest und ebenso den Zentrierring. Nach Bestätigung und Rückkehr zur Ausgangsansicht sind Angussbuchse und Zentrierring festgelegt (Bilder links).

Anmerkung: Die Angussposition im Beispiel für ein Werkzeug mit einer einzelnen Werkzeugkavität ist nicht optimal und soll nur die Vorgehensweise demonstrieren.

12. Erstellen von Kühlkanälen

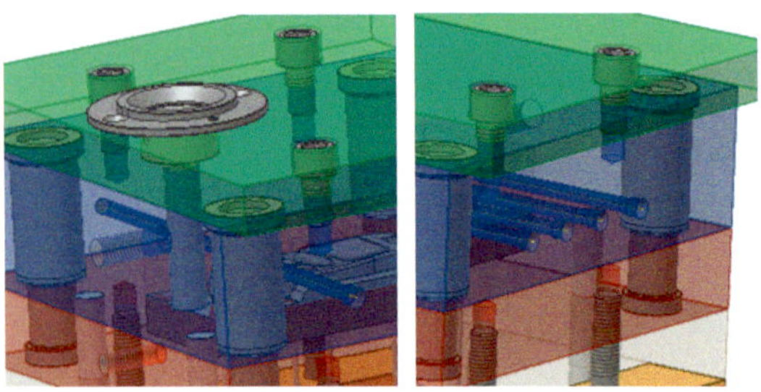

Im Kühlkanal fließt ein Kühlmittel, um Wärme schnell und gleichmäßig aus dem Werkzeug abzuführen. Im Beispiel erzeugt der Formenbauer vier Kühlkanäle, die durch die ganze Form verlaufen (Bild links).

Die Auslegung der Kühlung kann der Formenbauer mithilfe einer Simulation so anpassen, dass die Oberflächenqualität verbessert und der Verzug der Teile minimiert wird (mehr dazu in Kap. 7.5.2.2, Kühlung, Seite 178).

13. Kühlungsbauteile hinzufügen

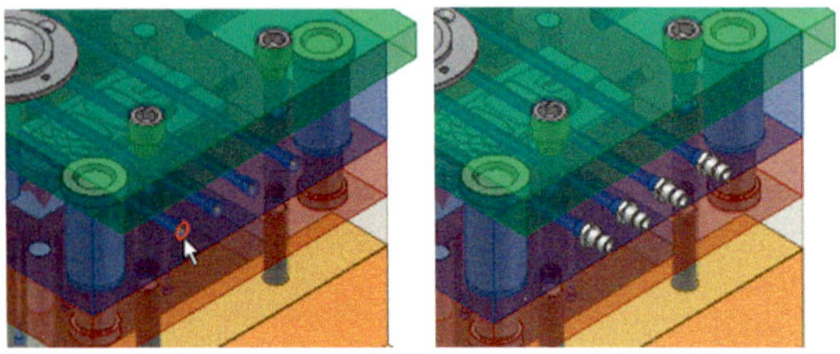

Verschiedene Bauteile werden benötigt, um Kühlkreisläufe zu bauen, z. B. Kühlmittelverteiler, Verbindungselemente, Wärmeleitrohre, O-Ringe, Rohrverschlüsse etc. Der Anwender wählt als Beispiel für einen Anschluss das Bohrungsende und fügt ein Verbindungselement an (Bild links).

14. Dokumentation der Werkzeugbaugruppe

Inventor erstellt wie gewohnt automatisch eine 2D-Zeichnung der Werkzeugkonstruktion, die Hauptansichten, Abmessungen, Teilelisten, Positionsnummern und Bohrungstabellen enthalten kann. Zeichnungen können von jedem einzelnen Bauteil der Baugruppe, von der gesamten Baugruppe oder von Kern und Kavität erstellt werden (Bild unten).

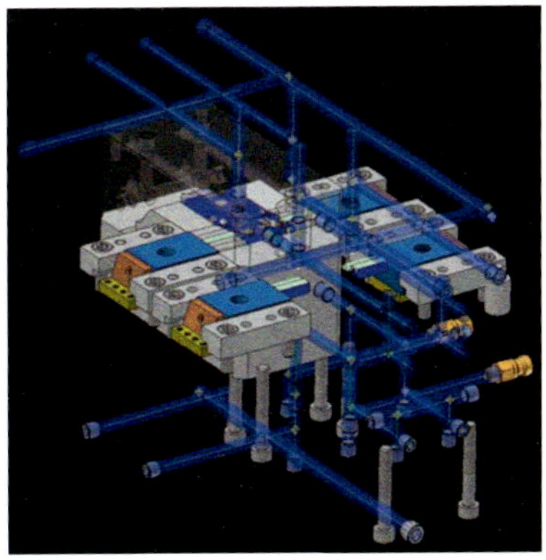

Bild 5.84: Werkzeugbaugruppe mit Schiebern und Kühlkanälen (Quelle: Autodesk)

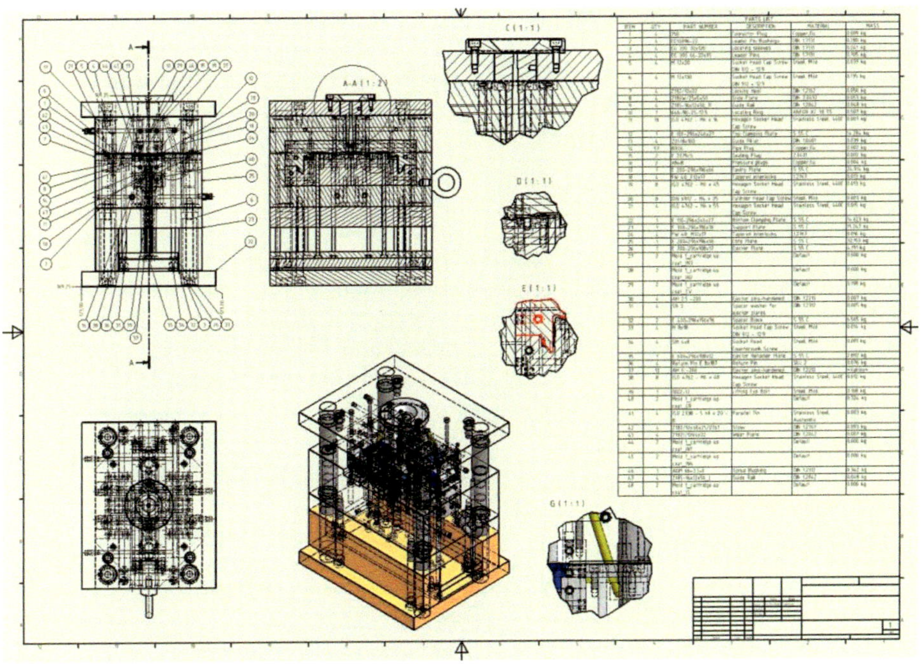

5.5.7 Konstruktion von Familienwerkzeugen

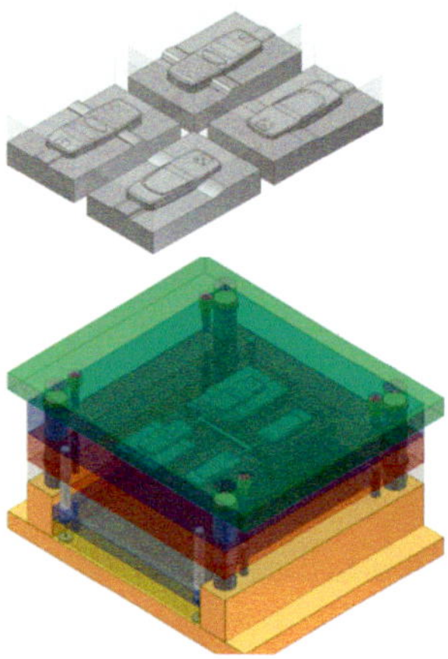

Bild 5.85:
Familienwerkzeug (Formnest) und Werkzeugaufbau für das Formnest (Quelle: Autodesk)

Die Konstruktion von Familienwerkzeugen, die aus mehreren Formteilen bestehen und gemeinsam mit einer Injektion gegossen werden, erfolgt analog. Das Angusssystem ist verzweigt und muss daher ausbalanciert werden, damit die Kavitäten gleichmäßig gefüllt werden.

5.5.8 Auswerfer und Stifte

Der Formenbauer braucht typischerweise ein oder mehrere Dutzend Auswerferstifte. Alle Stifte sind zu platzieren, für jeden Stift müssten Bohrungen durch mehrere Platten erzeugt werden. Jeder Stift wäre passend zur Oberfläche des Kerns abzuschneiden. Manuelle Prozesse wären oft zu wiederholen. Inventor erzeugt alle Stifte in einem Durchgang. Das System kümmert sich um die Bohrungen in den Platten, die Abstände, die Senkbohrungen usw. Alle Stifte werden automatisch abgeschnitten. Diese Funktionen reduzieren den Konstruktionsaufwand enorm und sorgen für eine höhere Qualität der Konstruktion.

5.5.9 Schieber

Schieber dienen zur Realisierung von Hinterschnitten der Form und seitlicher Kerne, die beim Öffnen der Form zurückgezogen werden müssen, um das Ausformen nicht zu behindern. Diese notwendigen Kernbewegungen realisiert der Formenbauer durch bewegliche Schieber, die beim Schließen und Öffnen durch einen schrägen Stift in die Form geschoben bzw. beim Öffnen herausgezogen werden.

Die Definition eines solchen Schiebers erfordert nach der Auswahl eines Herstellers nur wenige Klicks (Bild 5.86):

- für die Simulation der notwendigen seitlichen Bewegung und ihrer Visualisierung
- die Festlegung der Stiftlänge

Die manuelle Konstruktion würde eine halbe Stunde Aufwand bedeuten.

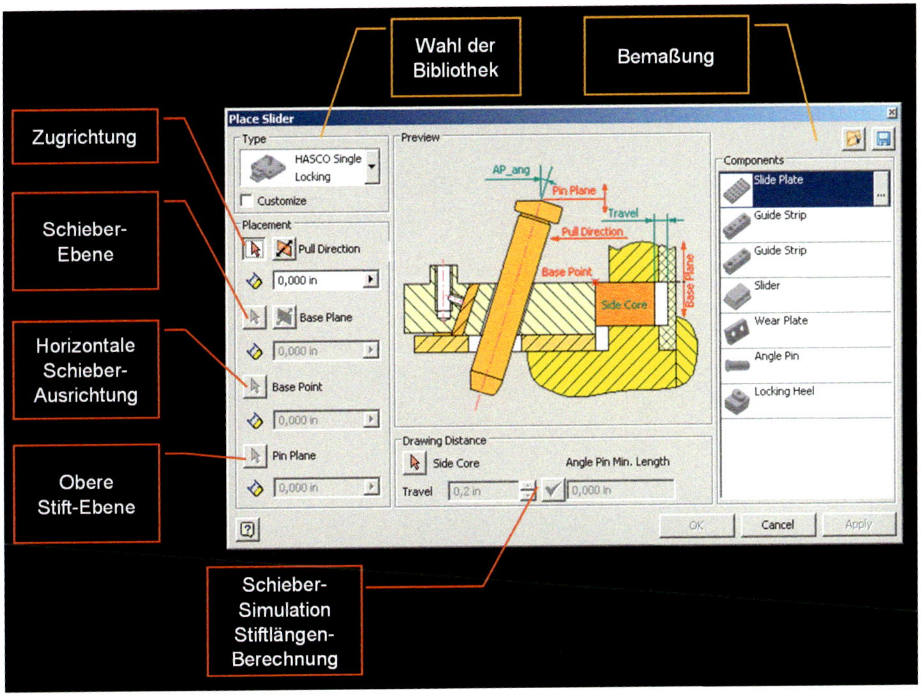

Bild 5.86: Definition eines Schiebers für einen seitlich bewegten Kern (Quelle: Autodesk)

5.5.10 Simulation und Optimierung des Spritzgussvorgangs

Die Entwürfe von Formteilen müssen hinsichtlich ihrer Eignung für die Fertigung im Spritzgussverfahren überprüft werden. In einfachen Fällen wird ein erfahrener Kunststofftechniker am virtuellen Modell diese Prüfung visuell vornehmen. Anspruchsvollere Modelle untersucht ein Praktiker lieber mithilfe einer Simulationssoftware, wie sie in Kapitel 7.5, Spritzgusssimulation, Seite 171, beschrieben ist. Das Softwarepakete AutoCAD Inventor Tooling Suite enthält die grundlegenden Simulationsfunktionen, um die Füllung der Form und die Nachdruckphase zu untersuchen.

5.5.11 Fertigung der Form

Die letzte Etappe auf dem Weg zum perfekten Kunststoff-Formteil ist die Herstellung der meist teuren Form. Die hohen Kosten für die Formen ergeben sich durch ihre Komplexität, die geforderte Qualität und Standfestigkeit für große Stückzahlen. CNC-Fräsen, Schleifen und Erodieren sind in der Regel die Verfahren, die dafür infrage kommen.

6 Maschinenelemente und Auslegung

Einen großen Schritt vollzogen moderne Systeme mit der Einführung einer „funktionsbestimmten Konstruktion". Damit lässt die CAD-Konstruktion die reine geometrische Modellierung hinter sich und ermöglicht dem Konstrukteur das direkte Auslegen und Einfügen von passenden Funktions- und Maschinenelementen in den Entwurf. Die Konstruktion als komplexer Prozess umfasst mehr als das Zusammensetzen von Regelkörpern zu dreidimensionalen Modellen, nämlich Ideenfindung, Überlegungen zu Alternativen, Anwendung technischer Prinzipien, Berechnungen und Verfahren, welche die Funktion eines technischen Produkts gewährleisten. Die Ergebnisse dieses Prozesses fließen im virtuellen Prototyp zusammen.

Die konstruktionsbegleitende Berechnung ist ein wesentlicher Teil der digitalen Entwicklung und spielt eine wichtige Rolle, wenn es darum geht, den digitalen Prototyp zu optimieren. Es lag nahe, die vielen immer wiederkehrenden Berechnungsverfahren für Maschinenelemente und Normteile in die CAD-Systeme zu integrieren. So lassen sich Entwicklungszeiten verkürzen, Innovationen präziser auslegen und die Qualität verbessern. Durch die Verlagerung der Untersuchung von Varianten, der Materialoptimierung, der Kostenanalyse und der notwendigen Anpassungen in frühe Phasen der Produktentwicklung wird der Gesamtprozess effizienter. Spätere Änderungen im Entwicklungsprozess sind wesentlich kostspieliger.

6.1 Ingenieurgrundwissen integriert

Die frühen CAD-Systeme waren geometriebestimmt, beschrieben nur den Endzustand eines Entwurfs und boten für die Schritte auf dem Weg dorthin recht wenig Unterstützung. Das hat sich inzwischen stark geändert. In modernen CAD-Systemen ist umfangreiches Grundwissen des Ingenieurs in Form von Softwarefunktionen implementiert. Häufig verwendete Maschinenelemente und Berechnungsverfahren stellt das System dem Konstrukteur per Mausklick zur Verfügung. Systeme wie Autodesk Inventor helfen dem Konstrukteur in allen Phasen des Konstruktionsprozesses mit Expertenfunktionen, die viele manuelle Tätigkeiten, Auslegungsberechnungen auf einem Notizzettel oder in einem separaten System sowie Zeichenarbeit eliminieren. Damit lassen die CAD-Systeme die einfache Geometriedokumentation hinter sich und ermöglichen dem Konstrukteur das direkte Auslegen und Einfügen von passenden Funktions- und Maschinenelementen in den Entwurf. Das haben sich viele Konstrukteure schon lange gewünscht: Die Software unterstützt die Konstrukteure mit leistungsfähigen „Konstruktionsassistenten" (Bild 6.1) bei vielen aufwendigen Aufgaben. Benutzerfreundlich vereinfachen die Assistenten mit ihrem eingebauten Fachwissen die Berechnung und automatisieren die Darstellung von Maschinenelementen. Sie reduzieren den Aufwand für notwendige Eingaben auf wenige Mausklicks. Zu den am häufigsten benötigten Elementen gehören:

- Schraubverbindungen
- Wellen
- Zahnräder
- Lager
- Federn
- Kettenantriebe, Keilriemen- und Zahnriemenantriebe
- Bolzen- und Stiftverbindungen

Bild 6.1: „Konstruktionsassistenten" mit programmiertem Fachwissen

Diese Teile des Grundwissens eines Ingenieurs wurden direkt in der CAD-Software integriert. Standardwerke wie der „Dubbel" oder die „Hütte" können im Regal bleiben. Was der Konstrukteur früher auf dem Skizzenblock rechnete, erledigt jetzt die Software – und baut die Elemente gleich ein. Schraubverbindungen, die häufig vorkommen, legt der Konstrukteur als Vorlage beziehungsweise „Favoriten" ab. Berechnungen werden als HTML-Datei angezeigt (Bild 6.2), sind exportierbar, beispielsweise für eine weitere Bearbeitung als Word-Dokument, und liegen damit in der digitalen Form vor, die für die Verwaltung in einem PDM-System notwendig ist.

So übernimmt das CAD-System zeitintensive Aufgaben des Konstruktionsprozesses, veranlasst gleichzeitig mit der Geometrieerstellung die Validierung durch eine Berechnung und schaltet Fehlerquellen aus. Die Grundlagen und Erläuterungen der Berechnungen, Formeln und der zugrunde liegenden Theorien findet der Konstrukteur im „Handbuch für Konstrukteure", eine übersichtliche und online zu lesende HTML-Referenz, die er einfach per Mausklick auf die entsprechende Schaltfläche im Menü „Konstruktionsassistent" anzeigen kann (Bild 6.1).

Die nachfolgenden Beispiele aus dem System Autodesk Inventor illustrieren die Integration der Berechnung in den Konstruktionsprozess. Dargestellt werden oft benötigte Funktionen wie die Konstruktion und Auslegung von Schraubverbindungen, von Wellen, ihrer Lagerung und der Kraftübertragung über Kegelräder.

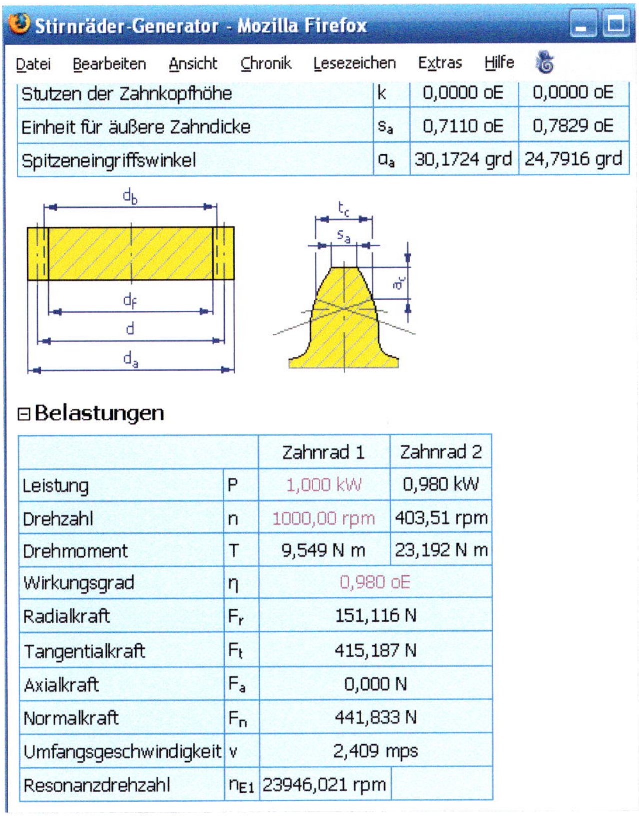

Stutzen der Zahnkopfhöhe	k	0,0000 oE	0,0000 oE
Einheit für äußere Zahndicke	s_a	0,7110 oE	0,7829 oE
Spitzeneingriffswinkel	α_a	30,1724 grd	24,7916 grd

		Zahnrad 1	Zahnrad 2
Leistung	P	1,000 kW	0,980 kW
Drehzahl	n	1000,00 rpm	403,51 rpm
Drehmoment	T	9,549 N m	23,192 N m
Wirkungsgrad	η	0,980 oE	
Radialkraft	F_r	151,116 N	
Tangentialkraft	F_t	415,187 N	
Axialkraft	F_a	0,000 N	
Normalkraft	F_n	441,833 N	
Umfangsgeschwindigkeit	v	2,409 mps	
Resonanzdrehzahl	n_{E1}	23946,021 rpm	

Bild 6.2:
Ausgabe von Berechnungsergebnissen für Stirnräder als HTML-Datei (Ausschnitt)

6.2 Schraubverbindungsgenerator

Der Schraubverbindungsgenerator erstellt komplette Schraubverbindungen, einschließlich der zugehörigen Bohrungen automatisch. Alle wichtigen Normen werden unterstützt.

Im Dialog (Bild 6.3) wählt der Anwender

1. den Typ (Durchgangsbohrung, Sackloch)
2. die Position der Bohrungen (z. B. konzentrisch oder über den Abstand von Bezugskanten)
3. die Startebene in Teil 1 und die Schlussebene in Teil 2
4. die Schraube, und eventuell
5. Beilagscheiben
6. die Mutter.

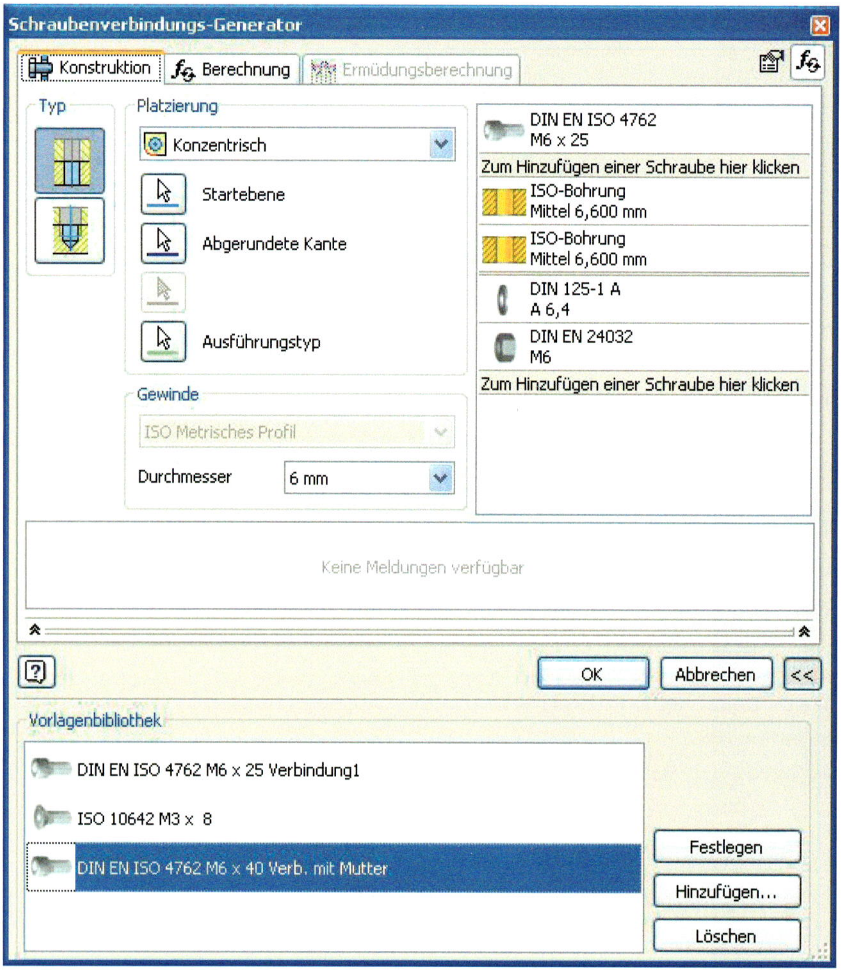

Bild 6.3:
Schraubverbindungsgenerator

Schraubverbindungen, die häufiger vorkommen, speichert der Konstrukteur in einer Vorlagenbibliothek. Er spart sich so die wiederholte Auswahl der einzelnen Komponenten der Schraubverbindung. Die Objekteigenschaften der gesamten Verbindung werden gespeichert und bleiben bei Modifikationen erhalten. Soll statt einer Schraube M10 eine Schraube M8 verwendet werden, so ist nur der Nenndurchmesser zu ändern und die Konstruktion zu aktualisieren. Ebenso könnte eine Innensechskantschraube gegen eine Sechskantschraube ausgetauscht werden, ohne an den übrigen Elementen der Verbindung eine Änderung vornehmen zu müssen.

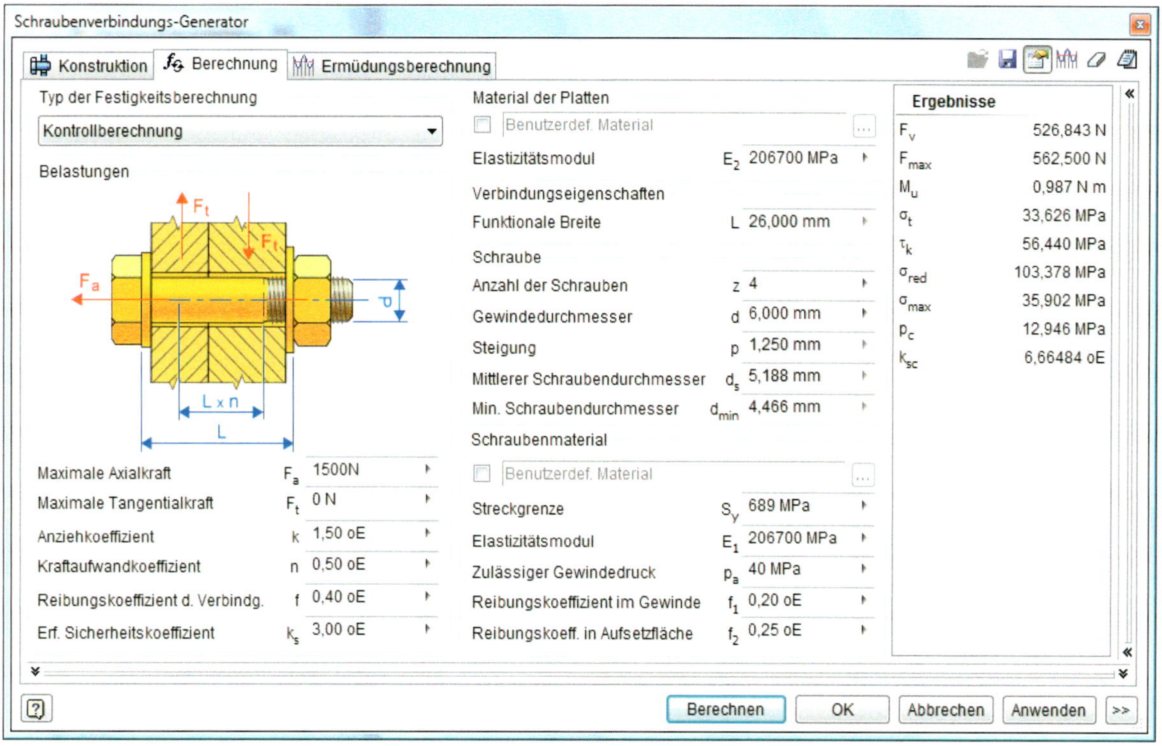

Bild 6.4: Schraubenberechnung

6.3 Schraubenberechnung

Stark beanspruchte Schrauben, die beispielsweise auf Zug beansprucht sind, müssen hinsichtlich ihrer Festigkeit überprüft werden. Der Schraubenverbindungsgenerator bietet eine Berechnung (Bild 6.4) sowohl für die Beanspruchung der belasteten und durch Anziehen vorgespannten Schraube als auch für die Dauerfestigkeit (Ermüdung) an. Die Auslegungsberechnung verlangt die Parameter Axialkraft, Tangentialkraft, einen Faktor für die Vorspannung der angezogenen Schraube, einen Parameter, der durch die Art des Schraubenanzugs bestimmt wird, einen werkstoffabhängigen Reibungskoeffizient und den erforderlichen Sicherheitsfaktor.

6.4 Einfügen mit „Autodrop"

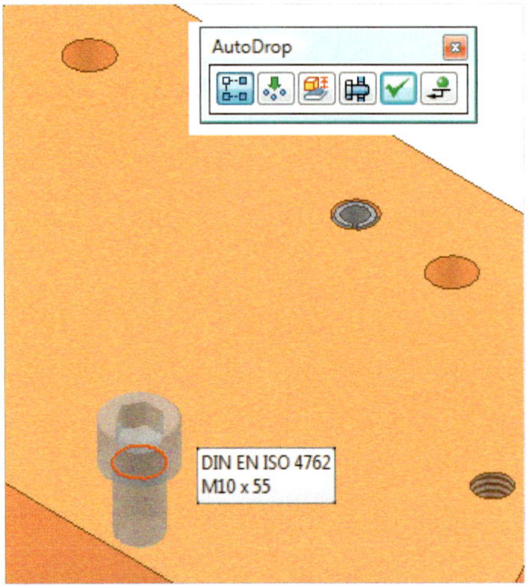

Bild 6.5:
Autodrop: Eine passende Schraube zeigt das System in der Vorschau.

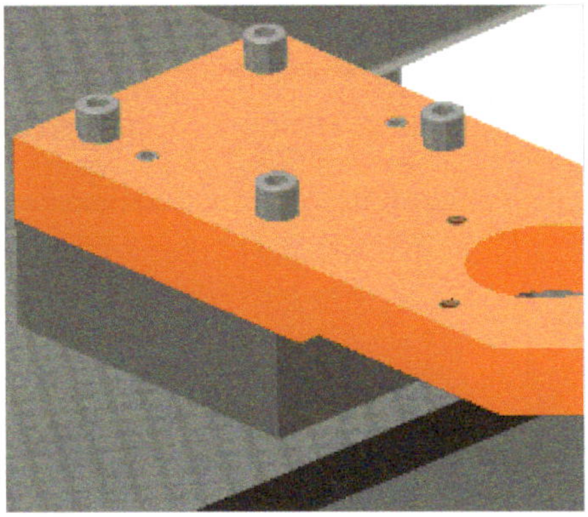

Bild 6.6:
Mehrfaches Autodrop: Das System fügt Schrauben in alle passenden Bohrungen ein.

Eine Reihe häufig gebrauchter Normteile platziert das System mit der komfortablen „Autodrop"-Funktion. Für Schraubenverbindungen ist dieser Weg als Alternative zum o. g. Schraubverbindungs-Generator zu sehen. Dabei wählt der Konstrukteur nach dem Aufruf der Normteilebibliothek den gewünschten Schraubentyp aus. Die empfohlene Größe zeigt Inventor in einer Vorschau und fügt dann die Schraube nach Bestätigung automatisch ein (Bild 6.5). Diese Funktion benötigt nur die Anwahl der oberen Bohrungskante mit dem Mauszeiger, um die Schraube korrekt zu positionieren. Scheiben und Muttern werden analog positioniert. Die Reihenfolge entspricht der Montage: 1. Scheibe oben – 2. Schraube – 3. Scheibe unten – 4. Mutter.

Eine Schaltfläche in der Autodrop-Werkzeugleiste aktiviert das Einfügen mehrerer Verbindungselemente in einem einzigen Schritt. Wenn diese Option gewählt wurde, sucht Autodrop nach allen Bohrungen, deren Durchmesser dem der ursprünglichen Auswahl entspricht, und füllt sie entsprechend auf (Bild 6.6).

6.5 Konstruktion und Berechnung von Wellen

Der Konstruktionsassistent „Wellengenerator" hilft zunächst bei der schnellen Definition aller Hauptabschnitte einer Welle (Bild 6.7). Die Hauptelemente sind vor allem Zylindersegmente, aber auch Kegel oder Polygonabschnitte. Die Auswahl erfolgt durch Klick auf die angebotenen Element-Symbole.

Am linken und rechten Wellenende können Bohrungen angebracht sein (zylindrisch oder kegelförmig), die Auswahl dieser Hohlraum-Elemente erfolgt analog.

In den nächsten Schritten legt der Konstrukteur weitere Detailelemente der Welle fest: Fasen, Radien, Einstiche oder eine Rille für eine Sicherungsmutter auf der linken Seite und entsprechend auf der rechten Seite.

Alle üblichen Elementobjekte können auf den Wellenabschnitten hinzugefügt werden. Die Auswahlmöglichkeit steuert Inventor sinnvoll, da für Kegel und Zylinder unterschiedliche Optionen gefordert sind: z. B. Keilnut, Einstich für Sicherungsring, Entlastungskerbe, Durchgangsbohrung usw. Es entsteht ein Strukturbaum der Wellenelemente und -objekte, der an jeder Stelle editierbar ist.

Für die automatische Erzeugung einer Passfeder und der zugehörigen Nut sorgt alternativ der Konstruktionsassistent „Keilverbindungsgenerator". Er ermittelt automatisch den Wellendurchmesser, bestimmt die Passfederlänge und die Federgröße nach der entsprechenden DIN-Norm.

Die Kraftannahmen (Drehmoment, vgl. Bild 6.8) für die Berechnung der Welle resultieren aus den statischen und dynamischen Belastungen der Baugruppe, Querkräfte ergeben sich aus den Reaktionskräften in den Lagern. Den Verlauf des Biegemoments, der Querkraft, der Durchbiegung und der Spannungskenngrößen liefert Inventor auf einen Mausklick hin (Bild 6.9). Die zugrunde liegenden Berechnungsverfahren können Anwender im Inventor-Online-Handbuch für Konstrukteure (Bild 6.10) nachlesen (vgl. Menü in Bild 6.1).

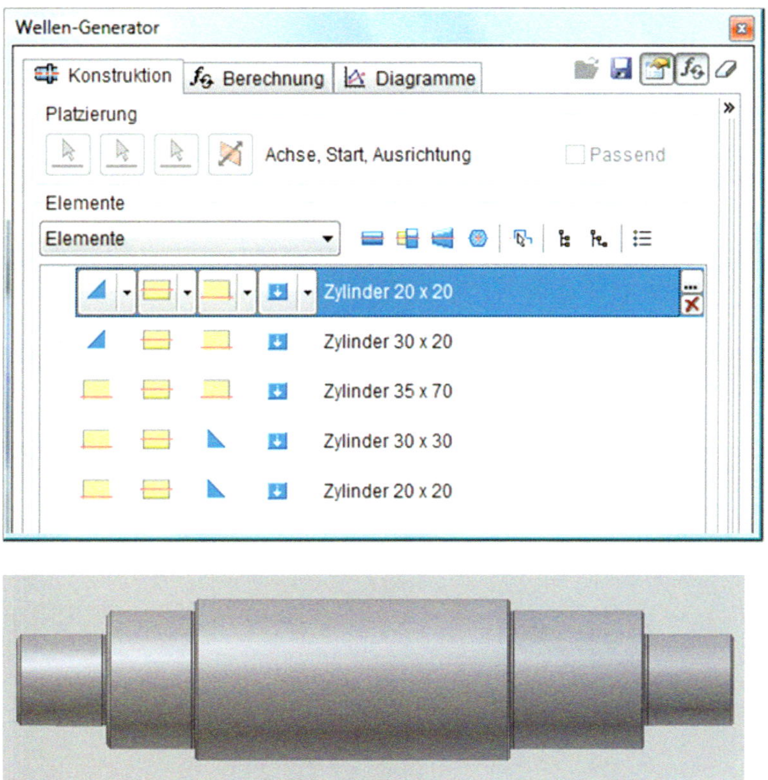

Bild 6.7: Wellengenerator, Festlegung der Hauptabschnitte einer Welle

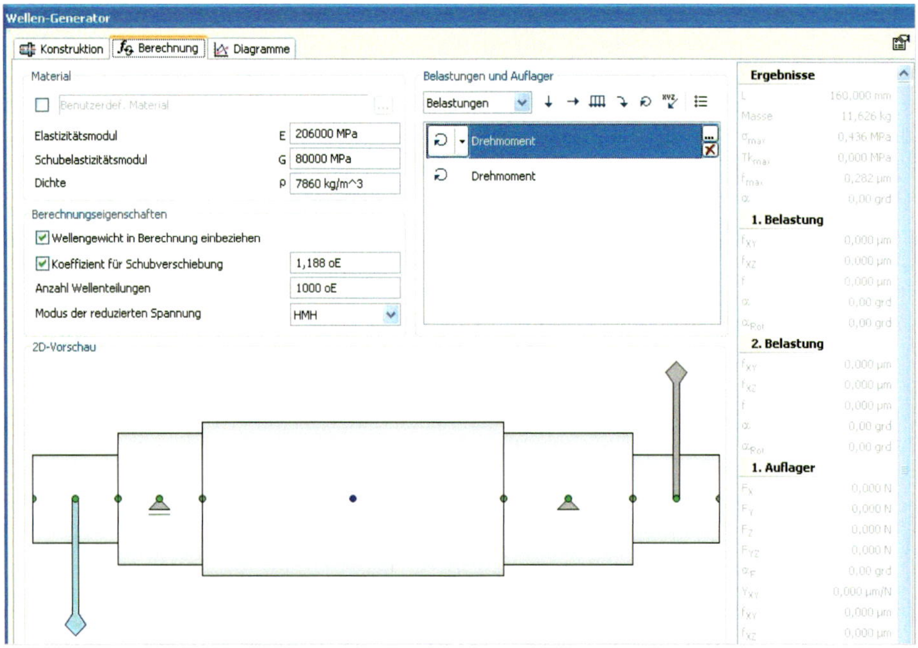

Bild 6.8:
Wellenberechnung, Belastungsannahmen

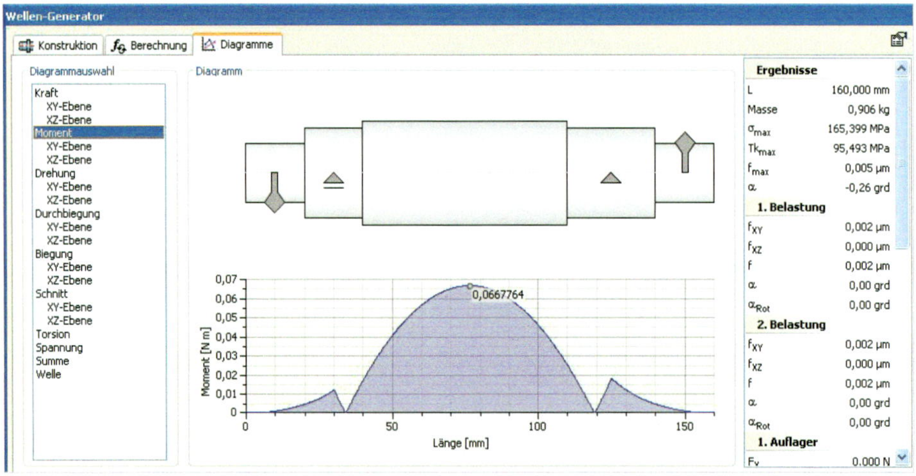

Bild 6.9:
Wellenberechnung, Verlauf des Biegemoments

Berechnungsformeln

Berechnung einer Welle, die aus Teilen mit variablem Querschnitt besteht, sich auf M Auflagern lagert und an N Positionen belastet ist.

Schubkräfte

$$T(x) = -\int q(x).dx + \sum_{0}^{x} F$$

Bei der Berechnung der XY-Ebene werden die Auswirkungen der Eigenmasse berücksichtigt.

Biegemomente

$$M_o(x) = \int T(x).dx + \sum_{0}^{x} M_o$$

Zug/Druck

$$\varphi(x) = -\int \frac{M_o(x)}{E.J(x)}.dx + \varphi(0) + \frac{\beta}{G\,S(x)}$$

Dabei gilt:

E	Elastizitätsmodul bei Spannung
G	Torsionsmodul
J	Trägheitsmoment
β	Koeffizient für Schubverschiebung

Durchbiegung

$$y(x) = \int \varphi(x).dx + y(0)$$

Biegespannung

$$\sigma_o(x) = \frac{M_o(x)}{W_o(x)}$$

Schubspannung

$$\tau_s(x) = \frac{T(x)}{S(x)}$$

Verdrehungsspannung

$$\tau_k(x) = \frac{M_k(x)}{W_k(x)}$$

Zug-/Druckspannung

$$\sigma_t(x) = \frac{\sum_{0}^{x} F_x}{S(x)}$$

Reduzierte Spannung insgesamt

$$\sigma_{red}(x) = \sqrt{(\sigma_o(x) + \sigma_t(x))^2 + \alpha(\tau_k(x)^2 + \tau_s(x)^2)}$$

Bild 6.10:
Auszug aus dem Online-Handbuch für Konstrukteure von Autodesk Inventor: Hier findet der Ingenieur die Formeln und Methoden, nach denen die Software die Belastungskenngrößen für Wellen berechnet.

6.6 Auswahl und Auslegung von Lagern

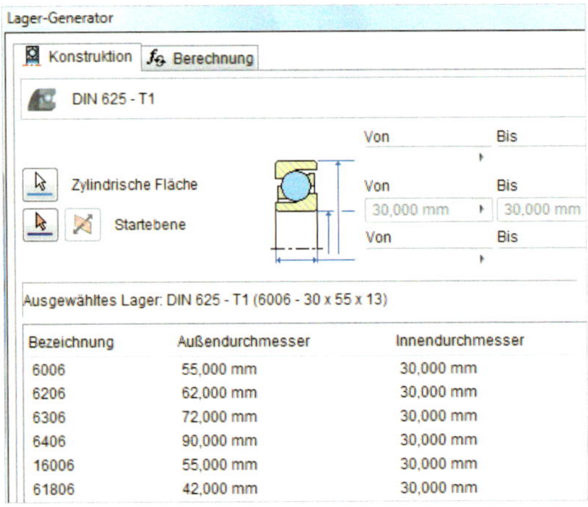

Bild 6.11: Auswahl und Auslegung der Lager

Für die Auswahl und Berechnung der Lager bemüht der Anwender einen weiteren Konstruktionsassistenten, den Lager-Generator. Nach Festlegung der Lagerart, im Beispiel eines Rillenkugellagers DIN 625-T1 (Bild 6.11), wählt der Konstrukteur den Wellendurchmesser und die Position durch Anklicken der Mantelfläche der Welle und der Seitenfläche des angrenzenden Wellenabschnitts. Die auf die Lager wirkenden radialen und axialen Kräfte rühren vom Antrieb des Rundtakttisches über Kegelzahnräder.

Die Berechnung führt Inventor wahlweise nach ANSI/AFBMA 9-1990 (ISO 281-1990) oder nach der SKF-Methode durch. Die Überprüfung unter Berücksichtigung der Lagerkräfte liefert die Lebensdauer der Lager (Bild 6.12).

Bild 6.12: Lagerberechnung: Überprüfung der Lebensdauer

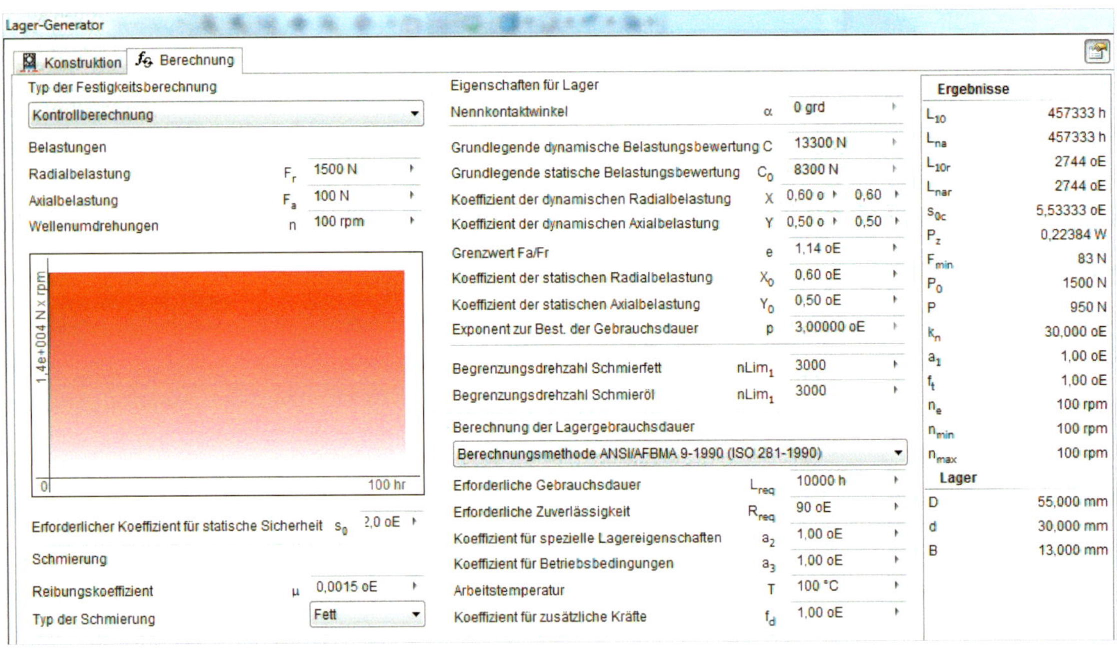

6.7 Auslegung von Kegelrädern

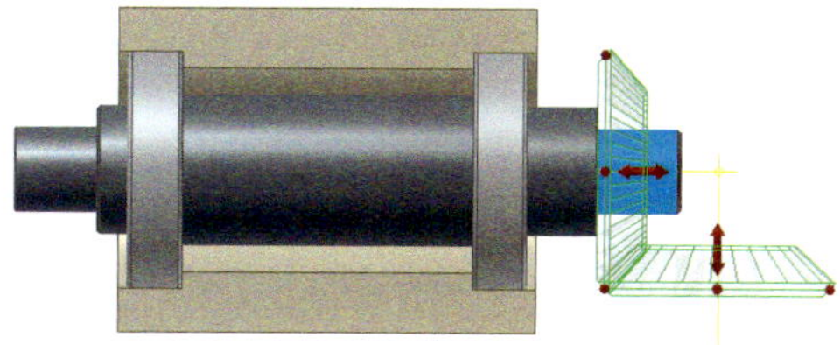

Bei der Auslegung von Zahnrädern geht es zunächst darum, die Verzahnungsgeometrie und Zähnezahlen entsprechend der gewünschten Übersetzung zu bestimmen (Bild 6.13). Im zweiten Schritt ist die Tragfähigkeit festzustellen. Dabei überprüft Inventor die Dauerfestigkeit hinsichtlich der Zahnbiegebeanspruchung und der Kontaktbeanspruchung der Zahnflanken (Bild 6.14).

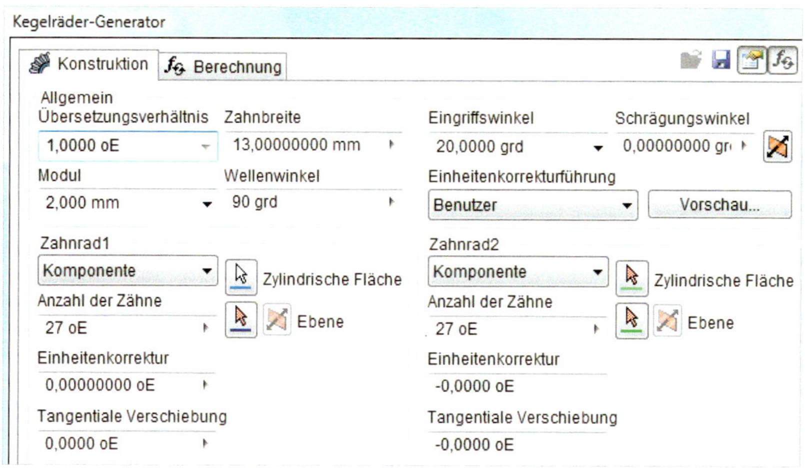

Bild 6.13:
Kegelrad-Berechnung: Auslegung der Zahnradgeometrie

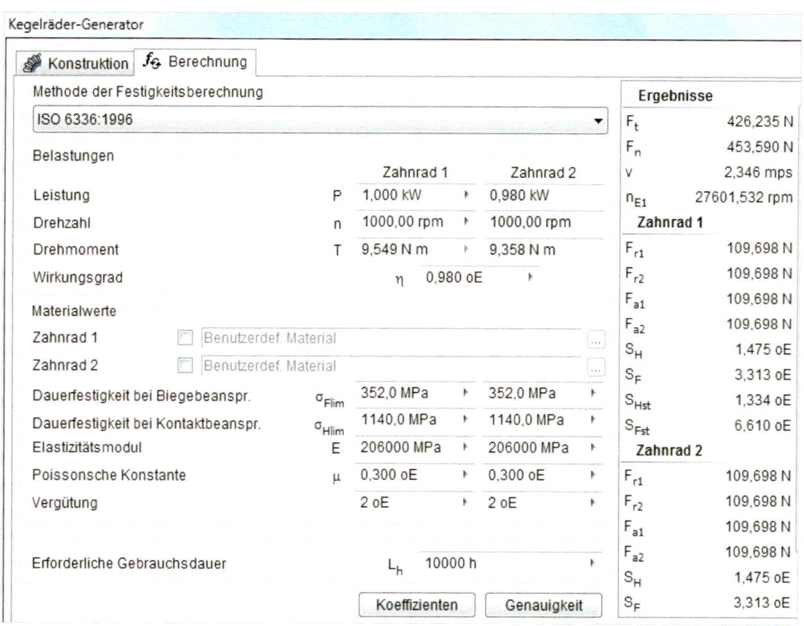

Bild 6.14:
Kegelrad-Berechnung: Festigkeitsüberprüfung

6.8 Weitere Berechnungsverfahren

Weitere, häufig benötigte Berechnungsverfahren sind als Software-Assistenten in Autodesk Inventor implementiert. Dazu gehören folgende Methoden:

Schweißverbindungen

Inventor überprüft die statische Festigkeit und z. T. die Ermüdungsfestigkeit von Schweißverbindungen.

Lötverbindungen

Berechnet wird die statische Festigkeit der Lötverbindungen.

Klemmverbindungen

Dieser Konstruktionsassistent überprüft die Festigkeit der Klemmverbindungen bei statischer und wechselnder Belastung.

Tolcranzen, Passungen, Presspassung

Ein weiterer Assistent unterstützt eine Toleranzanalyse, berechnet Grenzwerte und Passungen, unterstützt die Auswahl und Berechnung von Passungen für das System Einheitsbohrung und Einheitswelle und legt die Parameter für die Berechnung von Presspassungen fest.

Bewegungsschraube

Dieses Verfahren berechnet die Geometrieparameter einer Bewegungsschraube und überprüft die zulässigen Belastungen.

Träger und Platten

Auf diese Schaltfläche klickt der Konstrukteur, wenn er eine Berechnung von Balken (Trägern) mit unterschiedlichen Belastungen, entweder mit Standardquerschnitten oder für ein Bauteil aus seiner Konstruktion, braucht – eine häufig vorkommende Aufgabe. Der Software-Assistent liefert den Verlauf des Biegemoments, der Querkraft, der Durchbiegung und der Spannungskenngrößen. Daneben findet er die Berechnung von Stützen, aber auch die Berechnung von kreisförmigen und rechteckigen Platten unter Flächen- oder Punktbelastung.

Bremsen

Dieser Assistent berechnet Bremsmomente, Kräfte, wichtige Abmessungen, erforderliche Bremszeit und Umdrehungen bis zum Stillstand.

6.9 Stahlbau-Berechnungen

Im Abschnitt Anlagenbau wurde bereits die Stahlbaukonstruktion beschrieben (Kapitel 5.3.1, Stahlbaukonstruktion, Seite 108). Vor allem im Anlagenbau, aber auch in vielen Bereichen des Maschinenbaus, in der Betriebsmittelkonstruktion oder im Nutzfahrzeugbau, werden Rahmenkonstruktionen unter Verwendung von Normstahlprofilen entworfen. Sie dienen als Stützgerüste, Arbeitsbühnen, Montagerahmen, Treppen, Umläufe oder Rahmen von Fahrzeugaufbauten. Das CAD-System unterstützt den effizienten Aufbau solcher Konstruktionen, die oft hohen Belastungen ausgesetzt sind und deren Festigkeit deshalb rechnerisch überprüft werden muss.

Die wichtigsten Berechnungsverfahren stehen integriert zur Verfügung, beispielsweise die Überprüfung der Knickbeanspruchung von Stützen und Stäben für die vier Euler'schen Knickfälle (Bild 6.15) und die Berechnung der Grenzspannungen, ebenso die Untersuchung kritischer Teile (Bild 6.16) auf Biegung, Torsion, Zug, Druck usw.

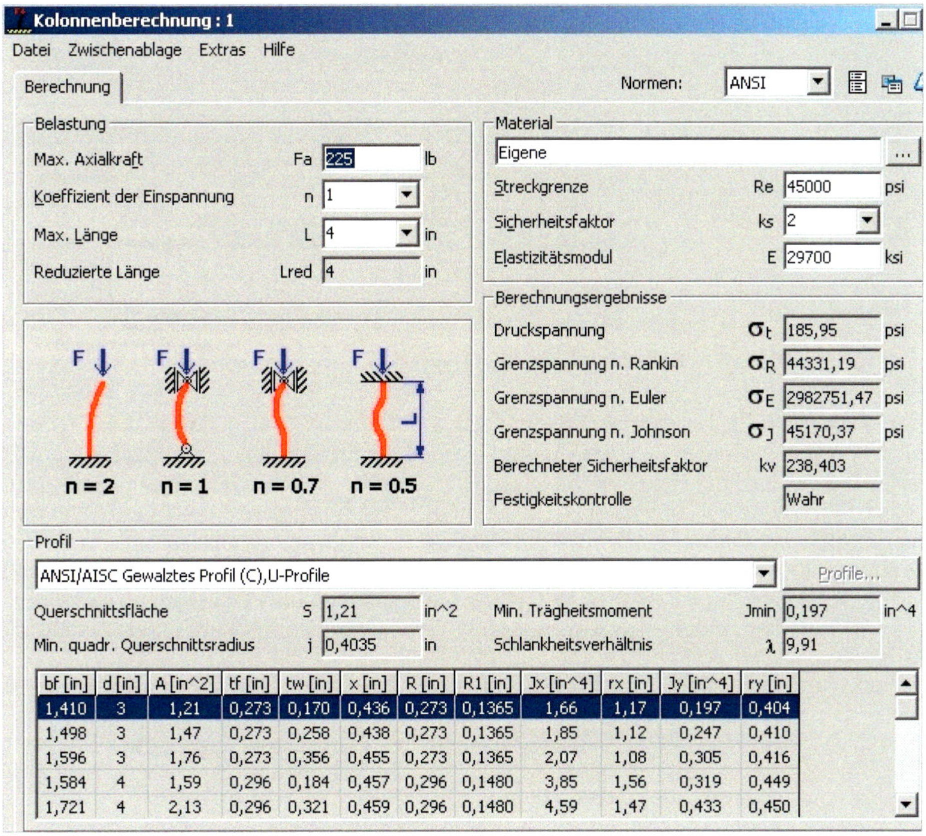

Bild 6.15: Überprüfung der Knickbeanspruchung von belasteten Profilen

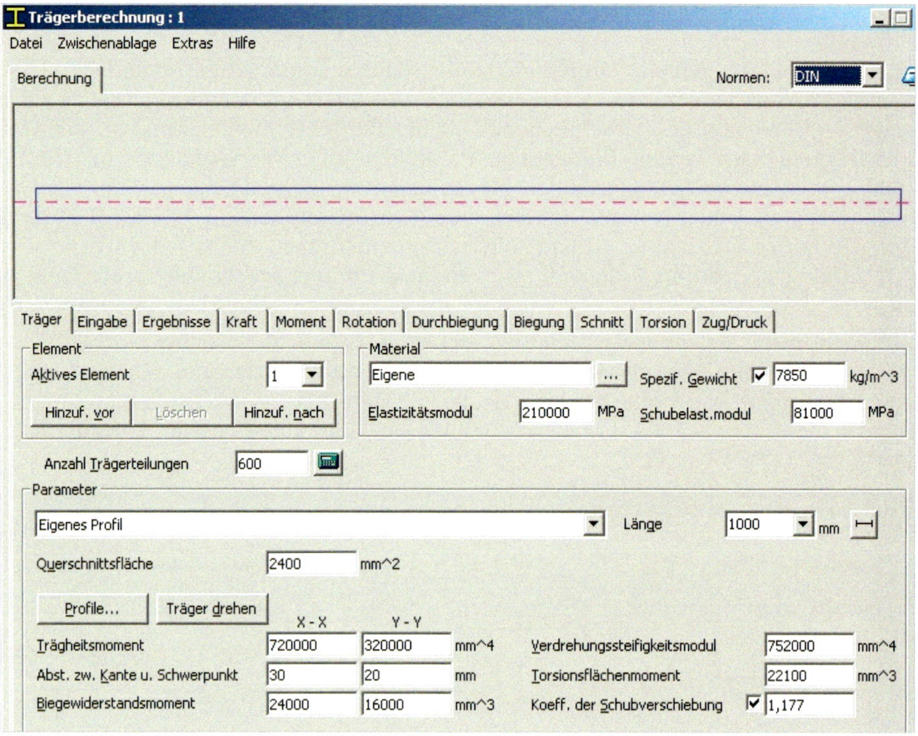

Bild 6.16: Festigkeitsrechnung: relevante Profileigenschaften

6.10 Zeit sparen – Fehler vermeiden

Die Konstruktionsassistenten dienen dazu, Routineprozesse zu automatisieren und den Anwendern mehr Zeit für die kreativen Aufgaben in der Entwicklung zu verschaffen. Es lohnt sich für die Firmen, die Mitarbeiter mit diesen Software-Funktionen vertraut zu machen. Die Standardisierung und Automatisierung häufig benötigter, integrierter Konstruktions- und Berechnungsmethoden beschleunigt den Ablauf der Konstruktion und hilft Fehler zu vermeiden. Berechnungsunterlagen sind schneller erstellt und lassen sich leichter und sicherer im PDM-System verwalten. Sie müssen wie andere Konstruktionsdaten der allgemeinen Änderungsverwaltung unterliegen.

7 Simulation

7.1 Dynamische Systeme

In der Vergangenheit freuten sich 2D-Konstrukteure schon, wenn sie die Grafik beweglicher Bauteile und Baugruppen animieren konnten, um Bahnbewegungen in der Ebene darzustellen. Reale zeitabhängige Parameter wie Drehzahlen, Geschwindigkeiten oder Taktzeiten, geschweige denn Massenkräfte, konnten dabei nicht berücksichtigt werden. Bahnkurven beschreiben aber nur einen kleinen Teil dessen, was man wissen möchte. Für die Auslegung realer Maschinen und Geräte ist eine umfassendere Analyse erforderlich, die Geschwindigkeiten, Beschleunigungen und die daraus resultierenden Belastungen ermittelt. Neben den extern angreifenden Kräften erzeugen die bewegten Massen dynamische Beanspruchungen in den mechanischen Systemen. Feder- und Dämpfungselemente oder Reibungskräfte beeinflussen die Belastung und das Verhalten der Systeme. Ihre Auswirkungen müssen in die Analyse eingehen.

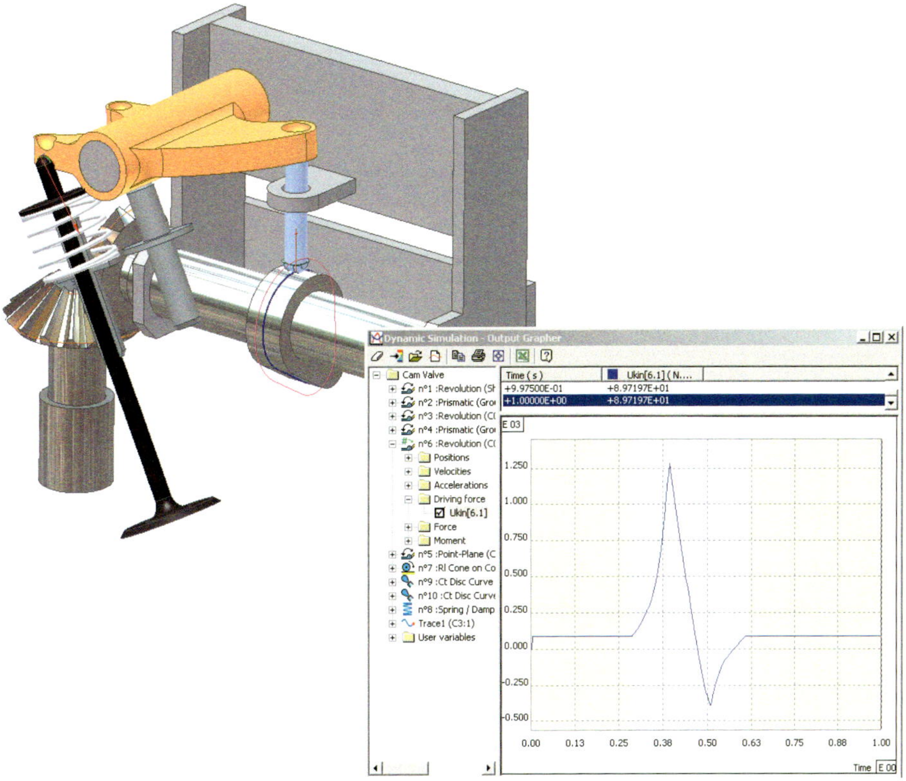

Bild 7.1: Simulation eines Ventilantriebs – Ausgabe der Antriebskraft in einem Diagramm (Quelle: Autodesk)

Moderne 3D-CAD-Systeme beherrschen solche Untersuchungen und die Simulation der Dynamik, einschließlich der Berechnung von Kräften, Massenkräften, Lagerkräften oder Drehmomenten. Dadurch kann ein Konstrukteur heute beispielsweise einen Pneumatikzylinder korrekt auslegen, die Torsionsbeanspruchung einer Welle oder die Belastung eines Lagers unter Berücksichtigung des dynamischen Verhaltens eines Systems berechnen. Bahnkurven ermittelt er jetzt automatisch und komplett. Selbst das war früher nur mühsam durch schrittweise Ermittlung von Bahnpunkten möglich. Simulationsanwendungen, die diese Art von Aufgabenstellungen übernehmen, sind heute in Paketen wie Autodesk Inventor Professional enthalten.

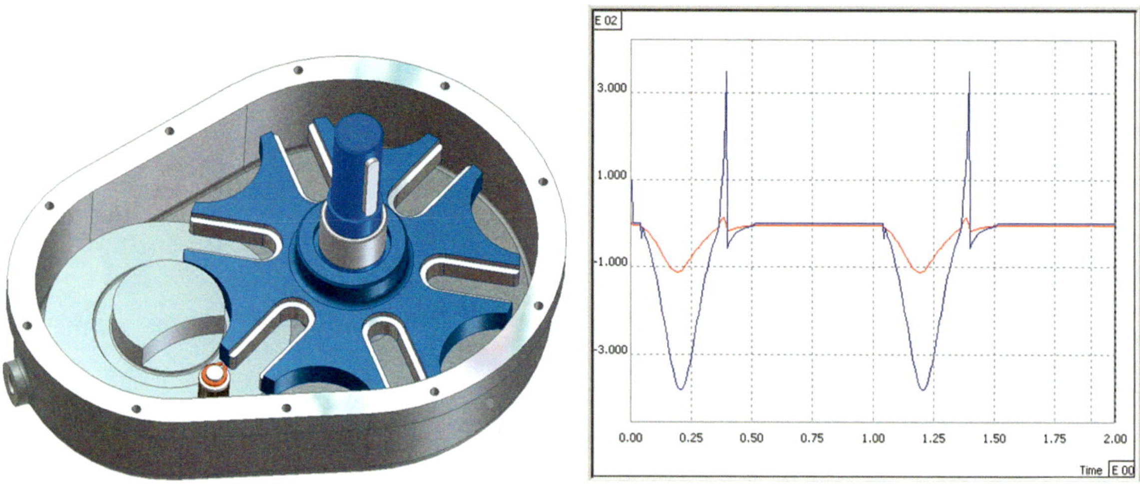

Bild 7.2: Malteserkreuz-Getriebe und Verlauf der Geschwindigkeit am Getriebeausgang (Quelle: Autodesk)

7.1.1 Beispiele

Es gibt kaum eine Maschine oder ein Gerät, das ohne bewegte Teile auskommt. Je höher die Drehzahlen und Geschwindigkeiten dieser Komponenten sind, desto höher sind die Belastungen für die beteiligten Teile. Hier einige beispielhafte Problemstellungen, die mit einer Simulationssoftware analysiert werden können:

- Optimierung einer Nockenwelle für die Betätigung eines Schließventils (Bild 7.1)
- Ermittlung der Geschwindigkeit am Ausgang eines Malteserkreuz-Getriebes in Abhängigkeit von der Geschwindigkeit am Getriebeeingang (Bild 7.2)
- Optimierung der Federung und Dämpfung einer Radaufhängung (Bild 7.3)

7.1.2 Ablauf

Die vollständige Integration der Simulationssoftware in das CAD-System bedeutet, dass der Anwender nur wenige Vorbereitungsmaßnahmen treffen muss, um eine dynamische Simulation durchzuführen. Dabei kann er die Abhängigkeiten aus der Baugruppenumgebung direkt als Gelenkdefinitionen nutzen. Das verkürzt die Vorbereitung der dynamischen Simulation. Die Software unterstützt alle wichtigen Formen von Gelenken, Getrieben, Kontaktbedingungen und Antriebsarten, beispielsweise:

- zylindrisches Gelenk
- Kugelgelenk
- Translationsverbindung
- abrollende Verbindung (Zahnrad)
- spiralförmige Verbindungen oder Antriebe (Spindel, Schraube)
- Schneckengetriebe
- Kurvenscheiben (mit Kontaktbedingung)
- Federkraft usw.

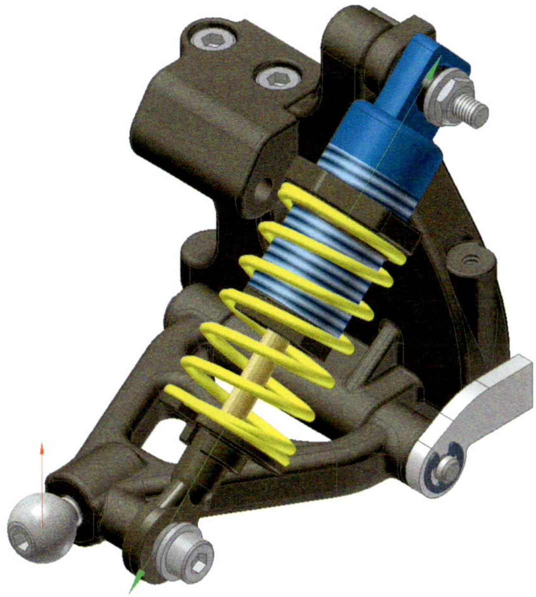

Bild 7.3: Radaufhängung mit Federung und Dämpfung (Quelle: Autodesk)

Anschließend sind weitere Randbedingungen festzulegen, wie Schwerkraft, Reibung, äußere Kräfte und Antriebe.

Die Ergebnisse der Simulation (Diagramme der Wege, Geschwindigkeiten, Beschleunigungen, Kräfte und Momente) können in grafischer Form oder in Wertetabellen ausgegeben werden. Natürlich ist alternativ oder ergänzend die visuelle Überprüfung in einer realitätsnah animierten 3D-Darstellung auf dem Bildschirm möglich. Die ermittelten maximalen Kräfte dienen als Eingabe für die Belastungsanalyse einzelner Bauteile oder für die Auslegung von Antrieben und Stellgliedern. Der Konstrukteur erhält eine Antwort auf seine Frage: Welche Kraft muss mein Hydraulikzylinder aufbringen, um eine be-

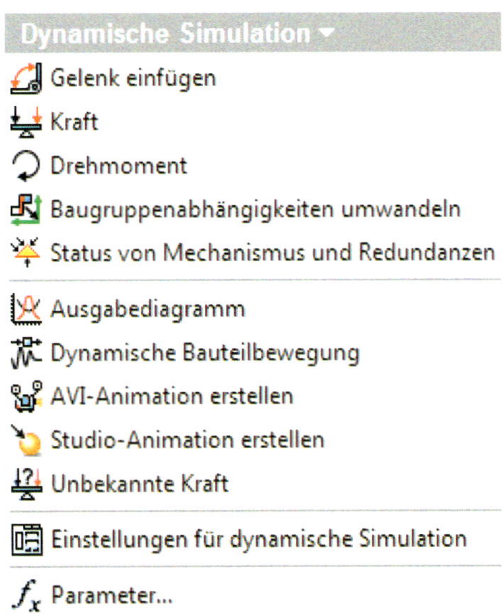

Bild 7.4: Hauptfunktionen der dynamischen Simulation von Autodesk Inventor

stimmte Bewegung zu erzeugen? Die Festigkeitsrechnung kann direkt anschließend mit dem integrierten FEM-Modul des CAD-Systems durchgeführt werden. Die Software ermöglicht die Erstellung einer Animation der dynamischen Simulation und die Wiedergabe als filmähnliche Präsentation.

Die dynamische Simulation löst eine weitere häufige Aufgabenstellung: Sie erlaubt es, eine Kurvenscheibe rückwärts zu ermitteln, d. h. für eine gewünschte Bahnkurve die erforderliche Geometrie der Kurvenscheibe zu bestimmen. Das Ergebnis kann der Anwender direkt in seine Konstruktion übernehmen oder in einer Tabelle für die weitere Bearbeitung ausgeben.

7.2 Integrierte FE-Analysen

Ursprünglich wurde die Finite-Elemente-Methode (FEM) für die Berechnung von Verformungen und Spannungen bei festen Körpern entwickelt, auch heute die häufigste Anwendung in der mechanischen Konstruktion. Die besondere Bedeutung der Methode liegt darin, dass sie die Berechnung beliebig komplexer Körper erlaubt und sich nicht auf einfache Formen beschränkt wie Balken (Träger) mit verschiedenen Querschnitten, die jeder Ingenieur, zumindest während der Ausbildung, von Hand berechnet. Das FE-Verfahren bewährt sich zudem inzwischen bei vielen physikalischen Problemen wie der Berechnung von Strömungen, in der Hydraulik, bei der Wärmeleitung, Elektrizität, Magnetostatik usw.

Bei der FEM wird der zu berechnende Körper in diskrete Teile zerlegt (Finite Elemente). Das räumliche Fachwerk ist ein Sonderfall, der das Prinzip illustriert. Bei ihm ist die Aufteilung in Elemente, nämlich die Fachwerkstäbe, durch die Aufgabe selbst bereits gegeben. Für diese diskreten Elemente lassen sich nun Berechnungsgleichungen aufstellen, die beim Fachwerk noch manuell berechenbar wären, bei der Vielzahl der Elemente in einem FEM-Netz aber zu riesigen Gleichungssystemen anwachsen, deren manuelle Lösung undenkbar ist. Sie sind nur mit numerischen Verfahren lösbar. Noch vor 20 Jahren wurden Großrechner für solche Berechnungen eingesetzt, heute genügt die Leistung eines modernen PCs.

Pi mal Daumen ist passé: Es gibt jetzt genauere Methoden für den Konstrukteur.

Mit dem konsequenten Umstieg von der 2D- auf die 3D-Konstruktion haben viele Unternehmen die besten Voraussetzungen für die konstruktionsbegleitende Berechnung mit Finite-Elemente-Methoden (FEM) geschaffen. Deshalb können Mittelständler und Konstruktionsbüros in allen Bereichen des Maschinenbaus an die nächsten Schritte denken, wenn es darum geht, die Qualität und Zuverlässigkeit ihrer Produkte zu verbessern. Moderne FEM-Software ist so einfach in der Anwendung, dass selbst kleine Ingenieurbüros damit zurechtkommen und sie mit Erfolg nutzen können. Der Konstrukteur kann eigenständig in Minuten am Arbeitsplatz Tendenzen und Problembereiche erkennen. Überschlagsrechnungen und Schätzungen gehören damit der Vergangenheit an. Heute kann die Überprüfung von Spannungen und Verformungen als regelmäßige Routine bei allen kritischen Bauteilen stattfinden. Das bedeutet, der Konstrukteur kann seine CAD-Geometrie auf Festigkeit untersuchen, die Geometrie im CAD-System iterativ durch Änderung einiger Parameter anpassen und nachrechnen, bis ein Optimum erreicht ist. Für die Berechnung sind keine externen Spezialisten und langwierigen Kommunikationswege erforderlich.

7.2.1 FEM-Netz

Ein FEM-Netz braucht nicht gesondert aufgebaut zu werden. Diese Aufgabe übernimmt das integrierte System automatisch. Die Netzgenerierung und Analyse erfolgen unmittelbar am CAD-Modell. Die Materialauswahl, die Festlegung der Randbedingungen, Einspannungen, die Angabe der wirkenden Kräfte, Lasten, Drücke oder Momente führt der Anwender direkt in der CAD-Benutzeroberfläche durch. So können Konstrukteure ihre Berechnungsprojekte in der gewohnten Software-Umgebung definieren. Der Rest ist ein Mausklick, um eine komplexe Rechnung anzustoßen. Das FEM-Modul von Inventor Professional unterstützt beispielsweise die Berechnung von Verformungen, Spannungen und die Modalanalyse zur Bestimmung der Eigenfrequenzen. Das grafische Ergebnis ist unmittelbar verständlich. Umfassende FEM-Lösungen berechnen auch dünnwandige Bauteile und Bleche. So kann der Konstrukteur die FEM-Analyse aus seiner Blechkonstruktion aufrufen und entscheiden, ob er sein Bauteil als Volumenkörpermodell oder optimiert als dünnwandiges Schalenmodell berechnen will (Bild 7.5), und die Netzgenerierung entsprechend steuern.

FEM ist ein Näherungsverfahren, das zwar einfach zu benutzen ist, dessen Ergebnisse und deren Interpretation ingenieurmäßiges Denken und Grundkenntnisse der Methode

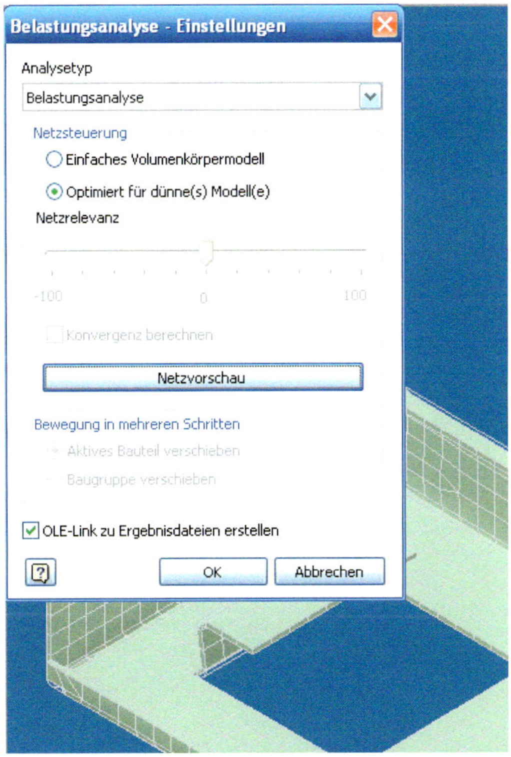

Bild 7.5: FEM-Netz: Einstellung für dünnwandige Modelle

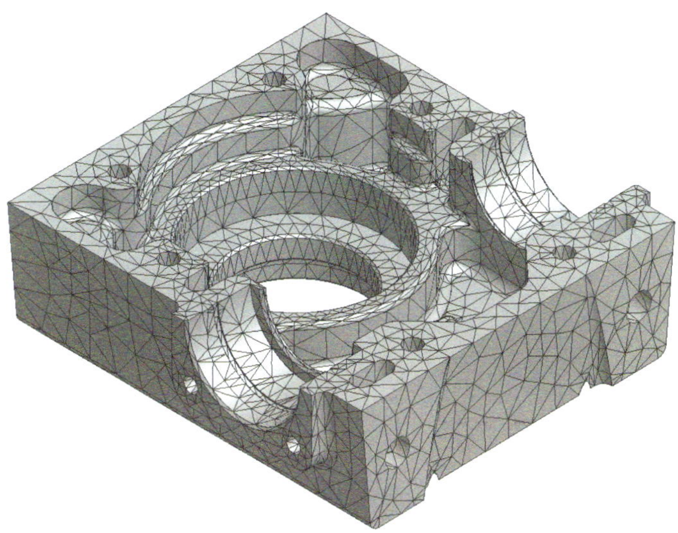

Bild 7.6: FEM-Netz mit partieller Verdichtung (Quelle: Autodesk)

voraussetzen. Beispielsweise kann es sinnvoll und notwendig sein, Kerbwirkungen durch Netzverdichtung genauer zu untersuchen (Bild 7.6). Der Anwender kann die Netzdichte erhöhen und zusätzlich eine Konvergenz-Option wählen. Diese Option bewirkt die partielle Netzverdichtung an kritischen Stellen. Natürlich erhöhen sich der Rechenaufwand und die Laufzeit der Analyse mit zunehmender Netzdichte.

7.2.2 Ablauf

Für die Berechnung sind Materialparameter erforderlich. Die CAD-Integration der FE-Software sorgt dafür, dass die Materialdaten des CAD-Modells für die FE-Berechnung als Voreinstellung dienen. Nach der Überprüfung dieser Einstellung geht der Konstrukteur daran, die Kräfte anzubringen, die auf das Bauteil wirken, und die Lagerungsbedingungen zu definieren. Die Kräfte sind entweder schon bekannt oder ergaben sich aus einer vorangegangenen dynamischen Simulation und dienen jetzt als Eingabegrößen für die Berechnung.

Die Lastannahmen und Lagerbedingungen legt die Inventor-Software als Bestandteil des digitalen Modells ab. Sie sind im Modellbrowser wieder aufrufbar und können für einen neuen Rechenlauf bei Bedarf modifiziert werden. Die Berechnung startet der Bediener mit einem Mausklick. Eine Fortschrittsanzeige gibt Aufschluss über die Laufzeit der Berechnung. Die Ergebnisse der Berechnung findet der Anwender anschließend im Modellbrowser abgelegt. Durch einen Doppelklick auf die Ergebnissymbole (Vergleichsspannung, Verformung, Sicherheit) holt er sich die grafischen Darstellungen auf seinen Bildschirm (Bild 7.7).

Bild 7.7: Beispiel Pressenrahmen: Verformung unter Belastung als Ergebnis der FE-Analyse (Quelle: Autodesk)

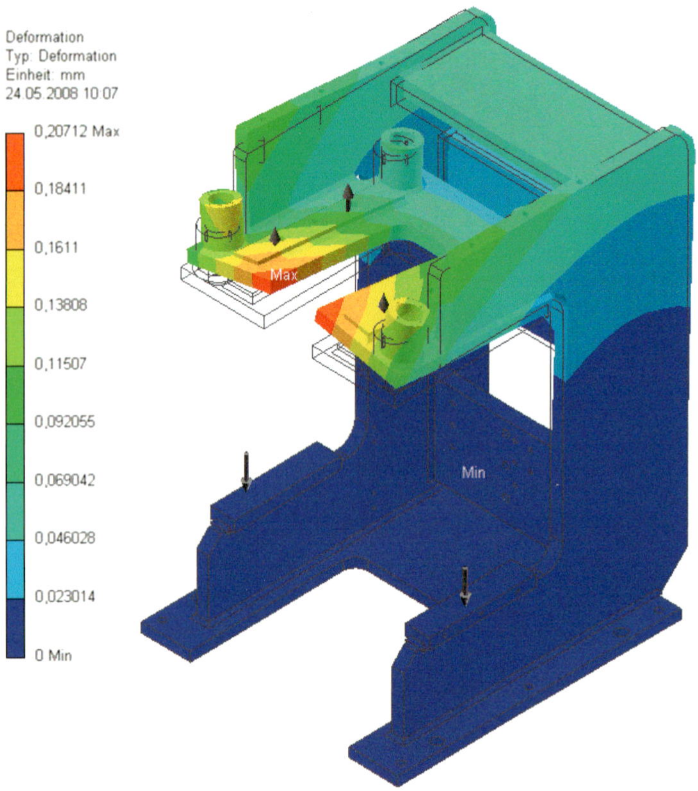

Die FEM-Software lässt verschiedene Belastungsarten zu, wie

- gleichmässiger Druck auf einer Fläche
- Kraft verteilt auf einer Fläche
- Kraft auf einem Eckpunkt
- Lagerbelastung
- Drehmoment
- Massenkräfte in beschleunigten Systemen
- Fliehkräfte
- Eigengewicht sowie unterschiedliche Lagerbedingungen wie
- die Einspannung einer Fläche
- die Einspannung einer Kante

- die Einspannung eines Eckpunkts
- die sogenannte „Pin"-Abhängigkeit, darunter ist eine axiale Lagerung zu verstehen, bei der bestimmte Freiheitsgrade wahlweise eingeschränkt werden: radiale Bewegung, axiale Bewegung und / oder tangentiale Bewegung
- die „reibungslose Abhängigkeit": Damit ist eine Beweglichkeit in tangentialer Richtung gemeint, während die Normalrichtung gesperrt ist, z. B. die Beweglichkeit in einer Fläche und Drehung um Normale oder (bei einer Zylinderfläche) die axiale Beweglichkeit und Drehung um die Achse.

Durch die Analyse von Eigenfrequenzen ermittelt die FE-Software kritische Frequenzen oder Drehzahlen, die zu Resonanzschwingungen führen können. Die Schwingungsform eines Resonanzfalles ist darstellbar und hilft dabei, Abhilfe zu schaffen und die Resonanz zu vermeiden.

Ändert der Konstrukteur seine Geometrie, um das Bauteil oder die Baugruppe steifer zu gestalten, oder ergeben sich andere Lastannahmen, dann sind die Rechenergebnisse nicht mehr gültig. Die CAD-Software weist deshalb im Modellbrowser durch ein Blitzsymbol darauf hin und verlangt auf diese Weise eine Aktualisierung der FE-Analyse. So sorgt das integrierte Softwaresystem dafür, dass CAD-Modell und Berechnungen konsistent bleiben.

7.2.3 Ergebnisdarstellung

Die FEM-Software des Autodesk-Paketes erzeugt auf Knopfdruck Berichte der Festigkeitsuntersuchung im HTML-Format und speichert sie mit dem Modell ab. Die Berechnung ist assoziativ mit dem Modell verbunden. Das bedeutet, wenn sich die Modellgeometrie ändert, wird das FEM-Modell automatisch aktualisiert und die Berechnung muss nur noch einmal angestoßen werden. Die Berichte der Berechnung sind anschließend im Modellbrowser aufgeführt und jederzeit für eine Überprüfung zugänglich. Falls ein Bericht in einer Textverarbeitung bearbeitet werden soll, kann er mit allen Bildern übernommen werden. Neben der statischen Darstellung der Verformungen ermöglicht die Software eine anschauliche Animation mit frei einstellbarer Geschwindigkeit.

7.3 Simulation von Strömungen und Wärmeübertragung

Die Entwicklungsingenieure in Branchen wie der Luft- und Raumfahrt, der Antriebstechnik, des Fahrzeugbaus und der Hydraulik versuchen seit Jahrzehnten mithilfe numerischer Methoden der Strömungsmechanik, ihre Maschinen und Geräte strömungstechnisch zu verbessern, Wirkungsgrade zu erhöhen, Leistungsverluste zu vermeiden, kompakter zu bauen, den Materialbedarf zu reduzieren.

Wie viele andere computerunterstützte Verfahren sind die numerischen Methoden der Hydro- und Aerodynamik (oder der Fluiddynamik, englisch: Computational Fluid Dynamics, CFD) heute für breitere Anwendungsbereiche erschwinglich geworden. Die „Demokratisierung" von früher teuren Software-Anwendungen setzt sich hier fort. Nicht nur das Preis-Leistungs-Verhältnis der Hardware, auch das der Software sinkt. Deshalb setzen zunehmend mittelständische Anlagenbauer und Hersteller von Pumpen, Filter, Ventilen, Hydraulikausrüstung oder Armaturen auf leistungsfähige CFD-Software, um ihre traditionellen Produkte zu optimieren oder schneller neue Produkte zu entwickeln.

Mit der Analyse der strömenden Medien sind regelmäßig Untersuchungen thermischer Vorgänge verbunden, denn in verfahrenstechnischen Anlagen oder Motoren sind neben den Problemen der Fluiddynamik oft auch Aufgaben der Wärmeübertragung zu lösen. CFD-Software-Systeme nehmen sich daher beider Themen an, zumal in diesen Fällen die Geometrie der zu untersuchenden Anlage oder Maschine und die Fluidströmung für beide Aufgaben gleichermaßen relevant und die numerischen Verfahren auf der Basis der FE-Methoden verwandt sind.

7.3.1 Grundbegriffe

7.3.1.1 Fluiddynamik

Die Aufgabe der Fluiddynamik ist die Untersuchung der Größen Geschwindigkeit, Druck und Dichte eines Fluids in Abhängigkeit von den Ortskoordinaten. Bei vielen Strömungsvorgängen, auch bei gasförmigen Fluiden, ist die Kompression vernachlässigbar. Ist die Flüssigkeit auch reibungsfrei, spricht man von idealen Flüssigkeiten. Bei nichtidealen oder zähen Flüssigkeiten treten Schubspannungen auf, die vom Geschwindigkeitsgefälle abhängig sind.

Für das einfache Modell idealer Flüssigkeiten ohne Reibung oder Turbulenz in der Grenzschicht gelten die Euler-Gleichungen. Hängen die Schubspannungen zäher Flüssigkeiten linear vom Geschwindigkeitsgefälle senkrecht zur Strömungsrichtung ab, so spricht man von Newton'schen Flüssigkeiten, zum Beispiel Wasser, Luft und Öl. Suspensionen und Pasten folgen nicht dem linearen Fließgesetz und sind deshalb Nicht-Newton'sche Flüssigkeiten.

Einfache Fälle wie die stationäre laminare und die stationäre turbulente Strömung in Rohren lassen sich noch explizit berechnen. Für mehrdimensionale Strömungen und nichtlineare Probleme bleiben nur Näherungsverfahren und die numerische Strömungsmechanik als kostengünstige Alternative zu teuren Versuchsaufbauten. Als allgemeinster Ansatz gelten die Navier-Stokes-Gleichungen für räumliche Strömungen, mit Berücksichtigung der Turbulenz und der Grenzschichten und höchsten Ansprüchen an die numerischen Verfahren, die Rechnerleistung und den Speicherbedarf.

7.3.1.2 Wärmeübertragung

Wenn in einem Körper oder zwischen zwei benachbarten Körpern ein Temperaturunterschied besteht, bildet sich automatisch eine Wärmeströmung in Richtung der niedrigeren Temperatur aus. Die Wärme wandert. Diese Wärmeübertragung wird auch Wärmeleitung genannt. Zwischen Körpern, die sich nicht berühren oder die sich relativ zueinander bewegen, kann eine Wärmeübertragung durch Konvektion oder Strahlung stattfinden.

Die Wärmeleitfähigkeit eines Körpers hängt von seinem Material und seinem Aggregatzustand (fest, flüssig oder gasförmig) ab. Sie wird durch den Wärmeleitkoeffizienten gekennzeichnet, der für die meisten technisch relevanten Stoffe experimentell ermittelt wurde und bekannt ist.

Der Wärmeaustausch innerhalb einer Flüssigkeit oder eines gasförmigen Mediums (Fluid) durch bewegte Teilmengen, die Wärme an die Umgebung abgeben, wird Konvektion genannt. Der Wärmeübergang ist dabei davon abhängig, ob die Strömung des Fluids laminar oder turbulent abläuft. Auch die Richtung des Wärmestroms spielt eine Rolle, je nachdem, ob eine Erwärmung oder Abkühlung des Fluids erfolgt. Unterschiede ergeben sich in Abhängigkeit davon, ob eine freie Konvektion des Fluids oder eine erzwungene Strömung stattfindet.

Alle festen und flüssigen Körper sowie viele Gase geben eine Strahlung in Form elektromagnetischer Wellen ab, die aus der fühlbaren Wärme der Körper erzeugt wird. Die Intensität der Strahlung nimmt mit der Oberflächentemperatur zu. Beim Auftreffen auf andere Körper wird sie ganz oder teilweise absorbiert, reflektiert oder durchgelassen. Wie für die Fluiddynamik gilt auch für die Wärmeübertragung:

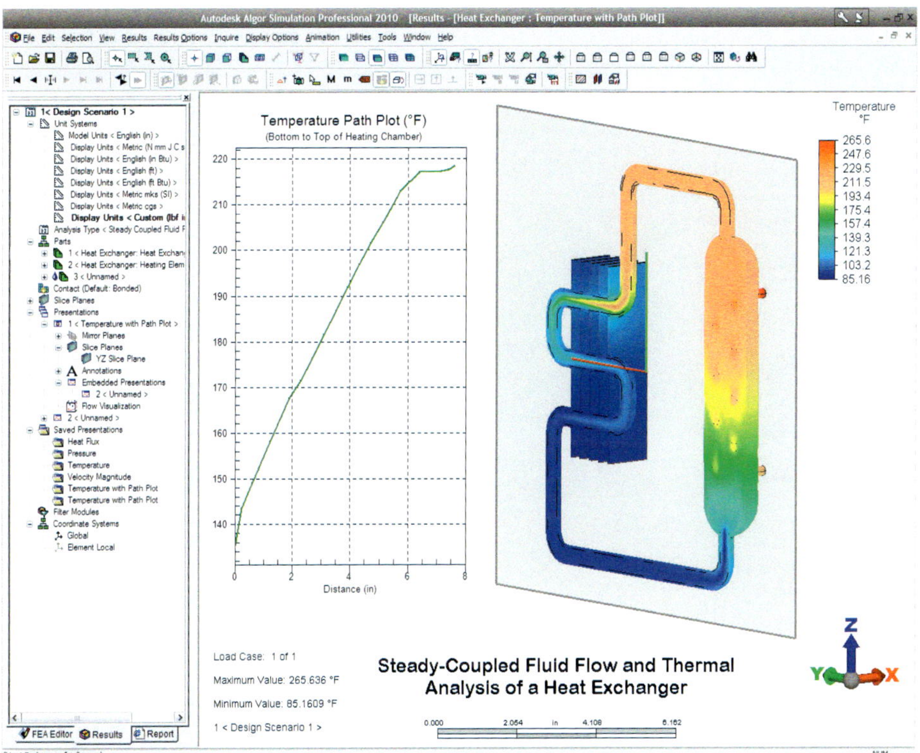

Bild 7.8:
Simulation der Strömung und Wärmeverteilung in einem Wärmetauscher (Quelle: Autodesk)

Simple eindimensionale Problemstellungen lassen sich explizit berechnen, räumliche Aufgaben sind nur mit numerischen Methoden lösbar. [10]

7.3.2 CFD-Anwendungen

Wie die FEM-Software-Lösungen für die mechanische Simulation erlauben die CFD-Systeme den assoziativen Datenaustausch mit den meisten CAD-Systemen, um iterative Konstruktionsänderungen zu ermöglichen, ohne die Simulationsdaten neu definieren zu müssen.

Die Simulation der Wärmeübertragung ist beispielsweise bei der Kühlung von Elektronik-Bauteilen gefragt, die mit Lüftern gekühlt werden, oder bei Wärmetauschern und Anlagen, die mit sehr hohen Temperaturen arbeiten. Die Simulation der freien Konvektion dient dazu, Strömungen zu untersuchen, die durch Temperaturunterschiede in den Medien auftreten. Die Untersuchung der Wärmeübertragung durch erzwungene Konvektion ermöglicht die Analyse der Strömung und Temperaturverteilung im Fluid oder beispielsweise die Bestimmung der Strömungsgeschwindigkeit, die notwendig ist, um eine gewünschte Temperaturverteilung zu erreichen und die Schädigung elektronischer Bauteile zu verhindern. Die Ergebnisse aus der Simulation der Wärmeübertragung lassen sich verwenden, um Spannungen zu ermitteln, die durch thermische Belastungen entstehen.

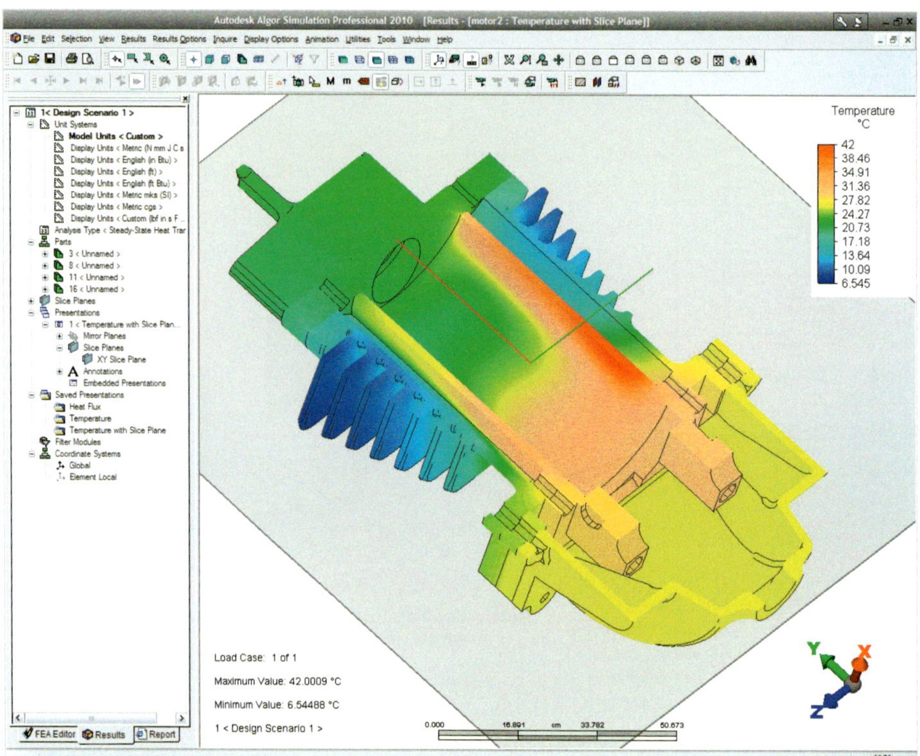

Bild 7.9:
Simulation der Wärmeverteilung in einem Zylinderkopf (Quelle: Autodesk)

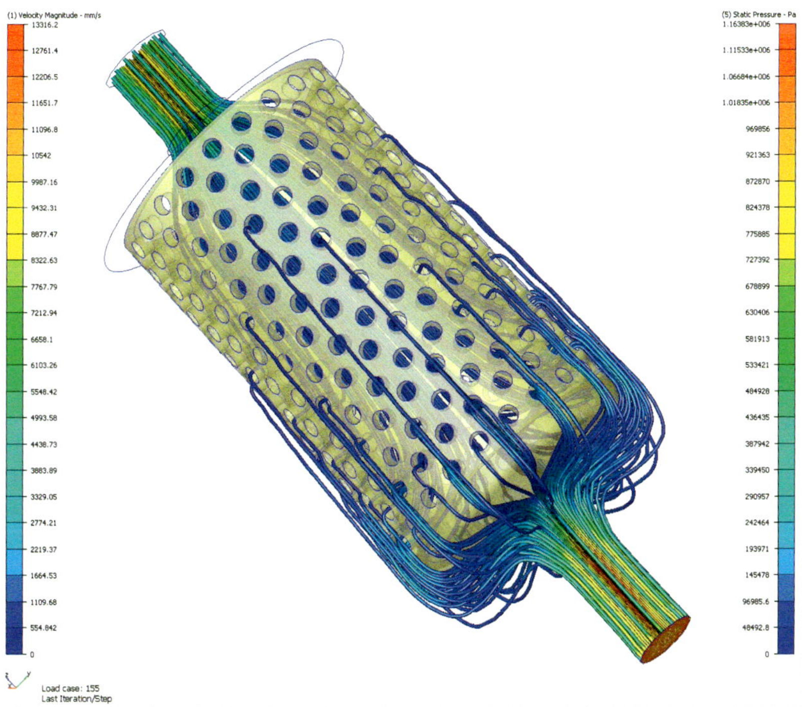

Bild 7.10:
Simulation der Strömung durch ein Lochblech (Quelle: Seebach GmbH)

7.3.3 Anwendungsbeispiele

Die *Seebach GmbH* im nordhessischen Vellmar baut Filter und Filterelemente für die unterschiedlichsten Prozesse, beispielsweise für Anwendungen in Hydrauliksystemen des Bergbaus unter Tage oder in der Herstellung von Kunststoffprodukten. Dabei handelt es sich oft um geschlossene Kreisläufe, etwa für Kühlwasser, Schmierstoffe oder Kältemittel. Die Aufgabe der Filtration ist dabei, die Kreisläufe sauber zu halten, die Wartungsintervalle zu verlängern und Kosten zu senken.

Parameter wie Volumenstrom, Strömungsgeschwindigkeit, Differenzdruck und Temperatur bestimmen die Effizienz des Filterelementes. Die Kunden verlangen immer häufiger genaue Daten, weil sie selbst mit Simulationssoftware arbeiten. Elemente, die einen Druckverlust bewirken, sind bei der exakten Auslegung von Prozessen zu berücksichtigen.

„Wir wollten deshalb genauere Methoden haben. Gerade bei neuen Filtertypen konnten wir bisher nur theoretische, geschätzte Angaben, Erfahrungswerte oder überschlägige Berechnungen liefern", stellt Rainer Seebach, Technischer Direktor im Familienunternehmen, fest. „Die ersten Erfahrungen zeigen, dass die Simulation gute Ergebnisse liefert und auch Dinge belegt, die wir vermuteten, aber nicht beweisen konnten. Wir müssen beispielsweise bei Anwendungen in der Lebensmittelindustrie wissen, welche Strömungsgeschwindigkeit an welchen Stellen herrscht. Wir dürfen in der Regel keine Toträume zulassen, wenn bestimmte Medien durch die Leitungen strömen, die bei langer Verweilzeit degenerieren. Toträume sind Stellen, an denen eine schlechte Reinigung stattfindet. Die Hygieneanforderungen der Lebensmittelindustrie verbieten solche Situationen. Jetzt können wir unsere Erfahrungen mithilfe der Simulationssoftware untermauern." In der Vergangenheit haben die Auftraggeber bei gemeinsamen Entwicklungen intensive Laboruntersuchungen durchgeführt, um Toträume auszuschließen. Seebach überprüfte die praktischen Tests in der Simulation und konnte sie bestätigen.

Erfahrungen durch Simulation untermauern.

Bei Sonderanfertigungen hat Seebach keine Möglichkeit, einen physischen Prototyp für Tests zu bauen. Der Aufwand läge in einer Größenordnung von 100.000 €. Deshalb sind die Filterbauer auf die Simulation am digitalen Prototyp angewiesen. „Die Simulationssoftware gibt uns mehr Sicherheit in der Konstruktion, wo wir uns bisher nur auf Erfahrung verlassen konnten", sagt Seebach.

Die *Mankenberg GmbH* in Lübeck produziert eine umfassende Palette von Regelventilen für den industriellen Einsatz. Wo immer Druck, Menge oder Niveau zu regeln sind, liefert Mankenberg kosteneffiziente Serienprodukte oder individuelle Speziallösungen. Seit Anfang 2009 arbeiten die Ventilspezialisten mit CFD-Simulation. Thilo Halbauer, Entwicklungsingenieur bei Mankenberg, erklärt: „Die Strömungssimulation liefert uns heute schon wichtige Erkenntnisse, die unsere Konstruktionen beeinflussen. Die Weiterentwicklung zweier Ventiltypen, die jeweils eine neue Baureihe bilden, beruht auf Grundlagen, die wir mit der CFD-Software gelegt haben."

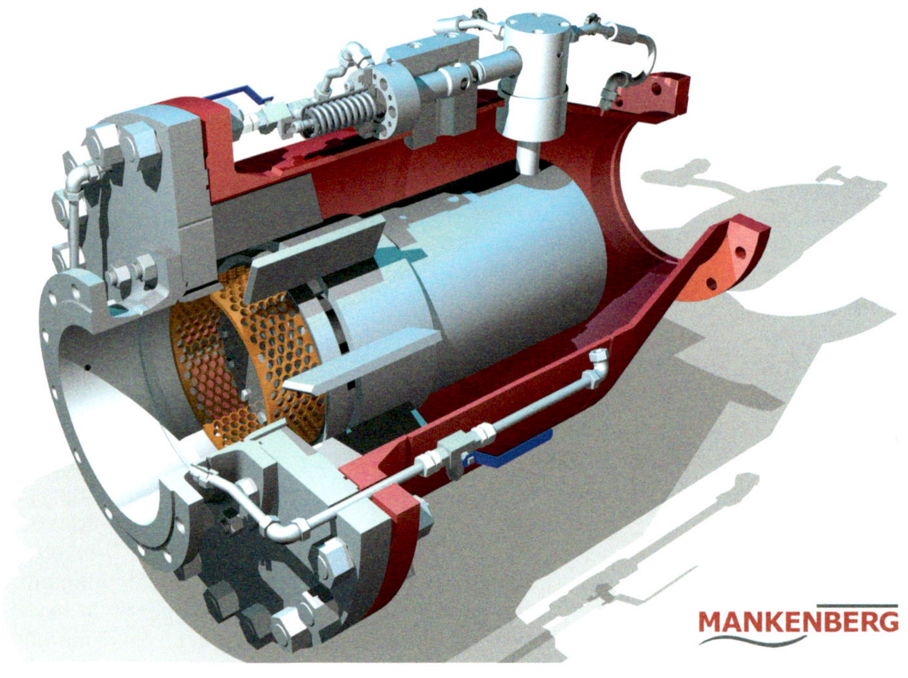

Bild 7.11:
Digitaler Prototyp: Druckentlastungsventil für Pipelines (Quelle: Mankenberg GmbH)

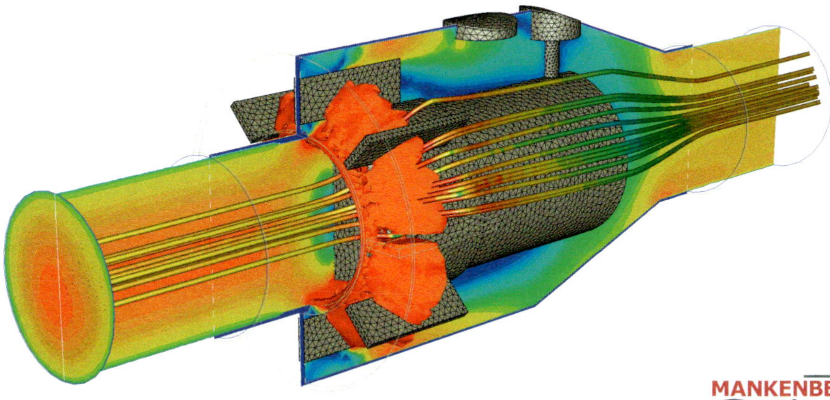

Bild 7.12: Simulation der Strömung durch ein Druckentlastungsventil (Quelle: Mankenberg GmbH)

7.4 Universelle CAE-Software-Pakete

Die numerische Analyse und Simulation physikalischer Phänomene hat in den letzten Jahrzehnten – begünstigt durch die dynamische Entwicklung im Software- und Hardwarebereich – enorme Fortschritt gemacht. Es gibt eine Reihe von Software-Herstellern, die diese numerischen Methoden weiterentwickelt, auf neue Bereiche und auch auf die Analyse gekoppelter Effekte übertragen haben, etwa auf die gleichzeitige Betrachtung von kompressibler Strömung und Wärmeübertragung oder die Analyse thermischer Spannungen als Kopplung einer Festigkeitsanalyse verbunden mit Wärmeübertragung, sogenannte Multiphysik-Aufgaben. Zu den bekanntesten Software-Paketen zählen Ansys, Nastran (in verschiedenen Weiterentwicklungen), Abaqus, Algor und Comsol Multiphysics. Für die CAD-Hersteller sind diese CAE-Systeme immer wichtiger geworden, seit diese Lösungen auf regulären CAD-Arbeitsplätzen laufen, immer einfacher zu handhaben sind und sinnvolle Werkzeuge in der Hand des Konstrukteurs sind, um frühzeitig die Eignung einer Konstruktion oder die Auswirkung einer Konstruktionsänderung festzustellen.

Die großen Hersteller wie Autodesk, Dassault Systèmes oder Siemens PLM Software haben sich daher bereits die Technologien gesichert, indem sie CAE-Software-Häuser erwarben und in ihre Portfolien integrierten. Autodesk nahm in den letzten Jahren Plassotech und Algor unter seine Fittiche. Dassault Systèmes hat im Jahr 2005 Abaqus akquiriert und mit eigenen Anwendungen als Simulia neu verpackt. Und Siemens PLM Software besitzt schon seit UGS-Zeiten NX Nastran.

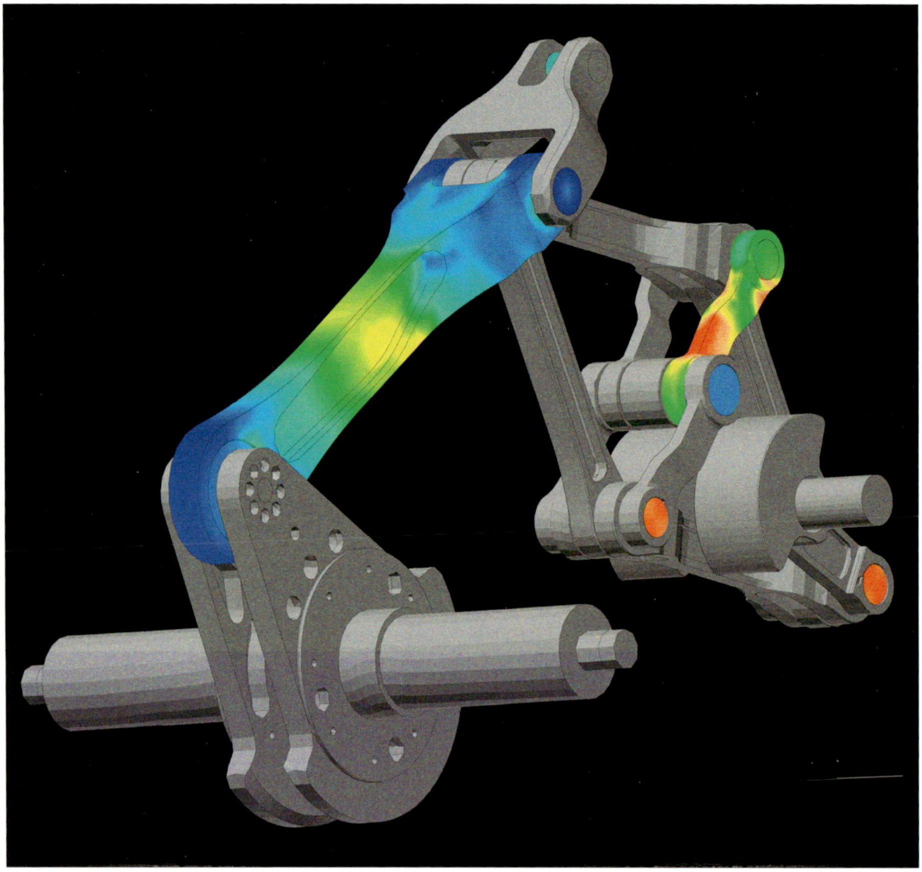

Bild 7.13:
Simulation der Bewegung eines Starrkörpersystems mit Autodesk Algor

7.4.1 CAD-Integration

Die CAE-Pakete besitzen in der Regel mindestens eine Importfunktion für die Modelldaten der wichtigsten unterschiedlichen CAD-Systeme – manche noch mehr – eine assoziative Kopplung zu den Systemen, damit bei Modelländerungen eine neue Analyse einfach auf Knopfdruck angestoßen werden kann. Nicht selten muss die Konstruktion eines Lieferanten oder Dienstleisters überprüft werden, der mit einem fremden CAD-System arbeitet, dann ist ein problemloser Import unverzichtbar. Eine Integration der CAE-Software in die CAD-Umgebung erleichtert auch das Erlernen und die Bedienung der Analyse-Software, die so zum zuverlässigen Begleiter bei kritischen Konstruktionsaufgaben werden kann und durch iterative Anwendung zur Optimierung von Bauteilen führt.

7.4.2 Diskretisierung

Die numerischen Verfahren beruhen auf einer Diskretisierung der betrachteten Aufgabenstellung durch Finite Elemente oder Finite Volumen, die ein Gitternetz aufspannen, für das die numerischen Rechenverfahren durchgeführt werden können. Die Diskretisierung ist eine Netzgenerierung, bei der ein Objekt in viele kleine Elemente zerteilt wird, die sich nicht überlappen dürfen. Ebene Objekte können in Dreieckelemente oder Viereckelemente, räumliche Gebilde in Tetraeder oder Hexaeder zerteilt werden. Diese Netzgenerierung kann adaptiv oder nicht adaptiv sein. Bei der adaptiven Diskretisierung wird das Gitternetz dort, wo Fehler erwartet werden, partiell verdichtet, um genauere Ergebnisse zu erhalten.

Eine mehrfache Diskretisierung wird durchgeführt, wenn beispielsweise eine Finite-Volumen-Methode für die Analyse einer kompatiblen Strömung und gleichzeitig die Finite-Elemente-Methode zur Betrachtung der Wärmeübertragung benötigt wird.

7.4.3 Vorbereitung

In dieser Phase sind die Randbedingungen der Berechnung, wie die Belastung und wirkenden Kräfte, Materialeigenschaften etc., vorzugeben. Die namhaften Systeme verfügen über große Materialbibliotheken, in denen die Eigenschaften zahlreicher Materialien gesammelt sind. Das erspart die eigene Recherche dieser Daten.

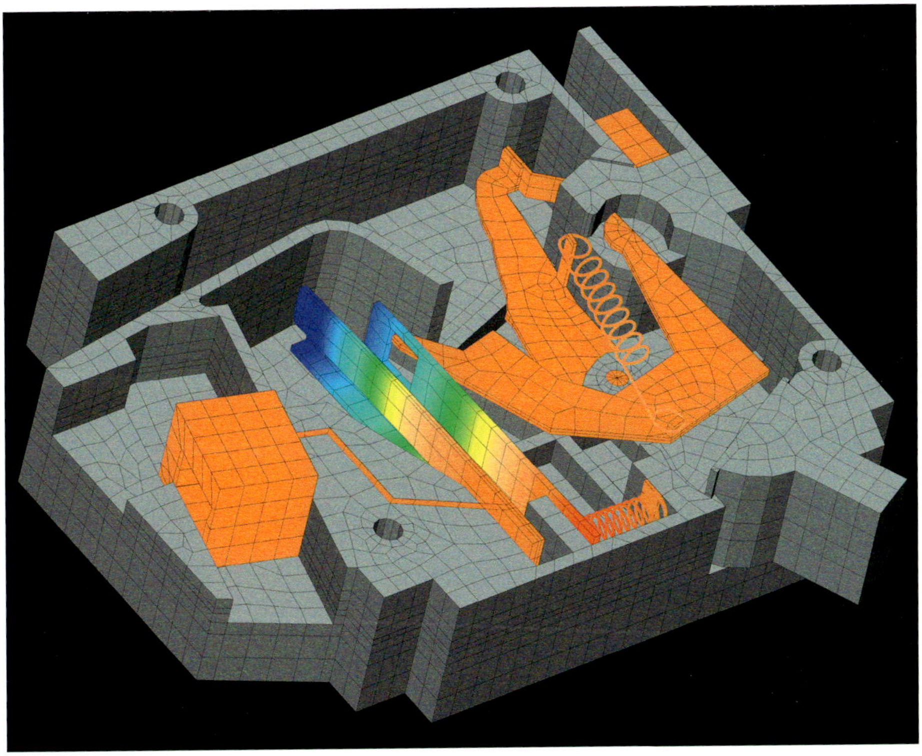

Bild 7.14: Simulation eines Überstromschutzschalters mit Autodesk Algor

7.4.4 Multiphysik (Multiphysics)

Das Verhalten eines Produkts in der Realität entspricht selten idealen Verhältnissen. Es ist wahrscheinlicher, dass unterschiedliche physikalische Effekte eine Simulation oder Berechnung beeinflussen. Die universellen CAE-Software-Pakete enthalten standardmäßig oder optional die Möglichkeit, diverse physikalische Phänomene einzeln oder gekoppelt zu simulieren. Es gibt Software-Lösungen für die Untersuchung von physikalischen Effekten wie:

- statische und dynamische Festigkeit und Verformung
- Dynamik von Mehrkörpersystemen
- Strömungsmechanik (CFD, Computational Fluid Dynamics)
- Wärmeübertragung (Leitung, Konvektion, Strahlung)
- Elektrostatik
- Magnetostatik
- Elektromagnetik
- Akustik (in Festkörpern und Fluiden)
- Geologie
- u. v. m.

Anfangs werden Konstrukteure vor allem Festigkeitsrechnungen durchführen. Mit zunehmender Erfahrung können sie sich an neue Simulationsverfahren, etwa die Analyse der Dynamik von Mehrkörpersystemen, wagen, ohne viel dazulernen zu

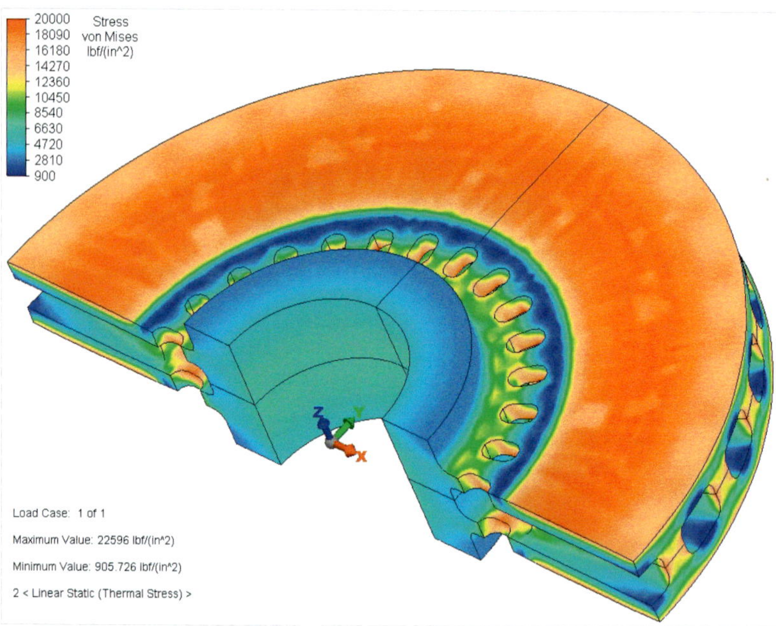

Bild 7.15: Simulation der thermischen und mechanischen Belastung einer Scheibenbremse mit Autodesk Algor

müssen. Und schließlich können sie auch Multiphysik-Analysen, etwa die Optimierung der Strömung und der Wärmeübertragung in einem Wärmetauscher oder die Analyse der Spannungen durch thermische und mechanische Belastung in einer Scheibenbremse, vornehmen.

7.4.5 Ergebnisdarstellung

Die Simulationssoftware liefert Ergebnisse als schnell interpretierbare grafische Darstellung, als 3D-Modell, als Animation oder in Form von formatierbaren Berichten und Tabellen, die in Office-Anwendungen eingefügt werden können.

7.5 Spritzgusssimulation

Spezialisierte Methoden der Simulation sind für die Untersuchung der Strömungs- und Wärmeübertragungsvorgänge bzw. der Abkühlung beim Kunststoffspritzguss (Kapitel 5.5, Seite 125) erforderlich, um die Entwürfe von Formteilen hinsichtlich ihrer Eignung für die Fertigung im Spritzgussverfahren zu überprüfen. In einfachen Fällen wird ein erfahrener Kunststofftechniker am virtuellen Modell diese Prüfung visuell vornehmen können. Anspruchsvollere Modelle untersuchen auch die Praktiker lieber mithilfe einer Simulationssoftware wie Autodesk Moldflow. Diese Software simuliert die Füllung der Form einschließlich des Angusssystems, liefert praxisnahe Werte für den benötigten Einspritzdruck und berechnet die Nachdruckphase. Als Ergebnis erhält der Entwickler u. a. die Zeit bis zum Erreichen der Entformungstemperatur und die Darstellung der Schwindung. Die Software hilft, die optimale Position der Einspritzstelle zu finden, Angusssysteme auszubalancieren, potenzielle Formteilfehler zu bestimmen und zu korrigieren. Sie zeigt das Abkühlverhalten und kritische Stellen auf, die aufgrund ungünstiger Wärmeableitung oder Wandstärkenunterschieden zu einer ungleichmäßigen Abkühlung führen. Eine gleichmäßige und effiziente Abkühlung der Formteile ist erforderlich, um die Zykluszeit des Spritzgussvorgangs kurz und den Verzug der Teile gering zu halten. Moldflow simuliert den Verzug (engl. Warping) und kann die unterschiedlichen Ursachen darstellen. Anschließend können die Anwender ihre Konstruktion und Materialauswahl optimieren, um Verformungen bei der Fertigung zu minimieren.

Die Analyse von Einfallstellen zeigt den Ort und die Größenordnung von solchen Materialabsenkungen, die in der Regel an Stellen mit Materialanhäufungen auftreten. Die Einfallstellen beeinträchtigen die optische Qualität von Bauteilen und sind deshalb vor allem an Produktoberflächen unerwünscht. Weitere Untersuchungen gelten der Schwindung und dem Formteilverzug. Der Konstrukteur kann aufgrund der Ergebnisse sein Bauteil entsprechend ändern und erneut überprüfen, bis er zu einem optimalen Resultat kommt. Alle diese Untersuchungen finden am virtuellen Modell statt, in einer frühen Konstruktionsphase und bevor ein einziger Span an der Form gefräst wurde. Dadurch sparen Anwender Zeit und Kosten. [11], [12]

7.5.1 CAD-integrierte Simulation

Die im Abschnitt 5.5.6, Ablauf der Werkzeugkonstruktion, Seite 131, beschriebene Software AutoCAD Inventor Tooling Suite (AIT) enthält wesentliche Funktionen, um den Spritzgussprozess für einfache Formteile zu simulieren und zu optimieren. Für komplexe Teile und Sonderverfahren kann der Formenbauer auf die umfangreicheren und leistungsfähigeren Simulationsprogramme Autodesk Moldflow Adviser und Autodesk Moldflow Insight zurückgreifen. Am Beispiel der AIT-Software wird nachfolgend eine CAD-integrierte Lösung vorgestellt, die dem Konstrukteur an seinem Arbeitsplatz integriert zur Verfügung steht, um den Entwurf eines Formteils auf seine Herstellbarkeit zu überprüfen. Die Analysen folgen in logischer Abfolge den Menüpunkten in Bild 7.16 von links nach rechts.

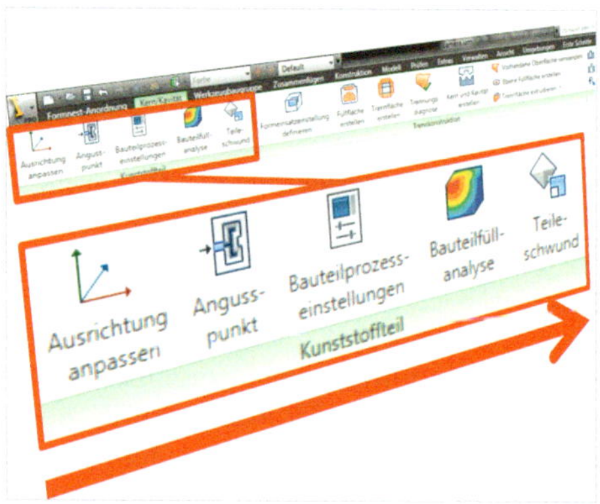

Bild 7.16: Spritzgusssimulation – Logische Schritte

Jede Berechnung – etwa die optimale Angussposition – kann der Anwender mit selbst gewählten Vorgaben durchführen. Alternativ kann er Vorschläge des Systems verwenden.

7.5.1.1 Materialauswahl

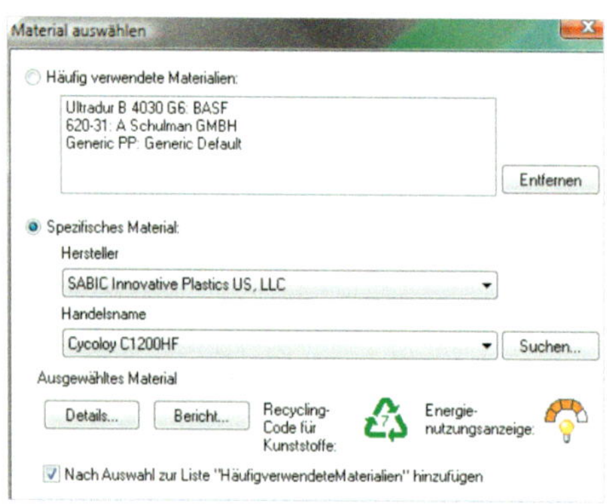

Bild 7.17: Spritzgusssimulation – Materialauswahl

Für die Materialauswahl (Bild 7.17) steht ihm die große Kunststoffdatenbank für Simulationen (mehr als 8.000 Kunststoffe) zur Verfügung. Eine Suchfunktion ermöglicht ein schnelles Finden des gewünschten Werkstoffes. Die Energienutzungsanzeige und der Recyclingcode unterstützen eine Materialauswahl unter dem Aspekt der Nachhaltigkeit. Durch Kooperation mit den Materialherstellern sorgen die Software-Entwickler für verlässliche Daten.

7.5.1.2 Anspritzpunkte

Geeignete Anspritzpunkte kann der Entwickler manuell setzen oder sich alternativ vom System – über die Berechnung von Fließwiderständen für die gegebene Geometrie – ermitteln lassen. Eine Fließwiderstandsdarstellung zeigt die gefundenen Bereiche auf (Bild 7.19). Mehrere Anspritzpunkte sind möglich.

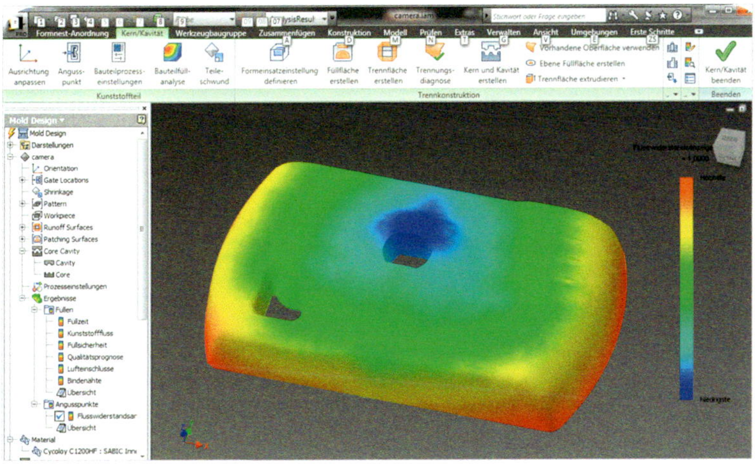

Bild 7.18: Spritzgusssimulation – Fließwiderstand (Quelle: Autodesk)

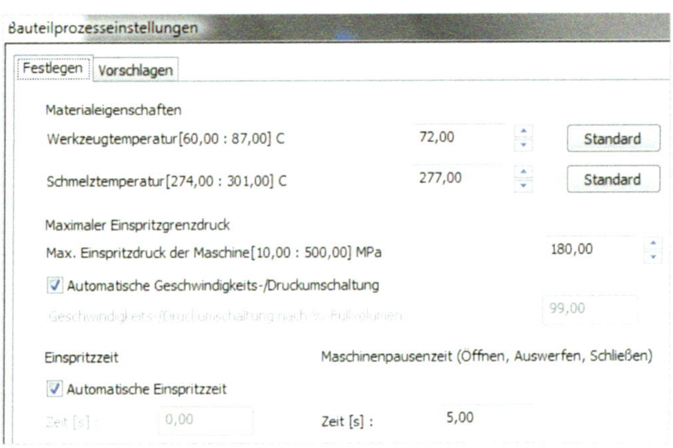

Bild 7.19: Spritzgusssimulation – Prozessparameter (Quelle: Autodesk)

7.5.1.3 Prozesseinstellungen

Prozessparameter gibt die Software automatisch aus – unter Einbeziehung der Bauteilgeometrie, des verwendeten Kunststoffs, der Anspritzpositionen und der gewünschten Oberflächenqualität. Als Ergebnis zeigt sie eine auf Druck und Fließfronttemperatur optimierte Einspritzzeit, Schmelze- und Werkzeugtemperatur an (Bild 7.19).

7.5.1.4 Simulation des Füllvorgangs

Die Simulation der Füllung (Bild 7.20) ermittelt das zeitbezogene Füllbild, zeigt den Fluss der Kunststoffschmelze, die Füllsicherheit, liefert eine Qualitätsprognose, zeigt Lufteinschlüsse und Bindenähte und bietet eine Zusammenfassung der Ergebnisse (Bild 7.21). Ein Ergebnisratgeber der Software hilft dem Anwender bei der Beurteilung der Ergebnisse und der Identifizierung kritischer Bereiche. Eine Wissensdatenbank, die über die Hilfefunktion zugänglich ist, gibt weitere Anleitungen zur Behebung der gefundenen Fehlerstellen.

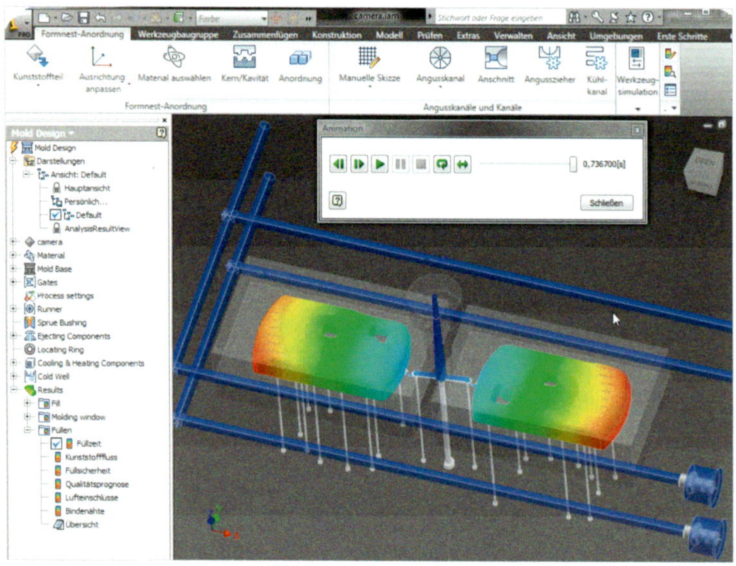

Bild 7.20: Simulation des Füllvorgangs (Quelle: Autodesk)

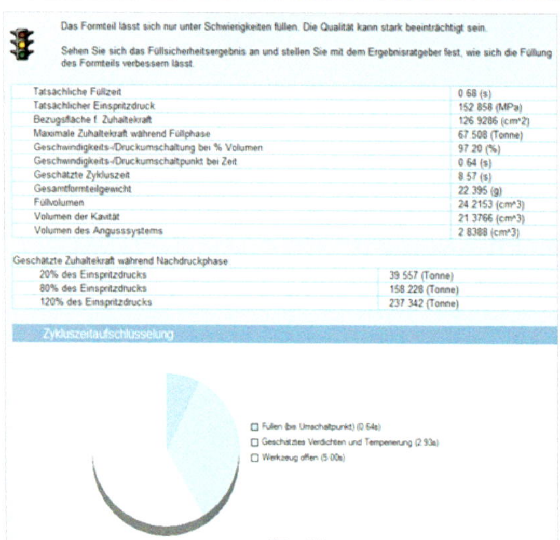

Das Formteil lässt sich nur unter Schwierigkeiten füllen. Die Qualität kann stark beeinträchtigt sein.

Sehen Sie sich das Füllsicherheitsergebnis an und stellen Sie mit dem Ergebnisratgeber fest, wie sich die Füllung des Formteils verbessern lässt.

Tatsächliche Füllzeit	0 68 (s)
Tatsächlicher Einspritzdruck	152 858 (MPa)
Bezugsfläche f. Zuhaltekraft	126 9286 (cm^2)
Maximale Zuhaltekraft während Füllphase	67 508 (Tonne)
Geschwindigkeits-/Druckumschaltung bei % Volumen	97 20 (%)
Geschwindigkeits-/Druckumschaltpunkt bei Zeit	0 64 (s)
Geschätzte Zykluszeit	8 57 (s)
Gesamtformteilgewicht	22 395 (g)
Füllvolumen	24 2153 (cm^3)
Volumen der Kavität	21 3766 (cm^3)
Volumen des Angusssystems	2 8388 (cm^3)

Geschätzte Zuhaltekraft während Nachdruckphase	
20% des Einspritzdrucks	39 557 (Tonne)
80% des Einspritzdrucks	158 228 (Tonne)
120% des Einspritzdrucks	237 342 (Tonne)

Zykluszeitaufschlüsselung

Bild 7.21: Spritzgusssimulation – Füllanalyse

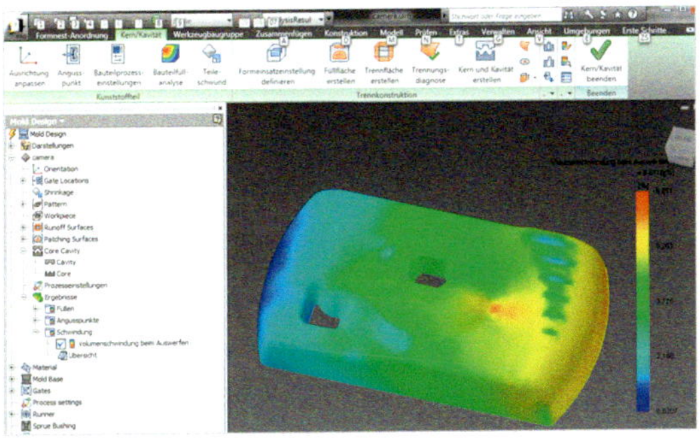

Bild 7.22:
Simulation der Schwindung
(Quelle: Autodesk)

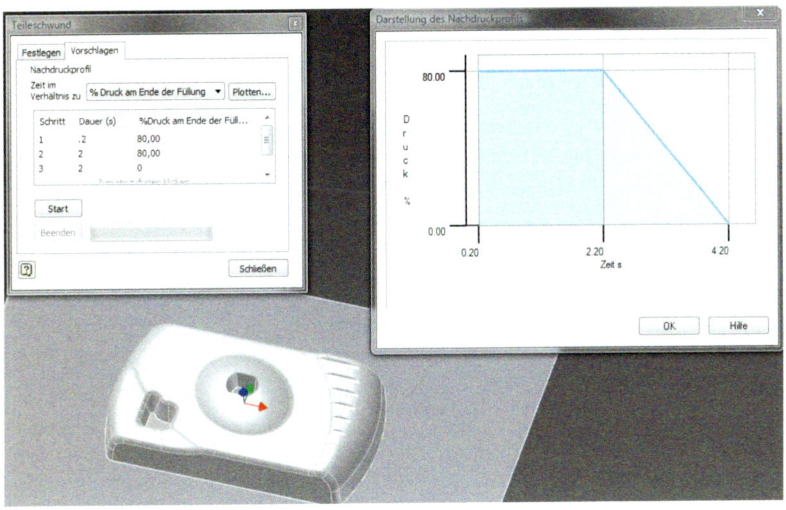

Bild 7.23:
Definition eines Nachdruckprofils zur Beeinflussung der Schwindung
(Quelle: Autodesk)

7.5.1.5 Simulation der Schwindung

Über eine Nachdruckanalyse berechnet die Software die unterschiedliche Schwindung in XYZ-Richtung. Den errechneten Wert kann der Konstrukteur als Werkzeugaufmaß (durch Skalierung des Bauteils) bei den Abmessungen des Bauteils berücksichtigen. Durch eine Veränderung des Nachdruckprofils (Bild 7.23) ist es möglich, die Schwindung zu beeinflussen.

Zusätzlich zu Einzelteilanalysen kann der Formenbauer den gesamten Werkzeugaufbau (Bild 7.20) auf seine Füllbarkeit prüfen. Die Kavitäten und das Angusssystem leitet die Simulation direkt aus der Werkzeugkonstruktion ab und bereitet sie für die Berechnung auf. Füllzeit, Druck und Schließkraft gibt sie werkzeugbezogen aus.

7.5.1.6 Datenexport

Das Modell und die Ergebnisse können zu den bereits erwähnten, weiterführenden Expertensystemen Autodesk Moldflow Adviser (AMA) und Autodesk Moldflow Insight (AMI) exportiert werden. Einen Überblick über diese Systeme gibt der nachfolgende Abschnitt 7.5.2, Simulation für Experten.

Autodesk Moldflow Adviser eignet sich für einfache bis mittelkomplexe Formteile und bietet einige Funktionen an, die in AutoCAD Inventor Tooling Suite nicht enthalten sind, beispielsweise die Simulation von Kühlung, Faserorientierung bei faserverstärkten Materialien und Verzug.

Noch weiter geht das Paket Autodesk Moldflow Insight, das auch Sonderverfahren wie Zwei-Komponenten-Spritzguss, die Berechnung der Doppelbrechung optischer Linsen oder die Simulation reaktiver Materialien ermöglicht.

7.5.2 Simulation für Experten

Das Spritzgussverfahren ist ein hochkomplexer Prozess, bei dem schon kleinste Änderungen an Zeit-, Temperatur- und Druckvariablen weitreichende Auswirkungen haben können. Formteilfehler, die erst in der Fertigung erkannt werden, ziehen Produktionsverzögerungen nach sich, kosten viel Zeit und Geld und erfordern schlimmstenfalls sogar die vollständige Neuentwicklung eines Werkzeugs.

Für jede Anwendung kommen gut sechs bis zehn aus Tausenden von Kunststoffen infrage. Wie findet man heraus, welches Material hinsichtlich Kosten, Fertigung, Recycling-Fähigkeit und Umweltverträglichkeit am besten geeignet ist?

7.5.2.1 Optimierung des digitalen Prototyps

Entwicklungsteams sind heute mehr denn je auf verschiedene geografische Standorte verteilt. Sie arbeiten an einem virtuellen Prototyp, denn der Bau physischer Prototypen und langwierige Laborversuche wären zu aufwendig und zu teuer. Die Simulation bietet die Möglichkeit, den digitalen Prototyp für die Fertigung zu optimieren. Software-Lösungen helfen den Konstrukteuren, zu untersuchen, wie Änderungen der Wandstärke, der Angusspositionen oder der verwendeten Materialien die Herstellbarkeit und Funktionstauglichkeit der Formteile beeinflussen. Sie ermöglichen die Optimierung der Anschnitte, Angusskanäle und Kavitäten und ermitteln im Vorfeld die Anforderungen an die Spritzgussmaschine hinsichtlich Schließkraft, Spritzvolumen und Zykluszeiten.

Die Voraussetzung für korrekte Simulationsergebnisse ist eine präzise Darstellung der Teilegeometrie im digitalen Prototyp. Die Moldflow-Lösungen von Autodesk enthalten daher zwei Netzmodelloptionen, die eine Analyse der gängigen Teilegeometrien erlauben.

Die bewährte Analyse auf Basis eines Tetraeder-FEM-Netzmodells eignet sich für die 3D-Simulation komplexer Geometrien, beispielsweise von elektrischen Steckern, dickwandigen und kompakten Komponenten sowie Geometrien mit großen Wandstärkenunterschieden. Für die Untersuchung von Volumenmodellen mit dünnwandigen Teilen bietet Autodesk die patentierte Dual-Domain-Technologie an. Bei dieser Methode können die Anwender direkt mit den dreidimensionalen CAD-Volumenmodellen arbeiten, ohne ein FEM-Analysemodell erstellen zu müssen. Sie vereinfacht so die Analyse mehrerer Konstruktionsvarianten und die Untersuchung von Details.

Beim Modellimport durchsucht Moldflow die Geometrie, erkennt und behebt eventuell gefundene Fehler automatisch. Die Moldflow-Lösungen können anschließend das Fließverhalten der Kunststoffschmelze simulieren. Auf diese Weise lassen sich bereits in einer sehr frühen Phase der Produktentwicklung – wenn Änderungen am effektivsten sind und die geringsten Kosten verursachen – potenzielle Fertigungsprobleme ausschließen oder Bauteilformen optimieren.

Mit Moldflow findet der Formenbauer durch Simulation der Füllung (Bild 7.24) beispielsweise Fehlerquellen an seinem Bauteil wie Bindenähte, Lufteinschlüsse oder Einfallstellen heraus und kann entsprechend nachbessern. Durch Optimierung des Nachdruckprofils und Visualisierung der Volumenschwindung kann er den Teileverzug und Mängel wie Einfallstellen vermeiden. Die Software ermöglicht es, alle Arten von Heiß- und Kaltkanalsystemen und Anschnittkonfigurationen zu modellieren und zu optimieren. Die Analyse der Angussposition ermittelt automatisch bis zu zehn Positionen gleichzeitig und bestimmt die Mindestanforderungen für den Einspritzdruck.

Ein Assistent für die Konstruktion von Angusskanälen unterstützt den Aufbau, die Größe und Art der Komponenten bei der Erstellung eines Angusssystems mit Angusskegel, Angusskanal und Anschnitt. Durch die automatische Balancierung des Angusssystems hilft Moldflow die Anpassung der Angussgeometrie anzupassen, um ein gleichmäßiges Fließverhalten in Mehrfachkavitäten bzw. Werkzeugfamilien zu erzielen.

Weitere Funktionen ermöglichen die Analyse und Optimierung von Heißkanalsystemen oder die Analyse und Steuerung der Faserorientierung in fasergefüllten Kunststoffen sowie die Verringerung der Schwindung.

Bild 7.24: Simulation der Formfüllung (Quelle: Autodesk)

7.5.2.2 Kühlung, Schwund, Verzug

Mit Moldflow entwickelt der Formenbauer optimal ausgelegte Kühlsysteme, verbessert so die Oberflächenqualität, minimiert den Teileverzug und verkürzt die Zykluszeiten. Die Verzugsanalyse zeigt ihm, an welchen Stellen im Formteil Verzug auftreten kann. Anschließend kann er die Konstruktion und Materialwahl des Formteils optimieren, um Verformungen bei der Fertigung zu verhindern. Die große Materialdatenbank von Autodesk Moldflow enthält die notwendigen Informationen zum Einsatz des Materials beim Spritzguss und erleichtert die Auswahl.

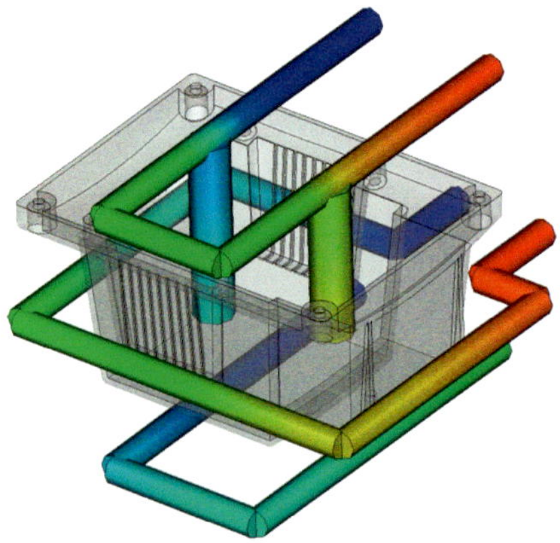

Bild 7.25: Auslegung der Kühlung (Quelle: Autodesk)

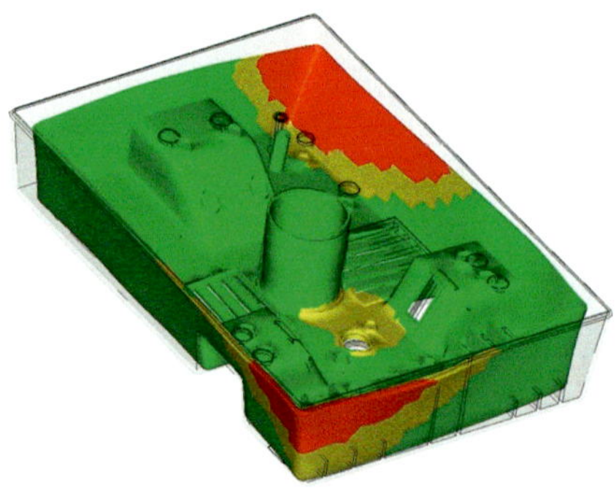

Bild 7.26: Analyse von Schwindung und Verzug (Quelle: Autodesk)

Die Simulation zeigt grafisch, an welchen Stellen wie viel Schwund und Verzug zu erwarten ist, z. B. Verzug aufgrund von ungleichmäßigen Wandstärken, ungleichmäßiger Abkühlung wegen Metalleinlagen, ungünstigem Füllvorgang usw. So kann der Formenbauer den Verzug durch geschicktes Ändern von geometrischen oder Materialparametern kompensieren (Bild 7.26).

Die Moldflow-Produkte liefern Werte zum Energieverbrauch, aus denen der Energiebedarf zur Erstellung eines Formteils unter Berücksichtigung des Spritzdrucks, der Kühlzeit, der Geometrie und Wanddicke ermittelt werden kann. Mit diesen Informationen können Konstrukteure die Energieeffizienz im Fertigungsprozess erhöhen, Kosten senken und eine größtmögliche Umweltverträglichkeit gewährleisten.

7.5.2.3 Autodesk Moldflow Insight

Das Paket Autodesk Moldflow Insight ist das umfassende Moldflow-Paket für Experten, die höchste Ansprüche an die Simulation von Spritzgussprozessen stellen, mit komplexen Teilen und Fertigungsverfahren. Es ist für nahezu jeden Spritzgussprozess und jede moderne Prozessanwendung geeignet, einschließlich Gasinnendruck-, Mehrkomponenten- und Spritzpräge-Verfahren.

Moldflow Insight ermöglicht beispielsweise die Simulation des „Rapid Heat Cycle Molding (RHCM)"-Prozesses. Dabei sind in der Füllphase höhere Temperaturen erforderlich, um eine glatte Oberfläche zu erzielen. In der Nachdruck- und Kühlphase kann die Temperatur dann gesenkt werden. Moldflow Insight erlaubt es u. a. auch, die Doppelbrechung bei optischen Linsen vorherzubestimmen.

Neben den Thermoplast-Spritzgussverfahren kann Moldflow Insight zur Simulation gängiger Duroplast-Prozesse herangezogen werden, etwa für das Duroplast-Spritzgießen, für reaktive und strukturelle Spritzgussverfahren (RIM/SRIM) oder das Harzinjektionsverfahren für faserverstärkte Kunststoffe.

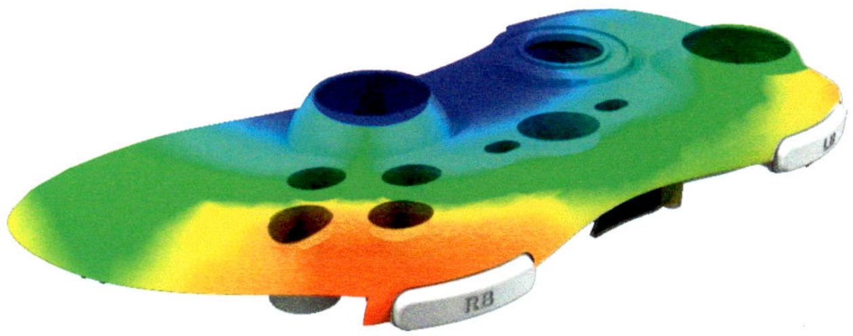

Bild 7.27:
Moldflow Insight zeigt u. a. die Auswirkung von Einlegeteilen und des 2-Komponenten-Spritzgussprozesses auf das Fließverhalten der Schmelze, die Kühlungsrate und den möglichen Teileverzug (Quelle: Autodesk).

7.5.2.4 Anwenderbeispiel

In der Produktion des Automobilzulieferers *Hella* spielen Kunststoffteile eine große Rolle. Die Scheinwerfer und Heckleuchten der Firma bestehen fast ausschließlich aus Kunststoffelementen. Auch bei elektronischen Komponenten und Steuergeräten, Gaspedalen oder Sensoren sind viele Kunststoffteile zu finden. Unterschiedlichste Funktionsbereiche des jeweiligen Produkts sowie Teileabmessungen von 12 bis 700 Millimeter ergeben ein breites Spektrum von Anforderungen an die verwendeten Kunststoffe. Sichtbare Teile in Scheinwerfern müssen z. B. hohen optischen Ansprüchen gerecht werden. Hinzu kommen die hohen Anforderungen der Automobilhersteller an die Funktionalität, Qualität und kürzer werdende Entwicklungszeiten. Die spritzgussgerechte Konstruktion ist deshalb eine schwierige Aufgabe, die selbst mit Erfahrung nicht sofort zum optimalen Ergebnis führt. Iterative Verfahren zur Optimierung durch reale Werkzeugänderungen sind sowohl vom zeitlichen als auch vom wirtschaftlichen Aspekt her gesehen ungünstig, sodass die Möglichkeiten der Simulation verstärkt zur Anwendung kommen sollten. Im Jahr 2005 führte Hella deshalb Moldflow ein. Heute arbeiten die Entwicklungsabteilungen weltweit mit der Simulationssoftware.

Die Anwender vertrauen den Moldflow-Ergebnissen sehr stark. Ohne Moldflow-Analyse gibt es bei Hella inzwischen keine Konstruktionsfreigabe mehr. Die problemlose Herstellung muss sichergestellt sein und dabei spielen die Moldflow-Ergebnisse eine entscheidende Rolle. Der Nutzen von Moldflow ist enorm. Die Anzahl von Werkzeugänderungen ist kleiner geworden. Durch die frühzeitige Absicherung der Konstruktionen verkürzten sich die Entwicklungszeiten und Produktzyklen. [13]

Bild 7.28:
Upgrade-Heckleuchte in LED-Lichttechnik für den Volkswagen Golf V: Den Spritzgussprozess der Kunststoffteile simuliert und optimiert Hella in der Entwicklungsphase mit Moldflow (Quelle: Hella).

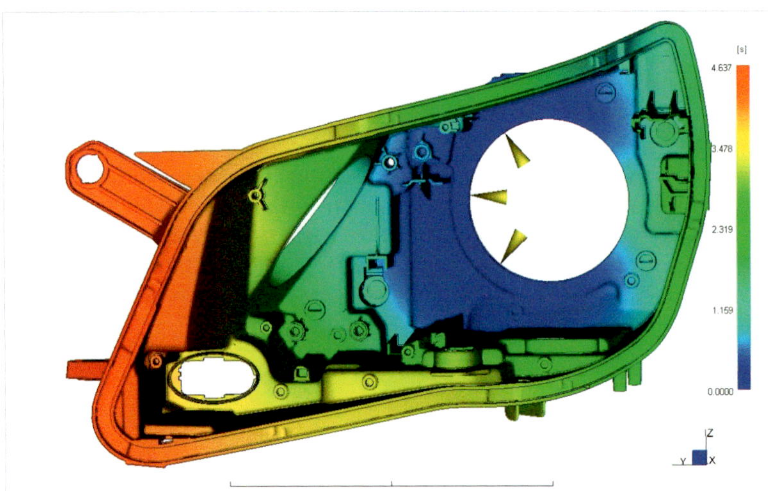

Bild 7.29:
Untersuchung der Gleichmäßigkeit des Füllungsverlaufs und des Druckbedarfs durch Moldflow (Quelle: Hella)

8 Visualisierung

Konstrukteure, die einmal den Umgang mit einem leistungsfähigen 3D-System gelernt haben, wollen die moderne Technik nicht mehr missen. Junge Anwender, die in der Ausbildung bereits die 3D-Konstruktion erlernen und kaum mehr in 2D arbeiten, haben sogar Schwierigkeiten, in orthogonalen Projektionen zu denken, wie das die Zeichner am Brett und die 2D-CAD-Anwender jahrzehntelang gewohnt waren. Mancher altgediente Recke, der sich seine ersten Sporen noch am Brett verdient hat, mag das als Verlust und mangelhaftes Training der räumlichen Vorstellung ansehen. Aber die neue Technologie bringt neben der besseren Verständlichkeit weitere Vorteile mit sich.

Die Leistungsdichte moderner Maschinen muss immer höher werden. Innovationen im Maschinen- und Anlagenbau bestehen heute oft darin, bei gleicher Leistungsfähigkeit und Funktionalität kompakter zu bauen. Nur mit einem 3D-System lassen sich die Bauräume effizient optimieren, immer enger und kleiner gestalten, die letzten Millimeter herausholen. Die perfekte 3D-Visualisierung hilft, Fehler zu vermeiden, die in der 2D-Konstruktion fast unvermeidlich waren und früher erst beim Bau eines Prototyps ausgeräumt wurden. Heute lassen sich Ungereimtheiten schon am virtuellen Prototyp beseitigen. Konferenzen, an denen oft viele Mitarbeiter einschließlich der Geschäftsleitung über Stunden teilnehmen, kommen schneller zu Ergebnissen, wenn alle Beteiligten sich etwas vorstellen können. Die 3D-Visualisierung oder sogar eine Animation ist darüber hinaus eine unschätzbare Hilfe, teilweise sogar Voraussetzung, um überhaupt im Rennen um wichtige Aufträge zu bleiben.

Konferenzen kommen schneller zum Ergebnis, Aufträge werden schneller erteilt.

Bild 8.1: Fotorealistische Visualisierung eines virtuellen Radladers (Quelle: Engineering Center LTD)

8.1 Darstellungen in der Konstruktion

CAD-Konstrukteure arbeiten mit den verschiedenen 3D-Darstellungsmöglichkeiten, die ihr jeweiliges System bietet: Das sind vor allem die schattierten Darstellungen von Körpern und Baugruppen, Kantendarstellung mit Ausblendung der verdeckten Kanten und mit Oberflächenfarben, die sich aus den Material-Einstellungen ergeben. Wahlweise stellt der Konstrukteur auf die Präsentation als Drahtmodell um, wenn er sich damit schnell einen besseren Überblick über verdeckte Details verschaffen kann, blendet Schatten ein oder schaltet inaktive Bauteile und Baugruppen transparent (Bild 8.2). Alternativ hat er meist die Möglichkeit, einzelne Komponenten über die Materialdefinition transparent darzustellen oder im Modellbrowser in der Baugruppenansicht die Darstellung von Komponenten oder Bauteilen zu unterdrücken. Temporäre Schnitte durch eine Baugruppe mithilfe der Schnittbefehle im Baugruppenmenü dienen ebenfalls dazu, dem Betrachter oder Konstrukteur während seiner Arbeit einen Einblick in komplizierte Einbauverhältnisse bei Baugruppen zu verschaffen. Mit wenig Aufwand kann der Konstrukteur komplexe Schnittverläufe in den 2D-Zeichnungsableitungen seiner Modelle anlegen, um verdeckte Details für die Fertigung oder Montage zu visualisieren.

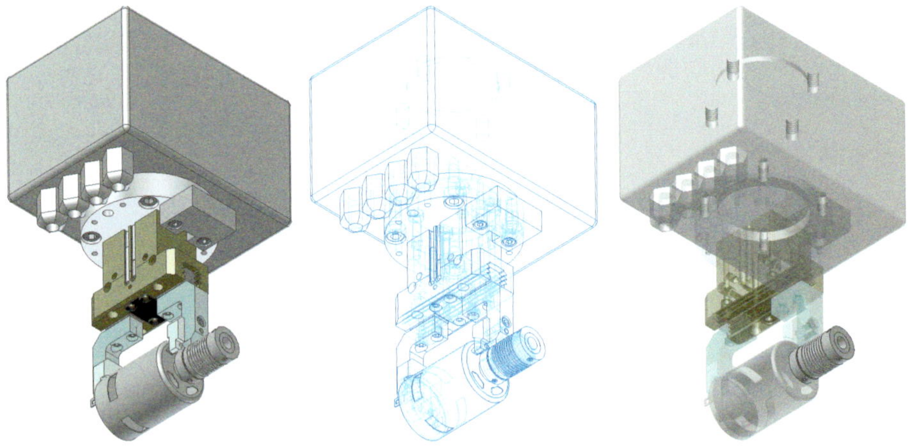

Bild 8.2: Darstellungsformen in der CAD-Konstruktion: schattiert, Drahtmodell oder transparent (Quelle: Autodesk)

8.2 Rendering

Von diesen Darstellungsfunktionen sind es nur noch wenige Schritte zu fotorealistischen Renderings oder sogar Animationen, um die Visualisierungsqualität von Produkten und Bauteilen noch um eine Stufe anzuheben und professionelle Ansprüche zu befriedigen. Die Werkzeuge für die Erstellung perfekter Bilder stehen an den meisten CAD-Arbeitsplätzen zur Verfügung. Allerdings fehlt im Konstruktionsalltag meist die Zeit, sich mit den Rendering-Funktionen zu beschäftigen, und die

Marketing-Kollegen, die solche Bilder dringend brauchen, haben in der Regel keinen Zugang zu den CAD-Workstations oder keine ausreichenden Kenntnisse. Dabei lassen sich einfache und wirkungsvolle Renderings mit wenig Extraaufwand nahezu auf Knopfdruck erzeugen.

Der Bedarf an guten, realistisch wirkenden Abbildungen der virtuellen Prototypen ist groß. Gerade die Marketing- und Vertriebsabteilung braucht im Vorfeld, bevor das Produkt gebaut ist, bereits gute Bilder für Kundentermine und Marketingbroschüren, um die Akquise und Verkaufsgespräche zu unterstützen. Fotos des realen Produkts, die auf dem Werksgelände geschossen werden, kommen zu spät. Zu diesem Zeitpunkt soll das Produkt längst schon verkauft und auf dem Weg zum Kunden sein und nicht auf dem Hof herumstehen. Im Sondermaschinenbau musste der Verkäufer früher eine Maschine anhand von technischen Zeichnungen an den Mann bringen. Mit einer 3D-CAD-Konstruktion ist der Kunde schon wesentlich besser bedient und mit Renderings oder gar einer Animation hat er den Eindruck, seine Maschine existiert bereits in der Realität. Er kann sie sich präzise vorstellen und alle wichtigen Details betrachten. Darüber hinaus transportiert die Qualität der Bilder das Image einer Firma, die Qualitätsdenken in allen Bereichen pflegt.

Die weitere Nutzung der Abbildungen des virtuellen Produkts in Montageanleitungen und Servicehandbüchern bietet sich an, damit diese produktbegleitenden Dokumente nicht nur rechtzeitig mit dem Produkt dem Kunden oder Partner übergeben werden können, sondern durch gute Abbildungen leicht verständlich sind und sich möglicherweise positiv vom Wettbewerb abheben.

Was unterscheidet nun ein fotorealistisches Rendering von den schattierten Bildern, die jeder CAD-Anwender von seinen Konstruktionen erzeugt? Es sind die Eigenschaften und Funktionsbereiche, die zunächst kurz mit den Begriffen

- Oberflächen
- Beleuchtungen
- Szenen und
- Kameras

überschrieben sind. Das sind Begriffe, die man sonst eher in einem Foto- oder Filmstudio vernimmt.

8.3 Rendering für Einsteiger

Hinter jedem der genannten Fotografie-Begriffe verbirgt sich eine Vielzahl von Funktionen, Optionen und Einstellungen, die dem Profi die Möglichkeit bieten, visuelle Effekte zu nutzen, um das virtuelle Produkt realistisch und besonders wirkungsvoll zu präsentieren. Wie man es bei aktuellen Fotoapparaten gewohnt ist, gibt es auch im CAD-System in der Regel Standardeinstellungen, mit denen der Gelegenheitsanwender schnell zu passablen Bildern kommt, deren Qualität sich von simplen schattierten Screenshots abhebt. Bereits mit den Voreinstellungen oder mit geringfügigen Anpassungen für die Beleuchtung und reflektierende Basisebene liefert die Rendering-Software Bilder, die um vieles lebendiger und realistischer erscheinen.

Bild 8.3 demonstriert das am Beispiel von Inventor: Oben ist das einfach schattierte Bauteil zusehen, wie es die CAD-Konstruktion liefert. Nach der Auswahl der Renderingfunktion „Inventor Studio" liefert ein Klick auf „Bild rendern" zunächst das Fenster (Bild 8.3 Mitte) mit den aktuellen Voreinstellungen. Sofern der Anwender damit zufrieden ist oder die Optionen im Detail nicht kennt, ist ein Rendering des Bauteils mit einem weiteren Klick ohne Veränderung der Parameter sofort möglich. Die Voreinstellungen liefern dann ein Bild mit

- einer Größe von 640 x 480 Pixeln
- der aktuellen Perspektive, solange keine alternative Kameraposition festgelegt ist
- der voreingestellten Beleuchtung
- dem aktuellen Hintergrund und
- einer lebendigen, fotorealistischen Aufnahme (Bild 8.3 unten).

Das Inventor-Beispiel in Bild 8.4 zeigt ebenfalls ein Standard-Rendering, allerdings wurden in diesem Fall Beleuchtungsstil und Szenenstil auf „Globale Beleuchtung" bzw. „XY-Grundebene reflektierend" geändert.

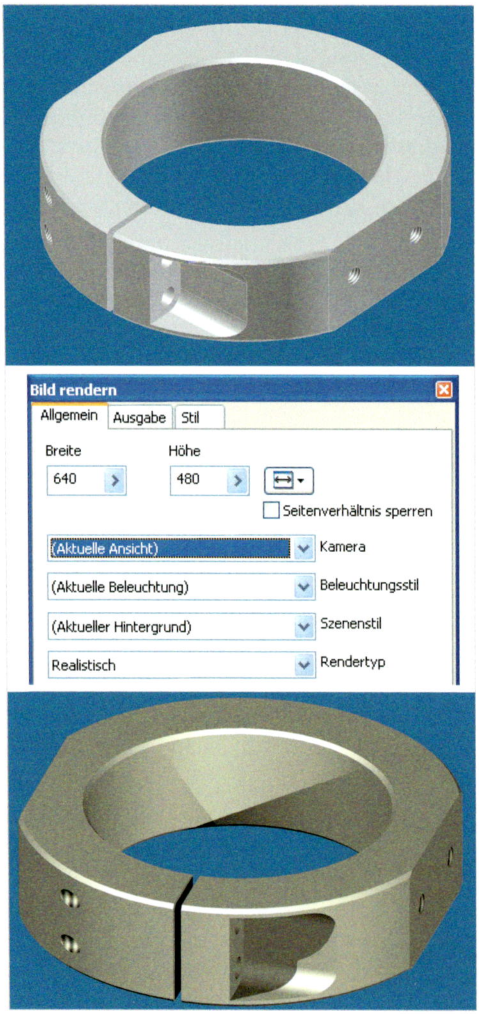

Bild 8.3:
Rendering mit Voreinstellungen auf Knopfdruck (unten), oben die schattierte Konstruktion

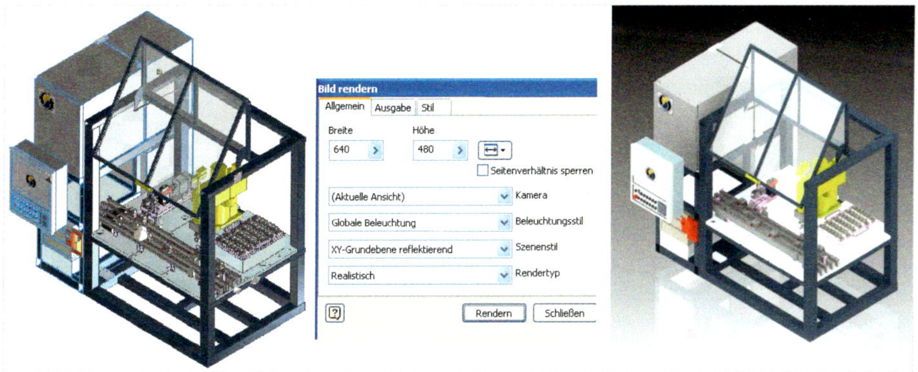

Bild 8.4:
Rendering mit Voreinstellungen auf Knopfdruck (rechts), links die schattierte Konstruktion (Quelle: Autodesk)

8.4 Rendering für Fortgeschrittene

Im Folgenden geht es darum, weitere Parameter der Software zu nutzen und anzupassen, um wirkungsvollere Bilder zu erzeugen.

8.4.1 Bildgröße

Die Anforderungen an die Größe und Auflösung der Bilder für die Darstellung am Bildschirm, auf Webseiten oder im Druck, beispielsweise von Bedienungsanleitungen oder Marketingbroschüren, sind sehr unterschiedlich. In der Regel wird für den Druck eine Auflösung von 300 dots/inch oder 118 Pixel/Zentimeter gefordert. Das bedeutet: Ein Bild mit 640 x 480 Pixeln, das am Bildschirm fast die Größe einer A5-Seite einnimmt (bei üblicher Bildschirmauflösung und -größe), ergäbe im Druck ein Bild von maximal 5,4 x 4 Zentimetern. Das ist vergleichsweise winzig, gerade halb so groß wie eine Kreditkarte. Ein Bild, das im Druck eine halbe A4-Seite füllen soll, muss deshalb eine Auflösung von rund 2.500 x 1.800 Pixel besitzen. Ein Titelbild (volle A4-Seite) verlangt ca. 2.500 x 3.600 Pixel.

Tipp: Für die Weiterverarbeitung von Bildern sollten JPG-Bildformate immer mit dem höchsten Qualitätsfaktor (100) abgespeichert werden. JPG-Bilder, die mit niedrigerer Qualität abgelegt werden, ergeben zwar kleinere Dateien, „grieseln“ aber an Kanten und Linien und sind deshalb für die Wiedergabe und weitere Verwendung in Druckmedien nur bedingt geeignet. Bitmap-Formate (BMP, TIF) erzeugen große Dateien, „grieseln“ nicht und lassen sich beispielsweise mit Winzip sehr gut komprimieren. TIF-Dateien werden mit der LZW-Komprimierung (wählbare Option beim Abspeichern in Grafikprogrammen) sehr effizient verkleinert.

8.4.2 Beleuchtung

Die Namen der auswählbaren Beleuchtungsarten (bei Inventor „Beleuchtungsstile" genannt) erklären sich zum großen Teil selbst. Das Bild 8.5 zeigt drei Beleuchtungsstile beispielhaft: globale Beleuchtung, Schreibtischlicht, Sicherheitsbeleuchtung.

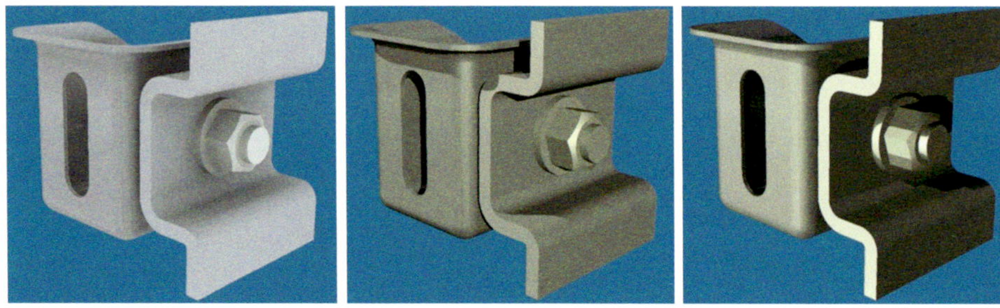

Bild 8.5: Beispiele für Beleuchtung bei Inventor: „Globale Beleuchtung" (links), „Schreibtisch-Beleuchtung" (Mitte), „Sicherheitsbeleuchtung" (rechts)

8.4.3 Szenen

Die Inventor-Rendering-Software bietet diverse Hintergründe sowie reflektierende und nicht reflektierende Raumebenen an, die entweder Schatten oder Spiegelungen zur Verstärkung der räumlichen Wirkung wiedergeben. Bild 8.6 zeigt einen „Sternenfeld"-Hintergrund (links) und eine Darstellung mit einer reflektierenden XY-Grundebene, die unterhalb des Bauteils angeordnet ist, um das gesamte Bauteil zu spiegeln (rechts). Schatten- oder Spiegelebenen können in allen Raumrichtungen und in einer frei definierbaren Entfernung vom Bauteil angeordnet werden. Das erfordert allerdings zusätzliche Eingaben und Einstellungen im Dialogfenster „Szenenstile".

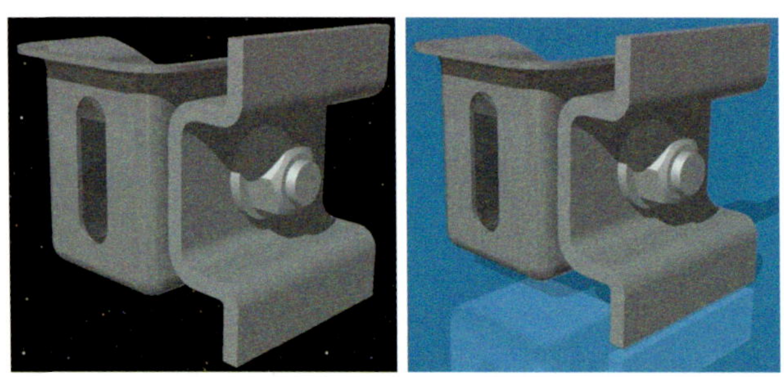

Bild 8.6: Beispiele für Szenenstile: links Sternenfeld-Szene, rechts XY-Grundebene reflektierend (Grundebene versetzt, knapp unterhalb des Bauteils)

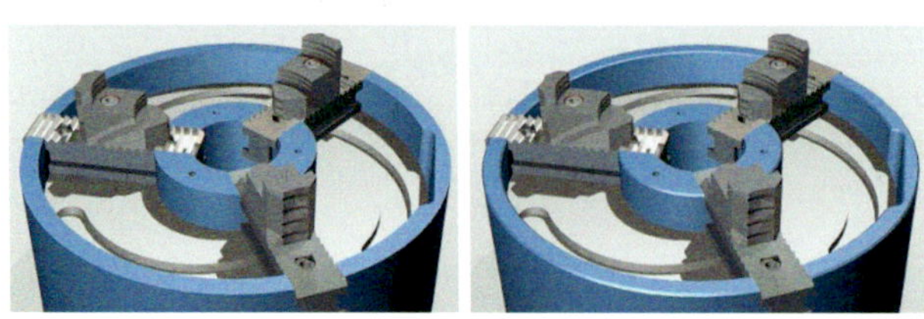

Bild 8.7: Lichtreflexe von Fasen (rechts) erhöhen die plastische Wirkung von Bauteilen

Tipp: Ein leichter Farbverlauf im Hintergrund erhöht die räumliche Wirkung der Darstellung. Hintergründe mit Farbverlauf sind vorhanden. Einfache Hintergründe beruhigen das Bild und lenken weniger vom Objekt ab.

Tipp: Lichtreflexe kleiner Fasen erhöhen die Plastizität der Objekte (Bild 8.7). Es empfiehlt sich, Fasen in den Konstruktionsdaten einzuführen, eventuell am Modell zusätzliche Fasen anzubringen, wenn die Bauteile das zulassen.

8.4.4 Rendertyp

Inventor Studio bietet alternativ zum voreingestellten fotografischen Rendertyp „realistisch" die Option „Illustration", mit einer Darstellung, wie sie ein Grafiker ausführen würde (Bild 8.8). Die Gestaltungsvariante „Illustration" entspricht einer reduzierten und technischen Darstellung, die man von Bedienungsanleitungen oder technischen Handbüchern kennt.

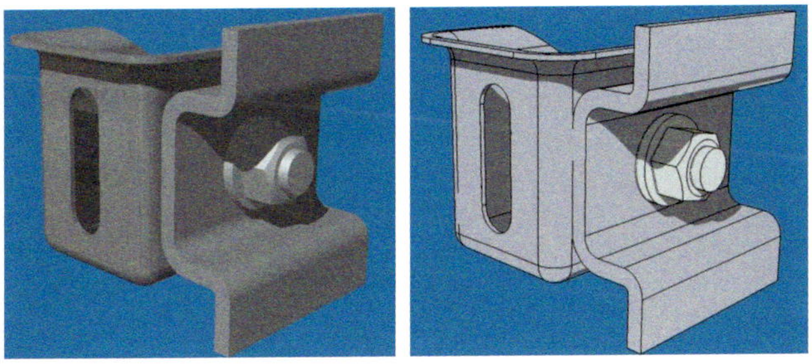

Bild 8.8:
Rendertyp: links „realistisch" - rechts „Illustration"

8.4.5 Antialiasing und illustrative Darstellung

Weitere Einstellmöglichkeiten bietet die Rendering-Software, um Formate wie BMP, JPG, PNG, GIF oder TIFF und Antialiasing für die Ausgabe einzustellen. Antialiasing ist eine Technik zur Vermeidung des Treppeneffektes bei Kurven und diagonalen Linien, der durch die begrenzte Auflösung und die einzelnen Pixel am Ausgabegerät entsteht. Sofern der Rendertyp „Illustration" gewählt wurde, findet der Anwender Einstellmöglichkeiten für Farben und Kantenlinien der illustrativen Darstellung des Objektes (Bild 8.8 rechts).

8.5 Visualisierung für Profis

In diesem Abschnitt wollen wir noch weitere Details der Oberflächeneigenschaften und Beleuchtung betrachten.

8.5.1 Oberflächen

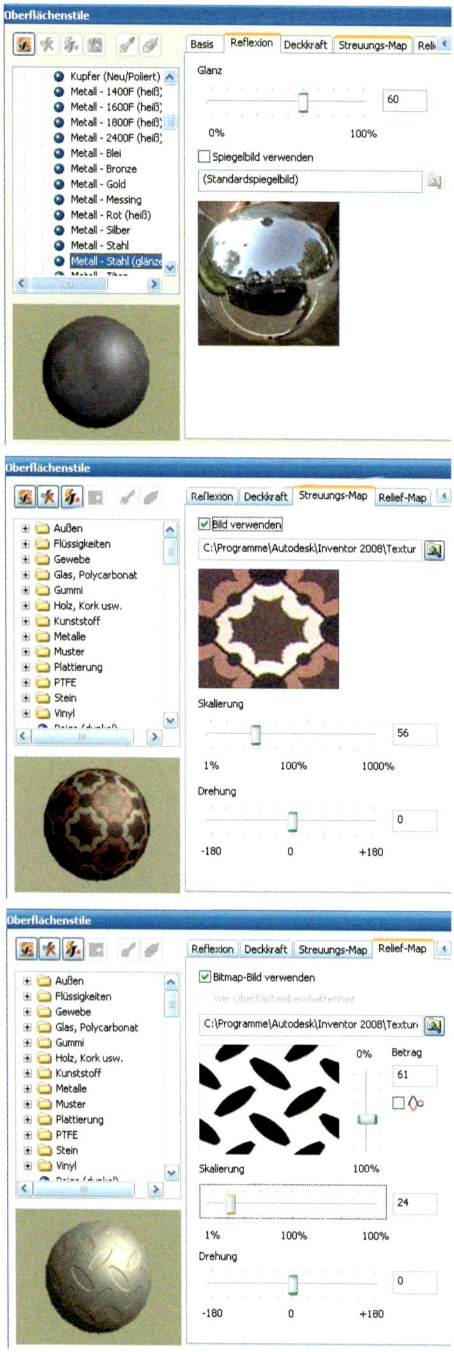

Bild 8.9:
Festlegung der Eigenschaften von Oberflächen: Reflexion (oben), Streuung (Mitte), Reliefs (unten)

In der Oberflächenbibliothek der Rendering-Software sind die wichtigen Materialien und Materialstile bereits hinterlegt. Falls es notwendig ist, können die einzelnen Parameter wie Farbwerte (gleichmäßig, diffus, spiegelnd, ausstrahlend), Reflexion mit wählbarem Spiegelbild, Deckkraft, Streuungs-Map (wählbare Muster) und Relief-Map (wählbare Oberflächenstrukturen) modifiziert oder neue Materialien erstellt werden (Bild 8.9).

8.5.2 Beleuchtung

Zum Erstellen oder zur Änderung einer oder mehrerer Lichtquellen in den Beleuchtungsdefinitionen bietet die Software ein Dialogfenster „Beleuchtungsstile“ an (ohne Bild). Der anspruchsvolle Anwender kann sich eine angepasste, objektspezifische Beleuchtung aus mehreren Lichtquellen zusammenstellen. Die aktuelle Beleuchtung wird im Modellbrowser angezeigt. Über die Registerkarten „Allgemein“, „Indirekt“, „Schatten“, „Position“ werden Umgebungslicht und Schatten bestimmt.

In der Beleuchtungsbibliothek sind bereits verschiedene Beleuchtungsszenen hinterlegt und stehen für Anwender, die keine Mühe auf eigene Beleuchtungen verwenden wollen, zum sofortigen Einsatz zur Verfügung.

Anspruchsvolle Anwender können in der Inventor-Software die Parameter der Beleuchtungsszenen selbst wählen, wie:

- Helligkeit (Intensität aller Lichter – funktioniert wie ein globaler Dimmer)
- Oberlicht (sorgt für eine einheitliche, richtungsunabhängige Szenenbeleuchtung, aktiviert auch indirektes Licht)

- Umgebungslicht (Intensität oder Stärke der Szenenbeleuchtung)
- Indirektes Licht (Aktivierung eines angenehmen indirekten Lichts für die globale Beleuchtung, das in der Szene von einem Objekt zum nächsten geworfen wird.)
- Schatten mit der Typ-Auswahl: ohne, harter, weicher Schatten, und Qualitätswahl: niedrige, mittlere und hohe Auflösung. Die Einstellung der Dichte steuert den Schatten zwischen hell und dunkel.
- Position der Beleuchtung (richtet Beleuchtung auf vorgegebene Grundebenen oder ausgewählte Arbeitsebenen aus.) Der Schieberegler „Skalieren" verringert oder verstärkt die Beleuchtung.

Innerhalb der Beleuchtungsszenen legt der Anwender die gewünschten Lichtquellen fest. Zu den Optionen gehören:

- Lichtquellen mit parallelen Lichtstrahlen einer bestimmten Richtung im Raum, wie sie von einer Lichtquelle kommen, die sich in unendlich großer Entfernung vom Betrachter befindet (Sonne)
- punktförmige Lichtquellen, die Licht in alle Richtungen abstrahlen (Glühbirne)
- punktförmige Lichtquellen, die Licht nur kegelförmig in eine bestimmte Richtung strahlen (Spots), etwa Scheinwerfer auf der Bühne, eine Taschenlampe
- weitere Parameter sind Intensität, Schatteneigenschaften, Richtung, bzw. für die punktförmige Lichtquelle: Position, Abnahme der Lichtintensität mit wachsendem Abstand und - für den Spot zusätzlich - der Zielpunkt.

8.5.3 Komponenten mit Eigenlicht

Eine besondere Funktion dient der Definition von Bauteilen, die selbst Licht abgeben, beispielsweise beleuchtete Schalter oder Kontrollleuchten (Bild 8.10). Diese

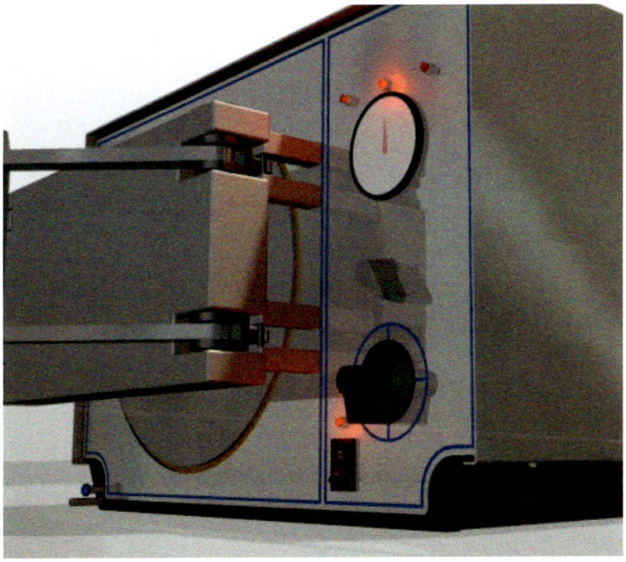

Bild 8.10: Darstellung von Komponenten mit Eigenlicht (Quelle: Autodesk)

Lichtquellen müssen bei einer Animation mit der Komponente oder der Baugruppe bewegt werden. Zu animieren sind die Lichtparameter: Ein/Aus-Schaltung, Position, Zielpunkt, Farbe und Intensität.

8.5.4 Weiche Schatten

Mit einem speziellen Lichtparameter definiert der Anwender eine virtuelle Kugel um das Objekt, die das Licht streut. Das Ergebnis sind weiche Schatten. Der Effekt entspricht dem Reflexschirm des Fotografen. Im Allgemeinen sollte die Größe der Kugel etwas über der Größe eines virtuellen Rahmens um die Baugruppe liegen.

8.5.5 Beleuchtungshinweise

Tipp: Eine gute Beleuchtung erfordert immer mehrere Lichtquellen (wenigstens drei), um Schlagschatten und dunkle, schlecht erkennbare Konturen zu vermeiden.

Dieses Beleuchtungsprinzip der Dreifachbeleuchtung für Bilder von Einzelobjekten, von Produkten oder auch Porträts in der Fotografie soll hier mit einer bewährten Lichtkonfiguration konkret ausgeführt werden:

1. Das Hauptlicht ist das hellste Licht und leuchtet den Großteil der Szene aus (Bild 8.11).
2. Das Fülllicht erhellt dunkle, vom Hauptlicht nicht beleuchtete Bereiche, vermeidet dunkle Schatten und zu starken Kontrast (Bild 8.12).
3. Das Hintergrundlicht beleuchtet den Hintergrund und hilft, das Objekt vom Hintergrund abzuheben. Es verstärkt so die räumliche Tiefe und räumliche Wirkung der Szene (Bild 8.12 unten).

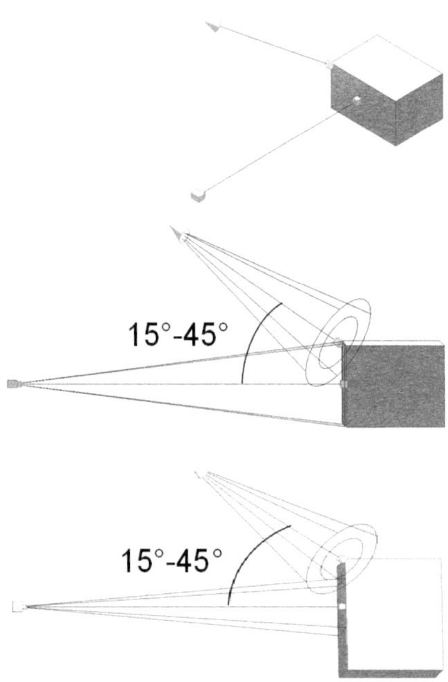

Bild 8.11: Dreifach-Beleuchtung. Der Quader im Bild steht für die Szene. Oben: Das Hauptlicht kommt seitlich links von schräg oben, Mitte: Seitenansicht, unten: Draufsicht.

Tipp: Um die Wirkung der Beleuchtung zu erkennen, empfiehlt es sich im Allgemeinen, mit dem Aufbau der Beleuchtung im Dunkeln zu beginnen und sukzessive Lichtquellen zu addieren.

Als Hauptlicht bietet sich eine Lichtquelle vom Typ Spot an. Der Zielpunkt liegt in der Draufsicht, die Position ist ca. 15-45° seitlich zur Ansicht bzw. Kamera, in der Seitenansicht ca. 15-45° höher als die Ansicht bzw. Kamera. Die Intensität des Hauptlichts ist hoch. Das Hauptlicht alleine sollte bereits ein ansprechendes Rendering, mit guter Balance zwischen Hell- und Dunkelwerten und unterschiedlichen Grautönen in den Schatten, ergeben.

Das Fülllicht kann ebenfalls ein Licht vom Typ Spot sein. In der Draufsicht ist es dem Hauptlicht gegenüber liegend positioniert. Der Winkel ist seitlich kleiner gegenüber der Ansicht/Kamera als beim Hauptlicht, nicht symmetrisch. In der Seitenansicht steht es etwa auf der Höhe des Objekts (nicht höher als das Hauptlicht). Die Intensität soll ca. 50 Prozent (für stärkere Schatten ca. 25 Prozent) des Hauptlichtwerts betragen. Bei mehreren Fülllichtern gilt die Gesamtsumme der Intensitäten als Richtwert. Schatten werden beim Fülllicht meist nicht eingeschaltet. Für Reflexionen wird die Lichtfarbe des Fülllichts der Umgebungsfarbe angepasst.

Für das Hintergrundlicht soll ebenfalls der Typ Spot zum Einsatz kommen. Der Zielpunkt liegt in der Draufsicht, die Kameraposition liegt ca. 15-45° versetzt hinter dem Objekt, der Ansicht/Kamera gegenüberliegend, in der Seitenansicht über dem Objekt. Die Lichtintensität ist so zu wählen, dass die seitlichen Kanten des Objekts deutlich hervorgehoben werden. Schatten sind zu aktivieren.

Tipp: Zum Aufhellen empfiehlt es sich, Punktlicht ohne Lichtabnahme zu verwenden (simuliert eine realistischere Darstellung).

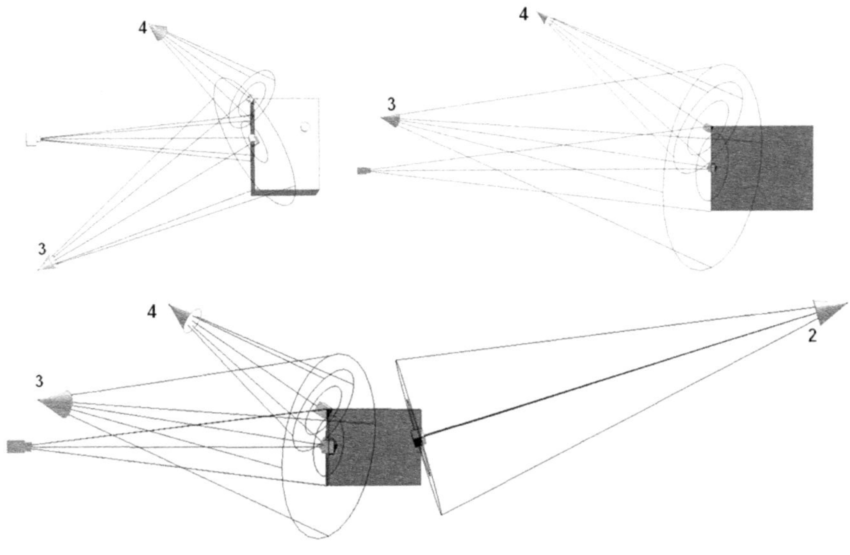

Bild 8.12: Dreifach-Beleuchtung. Das Fülllicht (3) kommt von der rechten Seite, oben links: Draufsicht, oben rechts: Seitenansicht, unten: Hintergrundlicht (2)

8.5.6 Kamera

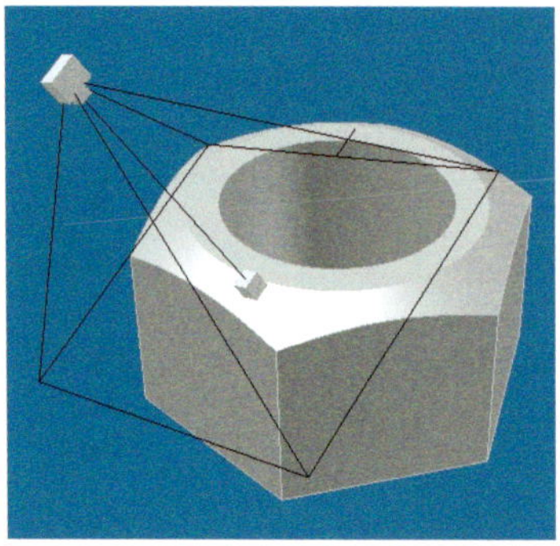

Bild 8.13:
Einstellung einer virtuellen Inventor Studio „Kamera“: Kameraposition (oben links), Zielpunkt (Mitte) und Zoomwinkel (schwarze Hilfslinien)

Im Zusammenhang mit der Rendering-Anwendung steht der Begriff „Kamera” für eine spezielle Einstellung einer Ansicht (Position, Richtung), die verschiedenen Aufgaben dienen kann:

- zum Aufruf einer vordefinierten Ansicht in einer Baugruppe
- um eine Ausrichtung innerhalb der Funktionen „Bild rendern“ oder „Animation rendern“ festzulegen
- zur Ausführung der Funktion „Kamera animieren”.

Kameraeinstellungen legt Inventor Studio im Modellbrowser ab, damit sind Ansichten und Animationen assoziativ mit dem Modell verbunden.

Mit der Funktion „Kamera” definiert der Anwender

- den Bezug (Zielpunkt)
- die Position der virtuellen Kamera
- die Art der Projektion (isometrisch oder perspektivisch)

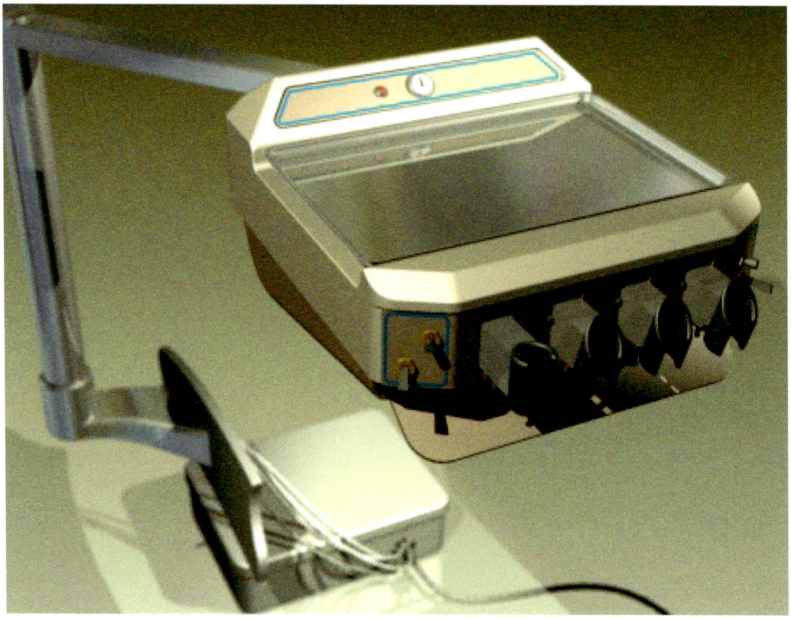

Bild 8.14:
Darstellung der Tiefenschärfe (Quelle: Autodesk)

- den Rollwinkel (Drehwinkel um die Kameraachse)
- den Zoom-Winkel
- die Tiefenschärfe (nur bei perspektivischer Projektion) zur Bestimmung eines Bereiches, in dem Objekte scharf dargestellt werden (Beispiel Bild 8.14). Die Einstellung erfolgt durch zwei Grenzwerte (nah und fern) oder durch einen Blendenwert und eine Fokusebene. Die Tiefenschärfe dient wie bei der Fotografie dazu, ein Objekt oder Detail besonders hervorzuheben. Durch eine Verknüpfung der Fokusebene mit dem Kamerazielpunkt (Bezug) lässt sich die Einstellung vereinfachen.

Tipp: Die Betrachtung sollte von links oben nach rechts unten erfolgen (das entspricht der gewohnten westlichen Leserichtung, vgl. Bild 8.13).

Tipp: Achten Sie bei gedrehten Ansichten darauf, dass vertikale Konturlinien exakt vertikal verlaufen. Das erwartet der Betrachter von einer präzisen Grafik, außerdem gibt es sonst unerwünschte Treppeneffekte.

8.5.7 Animation

Die einfachste Möglichkeit einer Animation bietet Inventor mithilfe der Orbit-Funktion (Drehen). Bei gleichzeitigem Drücken der Shift-Taste versetzt die Orbit-Funktion ein Bauteil oder eine Baugruppe in eine permanente Rotation bis zum nächsten Mausklick.

Eine weitere einfache und schnelle Methode stellt Inventor mit der Präsentationsansicht zur Verfügung: In eine neue .ipn-Datei lädt man eine Baugruppe und kann dabei manuell oder automatisch eine einfache Explosionsdarstellung erzeugen. Nun lässt sich entweder die automatische Explosion oder eine Explosion entlang manuell definierter Pfade animieren.

Eine frei definierte Animation liefert allerdings erst Inventor Studio. Das Dialogfenster „Inventor Studio“ stellt eine Reihe von Funktionen zur Verfügung, um Komponenten, Abhängigkeiten, veränderliche Parameter, Kamerapositionen, Positionsdarstellungen oder Beleuchtungen animiert darzustellen. Die erzeugten Animationen speichert Inventor Studio innerhalb der Baugruppen ab und verwaltet sie zusammen mit der Baugruppe im Modellbrowser. Dort sind sie jederzeit wieder zu finden und können zu einem späteren Zeitpunkt modifiziert und bearbeitet werden.

8.5.7.1 Komponenten animieren

Einfache, bewegte Szenen (Translation, Rotation) von Komponenten, deren Freiheitsgrade in der Baugruppe noch nicht verbaut sind, lassen sich mithilfe der Funktion „Komponenten animieren" erzeugen. Im Dialogfenster „Komponenten animieren" (Bild 8.15) legt der Anwender dafür die notwendigen Parameter fest.

In der Registerkarte „Animieren" sind dies die Angaben für

- die Zeit (Startseite, Endzeit oder Dauer der Szene)
- die Auswahl der zu animierenden Komponenten

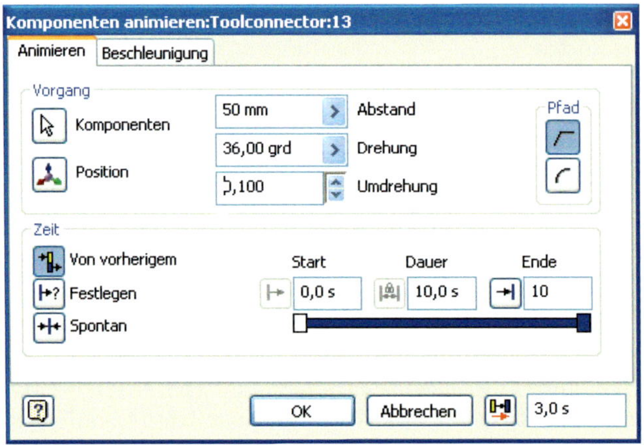

Bild 8.15:
Komponenten animieren

- die Position, mit Angabe von Abstand, Drehung, Umdrehung (in der Unterfunktion 3D-Verschieben/-Drehen wird die gewünschte Bewegung erzeugt)
- den Pfad, zur Festlegung, ob die Bewegung der Komponente als Polygon oder geglättete Kurve verwendet werden soll.

In der Registerkarte „Beschleunigung" wird das Geschwindigkeitsprofil festgelegt.

Mit einem Klick auf die Schaltfläche „Vorgang abschließen und neuen Vorgang starten" schließt der Anwender die aktuelle Definition ab.

Weitere Funktionen unterstützen die Animation von Komponenten beispielsweise entlang von 3D-Abhängigkeiten oder das Fading (Ein- und Ausblenden von animierten Komponenten).

8.5.7.2 Kamera animieren

Die Animation der Bewegung einer virtuellen Kamera erfolgt analog. In der Registerkarte „Animieren" (Bild 8.16) wählt der Anwender

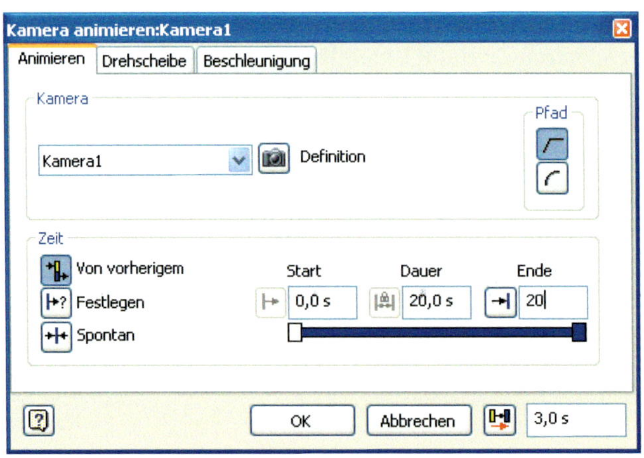

Bild 8.16:
Kamera animieren

- eine Kamera aus den vordefinierten Einstellungen
- Unter „Definition“ legt er Kameraparameter fest (Blickrichtung, Position).
- Mit der Option „Pfad“ (Bild 8.16) kann er eine Skizze für die Kamerafahrt vorgeben.

Eine Ablaufsteuerung unterstützt die Darstellung der Animationsvorgänge.

8.6 Design-Kommunikation

Viele Unternehmen sehen in der Formgebung ihrer Produkte heute eine strategische Aufgabe. In Märkten, in denen Produktfunktionen und Preise kaum mehr als Differenzierungsmerkmale wahrgenommen werden, gelten die emotionale Bindung an eine Marke, das „Markengesicht“, die Ästhetik der Form, Ergonomie und modische Trends als ausschlaggebende Gründe einer Kaufentscheidung. In diesen umkämpften Märkten stehen die Industriedesigner und Verantwortlichen in den Unternehmen permanent unter dem Druck, die Gestaltung ihrer Produkte weiterzuentwickeln, neue Trends frühzeitig zu erkennen oder zu prägen. Das gilt vor allem für Consumer-Produkte, die in großen Serien hergestellt werden sollen, wie Fahrzeuge, Elektronikprodukte, Elektro- und Haushaltsgeräte. Möglichst früh und parallel zur Festlegung der technischen Funktionen und Komponenten sollen die gestalterischen Gesichtspunkte und Elemente entwickelt und immer wieder mit den Verantwortlichen überprüft und diskutiert werden. Dabei geht es um

- die Optimierung der Produktergonomie
- die Bewertung und Auswahl von Farben und Materialien
- die Abstimmung, Beurteilung und Bewertung von Gestaltungsentwürfen und Formen
- die funktionale Überprüfung von Konstruktionen
- die Präsentation von Produkten vor Entscheidungsgremien oder in der Verkaufsphase
- die digitale Fotoproduktion ohne aufwendige Foto-Shootings vor Ort
- die Integration von Daten aus unterschiedlichen Systemen
- die After-Market-Aufgaben: Service, Instandhaltung, Dokumentation.

Diese Prozesse stellen hohe Ansprüche an die globale Design-Kommunikation, an die Visualisierung von Produktentwicklungen, ohne Einschränkungen durch die Entfernungen zwischen den Standorten der Entwickler oder durch unterschiedliche Datenformate. Im Vordergrund steht die Aufgabe, wichtige Entscheidungen, die sich auf die Gestaltung beziehen, zu beschleunigen und zu erleichtern. Eine ähnliche Aufgabenstellung gibt es im Anlagenbau, wo viele beteiligte Firmen und Gewerke zu integrieren sind (vgl. Abschnitt 5.4.3, Seite 120).

Am Beispiel von Autodesk Showcase werden nachfolgend wesentliche Funktionen dargestellt. Sie gliedern sich in die Bereiche: Vorbereitung von Produktvisualisierungen, Bearbeitung und Präsentation.

8.6.1 Multi-CAD-Unterstützung

In großen Projekten und internationalen Unternehmen kommen die unterschiedlichsten Systeme in der Produktentwicklung zum Einsatz. Showcase unterstützt deshalb nicht nur Modelldaten, die aus Autodesk-Systemen wie Inventor, AliasStudio oder anderen kommen. Mithilfe der Autodesk-Direkt-Connect-Konvertierungsprogramme importiert die Software standardmäßig Formate wie STEP, IGES, SGI Open Inventor, CSB, APF, STL, SolidWorks und ProENGINEER/Granite. Optional gibt es Unterstützung für weitere Formate wie JT, UGS NX, Catia V4 und V5 (Bild 8.17). Strukturinformationen über Layer, Material oder Hierarchie bleiben dabei erhalten. Showcase ordnet automatisch die Materialinformationen des CAD-Systems der passenden Showcase-Materialdefinition zu.

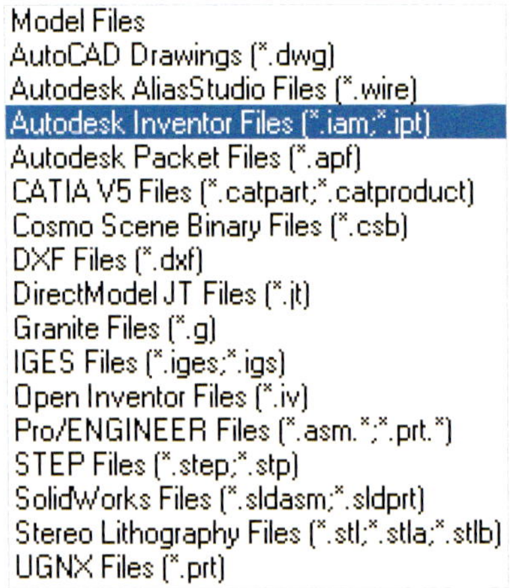

Bild 8.17:
Showcase versteht eine große Zahl von CAD-Formaten.

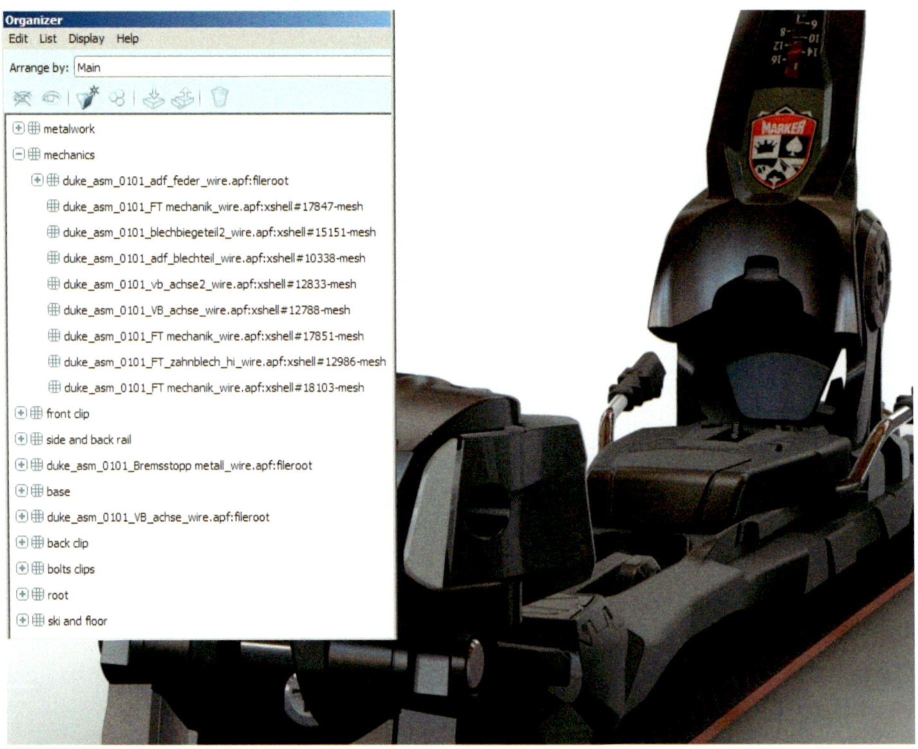

Bild 8.18:
Mit dem Showcase Organizer verwaltet der Anwender Baugruppenstukturen (Quelle: Genesis-design GmbH).

8.6.2 Daten organisieren

Mithilfe eines Strukturbrowsers für Baugruppendaten ist der Anwender in der Lage, Baugruppen neu zu organisieren, neu zu gruppieren oder umzubenennen. Die Software optimiert die 3D-Modelle für die Visualisierung und stellt sie intern als tesselierte Flächen (Flächen, die aus Dreieckselementen bestehen) dar, um die Ergebnisse in hoher Qualität und in Echtzeit-Frame-Raten (Bildraten, Bildgeschwindigkeit) zu präsentieren. Anpassbare Tesselierungsregeln ermöglichen dem Benutzer eine Umstrukturierung des Modells für die Visualisierung.

8.6.3 Realistische Materialien

Anhand einer Bibliothek hochwertiger, anpassbarer Materialien gibt der Anwender seinem virtuellen Prototyp ein realistisches Erscheinungsbild. Er wählt aus einer breiten Palette vorhandener und gängiger Materialien (z. B. Autolack, Glas, Leder, Metalle und Kunststoffe) aus oder passt die Materialien individuell an (Bild 8.19).

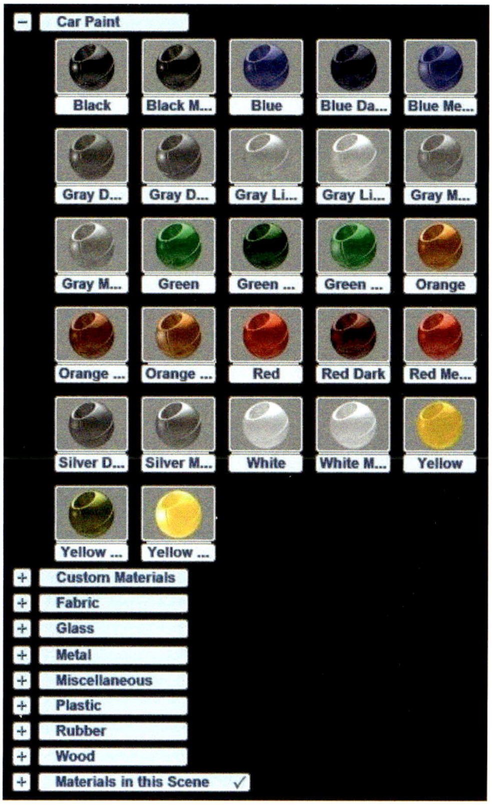

Bild 8.19: Materialauswahl

8.6.4 Umgebungsschatten

Besonders realistische Ergebnisse erzielt Showcase durch die Simulation natürlich wirkender Umgebungsschatten (Bild 8.20).

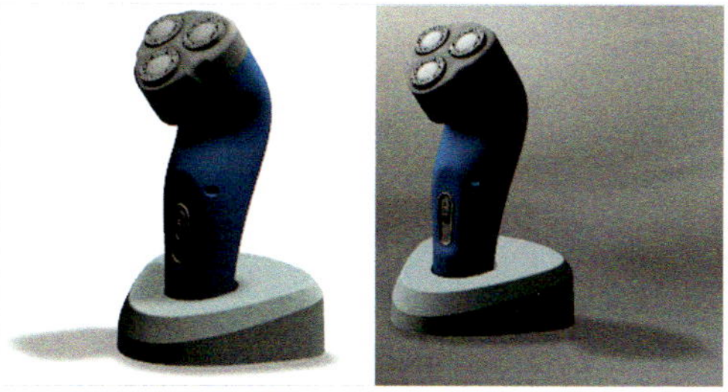

Bild 8.20: Definition von Licht und Schatten (Quelle: Autodesk)

8.6.5 Szenen erstellen und bearbeiten

Der Anwender verwendet Szenenbilder aus der vorhandenen Umgebungsbibliothek, um neue Umgebungen zu erstellen oder vorhandene zu kombinieren (Bild 8.21), oder erstellt seine eigenen Szenen Er kann zudem hochwertige 360°-HDRI-Aufnahmen (High Dynamic Range Imaging) importieren, die Position, Größe und Geometrie einrichten, um seine Szenenbibliothek zu erweitern. Die Lichtverhältnisse des Szenenbildes werden dabei für die Beleuchtung des Objekts genutzt, um einen realistischen Gesamteindruck zu erhalten.

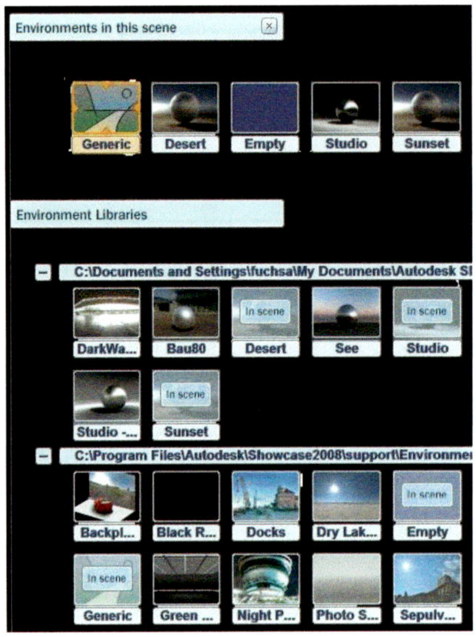

Bild 8.21: Szenen erstellen

In den meisten Fällen wird der Anwender aber auf die große Auswahl vorhandener Szenen zurückgreifen, um schnell zu guten Bildern zu kommen. In den Szenen ist die Beleuchtung bereits enthalten. Eine weitere Definition von Lichtquellen ist nicht erforderlich.

8.6.6 Untersuchung von Entwurfsalternativen

Um über verschiedene Lösungen diskutieren und entscheiden zu können, verfügt Showcase über ein Alternativensystem, das die Vorbereitung umfangreicher Alternativen und den Wechsel zwischen ihnen sehr einfach macht (Bild 8.22). Es erleichtert den Austausch von Geometrievarianten, Materialien, Farben, Positionen und die unterschiedliche Kombination dieser Alternativen während einer Präsentation per Mausklick, beispielsweise eine Reihe von Polsterstoffen zu einer Lackfarbe oder unterschiedliche Felgen für einen Wagentyp oder vorbereitete Visualisierungen eines Fahrzeugs mit geöffneter und geschlossener Tür.

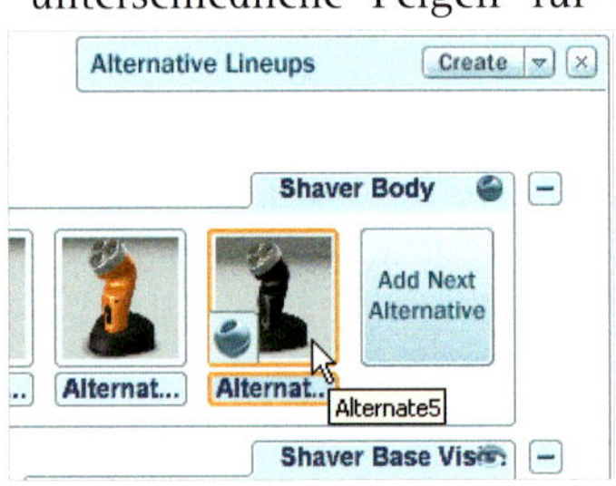

Bild 8.22: Vorbereitung von Design-Alternativen

8.6.7 Animation

Durch die Simulation einer dynamisch bewegten Kamera wird ein Produkt lebendig. Details lassen sich besonders hervorheben. Mit wenigen Mausklicks definiert auch der weniger erfahrene Anwender Szenenübergänge (engl. Fading). Er wählt einfach den Übergangstyp und die Ansichten für Anfang und Ende der Aufnahme. Showcase erstellt die Sequenz dann automatisch (Bild 8.23). Während der Präsentation kann er solche Bildsequenzen einfach per Mausklick abrufen.

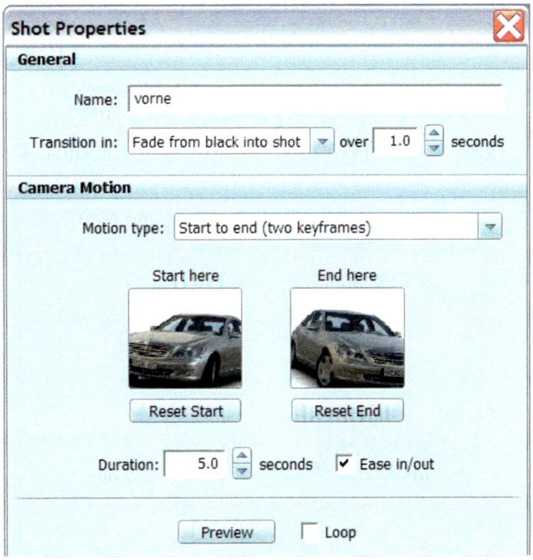

Bild 8.23: Dialogfenster für das Einblenden/Ausblenden animierter Szenen

8.6.8 Drehtisch

Bei der Anwendung dieser Funktion wird das virtuelle Modell auf einen Drehtisch gestellt und die Bewegung des Drehtischs festgelegt. Die Verwendung des Drehtischs für mehrere Alternativen erleichtert die Beurteilung subtiler Unterschiede von Design-Alternativen (Bild 8.24).

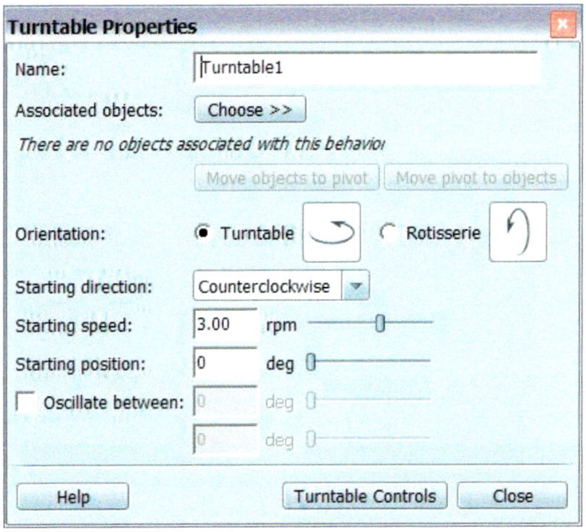

Bild 8.24: Dialogfenster für die Drehtisch-Simulation

8.6.9 Storyboard

Ein Storyboard ist die skizzierte Version eines Drehbuchs. Im Falle von Showcase bedeutet es die Erstellung eines Präsentationskonzeptes, bestehend aus einer durchdachten Abfolge animierter Szenen. Mehrere Varianten, etwa verschiedene Umgebungen, alternative Gestaltungen, Ablauf oder Kamerasteuerung, aktiviert der Anwender per Mausklick.

8.6.10 Realtime Raytracing

Rendering-Funktionalität, etwa auf der Basis von OpenGL, ist schnell, liefert gute Bilder und stellt beispielsweise auch Spiegelungen der Umgebung dar. Für Kenner und höchste Ansprüche ist das nicht genug. Perfekte Bilder erfordern Raytracing. Ohne Raytracing fehlen den 3D-Objekten beispielsweise Spiegelungen in sich selbst, etwa der beiden PDAs, die jeweils das benachbarte Objekt auf der eigenen Oberfläche spiegeln (Bild 8.25). Viele Software-Systeme beherrschen nur das Offline- oder Software-Raytracing. In einem langwierigen Prozess, der je nach verfügbarer Rechnerleistung und Objekt lange dauern kann, erzeugen diese Systeme Bilder mit Raytracing-Unterstützung.

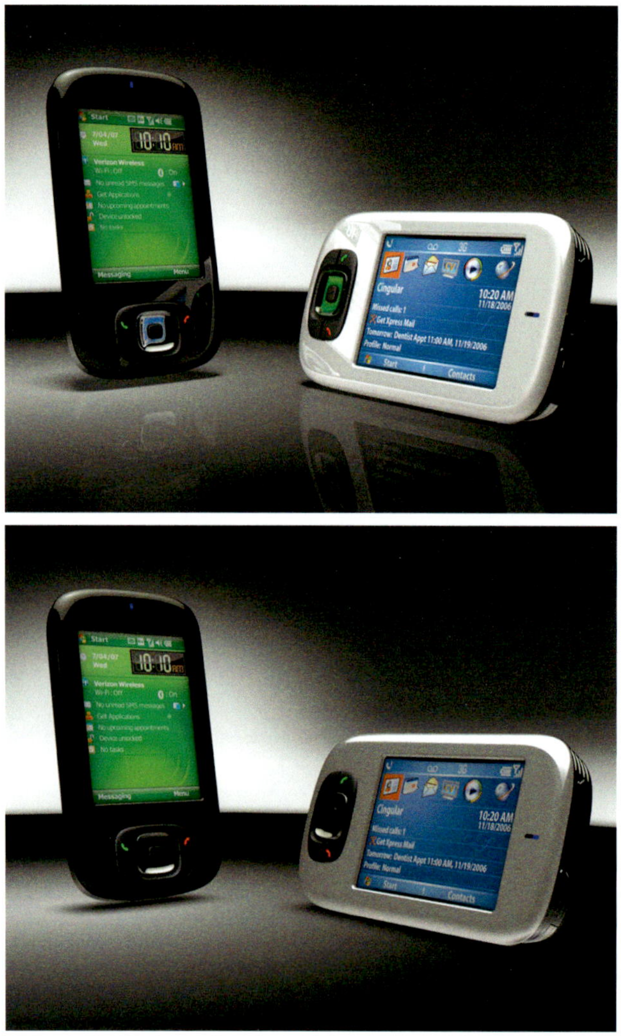

Bild 8.25:
Oben: Visualisierung mit Realtime Raytracing. Nur Raytracing macht Spiegelungen von Objekten in sich selbst möglich. Unten: ohne Raytracing (Quelle: Autodesk)

Online- oder Realtime-Raytracing erfordert Hardware-Unterstützung und setzt leistungsfähige Grafikprozessoren voraus. Von Realtime-Raytracing spricht man, wenn ein Grafiksystem wenigstens 15 Frames pro Sekunde erzeugt. Die Showcase-Software wurde für Nvidia-Grafikprozessoren entwickelt und ist für die Prozessoren der mittleren und oberen Leistungsklasse dieses Herstellers zertifiziert. Sie steuert die Bildqualität und die „Tiefe" des Raytracing durch entsprechende Parameter, um beispielsweise die Transparenz und Reflexionen bei Glasobjekten realistisch zu simulieren. Sie erlaubt die Generierung von Raytracing-Bildern und Animationen in höchster Perfektion und Echtzeit, oder – bei komplexen Objekten – in Sekunden statt Stunden.

8.6.11 Globale Design Reviews

Wenn Produkte für die globalen Märkte entwickelt werden, dann müssen auch die Verantwortlichen und Auftraggeber an den weit entfernten Standorten rund um den Globus eine Möglichkeit haben, bei der Produktgestaltung mitzureden. Denn funktionale, ergonomische und ästhetische Anforderungen differieren in unterschiedlichen Ländern und Kulturen. Showcase unterstützt Design Reviews, die über Computernetzwerke und unabhängig vom Standort durchgeführt werden. Die Software kann an mehreren Stellen im Netzwerk laufen und Teilnehmer an verschiedenen Standorten unterstützen. Die Showcase-Präsentationen selbst können zentral gesteuert werden. Die präsentierten Daten liegen dabei entweder auf einem zentralen Rechner oder sind im Netzwerk verteilt, wenn die verfügbaren Bandbreiten zu gering sind. Über das Netz laufen dann nur die Steuerbefehle, die Performance der Präsentation bleibt ohne Beeinträchtigung. Bilder der präsentierten Produkte und Details können die Teilnehmer jederzeit erzeugen und in der gewünschten Größe und Auflösung ablegen.

8.6.12 Bessere Entscheidungen

Showcase verbindet Entwickler, Kunden und Auftraggeber. Durch die realistische Visualisierung der digitalen Prototypen ersetzt es den zeit- und kostenintensiven Bau physischer Prototypen oder aufwendige Reisen. Wo immer in der Welt ein Netzwerkanschluss und ein PC verfügbar sind, haben Designer und Entscheider die Möglichkeit, an virtuellen Produktpräsentationen teilzunehmen. Bei diesen Netzwerkkonferenzen können sie interaktiv näher an wichtige Details herangehen und jeden Blickwinkel frei auswählen. Showcase vereinfacht die Vorbereitung interaktiver Echtzeit-Visualisierungen von Konstruktionsalternativen und erlaubt professionelle und überzeugende Präsentationen von virtuellen Prototypen. Die Bedienung wurde für Nichttechniker, Marketing und Vertriebsmitarbeiter konzipiert und ist deshalb leicht zu erlernen. Dank leistungsfähiger Anzeigetechnologien können flüssige Bewegungsabläufe und die interaktive Darstellung großer Modelle realisiert werden. Das hilft Designern, ihre Konzepte besser zu vermitteln, und der Geschäftsleitung, Entscheidungen schneller und sicherer zu treffen.

8.6.13 Gute Bilder lohnen sich

In den kleinen und mittelständischen Betrieben sind die CAD-Konstrukteure meist die einzigen Kollegen, die in der Lage sind, Bilder der virtuellen Produkte zu generieren. Im Tagesgeschäft bleiben diese Möglichkeiten aber oft ungenutzt, dabei sind auch in Maschinenbau-Unternehmen gute Bilder wichtig. Wenn sich ein Konstrukteur nicht persönlich engagiert, fehlt es an Personal, das die Visualisierungsaufgaben wahrnehmen kann. Auf längere Sicht lohnt es sich für Konstrukteure oder Marketing-Mitarbeiter, die zusätzliche Qualifikation zu erwerben, denn mit guten Bildern verkaufen sich nicht nur Produkte besser, sondern auch die eigene Leistung. Die Visualisierung ist zudem ein chancenreiches Betätigungsfeld für Dienstleister und Ingenieurbüros mit Vorkenntnissen und Interesse an Gestaltungsfragen. Sie können sich auch in die Besonderheiten der Software einarbeiten und letztlich zu geringeren Kosten bessere Ergebnisse liefern als die Gelegenheitsanwender.

Bild 8.26: Visualisierung eines virtuellen Seitenstaplers mit Showcase (Quelle: Hubtex)

9 Elektrokonstruktion

Die Elektrotechnik ist ein wichtiger Teil der digitalen Produktentwicklung. MCAD-Systeme für die Mechanikkonstruktion und ECAD-Systeme für die Planung und Entwicklung von Antrieben und Steuerungen sind dabei nicht wegzudenken, nicht nur in funktionaler Hinsicht, etwa mit Blick auf die Stromlaufpläne. Bei innovativen neuen Lösungen geht es immer häufiger um die platzoptimierte Planung der Elektro- und Fluidtechnik im 3D-Modell sowie ihre Integration in die unternehmensweiten Datenmanagement-Systeme. Dadurch ergeben sich viele Berührungspunkte zwischen den Disziplinen.

9.1 Mechatronik

Die Verbindung von Mechanik, Elektronik und Informatik, charakterisiert mit dem Kunstwort Mechatronik, findet am zentralen Datenmodell, dem digitalen Prototypen statt. Neben schematischen Schaltplänen brauchen alle Disziplinen Informationen über den mechanischen Aufbau, und wenn dafür wenig Platz zur Verfügung steht, ist eine enge Abstimmung erforderlich. Dann ist es hilfreich, wenn die jeweils verwendeten Systeme kompatibel sind.

Beispiele mechatronischer Systeme sind Handhabungs- und Robotersysteme, automatisierte Getriebe, Digitalkameras, elektronische Waagen, Anti-Blockiersysteme oder Windkraftanlagen (Bild 9.1). Die Visualisierung des elektrischen und mechanischen Aufbaus und der Zusammenhänge einer Anlage wird immer wichtiger. Am Beispiel eines Brückenkrans (Bild 9.2) wird das deutlich: Die elektrische Anlage besteht aus Antrieben, Stromzuführung per Schleppleitungen, Sensoren und Aktoren an unterschiedlichen Positionen, mehreren Bedienstellen für Funk- beziehungsweise Handbedienung. Die Lage der einzelnen Komponenten in Standortplänen oder Schränken, die Bauteile, Maschinen, Wege und die Verbindungen dazwischen

Bild 9.1: In der Gondel einer Windenergieanlage müssen Elektro- und Mechanikkonstruktion den verfügbaren Platz gemeinsam verplanen (Quelle: ENERCON GmbH).

Bild 9.2: Mechatronisches System Brückenkran (Quelle: Demag Cranes AG)

Bild 9.3:
Schaltschrank (Quelle: Autodesk)

bilden einen komplizierten Aufbau, der visualisiert werden muss, um Planungsfehler auszuschließen. Auch in der Gondel einer Windkraftanlage steht wenig Platz für Schaltschränke zur Verfügung. Deshalb muss der Aufbau der elektrischen Komponenten und Steuerungen möglichst kompakt sein, ohne dass durch Wärmestaus Bauteile gefährdet werden.

Die enge Verbindung von Elektronik und Mechanik wird auch bei der *iPEK Spezial-TV Gesmbh & Co KG* immer wichtiger. Die Firma entwickelt Spezialkamera-Anlagen zur Inspektion von Röhrensystemen und Hohlräumen, die zunehmend kleiner werden. „Wir unterliegen in der Entwicklung permanent dem Zwang, möglichst kompakt zu gestalten, immer mehr zu miniaturisieren, damit unsere Fahrwagen auch in engere Rohre einfahren können," erklärt Dietmar Jochum, Entwicklungsingenieur der Firma. „Den Platz, den die Elektronik nicht braucht, verwenden wir gerne für die Mechanik und umgekehrt. Wir kämpfen oft um Millimeter."

9.2 Technologie-Anforderungen

Moderne Elektro-CAD-Lösungen verbinden mechanische Konstruktionen wie Montage-Zeichnungen, die Konstruktion von Schaltschränken, einschließlich der Montageteile, die 3D-Darstellung der Verkabelung und Verdrahtung mit schematischen Darstellungen der Elektrokonstruktion, etwa den Stromlaufplänen oder Klemmenplänen. Deshalb ist es sinnvoll, für alle Darstellungen auf einen kompatiblen Zeichnungsstandard zurückzugreifen: den Industriestandard DWG. Dieses Format hat sich mit der Verbreitung von AutoCAD weltweit als allgemein anerkannter Standard durchgesetzt. Das ist nicht nur von Vorteil für das Betrachten der Zeichnungen (Viewing), sondern auch für die weitere Bearbeitung (Editing).

Bild 9.4:
Projektstruktur: Bei großen Projekten empfiehlt sich eine Gliederung in Anlagen. Innerhalb der Anlagen liegen die Seiten eines Projekts, die zusätzlich mit dem Einbauort gekennzeichnet werden können. Für kleinere Projekte ist diese Struktur (mit Anlagen- und Ortskennzeichen) meist nicht erforderlich.

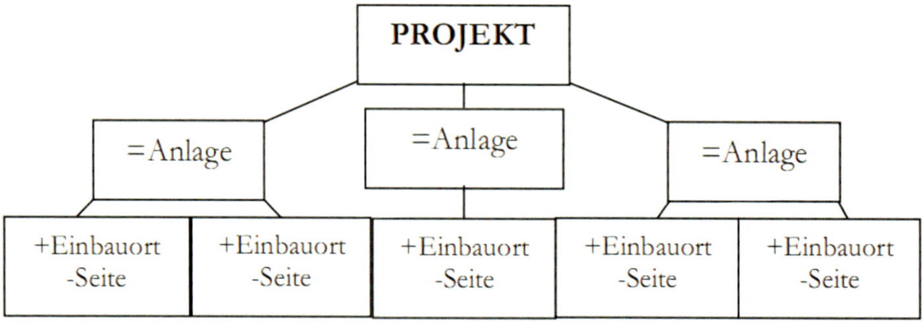

Projekte der Steuerungs-, Automatisierungs- und MSR-Technik beinhalten oft eine große Menge von Dokumenten, Plänen und Bauteilen, die nur in einer integrierten Datenbank sinnvoll verwaltet werden können. Ältere Systeme arbeiten noch zeichnungsorientiert und brauchen für Auswertungen oder die Erzeugung von Querverweisen extrem lange Zeit. Große Pläne enthalten Hunderte oder sogar mehr als tausend Blätter, jeweils als eigene Datei. Alleine das Öffnen der vielen Dateien würde unerträglich lange dauern. Deshalb beschränkt sich diese Technik auf die Anwendung in kleinen Projekten.

Bei großen Projekten ist der Einsatz einer Online-Datenbank für die Verwaltung der vielen Komponenten und Verbindungen unverzichtbar. Nur so sind schnelle und unmittelbare Online-Auswertungen, die sofortige Aktualisierung von Querverweisen bei verteilt dargestellten Bauteilen und eine nahezu unbeschränkte Skalierbarkeit sichergestellt.

Die Verwendung einer Standarddatenbank als Basis für die Elektro-Applikation bietet die Möglichkeit, Routineaufgaben mit wenig Aufwand zu automatisieren. Das kann bis zur komplett automatischen Erstellung von Plänen gehen. Das System ist dadurch offen zugänglich. Der Entwickler muss nicht in kryptischen Sprachen oder Systemen arbeiten. Jeder, der mit Datenbanken vertraut ist, kann Abfragen und Auswertungen einrichten.

9.3 Beispiel: AutoCAD ecscad

Die technischen Voraussetzungen für die Bearbeitung großer Projekte erfüllen nicht viele Systeme auf dem Markt. Ein bewährtes System ist AutoCAD ecscad, nachfolgend auch abgekürzt ecscad genannt. Seine grafische Basis ist AutoCAD, die Bauteile und logischen Informationen verwaltet es mit Microsoft Access. Durch die Kompatibilität mit Autodesk Inventor ist das ECAD-System gut für Mechatronik-Aufgaben gerüstet, die 3D-Konstruktionen erfordern. Sein Zeichnungsformat DWG wird durch AutoCAD generiert und ist deshalb zu 100 Prozent mit anderen AutoCAD-Anwendungen austauschbar. Ein weiterer Vorteil: Sämtliche grafischen Möglichkeiten und Funktionen von AutoCAD und Autodesk Inventor stehen zur Verfügung (z. B. fotorealistisches Rendern beim Schaltschrankaufbau, Integration von 3D-Modellen u. v. m.). Die Bestandsdaten in allen DWG/DXF-Formaten, die von AutoCAD unterstützt werden, können gelesen, in die Projektstruktur übernommen und mit Intelligenz versehen werden.

Und ecscad arbeitet datenbankorientiert für die Ablage der Anwendungsdaten. Das ermöglicht sofortige Online-Funktionen bei der Erstellung und Änderung von Plänen und schnelle Auswertungen auch bei sehr großen Projekten. Die Software beinhaltet eine breite Funktionalität, die es Elektro-Konstrukteuren ermöglicht, schnell und präzise Schemata von Steuerungssystemen für eine große Bandbreite von Maschinen und Anlagen zu entwerfen – von einfachen Motorsteuerungen bis zu kompletten Produktionsanlagen. Automatisierte Abläufe, umfangreiche elektrotechnische Symbolbibliotheken und unbegrenzte Möglichkeiten zur Bearbeitung der

Datenbank ermöglichen es, Fehler zu reduzieren und elektrotechnische Dokumentationen in einem Bruchteil der früher gewohnten Zeit zu erstellen.

9.3.1 Alles unter Kontrolle

Der Anwender beginnt mit seiner Arbeit in der Regel im ecscad Control Center. Darin ist das komplette Projekt enthalten, dort verwaltet er es in einer Explorer-ähnlichen Struktur. In diesem Bereich findet er eine Voransicht seiner Projektdaten und den größten Teil der benötigten Funktionen, etwa Funktionen für das Kopieren, Ändern, Bearbeiten, Abspeichern bzw. Backup.

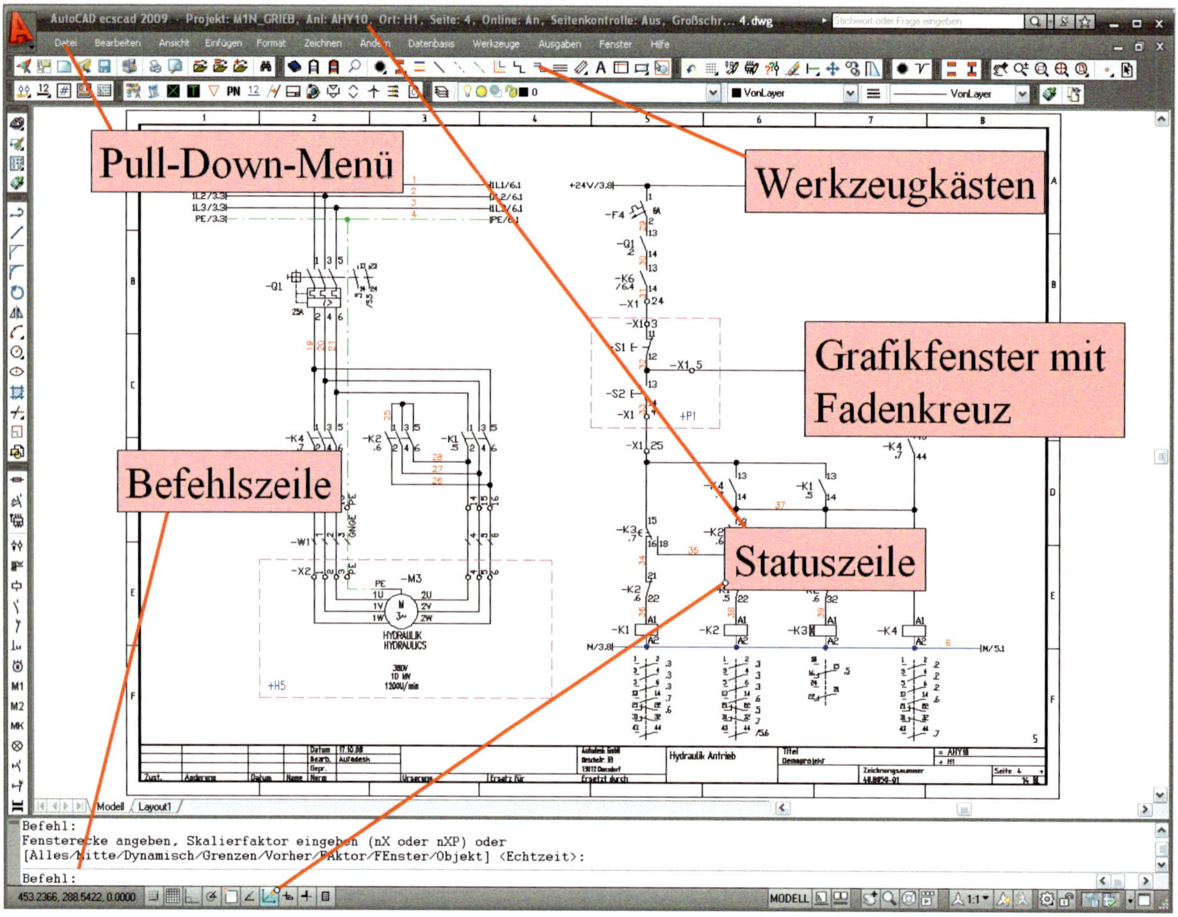

Bild 9.5: Benutzeroberfläche von AutoCAD ecscad (Quelle: Autodesk)

In der Elektrokonstruktion kommt man nicht ohne Projektverwaltung und Katalogverwaltung aus. Die Software gibt sie deshalb zwangsläufig vor. In größeren Organisationen ist allerdings häufig die Integration in übergeordnete PDM- oder ERP-Systeme erforderlich. Autodesk bietet dafür eine Reihe von Optionen mit seinen PDM-Systemen. Das Datenmanagement, das ecscad besitzt, ist multiuserfähig und reicht für Standardinstallationen aus. Ein ecscad-Projekt ist die geordnete Summe von Darstellungen, Plänen und Listen, zusammengefasst in einer Backup-Zip-Datei. Vom Control-Center aus geht der Anwender zur Konstruktion über. Mit der dem System zugrunde liegenden Datenbank hat der normale Anwender wenig zu tun, nur bei der Listenausgabe wechselt er zur Datenbankapplikation. Externe Artikeldatenbanken können angebunden werden.

Der Elektrokonstrukteur erstellt dann den Stromlaufplan, fügt Gerätesymbole ein und ein Liniengerüst von Verbindungen. Er erzeugt den Klemmenplan, Aufbauplan und Stücklisten automatisch auf Knopfdruck. Hier liegt eine der Stärken von ecs-

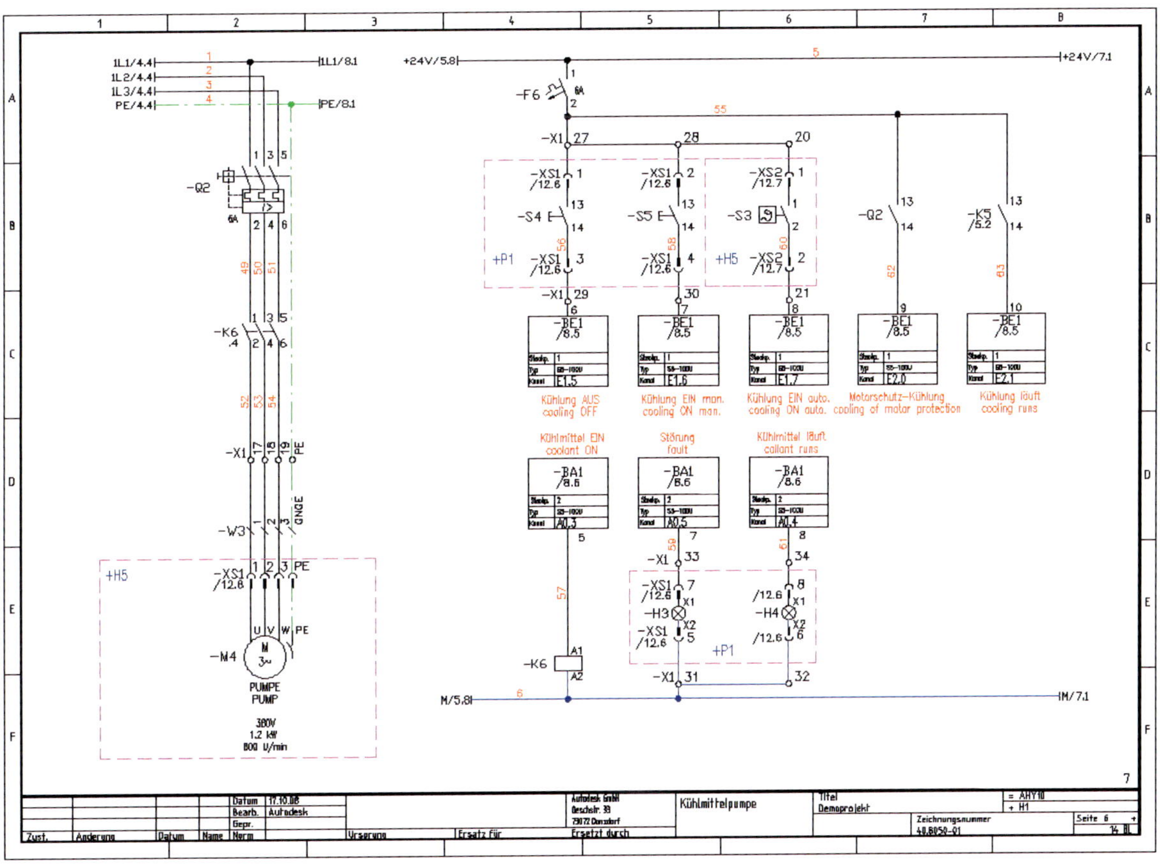

Bild 9.6: Stromlaufplan (Quelle: Autodesk)

cad: Die Software lässt es völlig offen, welche Vorgehensweise der Anwender wählt. Er ist relativ frei, womit er seine Arbeit beginnt, mit welcher Planart er startet: Aufbauplan, Klemmenplan oder Stromlaufplan etc. Das liegt an der zugrunde liegenden Datenbank. Sie erlaubt diese Flexibilität. Die meisten ECAD-Systeme verlangen, die Projektierung mit dem Stromlaufplan zu beginnen. Das ist bei ecscad nicht zwingend. Der Konstrukteur kann auch zuerst den Schaltschrankaufbau konstruieren oder eine Bauteilliste zusammenzustellen und danach detaillierte Schaltungen zeichnen. Damit passt sich ecscad der Arbeitsweise von Konstrukteuren an – und nicht umgekehrt.

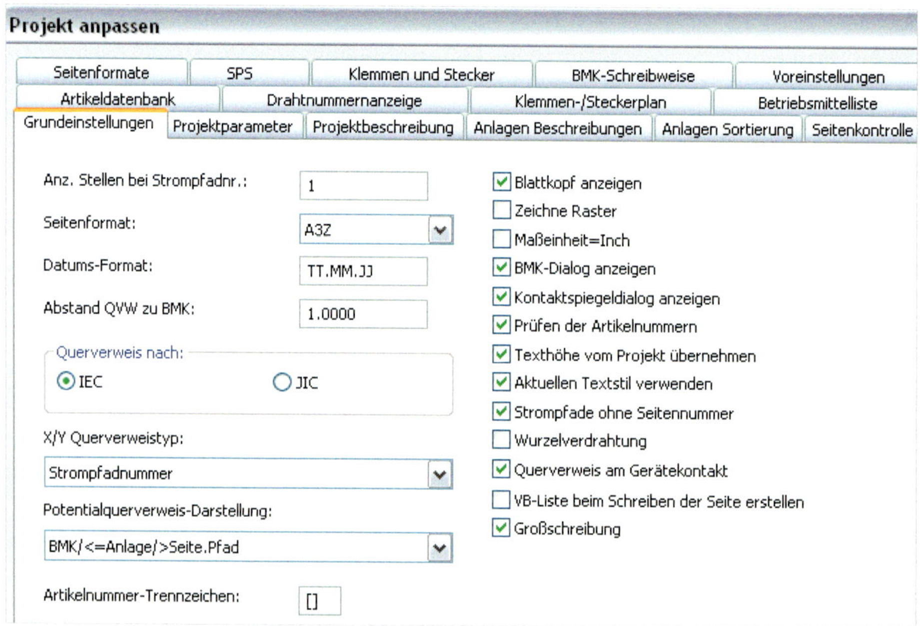

Bild 9.7: Projektspezifische Einstellungen, Formatdefinitionen, Schreibweisen usw., die mit dem Projekt abgespeichert werden

9.3.2 Symbole und Makros

Symbole sind in der schematischen Darstellung des Stromlaufplans die Träger der wichtigen Informationen über Geräte und Bauelemente einer Anlage, wie Anlagenkennzeichen (bei größeren Anlagen), Einbauort, Betriebsmittelkennzeichen (BMK), Artikelnummer, Positionsnummer, Textattribute, Anschlusspunkte. Diese Informationen trägt das System in der Online-Datenbank ein. Auswertefunktionen wie die Stückliste verwenden diese Daten. Der Anwender fügt Symbole entweder durch Eingabe des Symbolnamens, durch Auswahl aus der Quick-Pick-Maske (Bild 9.8) oder über das Control-Center ein. Das ausgewählte Symbol platziert er, am Cursor hängend, im Schaltplan. Setzt er es auf eine Linie (Verdrahtungslinie), so wird diese aufgebrochen und an den Anschlusspunkten fortgesetzt. Anschließend verlangt ein

Eingabefenster die verschiedenen Attribute des Symbols. AutoCAD ecscad erlaubt es auch, die Bauteile aus einer Stückliste zu platzieren, die beispielsweise für Kalkulationszwecke vor dem Schaltplan erstellt wurde. Ebenso kann der Konstrukteur zuerst einen Aufbauplan erstellen (mit maßstäblichen Layout-Symbolen) und anschließen durch Doppelklick auf das Bauteil im Layout das zugehörige Symbol im Schaltplan einfügen. Symbole sämtlicher Kataloge, mitgelieferte wie benutzerspezifische, werden im Control-Center verwaltet.

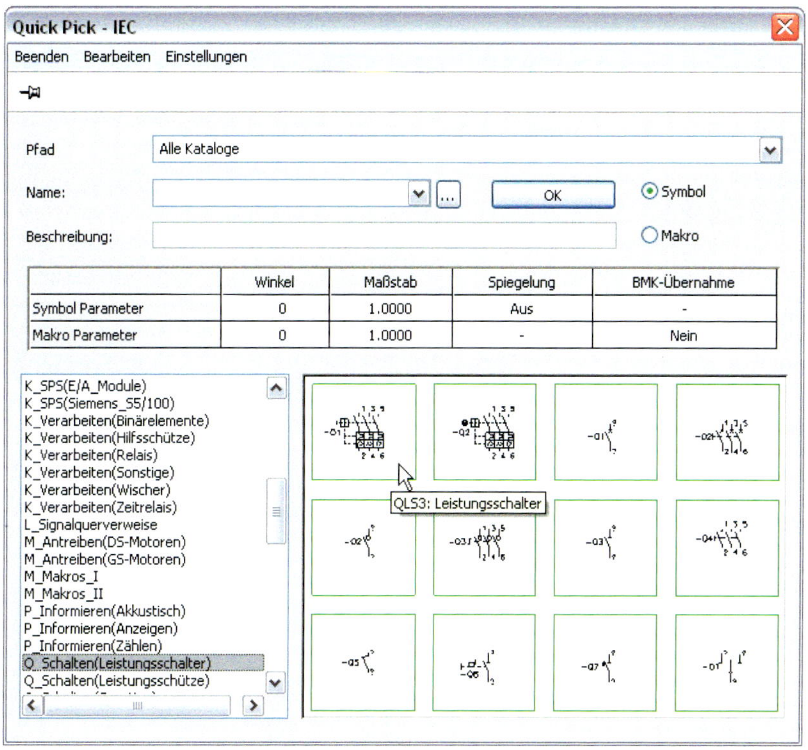

Bild 9.8: Symbolauswahl

Makros dienen dazu, häufig wiederkehrende Zeichnungsteile, z. B. Standardschaltungen, in einem eigenen Verzeichnis der Symbolbibliothek abzulegen und bei Bedarf mit einem Mausklick wieder aufzurufen. Sie sind Zusammenfassungen von Symbolen, Leitungen, Texten und grafischen Elementen. Zu einem Makro können Teile einer Schaltung, aber auch alle auf einer Seite befindlichen Schaltungen gehören. Blattköpfe oder Klemmenpläne werden ebenfalls als Makros definiert.

9.3.3 Querverweise

Eine Besonderheit von Stromlaufplänen sind die Querverweise. Sie sind bei allen verteilt dargestellten Bauelementen (VDB) erforderlich, d. h. bei Kabeln, Schützen, aber auch anderen Geräten, die auf mehreren Seiten oder Strompfaden verteilt dargestellt und verbunden sind (Bild 9.9). Im Falle eines Schützes ist das Gerät in der Regel auf einem Blatt des Stromlaufplans, die Kontakte auf anderen Blättern dargestellt. Durch Querverweise auf die jeweiligen Blätter und Strompfade wird die Zuordnung festgelegt. Manche Systeme können hier nur mit Kategorien wie Klassen oder Gruppen arbeiten, ecscad ist an dieser Stelle flexibler. Zeichnungsorientierte Systeme müssen Querverweise beispielsweise in einem Batchlauf über alle Blätter nachträglich generieren. Das ist fehlerträchtig und vor allem zeitraubend. Die datenbankorientierte Funktionsweise von ecscad sorgt dafür, dass die Querverweise online, d. h. sofort, eingetragen werden.

AutoCAD ecscad verwaltet SPS-Baugruppen wie verteilt dargestellte Bauelemente. Die gesamte Baugruppe (Steckplatz im SPS-Rack) wird dabei als Referenzsymbol dargestellt. Sie dient jedoch nur zur Darstellung der Querverweise, Adressen und IO-Texte (optional). Die Ein- und Ausgänge bzw. Adressen werden als Tochtersymbole definiert.

Die Software erstellt Online-Querverweise zwischen Potenzialen, die sich auf der gleichen und auf anderen Seiten befinden. Drei Arten von Potenzial-Querverweisen stehen zur Verfügung: nach Anlagen und Seiten aufsteigend, nummeriert oder sternförmig.

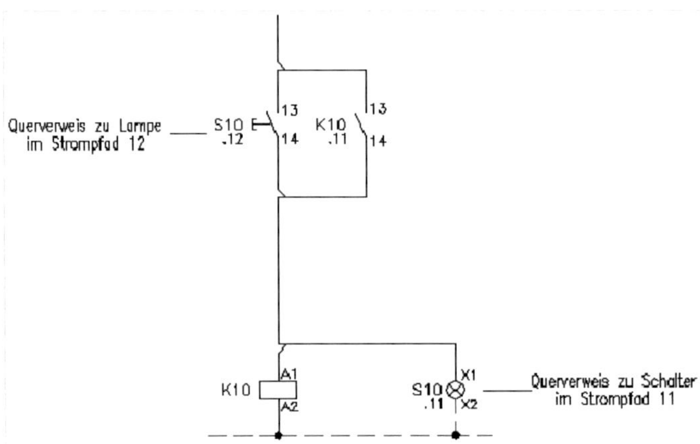

Bild 9.9:
Beispiel: Querverweise für Drucktaster mit Kontrollleuchte

9.3.4 Konform mit Normen

Exportorientierte und global agierende Unternehmen brauchen eine Produktdokumentation, die den landesspezifischen Vorschriften und Gewohnheiten entspricht. ecscad bietet Unterstützung für eine Vielzahl an internationalen Normen, darunter

DIN, IEC, EN, ANSI und JIC, und verschafft Unternehmen so einen Wettbewerbsvorteil in den globalen Märkten. Die im Leistungsumfang der Software enthaltenen umfangreichen Symbolbibliotheken sind individuell erweiterbar und anpassbar. Sie gewährleisten so konsistente und normgerechte Pläne.

9.3.5 Vielsprachigkeit

Neben den einschlägigen Normen muss die Beschriftung den Anforderungen des Zielmarktes entsprechen. Die ECAD-Software bietet eine Fremdsprachendatenbank, mit der die Projekte in beliebige Sprachversionen umgeschaltet werden können. Sie kann bis zu 20 Fremdsprachen verwalten (Bild 9.10) und gleichzeitig bis zu drei Fremdsprachen darstellen. Sie hält dafür Platzhalter für jeden Text, mit einer Referenz auf Textelemente in der Datenbank, vor. Die Software ist Unicode-fähig und unterstützt beispielsweise die kyrillische und chinesische Sprache. Es gibt deutsche Großunternehmen, die ecscad in vielen Ländern und sogar in Shanghai (China) einsetzen.

Bild 9.10: Fremdsprachentexte eingeben und ändern in einer MS-Access-Tabelle

TDB

TEXTNO	German	English	French	Spanish	Dutch	Swedish
1	ANTRIEB	DRIVE	ENTRAINEMENT	ACCIONAMIENTOS	AANDRIJVING	DRIFT
2	MOTORANTRIEB	MOTOR DRIVE	SERVOMOTEUR ELECTRIQUE	SERVOMOTOR ELECTRICO	MOTORAANDRIJVING	MOTORDRIFT
3	DURCHGANGSVENTIL	E-VALVE	SOUPAPE DROITE	VALVULA DES DOS VIAS	DOORGANGKLEP	E-VENTIL
4	ARMATUREN	MOUNTINGS	ROBINETTERIE	VALVULERIA	ARMATUREN	ARMATURER
5	PUMPE	PUMP	POMPE	BOMBA	POMP	PUMP
6	VERSTÄRKER	AMPLIFIER	AMPLIFICATEUR	AMPLIFICADOR	VERSTERKER	FÖRSTÄRKARE
7	DROSSELBLENDE	THROTTLE ORIFICE	ORIFICE D'ETRANGLEMENT	RESTRICCION	SMOORKLEP	DROSSEL
8	TRANSFORMATOR	TRANSFORMER	TRANSFORMATEUR	TRANSFORMADOR	TRANSFORMATOR	TRANSFORMATOR
9	NETZGERÄT	POWER SUPPLY UNIT	SOURCE D'ALIMENTATION	FUENTE DE ALIMENTACION	NETEENHEID	NÄTAGGREGAT
10	MOTOR	MOTOR	MOTEUR	MOTOR	MOTOR	MOTOR
11	GLEICHRICHTER	RECTIFIER	REDRESSEUR	RECITFICADOR	GELIJRICHTER	LIKRIKTARE
12	SCHALTUHR	CLOCK SWITCH	MINUTERIE	RELOJ DE CONTACTO	SCHAKELKLOK	KOPPLINGSUR
13	ÖFFNER	NORMALLY CLOSED	CONTACT OUVERT	CONT.PARA APERTURA	OPENER	NORMALT SLUTEN
14	SCHLIESSER	NORMALLY OPENED	CONTACT A FERMETURE	CONTACTO PARA CIERRE	SLUITER	NORMALT ÖPPEN
15	THERMOELEMENT	THERMOELEMENT	THERMOCOUPLE	TERMOELEMENTO	THERMOELEMENT	TERMOELEMENT
16	REGLER	CONTROLLER	REGULATEUR	REGULADOR	REGELAAR	REGULATOR
17	BEGRENZER	LIMITER	LIMITEUR	LIMITADOR	BEGRENZER	BEGRÄNSARE
18	WENDERELAIS	CHANGE-OVER RELAY	RELAIS INVERSEUR	RELE INVERSOR	OMKEERRELAIS	VÄXLANDE RELÄ
19	ZÄHLER	COUNTER	COMPTEUR	CONTADOR	TELLER	RÄKNARE
20	SIGNALLAMPE	INDICATING LIGHT	LAMPE DE SIGNALISATION	LAMPARA DE SENALIZACION	SIGNALISATIELAMP	SIGNALLAMPA
21	BILDSCHIRM	C.R.T.	ECRAN	PANTALLA	BEELDSCHERM	BILDSKÄRM
22	DREHSCHALTER	ROTARY SWITCH	INTER. A COM. ROTATIVE	INTERR. POR MANDO GIR.	DRAAISCHAKELAAR	ROTERANDE BRYTARE
23	ACHSENDLAGE X	X-AXIS LIMIT	FIN DE COURSE AXE X	POS. FIN. EJE X	EINDSTAND X-AS	X-AXELGRÄNS
24	ACHSENDLAGE Y	Y-AXIS LIMIT	FIN DE COURSE AXE Y	POS. FIN. EJE Y	EINDSTAND Y-AS	Y-AXELGRÄNS
25	ACHSENDLAGE Z	Z-AXIS LIMIT	FIN DE COURSE AXE Z	POS. FIN. EJE Z	EINDSTAND Z-AS	Z-AXELGRÄNS
26	ACHSENDLAGE 4.	4TH AXIS LIMIT	FIN COURSE AXE 4	EJE POS.FIN.4a	EINDSTAND 4DE AS	4:E AXELGRÄNS

Record: 94 of 1125 No Filter Search

9.3.6 Artikeldatenbank

In der Artikeldatenbank erfolgt die Verwaltung aller Bauteile, die für die Stückliste benötigt werden. Bauteile, die nicht in der Datenbank vorhanden sind, können in der Stückliste auch nicht erfasst werden. Um sicherzustellen, dass nur verfügbare Artikelnummern eingegeben werden, kann die Software eine Prüfung vornehmen.

Dann wird jede Artikelnummer bei der Eingabe auf ihre Verfügbarkeit in der Datenbank geprüft. Der Anwender kann die Artikel in der Artikeltabelle (Bild 9.11) ergänzen, ändern oder löschen. Noch einfacher geht das aber über die Eingabemasken der Funktion „Artikelstammdaten eingeben" (Bild 9.12).

ARTICLE

PARTNUMBER	DESCR	MANUFACT	PREFGROUP	ORDUMBER	TECHDATE_1
1000000	Relais	Moeller	1	67565476	3TJ1004-OBB4,21
1000001	Schuetz	K-M	1	67565476	3TJ1004-OBB4,22
10000011	SPS-Ausgangsbaustein	Siemens	1	67434	16 Ausgaenge
10000012	SPS-Eingangsbaustein	Siemens	1	67466	16 Eingaenge
10000014	SPS-Ein/Ausgangsbaustein	Siemens	1	67466	8 Ein- und 8 Ausgäng
1000002	Schuetz	K-M	1	6755454	3TJ1004-OBB4,31
1000003	Schuetz	K-M	1	6712376	3TJ1004-OBB4,40
1000004	Schuetz	K-M	1	56675476	3TJ1004-OBB4,44
1000005	Schuetz	K-M	1	67565476	3TJ1004-OBB4,53
1000006	Schuetz	K-M	1	121222	3TJ1004-OBB4,55
1000007	Schuetz	K-M	1	67565476	3TJ1004-OBB4,60
1000008	Schuetz	K-M	1	67565476	3TJ1004-OBB4,62
1000009	Schuetz	K-M	1	67565476	3TJ1004-OBB4,71
1000010	Schuetz	K-M	1	67565476	3TJ1004-OBB4,80
1000011	Schuetz	K-M	1	44555	3TJ1004-OBB4,H11
1000012	Schuetz	K-M	1	5678677	3TJ1004-ORR4,H20
100002	Impuls-Ventil	Fcsto	9	5815	CJ-5/2-1/2
1000023	Blinkrelais	Pilz	2	30578	Bli1Wb1W
1000024	Blinkrelais	Pilz	2	42343244	Bli1Wb2W
1000025	Blinkrelais	Pilz	2	445244	Bli1Wb3W
100003	Impuls-Ventil	Festo	9	42342344	CJ-5/2-3/4

Bild 9.11:
Artikeldatenbank

Tabelle: System   Filter: alle Felder anzeigen   Spaltenbreiten anpassen

Feld	Filter	Sortierung
	*	

Allgemein | Techn. Daten | Abmessungen | Kaufm. Daten | Platzierung | Zusätzliche Artikelnummern

Artikel-Nr.	Beschreibung	Hersteller	Bestellnummer	Lieferant	Geändert	Erstellt
1000000	Relais	Moeller	67565476		13.07.98	
1000001	Schuetz	K-M	67565476		02.02.2004	
10000011	SPS-Ausgangsbaustein	Siemens	67434		02.04.98	
10000012	SPS-Eingangsbaustein	Siemens	67466		02.04.98	
10000014	SPS-Ein/Ausgangsbaustein	Siemens	67466		02.04.98	
1000002	Schuetz	K-M	6755454		02.04.98	
1000003	Schuetz	K-M	6712376		02.04.98	
1000004	Schuetz	K-M	56675476		02.04.98	
1000005	Schuetz	K-M	67565476		02.04.98	
1000006	Schuetz	K-M	121222		02.04.98	
1000007	Schuetz	K-M	67565476		04.03.2009	
1000008	Schuetz	K-M	67565476		02.04.98	
1000009	Schuetz	K-M	67565476		02.04.98	

Bild 9.12:
Eingabemaske für Artikeldaten

9.3.7 Fehlervermeidung

Die manuelle Planung von elektrotechnischen Steuerungen birgt ein hohes Risiko von Fehlern und Inkonsistenzen. Mit umfangreichen Werkzeugen für die automatische Fehlererkennung ermöglicht ecscad eine Online-Diagnose und die Vermeidung von Fehlern noch vor der Freigabe für die Fertigung. ecscad bietet überdies die Möglichkeit, direkt aus einer dynamischen Fehlerliste zu den entsprechenden Stellen in den Stromlaufplänen zu „springen", um eventuelle formale Fehler zu überprüfen und zu korrigieren. So versetzt das System Elektroingenieure in die Lage, Pläne nicht nur schneller, sondern auch ohne Fehler anzufertigen.

9.3.8 Automatisierung

Die automatisierte Planerstellung mit dem sogenannten ProjectBuilder bietet in der Serien- und Variantenkonstruktion zeit- und fehlerminimierte Abläufe und dadurch enorme Kostenersparnis. Die Daten der verschiedenen Varianten werden dazu in Excel-Tabellen gespeichert. In einem einfachen Schritt erstellt der Anwender anschließend automatisch ganze Projekte auf Basis solcher Tabellen.

9.3.9 Auswertung und Prüffunktionen

AutoCAD ecscad führt die wichtigen automatischen Operationen online und augenblicklich durch – auch im Netzwerk mit mehreren Bearbeitern gleichzeitig – etwa den Eintrag der Betriebsmittelkennzeichnung, der Kontaktnummern, die Vergabe von Klemmennummern oder die Erzeugung und Darstellung von Signalquerverweisen. Die Software prüft dabei die Überbelegung von Geräten und berücksichtigt durch den Anwender manuell vergebene Kontaktnummern. Sie trägt Querverweise nach DIN/IEC, JIC oder nach firmenspezifischen Regeln ein und wertet Katalogdaten aus, z. B. beim Erstellen von Bestell- oder Stücklisten. Sie generiert Kabelanschlusspläne, Ader- und Kabellisten sowie Verbindungslisten und führt Plausibilitätskon-

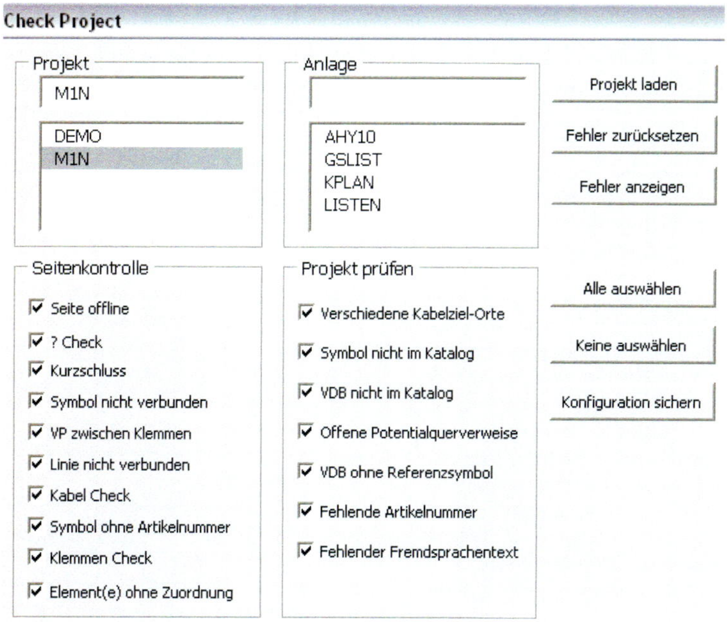

Bild 9.13: Prüffunktionen in AutoCAD ecscad

trollen durch, um beispielsweise nicht angeschlossene Leitungen oder Kurzschlüsse zu entdecken.

Eine logisch richtige Verbindungsliste generiert das System aus allen online-kontrollierten Seiten eines Projektes. Dabei wird folgender Algorithmus angewendet: Ausgehend von dem Symbol, das am weitesten links oben auf dem Schaltplan platziert wurde, werden die Verbindungen zwischen den Symbolen ermittelt. Vertikale Linien haben eine höhere Priorität als horizontale. Verbindungen nach links haben Vorrang vor Verbindungen nach rechts. Bei Zeichnungen mit Wurzelverdrahtungssymbolen wird die Verbindungslogik aus der Lage der Wurzel-Symbole ermittelt. Die Software ergänzt die Verbindungsliste beim Speichern jeder Seite.

Um einen Aufbauplan erstellen zu können, muss der Anwender sicherstellen, dass alle Bauteile in der Artikeldatenbank Maße oder ein maßstäbliches Aufbau-Symbol enthalten. Danach kann er eine neue Seite mit dem Seitentyp "Schaltschrank" anlegen.

9.3.10 Schnittstellen

AutoCAD ecscad bietet eine ActiveX-Schnittstelle, die via VBA, C++, C# oder VB.NET angesprochen werden kann und individuelle Anpassungen ermöglicht. Das betrifft die Erstellung eigener Abfragen und die freie Gestaltung von Ausgabeberichten, Anbindungen an ERP- und PDM-Systeme genauso wie eigene Programmmodule. Offenheit bedeutet auch, dass elektrotechnische und kaufmännische Listen, Artikeldaten oder Auswertungen beliebig angepasst und direkt nach Excel oder in ein anderes System ausgegeben werden können. Ebenso können Artikeldaten oder ECAD-Daten aus Excel- oder ASCII-Dateien importiert werden. Für die Konstruktion des mechanischen Aufbaus in 3D können elektrische Daten an Autodesk Inventor übergeben werden. Die Kabelbaumkonstruktion von Inventor Professional unterstützt die 3D-Verdrahtung (Bild 9.14).

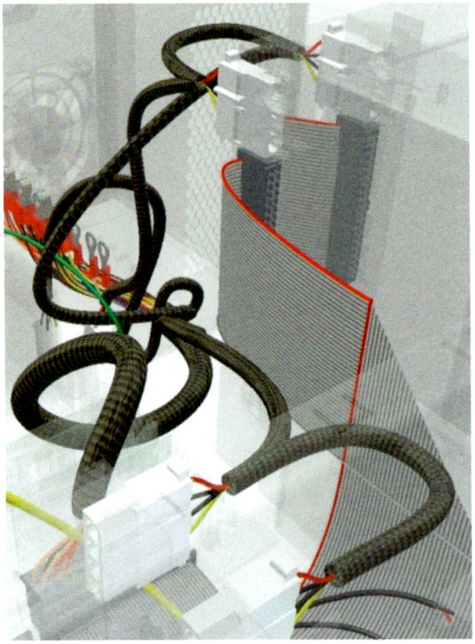

Bild 9.14: Mechanischer Aufbau in Autodesk Inventor nach Übergabe der elektrischen Daten (Quelle: Autodesk)

9.3.11 Verwaltung & Wiederverwendung

Das integrierte Projektmanagement von ecscad vereinfacht das Auffinden und Wiederverwenden vorhandener Pläne zur Überarbeitung oder Erstellung neuer Varianten. Textinformationen innerhalb eines Projekts lassen sich über eine bedienerfreundliche Datenbankschnittstelle bearbeiten. Dank der offenen Datenbankstruktur und der anpassbaren Schnittstellen lassen sich die Daten der ECAD-Projekte in bestehende Unternehmensprozesse integrieren. Zudem ermöglicht das System eine Integration in die Datenmanagement-Lösungen von Autodesk. Dies trägt zum effizienten und sicheren Austausch von Planungsdaten bei und unterstützt die Zusammenarbeit zwischen den diversen Arbeitsgruppen in der Planung und Fertigung. Auf Basis des DWG-Formats, des weltweiten Industriestandards, ermöglicht die Software auch die Zusammenarbeit an 2D- und 3D-Entwicklungen in globalen Teams sowie mit Kunden oder Zulieferern. Mit Autodesk Design Review, dem kostenlosen Werkzeug zum Anzeigen, Messen und Markieren von Änderungen an digitalen Konstruktionen, können alle Arbeitsgruppen die Entwicklung der einzelnen Komponenten eines digitalen Prototyps verfolgen und verwalten. ecscad unterstützt den Online-Betrieb in Netzwerkumgebungen, sodass mehrere Anwender gleichzeitig am selben Projekt arbeiten können.

9.3.12 Ausgabe

Neben den oben genannten Planarten und Listen generiert ecscad die Inhaltsverzeichnisse kompletter Projekte (das Deckblatt eines Projekts), in dem alle Planarten, Klemmenpläne, Stromlaufplan und Listen wie Kabelliste, Verbindungsliste, Stückliste zusammengefasst sind. Die Software unterstützt auch das Drucken von Etiketten für die Betriebsmittelkennzeichnung (BMK) oder das Drucken von Anschlussfahnen für Kabel etc., die vom Endmonteur im Schaltschrank auf die Geräte beziehungsweise in der Fertigung auf die Kabel geklebt werden.

9.4 Kabelbaumkonstruktion

Nicht nur beim Aufbau eines Schaltschranks, auch bei der Planung der Kabel- und Leitungsverbindungen müssen Mechanik- und Elektrokonstrukteure mehr oder weniger zusammenarbeiten. Im Fahrzeug- und Flugzeugbau ist die Menge der Versorgungs- und Steuerleitungen so groß, dass ihr Platzbedarf und Gewicht die Bemühungen um Leichtbau und Gewichtsminderung torpediert. Im Automobilbau nähert sich das Gewicht des kompletten Kabelbaums eines Mittelklassewagens dem Gewicht der Rohkarosserie an. Die relevanten Eigenschaften, wie Volumen, Gewicht und Leitungsführung, und ihre Optimierung setzen eine 3D-CAD-Lösung voraus. Auch im allgemeinen Maschinenbau steigen die Ansprüche mit zunehmender Komplexität der elektronischen Steuerungen.

Bild 9.15:
Verdrahtung eines Autositzes (Quelle: Autodesk)

Viele Aufgaben, die in der Vergangenheit noch hydraulisch oder pneumatisch gelöst wurden, löst man heute bevorzugt elektrisch. Lösungen für die interdisziplinären elektromechanischen Aufgaben der Kabelbaumkonstruktion (engl. harness design) und Verdrahtung sind deshalb bei einigen Herstellern Teil des Digital Prototyping geworden. Autodesk hat beispielsweise sein Inventor-Professional-Paket mit einer Kabelbaumkonstruktion ausgestattet. Deren Eigenschaften zeigen, um welche Funktionen es dabei geht.

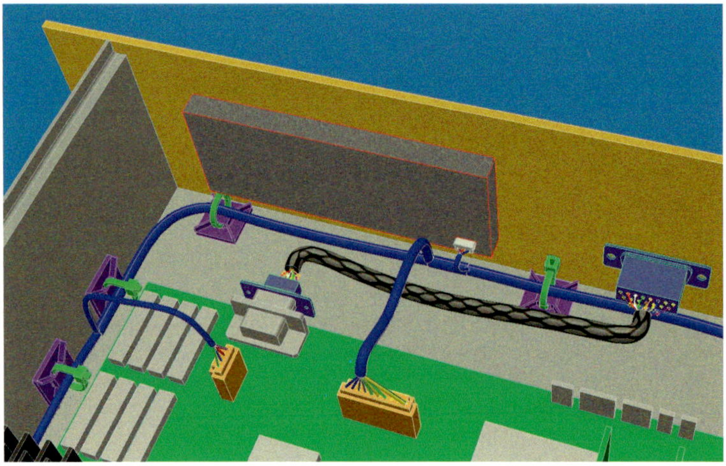

Bild 9.16:
Verdrahtung eines Computergehäuses (Quelle: Autodesk)

9.4.1 Verdrahtung mit System

Mit der Kabelbaumanwendung soll der Entwurf von Kabelbäumen schneller, genauer und mit weniger Aufwand erfolgen. Um eine elektrische Verbindung zu erzeugen, gibt der Anwender nur die beiden Punkte an, die miteinander verbunden werden sollen, und die Software fügt den virtuellen Draht automatisch ein. Im Verlauf der weiteren Schritte in der Kabelbaumkonstruktion behält die Software stets die korrekten elektrischen Anschlüsse bei. Dabei bildet ein Draht nicht nur die exakte Darstellung der physischen Geometrie (Durchmesser, Farbe, Länge) nach, sondern umfasst auch die elektrischen Daten wie Draht-ID, Signalbezeichnung und Informationen zu den Anschlüssen.

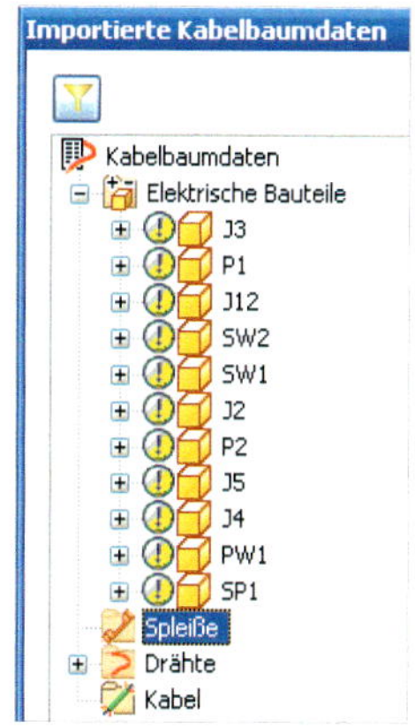

Bild 9.17:
Import von Kabelbaumdaten aus Schemaplänen

9.4.2 Import von Kabelbaumdaten

Ein Effizienzgewinn besteht darin, dass Inventor die Verdrahtungslisten, die mit ECAD-Systemen, z. B. AutoCAD ecscad, erstellt wurden, direkt einlesen kann (Bild 9.17). So werden die Verbindungsdaten aus den Schemaplänen auf Knopfdruck an das 3D-System übergeben. Das spart dem Kabelbaumkonstrukteur Zeit.

9.4.3 Elektrische Bauteile

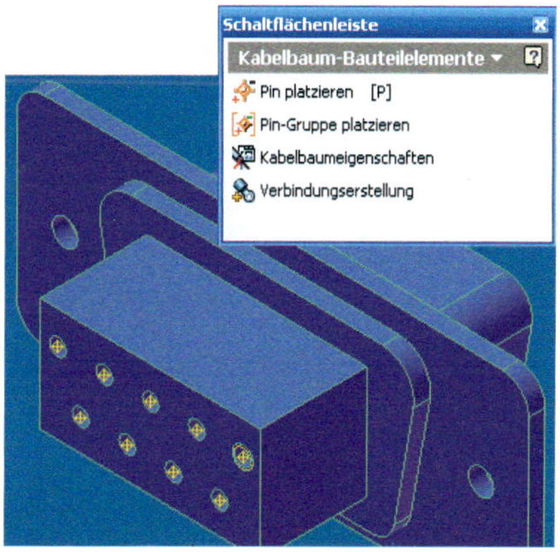

Bild 9.18:
Elektrische Bauteile mit Anschlusspunkten und Verdrahtung (Quelle: Autodesk)

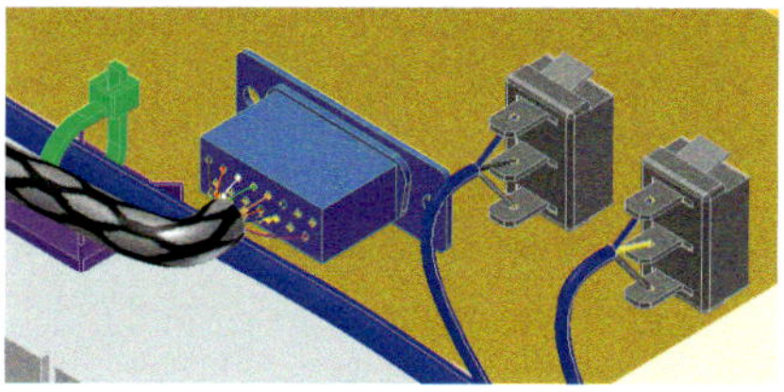

Bild 9.19:
Elektrische Bauteile mit Anschlusspunkten und Verdrahtung (Quelle: Autodesk)

Die elektrischen Komponenten sind normale Inventor-Bauteile oder iParts (parametrische Teile) mit erweiterten Eigenschaften und einem oder mehreren definierten Verbindungspunkten, den sogenannten Pins. Sie sind die einzigen Kabelbaumkomponenten, die nicht im Kontext einer Kabelbaumbaugruppe erstellt werden. Sie werden als Standardbauteile in Inventor konstruiert. Der Anwender ergänzt dabei spezielle Arbeitspunkte beziehungsweise Pins, gibt die erforderlichen Eigenschaften an und fügt gegebenenfalls zusätzliche, benutzerdefinierte Eigenschaften hinzu. Er kann die Pins einzeln oder als Gruppe definieren und bearbeiten (Bild 9.18). Das fertige elektrische Bauteil fügt er mit den gewohnten Inventor-Funktionen in die Konstruktion ein (Bilder 9.16, 9.19). Die Pins sind die Anschlusspunkte für die Drähte in der Kabelbaumbaugruppe. Jede Komponente besitzt eine eindeutige Bezeichnung, die eine Verknüpfung mit den elektrischen Informationen ermöglicht.

Die elektrischen Bauteile können beliebig in der Struktur einer übergeordneten Mechanikbaugruppe oder in der Hierarchie einer Kabelbaumbaugruppe platziert werden. Es ist allerdings sinnvoll, Steckverbinder, die Teil des Kabelbaums sind, auf jeden Fall der Kabelbaumbaugruppe zuzuordnen und Klemmblöcke, die auf einem Gehäuse sitzen, eventuell der mechanischen Baugruppe, sofern nicht die Wiederverwendung des Kabelbaums auch immer die Klemmenblöcke erfordert. Dann ist der Zusammenhang mit dem Kabelbaum praktischer.

9.4.4 Kabelbaum erstellen

Der Kabelbaum (Bild 9.20) erhält einen Namen und einen Speicherort für die Kabelbaumbaugruppe. Die Visualisierung des Kabelbaums im 3D-Modell ermöglicht die optimierte Gestaltung der Konstruktion und stellt sicher, dass für den Kabelbaum ausreichend Platz vorhanden ist. Der Kabelverlauf lässt sich per Point & Click definieren. Dabei werden zunächst Leitungsführungen als 3D-Skizzen im Modell erstellt und zur Anpassung Führungspunkte hinzugefügt oder verschoben. Durch die Definition von assoziativen Beziehungen sorgt der Konstrukteur dafür, dass der Kabelbaum den Änderungen der mechanischen Konstruktion automatisch folgt.

Die Kabelbaumbibliothek von Inventor enthält Standarddefinitionen für Drähte, Kabel, Spleiße, Flachbandkabel und virtuelle Bauteile wie Kabelbündel, Beschriftung usw. Der Anwender oder sein Administrator kann eigene Definitionen hinzufügen.

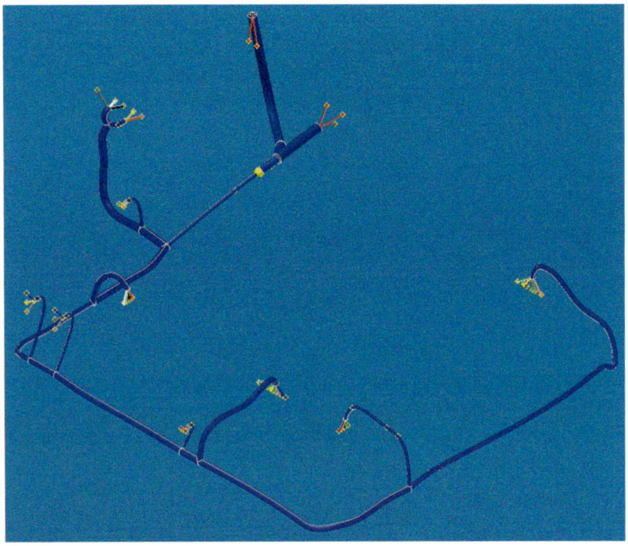

Bild 9.20: Kabelbaumbaugruppe, bestehend aus mehreren Segmenten und Segment-Abzweigungen (Quelle: Autodesk)

9.4.5 Drähte und mehradrige Kabel erstellen

Drähte und Kabel ruft der Anwender aus der Kabelbaumbibliothek ab und fügt sie mit manuellen oder automatischen Methoden in die Baugruppe ein. Zum manuellen Einfügen wählt er den Draht aus und legt anschließend die zwei Pins in den elektrischen Bauteilen oder Spleißen fest.

Beim manuellen Einfügen von Kabeln wählt er das gewünschte Kabel aus und legt anschließend die Pins für jeden Draht im Kabel fest. Mithilfe einer importierten Drahtliste kann der Anwender automatisch mehrere Drähte und Kabel einfügen.

Freie und belegte Adern sind sofort erkennbar. Das System berechnet automatisch die Längen der Kabel und Drähte. Längen und Mengenangaben werden bei Bedarf in kompletten Stücklisten ausgegeben. Der Anwender kann Stücklisten mit Kabeldaten statt einer Liste der Einzeldrähte generieren. Er braucht keinen Kabelbaumprototypen mehr von Hand auszumessen. Die Inventor-Kabelbaumsoftware berechnet alle Längen exakt und automatisch. Das spart Zeit und vermeidet Fehler. Schnittzugaben für die Fertigung berücksichtigt das System selbstständig.

Bild 9.21: Schaltflächenleiste für die Kabelbaumerstellung

9.4.6 Segmente

Kabelbaumsegmente sind bei Inventor virtuelle Pfade, die zum Routen von Drähten und Kabeln in Baugruppen dienen. Der Konstrukteur legt ein Segment mit mindestens zwei Punkten fest, nämlich Anfangs- und Endpunkt. Weitere Arbeitspunkte dienen zur Steuerung des Verlaufs des Segments. Es ist sinnvoll, solche Arbeitspunkte an entsprechende Konstruktionselemente zu binden, damit sich bei Konstruktionsänderungen der Verlauf des Segments anpasst. Ein Kabelbaum kann auch Segment-Verzweigungen aufweisen, d. h. Segmente, die von einem vorhandenen Segment abzweigen (Bild 9.20).

9.4.7 Routing

Beim Routen werden die Drähte und Kabel in ausgewählte Segmente eingefügt. Mit manuellen, teilautomatischen und automatischen Routing-Optionen bietet Inventor das schnelle Verlegen auch einer großen Zahl von Drähten an. Der manuelle Eingriff bei schwierigen Leitungspfaden ist jedoch immer möglich. Drei wesentliche Optionen stehen zur Verfügung: manuelle Bestimmung des Drahtverlaufs, interaktives Routing, nach Angabe von Anfangs- und Endpunkt, sowie automatisches Routing und Suche des kürzesten aller möglichen Pfade.

9.4.8 Spleißobjekte

Sogenannte Spleißobjekte (engl. splice, der deutsche Begriff „Spleiß" kommt aus der Seiltechnik und ist mit dem englischen Wort verwandt) dienen dazu, Drahtverbindungen im Kabelbaum darzustellen. Als „Spleißen" bezeichnet man in der Fernmeldetechnik und Elektronik die Verbindung zweier Adern durch einen Spleiß, der mit einem Verbinder (Quetschverbinder), durch Löten oder Ultraschallschweißen hergestellt wird. Bei Inventor ist ein Spleiß die virtuelle Darstellung der Spleißposition und der Drähte, die eine elektrische Verbindung herstellen.

9.4.9 Flachbandkabel

Wie Drähte und Kabel werden auch Flachbandkabel aus der Bibliothek abgerufen und in der Kabelbaumbaugruppe platziert. Beim Einfügen wählt der Anwender das gewünschte Flachbandkabel, bestimmt die Start- und Endverbindungsstücke, gibt an, wie das Flachbandkabel an das Verbindungsstück angeschlossen wird und fügt dann Arbeitspunkte ein, um den Verlauf zu steuern.

9.4.10 Dokumentation

Die 2D-Dokumentation von Kabelbäumen (sogenannte Nagelbrettzeichnungen, Bild 9.22) mit allen elektrischen Eigenschaften und Bemaßungen erstellt der Anwender praktisch auf Knopfdruck. Sie wird automatisch nachgeführt, wenn sich der Kabelbaum mit dem mechanischen Aufbau ändert. Bei mehrfachen Änderungen der Konstruktion spart das viel Zeit und eliminiert vor allem Fehlerquellen.

Da die gesamte Kabelbaum- und Verdrahtungsgeometrie im Inventor-Format modelliert ist, steht der detaillierten und anschaulichen Dokumentation der Baugruppe nichts mehr im Wege.

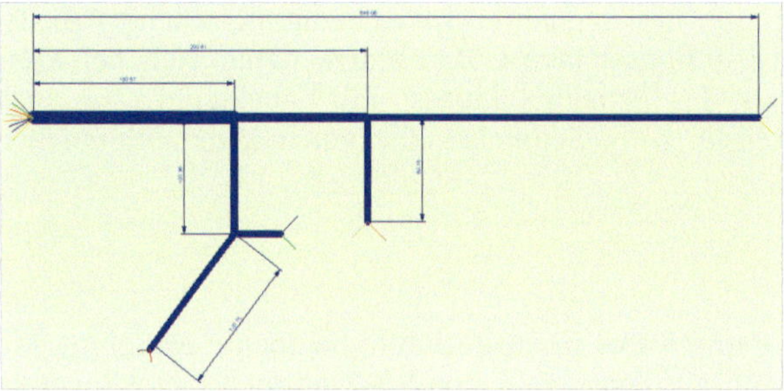

Bild 9.22:
Nagelbrettzeichnung
(Quelle: Autodesk)

9.4.11 Listen und Berichte

Alle erforderlichen Daten sind an zentraler Stelle gespeichert, deshalb lassen sich Berichte und Listen für die Fertigung schnell und automatisch generieren. Nach der Definition von Vorlagen erstellt das System die Bauteillisten, Kabellisten, Verdrahtungslisten, Zuschnittstabellen und weitere für die Konstruktion und Fertigung des Kabelbaums relevante Daten auf einen einfachen Mausklick hin.

10 Produktdatenmanagement (PDM)

10.1 Grundbegriffe

Die Teamarbeit an Baugruppen, die wachsende Menge an Dateien und die zunehmende Verteilung der Teilprojekte auf mehrere Standorte, Partner und Lieferanten in der ganzen Welt machen die Notwendigkeit einer systematischen Arbeitsweise und sicheren Datenverwaltung immer deutlicher.

Nach drei Jahrzehnten CAD-Konstruktion sind die Papierarchive weitgehend aus den Entwicklungsabteilungen verschwunden. Die maßgeblichen Konstruktionsdaten sind heute nur noch auf digitalen Speichermedien abgelegt. Gelegentlich braucht man eine Arbeitskopie auf Papier, um sich den Überblick zu erleichtern, und auch die Produktion erhält meist noch die Fertigungszeichnungen in Papierform. Aber jede Suche im Archiv, jede Änderung, jede Weiterleitung bedeutet den Zugriff auf die digitalen Daten. Die wachsende Datenmenge ist ohne Verwaltungssystem nicht mehr überschaubar und kontrollierbar. Wer darf Änderungen vornehmen? Wer darf eine Kopie erstellen? Wie wird eine Freigabe-Regelung bei digitalen Daten realisiert? Welche Version haben wir vor drei Wochen an den Kunden geschickt? Wie

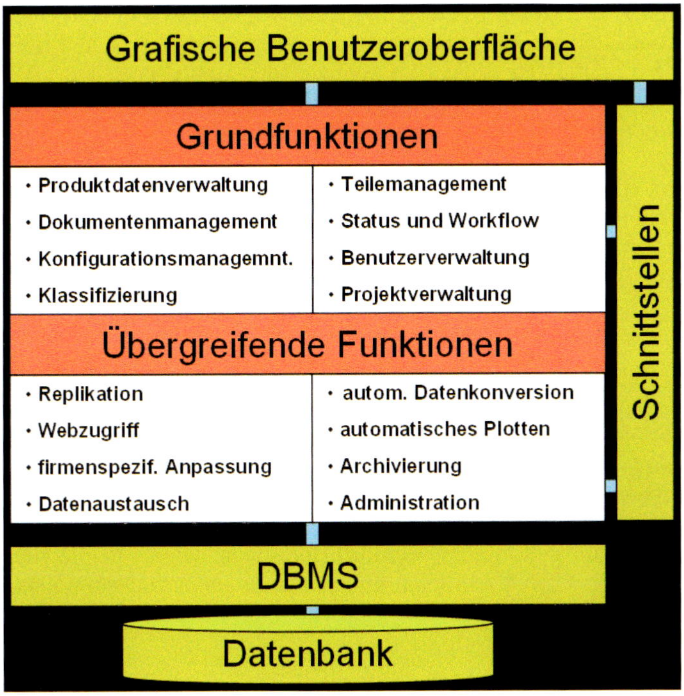

Bild 10.1:
Architektur von PDM-Systemen

kann ich dem Kunden gegenüber eine korrekte Freigabe nachweisen? Diese Fragen brennen den Konstruktionsverantwortlichen auf den Nägeln, umso mehr, wenn in einer vernetzten Entwicklungs- und Produktionsumgebung viele Personen an unterschiedlichen Standorten oder gar externe Partner Zugang zum Netz erhalten.

PDM-Systeme versuchen, durch systematische Ablage der Daten und präzise definierte Abläufe (Prozesse) die Ordnung und Sicherheit herzustellen, ohne die eine Produktentwicklung heute kaum mehr im Wettbewerb bestehen kann.

10.1.1 PDM oder PLM?

Produktdatenmanagement ist die heute übliche Bezeichnung für das technische Daten- und Prozessmanagement. Die früher häufig verwendete Bezeichnung EDM (Engineering Data Management) ist weitgehend aus den Fachmedien verschwunden. In Marketingbroschüren wird gelegentlich PLM (Product Lifecycle Management) mit PDM verwechselt. PLM ist ein strategischer Ansatz, der den gesamten Produktlebenszyklus von der ersten Produktidee bis zur Entsorgung möglichst durchgehend unterstützen will. PLM hat also umfassendere Ziele, während PDM als Kern einer PLM-Strategie anzusehen ist.

Auf dem Markt gibt es heute eine Reihe von PDM-Systemen, die sich aus drei unterschiedlichen Richtungen entwickelt haben. Einige kommen aus dem Bereich Dokumentenmanagement (DMS, Document Management System) und versuchen, mit konstruktionsspezifischen Erweiterungen die Anforderungen der technischen Bereiche abzudecken. Andere nähern sich aus der ERP-Ecke (Enterprise Resource Planning, Warenwirtschaft) der Produktentwicklung und wollen durch entsprechende Ergänzungen die Produktentwicklungsdaten in der betriebswirtschaftlichen Software mitverwalten. Die Wichtigsten aber kommen aus der Umgebung der CAD-Entwicklung. Sie sind mit den Anforderungen der Produktentwicklung, den Besonderheiten der Produktdaten und den Abläufe in der Entwicklung am besten vertraut. Deshalb werden sich die Verantwortlichen in der Konstruktion meist mit diesen Systemen am wohlsten fühlen, weil sie die Belange der CAD-Konstruktion, die Abläufe in der Entwicklung, die spezifischen Eigenschaften der CAD-Systeme und deren Daten am besten nutzen.

Ein PDM-System verwaltet die zusammengehörigen Daten als sogenannte Objekte. Dazu gehören in der Regel die Objekte Artikel (oder Bauteile), Dokumente und Projekte.

10.1.2 Artikel

Ein Artikel oder Teil kann eine physische oder virtuelle Komponente, eine Baugruppe, Unterbaugruppe oder ein komplettes Produkt repräsentieren, er kann ein Fertigungsteil oder ein Kaufteil sein und hat immer eine eindeutige Bezeichnung oder Nummer. Die zu einem Artikel gehörenden Kerninformationen, wie z. B. die Artikelnummer, die Bezeichnung, eine Versionsnummer, stehen im Artikelstammsatz. Um komplexe Artikelstrukturen darstellen zu können, sind die Stammdaten der

Artikel lediglich Metadaten, die auf weitere Dokumente, Dateien und Informationen verweisen.

10.1.3 Dokumente

Dokumente enthalten inhaltlich zusammengehörende Informationen, die andere Objekte beschreiben, aber auch für sich alleine stehen können. Typische Dokumente in einem PDM-System sind z. B. CAD-Modelle und Zeichnungen, Berechnungen und NC-Daten, aber auch Texte wie Spezifikationen oder Beschreibungen. Dass ein PDM-System auch alle Office-Dokumente und projektbezogene Korrespondenz verwalten kann wie ein normales DMS-System, ist in einem engineering-orientierten Betrieb wünschenswert. Alle Dokumente in der Verwaltung, dem Vertrieb, der Fertigung und der Entwicklung sind dann unter einer einheitlichen Oberfläche zugänglich. In der Produktentwicklung müssen PDM-Systeme allerdings Dokumente mit wesentlich komplexeren Anforderungen an die Formate, Strukturierung, Versionierung, den Änderungsdienst und die Prozesse verwalten. Das geht deutlich über die Ansprüche etwa der Vertriebskorrespondenz oder einer Personalakte hinaus.

10.1.4 Projekte

Mit dem Objekt „Projekt“ fasst ein PDM-System Artikel beziehungsweise Baugruppen und Teile sowie Dokumente für einen Kundenauftrag oder ein Entwicklungsprojekt zusammen. Das PDM-System erfüllt dabei nicht alle Aufgaben eines umfassenden Projektmanagementsystems, ermöglicht aber einen gesamtheitlichen Blick auf alle relevanten Daten, die zum Projekt gehören. Artikel oder Dokumente können dabei mehreren Projekten zugeordnet sein, ohne dass sie dupliziert werden müssen. Das vereinfacht Änderungen. Sie sind nur an einer Stelle erforderlich und automatisch in allen Projekten wirksam, in denen das Dokument vorkommt. Die projektorientierte Verwaltung besitzt den großen Vorteil, dass alle zu einem Projekt gehörenden Informationen verbunden sind. „Wissen ist vernetzte Information“, d. h.

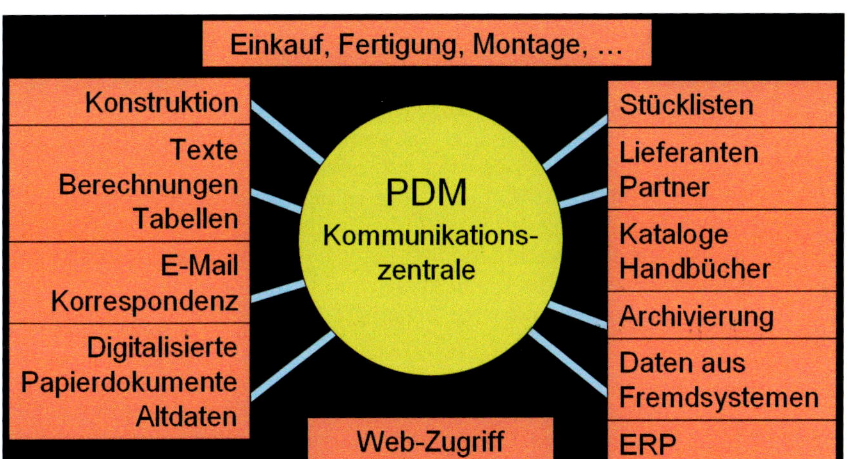

Bild 10.2: Das PDM-System steuert und überwacht die Kommunikation der Produktdaten.

alles, was zusammengehört, ist auch an einer Stelle zu finden, ohne dass man es redundant ablegen muss.

10.1.5 Version - Revision - Variante

Eine Version bezeichnet durch eine fortlaufende interne Nummerierung und das Erstellungsdatum den Änderungszustand eines PDM-Objekts. Die aktuelle und relevante Version ist klar von alten Versionen abgegrenzt. Die Rückkehr zu einer Vorgängerversion ist jederzeit möglich. Mit dem Begriff Revision wird eine Version herausgehoben, nachdem sie im Rahmen eines Prüf- und Freigabeprozesses bewertet und freigegeben wurde.

Neben einer sequenziellen Reihe von Versionen kann eine parallele Sequenz einer oder mehrerer Produktvarianten existieren, etwa ein Förderband mit 30 oder 40 Rollen, je nach Länge.

Im Laufe der Produktentwicklung erfährt eine Konstruktion viele iterative Modifikationen und Anpassungen, bis sie kurz vor der Übergabe an die Fertigung zumindest temporär einen stabilen Zustand erreicht. Die Versionierung dient dazu, alle Zustände sicher zu verwalten, um z. B. jederzeit aus einer Sackgasse problemlos zum Ausgangspunkt zurückzukehren oder Lösungswege und Zwischenstände nachzuvollziehen.

10.1.6 Stücklisten

PDM-Systeme stellen die hierarchische Produktstruktur in der Regel grafisch in einem Strukturbrowser dar. Für die weitere Bearbeitung bzw. Verwendung im Einkauf, der Fertigung oder der Montage ist die Ausgabe der Daten in Listenform gefordert. Entsprechend werden verschiedene Stücklistenarten unterschieden. Das PDM-System leitet die Stücklisten in allen gängigen Formen, von der Struktur- über die Baukasten- bis zur Mengenstückliste oder auch Variantenstückliste ab.

10.1.7 Klassifizierung

Selbst kleine Ingenieurbüros stellen fest, dass sie auf die systematische Verwaltung der Konstruktionsdaten nicht verzichten können. Sie wollen schnell, ohne langes Suchen, auf bereits verwendete Bauteile und Baugruppen zurückgreifen. Es ist mühsam, ohne systematische Ablage die Teile und alle relevanten Daten einer Baugruppe zusammenzusuchen. PDM unterstützt die Unternehmen dabei, ihre Produkte und deren Einzelteile durch Einordnung der Objekte in standardisierte oder firmenspezifisch definierte Klassen, die über Sachmerkmale unterschieden werden, systematisch zu ordnen und zu klassifizieren. Sachmerkmalleisten sind eine definierte Zusammenstellung von Sachmerkmalen, die sich beliebig tief hierarchisch strukturieren lassen.

Die Klassifizierung beschleunigt die Suche und das schnelle Wiederfinden vorhandener Teile und Baugruppen. Sie erleichtert die Wiederverwendung vorhandener Konstruktionen, spart den erneuten Konstruktionsaufwand und einen großen Teil der Fertigungskosten. Der geringe Mehraufwand für die systematische Datenverwaltung von Anfang an wird so belohnt.

10.1.8 Benutzerverwaltung

In einem PDM-System ist ein großer Teil des Unternehmenswissens gesammelt. Deshalb muss sichergestellt sein, dass nur Berechtigte Zugang erhalten. Wer welche Dokumente einsehen, bearbeiten oder freigeben darf, wird über personen- oder gruppenbezogene Berechtigungen festgelegt. Auch soll nachvollziehbar bleiben, wer für welche Änderung oder Freigabe verantwortlich ist. Zugleich ist immer der aktuelle Stand des Dokuments erkennbar und ein gemeinsamer Zugriff auf Dokumente möglich. Konfliktsituationen wie die gleichzeitige Bearbeitung eines Teils oder das gegenseitige Überschreiben einer Baugruppe verhindert das Datenmanagement-System durch seine Check-in/Check-out-Funktionen. Es sperrt temporär die aktuell in Arbeit befindliche Datei.

10.1.9 Status und Workflow

Der Status ist ein wesentliches Attribut eines jeden PDM-Objektes. Er zeigt an, ob ein Objekt beispielsweise „in Arbeit" oder „freigegeben" ist. Der Workflow automatisiert und dokumentiert eine festgelegte Abfolge von Einzelaktivitäten, die für einen Statuswechsel zu durchlaufen sind. Änderungsaufträge sendet das System automatisch an alle relevanten Personen im Unternehmen. So werden Teammitglieder direkt über erforderliche Maßnahmen informiert und können umgehend darauf reagieren. Die Prozesse laufen geregelt und schneller ab und sind nachvollziehbar. Ein Produkt wird nicht freigegeben, bevor alle Änderungen genehmigt sind.

Nach der Beendigung der Konstruktion erfolgt in der Regel die Freigabe durch den Konstruktionsleiter. Eine solche Freigabe wäre ein einfacher, einstufiger Prozess. Aber der Konstruktionsleiter möchte sich möglicherweise vorher noch beraten, z. B. mit dem Einkauf oder der Fertigung, um zu klären, ob ein bestimmtes Produkt überhaupt zugekauft oder hergestellt werden kann. Damit liegt eine zweistufige Freigabe vor, zuerst durch den Einkauf, dann durch den Konstruktionsleiter. Bei der Freigabe kann es sich also um firmenspezifische oder produktspezifische Prozesse handeln. Mit einem flexiblen PDM-System lassen sich solche Prozesse sehr einfach abbilden.

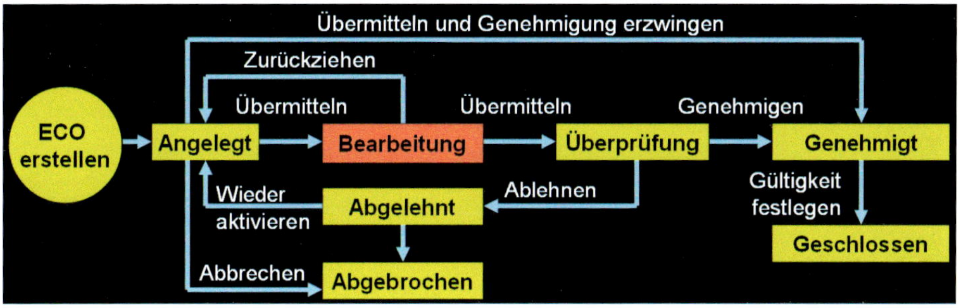

Bild 10.3: Verwaltung von Freigabe- und Änderungsprozessen durch das PDM-System

Die firmeninterne Kommunikation profitiert vom elektronischen Datenmanagement. Korrekturen und Änderungshinweise lassen sich elektronisch in den digitalen Zeichnungen und 3D-Konstruktionen eintragen („Redlining"). Der große Vorteil ist, dass die Kommunikation dann wesentlich schneller abläuft, denn die Anmerkungen werden umgehend und einfach per E-Mail versandt – deutlich schneller und billiger als auf Papier und per Post – und es geht nichts verloren. Alles ist dokumentiert und nachvollziehbar.

10.1.10 Konfigurationsmanagement und Änderungswesen

Konfigurationsmanagement ist ein Prozess, der in ISO10007 definiert wurde. Er soll die Konformität der funktionalen und physikalischen Eigenschaften des Produktes mit den Anforderungen, dem Produktdesign und den operativen Informationen im gesamten Lebenszyklus des Produktes sicherstellen. Unter Konfiguration ist dabei die Beschreibung des Produktes zu verstehen.

Gesetzliche Auflagen zur Produkthaftung verlangen, dass die Konfiguration eines Produkts über mehrere Jahre zurückverfolgt werden kann. Deshalb ist die Verwaltung von Änderungen und Verantwortlichkeiten ein wesentlicher Bestandteil des Konfigurationsmanagements. PDM hilft, die Richtlinien einzuhalten und gleichzeitig Forderungen weiterer Qualitätsnormen und Industriestandards zu erfüllen.

10.1.11 Datenmanagement in verteilten Organisationen

In größeren Organisationen gehen die Anforderungen an eine PDM-Lösung noch weiter. Sie brauchen eine optimale Unterstützung über mehrere Standorte, Länder und Kontinente hinweg, die Integration in unterschiedliche CAD-Systeme und Anbindung an das jeweils eingesetzte ERP-System. Routineaufgaben wie Datenaustausch, einschließlich Konvertierung unterschiedlicher Datenformate [14], die Generierung von Viewing-Formaten wie DWF oder PDF, Plotten und Archivierung soll zur Entlastung der Konstrukteure und Administratoren weitgehend automatisch erledigt werden.

Die Replikation der Konstruktionsdaten ermöglicht eine verteilte Produktentwicklung an mehreren Standorten und sichert den Abgleich der Daten. Sie erlaubt den schnellen Zugriff auf Engineering-Daten – auch auf 3D-Modelle – und gewährleistet die Konsistenz der Daten an jedem Standort.

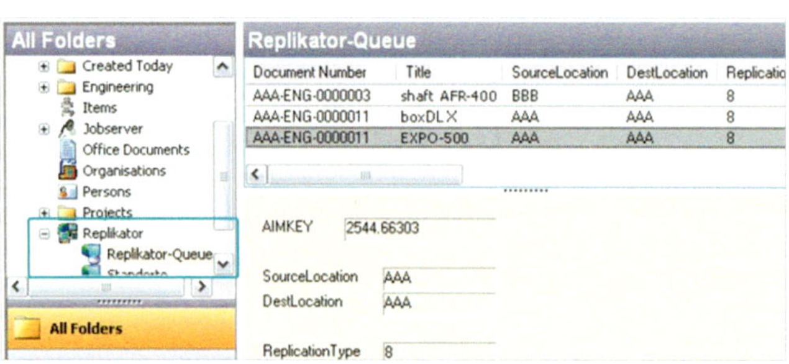

Bild 10.4:
Die Replikation der Daten ermöglicht Simultaneous Engieneering unabhängig vom Standort der beteiligten Konstrukteure.

10.1.12 Viewing-Funktionen

Die Viewing-Formate spielen eine wichtige Rolle für die PDM-Anwender in den Abteilungen außerhalb der Konstruktion oder außerhalb des Unternehmens, denn sie erlauben die Visualisierung der Produkte, Baugruppen und Komponenten ohne eine Änderungsmöglichkeit – natürlich nur der freigegebenen Daten. Die Datenhoheit bleibt in der Konstruktion, die alleine den Zugriff auf die Master-Dokumente hat.

10.1.13 Web-Zugriff

Moderne PDM-Systeme unterstützen die sichere Zusammenarbeit über das Internet. Außendienstmitarbeiter und Monteure sind so nicht länger vom zentralen Informationsportal im Unternehmen abgeschnitten. Sie können im Wartungsfall vor Ort durch die benötigten Zeichnungen blättern. Auch Zulieferern und Kunden kann auf diesem Weg Zugang zu wichtigen technischen Informationen gewährt werden, natürlich im Rahmen des Sicherheitskonzepts im Unternehmen.

10.1.14 Anpassungsfähigkeit

Je größer das Unternehmen, umso schwieriger ist es, etablierte Prozesse zu ändern. Deshalb muss sich das PDM-System an die vorgegebene Situation anpassen lassen. Das betrifft die Benutzeroberfläche, die Freigabe- und Änderungsprozesse, Basisfunktionen und das Datenmodell. Einerseits soll die Benutzung und Implementierung einer Standardkonfiguration möglichst einfach sein, andererseits soll sich das System aber möglichst flexibel modifizieren und erweiterten lassen. Das ideale PDM-System muss diese widersprüchlichen Wünsche mit weitgehender Standardisierung, mit Flexibilisierung durch konfigurierbare Parameter und Modularität in den Griff bekommen. Dabei soll die Bedienung einfach und effizient bleiben, denn die Produktivität der Ingenieure hat höchste Priorität.

10.1.15 PDM ist erschwinglich

Eine PDM-Lösung ist die Kommunikationszentrale für die Produktdaten und Wissensquelle für das ganze Unternehmen. Als eine entscheidende Schnittstelle zwischen Ingenieuren in der Konstruktion und den Kollegen weiterer Disziplinen verbessert sie die produktbezogene Kommunikation, hilft Fehler zu vermeiden und die Projektlaufzeiten zu verkürzen. Als Ordnungs- und Steuerungsinstrument in der Produktentwicklung steigert sie die Produktivität der Konstrukteure.

In der Vergangenheit waren die hohen Kosten für Software, die organisatorische Vorbereitung und Implementierung häufig die Begründung dafür, dass kleine Büros und Mittelständler (sogenannte KMUs) die Einführung einer PDM-Lösung scheuten. Die Zeit arbeitete für die KMUs, die Investitionshürde wird immer niedriger. PDM-Basisfunktionalität ist heute in manchen CAD-Systemen ohne Aufpreis enthalten. Daneben gibt es Systeme, die „Out-of-the-Box“ eingesetzt werden können, die einen schnellen und direkten Nutzen für die Konstrukteure bringen. Aber auch flexibel anpassbare Lösungen sind heute erschwinglich und mit moderatem Consulting-Aufwand zu implementieren.

10.2 Wozu PDM?

Viele Konstrukteure agieren noch immer wie Freikletterer ohne Seil und Haken. Sie verlassen sich auf Abstimmungen per Zuruf, suchen mühsam nach der richtigen Zeichnung und geraten am Ende doch an die veraltete Version. Das Risiko eines Fehlers ist groß. Es kann richtig teuer werden, wenn versehentlich die falsche Version einer Zeichnung in die Fertigung oder zu einem Zulieferer gelangt.

Die Beschreibungen von Produkten liegen heute fast ausschließlich als digitale CAD-Daten vor. Produkte werden heute mit CAD-Software konstruiert, überwiegend mit 3D-Systemen. Die 3D-Darstellung ist umfassender, leichter verständlich für alle, die in irgendeiner Form mit dem Produkt zu tun haben, einschließlich der nichttechnischen Kaufleute und Entscheider. Sie ist die Vorraussetzung für viele Prozessverbesserungen sowohl in der Entwicklung als auch in den angrenzenden Bereichen.

Während des Konstruktions- und Entwicklungsprozesses sind die CAD-Modelle und Zeichnungen permanent im Fluss: Konstrukteure suchen nach Lösungen, Kunden ändern ihre Anforderungen, Lieferanten modifizieren ihre Produkte und Spezifikationen, die Fertigung verlangt Vereinfachungen. Dabei greifen viele Gruppen von Anwendern auf die Daten zu, oft gleichzeitig, während die Konstrukteure die Entwürfe und Modelle häufig ändern. Andere Abteilungen wie Einkauf, Marketing und Vertrieb sind beteiligt und holen sich Informationen. Sie brauchen Klarheit darüber, welche Informationen vorläufig sind, welche endgültig.

Die wachsende Menge an Daten in vielen unterschiedlichen Dateiformaten, die verknüpft werden sollen, damit der Zusammenhang mit dem beschriebenen Produkt immer zuverlässig gewahrt bleibt, erhöht den Zwang zu einer systematischen Ordnung. Digitale Daten eignen sich optimal für eine effiziente Kommunikation, sowohl im Unternehmen als auch mit Partnern. Sie erleichtern die Zusammenarbeit über große Distanzen und verbessern die Produktivität, bergen aber auch Risiken.

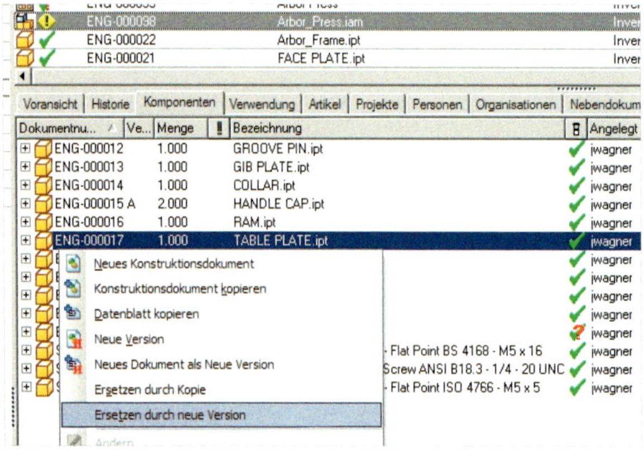

Bild 10.5:
Das PDM-System grenzt neue Versionen eindeutig von den alten ab.

Diese umwälzenden Veränderungen in der Produktentwicklung verlangen daher angepasste Werkzeuge und Regeln, die analog zur früheren geordneten Arbeitsweise mit Papierdokumenten heute sichere Abläufe bei der Arbeit mit digitalen Produktdaten gewährleisten.

Was sind nun die größten Herausforderungen, mit denen die Unternehmen konfrontiert sind, die seit Jahren oder Jahrzehnten mit CAD-Systemen arbeiten, aber bisher keine systematische Datenverwaltung betrieben? Und warum stellen mehr und mehr Unternehmen fest, dass sie eine PDM-Lösung brauchen?

10.2.1 Jede Version exakt definieren

Zu den primären Problemen und Risiken in der CAD-Konstruktion gehören die Fragen nach der korrekten Version. Welche Version ist die aktuelle? Welche Version haben wir vor drei Wochen an den Kunden geschickt? An welcher Version wird gerade gearbeitet? Welche Bauteile und Baugruppen gehören zu dieser Konstruktion? Alle diese Fragen beantwortet das PDM-System. Es zeigt eindeutig und klar den Werdegang der Konstruktion mit allen Versionen. Die aktuelle Version ist eindeutig erkennbar. So ist praktisch ausgeschlossen, dass versehentlich an einer alten Version weitergearbeitet wird. Vorgängerversionen bleiben zusätzlich erhalten und ein Rückgriff auf sie ist jederzeit möglich. Das ist besonders nützlich, wenn sich eine Konstruktionsidee als Sackgasse erwiesen hat und der Konstrukteur zu einer früheren Version zurückkehren muss.

10.2.2 Änderungen dokumentieren

Zeichnungen enthalten oft viele externe Referenzen oder Blöcke und 3D-Baugruppen bestehen in der Regel aus vielen Unterbaugruppen und Einzelteilen. Der Windows Explorer ist keine gute Hilfe, wenn man in diesen komplexen Strukturen den Überblick behalten will. Insbesondere, wenn Änderungen erforderlich sind oder Baugruppen in unterschiedlichen Versionsständen vorliegen. Dann kann nur ein PDM-System die notwendige Übersicht herstellen. Es kennt alle relevanten Baugruppen und Bauteile und führt sozusagen Buch darüber, welche Versionen der Einzelteile zu welcher Version eines Baugruppe gehört – ganz automatisch.

10.2.3 Verwendungsnachweis

In einer Baugruppe soll ein Teil geändert werden. Welche Konsequenzen hat das? Wurde das Teil auch in anderen Baugruppen oder Produkten verbaut? Das PDM-System klärt diese Frage schnell und sozusagen auf Knopfdruck. Es stellt – in Umkehrung der Stücklistenfunktion – in einem Verwendungsnachweis die Beziehungen der Bauteile und Baugruppen transparent dar und zeigt, in welchen Produkten oder Baugruppen Teile oder Unterbaugruppen verwendet worden sind. Es liefert so die Grundlage für die Entscheidung, ob eine Änderung sinnvoll ist oder möglicherweise Probleme an anderen Stellen verursacht. Dieses Wissen kann schwerwiegende Fehler vermeiden und damit viel Geld sparen.

10.2.4 Wer ist verantwortlich?

In einem Konstruktionsteam arbeiten meist mehrere Kollegen an einem Projekt, oft über größere Distanzen, an unterschiedlichen Standorten oder über Ländergrenzen hinweg, vielleicht sogar in mehreren Schichten. Nicht immer sind Fragen über den Schreibtisch per Zuruf oder Telefon schnell zu klären. Typischerweise ist der Kollege gerade auf Dienstreise oder im Urlaub, wenn dringende Probleme anstehen. Dort, wo sich die Aufgabenbereiche zweier Kollegen berühren, gibt es Klärungsbedarf. Die Mitarbeiter greifen wechselseitig auf Kollegendaten zu, nicht nur lesend, gelegentlich auch schreibend, denn das Projekt muss auch in Abwesenheit des Kollegen weitergeführt werden. Dann ist festzuhalten, wer eine Änderung verantwortet.

10.2.5 Wer wacht über die wertvollen Daten?

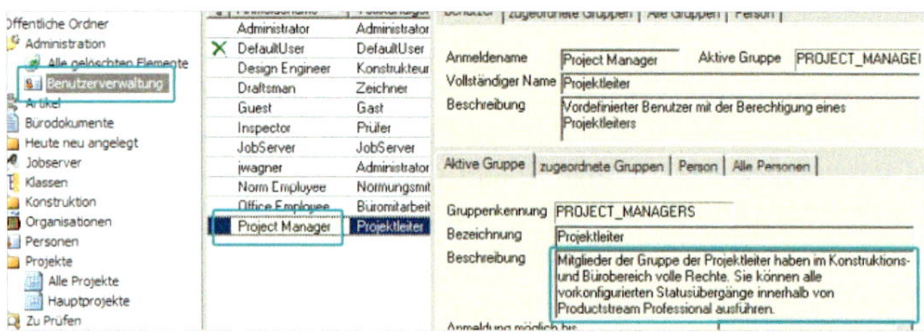

Bild 10.6: Das PDM System verwaltet personen- oder gruppenbezogene Berechtigungen.

Durch eine Check-in/Check-out-Funktion stellt das PDM-System sicher, dass eine gleichzeitige Bearbeitung von Dateien oder ein unbeabsichtigtes Überschreiben von Daten durch Teammitglieder ausgeschlossen ist. Das PDM-System legt alle Konstruktionsdaten an einer zentralen Stelle ab. Zugriff zu diesen Daten erhalten nur Personen, die sich im System identifizieren und die autorisiert sind, auf bestimmte Bereiche zuzugreifen. Auf diese Weise hält das System auch fest, wer welche Daten modifiziert hat. Im Problemfall lässt sich so die Frage nach der Verantwortung klären. So stellt die Software auch sicher, dass die Mitarbeiter anderer Abteilungen, z. B. aus der Fertigung oder dem Einkauf, nur auf freigegebene Daten zugreifen und nicht etwa auf Daten, die sich noch in Bearbeitung befinden.

Die Zuordnung von Verantwortlichkeiten war für das *ISM Ingenieurbüro Kirschbaum* mit Sitz in Neukirchen-Vluyn und seinen Kunden, ein Unternehmen der Hüttenindustrie, der Grund, gemeinsam ein PDM-System einzuführen. Es steuert das Änderungswesen und die Freigaben für alle Berechtigten. Niemand außerhalb der Konstruktion hat Zugriff auf die Modelldaten, die auf dem Kundenserver liegen. „Das Änderungswesen und der Freigabeprozess sind ein großer Fortschritt. Vorher war Fehlgriffen oder einer Manipulation der Daten Tür und Tor geöffnet. Intern wissen wir zwar noch gut, was jeder tut. Aber im größeren Kreis unserer Konstrukteure und der Mitarbeiter des Kunden wären die Risiken zu groß. An der gesicherten Datenverwaltung führte daher kein Weg vorbei“, erklärt Thomas Kirschbaum, Inhaber des Ingenieurbüros.

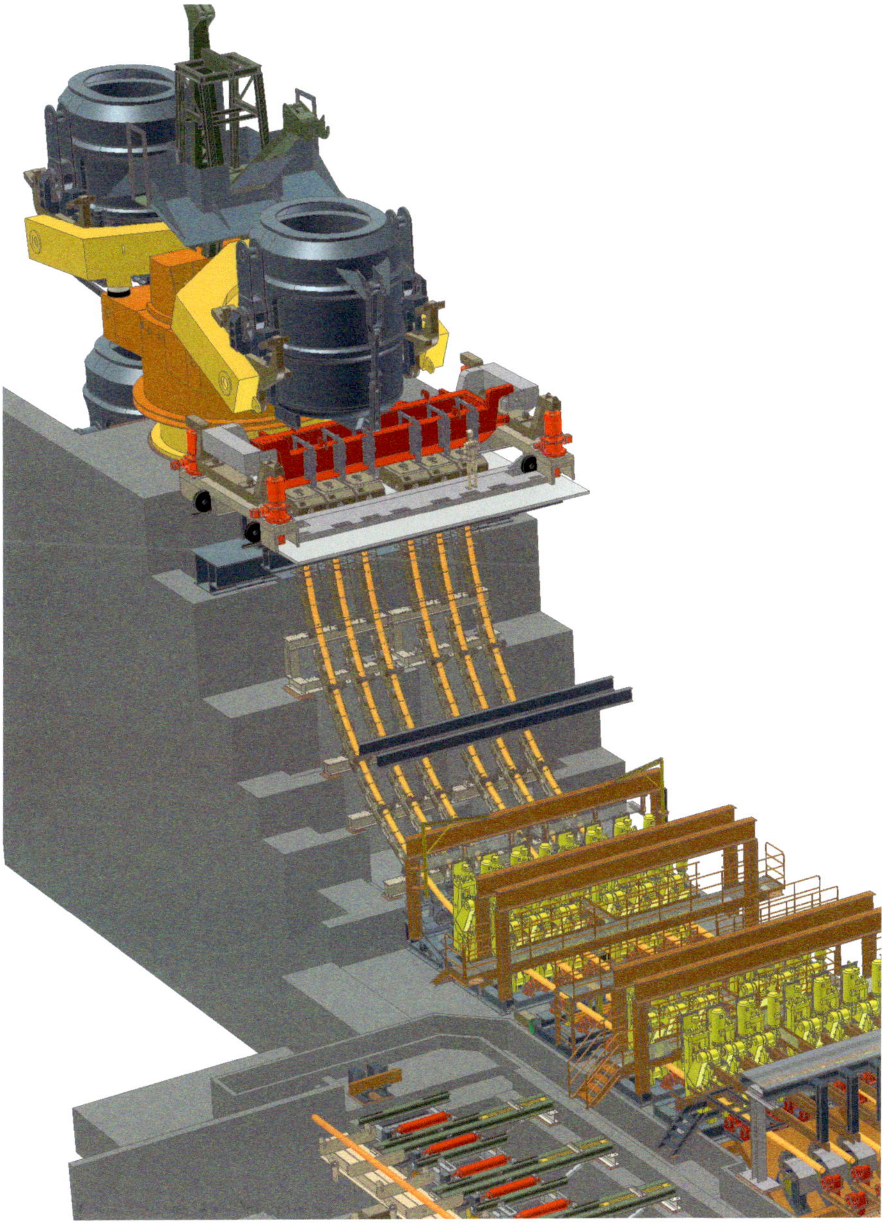

Bild 10.7:
Entwicklung einer Brammen-Stranggießanlage. Verantwortlichkeit, Freigabeprozesse und Änderungswesen sind unverzichtbar (Quelle: ISM Kirschbaum).

10.2.6 Standardisierung und schnelle Suche

PDM hilft bei der Standardisierung und Reduzierung der Teilevielfalt

Das PDM-System vereinfacht die Suche und kennt alle Dateien, die zu einer Konstruktion gehören. Das erleichtert die Wiederverwendung vorhandener Bauteile und spart im günstigsten Fall den gesamten Aufwand für die Neukonstruktion und eines großen Teils der Fertigungskosten obendrein. Auf diese Weise hilft PDM bei der Standardisierung und Reduzierung der Teilevielfalt. Dr. Angelo Schmandra, Technischer Leiter bei der *BHS Sonthofen*, geht sogar so weit zu sagen: „Da das PDM-System Wiederholteile berücksichtigt sowie Baukastenstrukturen und das Typenprogramm strafft, lassen sich Maschinen zu marktgerechten Preisen entwickeln und fertigen sowie bei Neuentwicklungen Zeitersparnisse von über 50 Prozent realisieren."

Je nach Unternehmensgröße befinden sich vielleicht 5.000, 10.000 oder 50.000 aktive Zeichnungen in der Ablage. Und pro Konstrukteur kommen möglicherweise jährlich 100 neue oder geänderte Zeichnungen hinzu. Weiß Konstrukteur Meier was Konstrukteur Müller gerade bearbeitet? Und was ist, wenn Müller die Firma verlässt? Geht dann die Sucherei los? Da ist es doch besser, wenn alle Zeichnungen von einem PDM-System so verwaltet werden, dass sie jederzeit leicht zu finden sind – auch wenn Müller einen verlängerten Urlaub in Spanien verbringt.

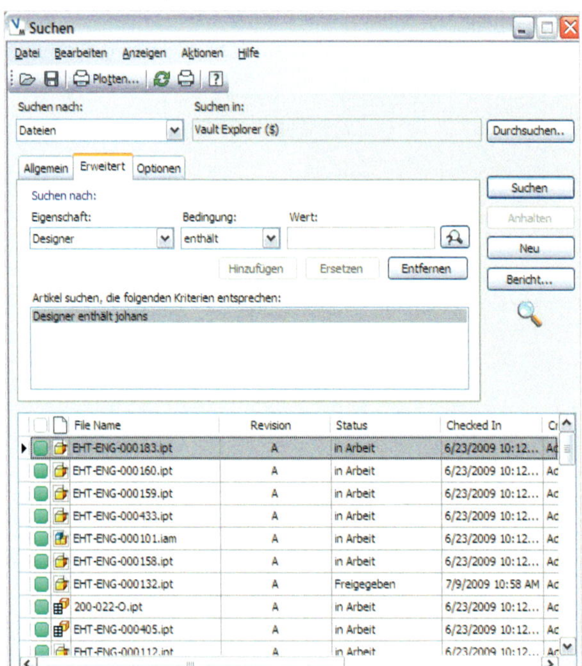

Bild 10.8: Eine intuitiv zu bedienende Suchfunktion hilft, Teile und Baugruppen zu finden, um Konstruktionen einfacher wiederzuverwenden.

Die *Modellbau Chemnitz GmbH* beispielsweise, ein 15-Mann-Betrieb, erhält viele Einzelaufträge. Die Auftragsdokumente werden in zeitlichen Abständen und mit kleinen Änderungen wiederholt verwendet. „Wir müssen immer wieder auf abgelegte Daten zurückgreifen. Deshalb hat die Datenverwaltung bei uns einen hohen Stellenwert. Die Hauptaufgabe für unsere PDM-Lösung war deshalb zunächst die systematische Ablage und das schnelle Wiederfinden. Alleine diese beiden Funktionen haben das System für uns zum unverzichtbaren Instrument gemacht", erklärt Geschäftsführer Jens Pröger. Bei manchen PDM-Systemen erleichtert die projektorientierte Organisation der Daten das Finden von Unterlagen ganz erheblich. Modelle, Zeichnungen, Spezifikationen, Berechnungen, aber auch Kontakte, E-Mails, Angebote usw. können in einem Projekt übersichtlich abgelegt und leicht gefunden werden – und das ohne Datenredundanz.

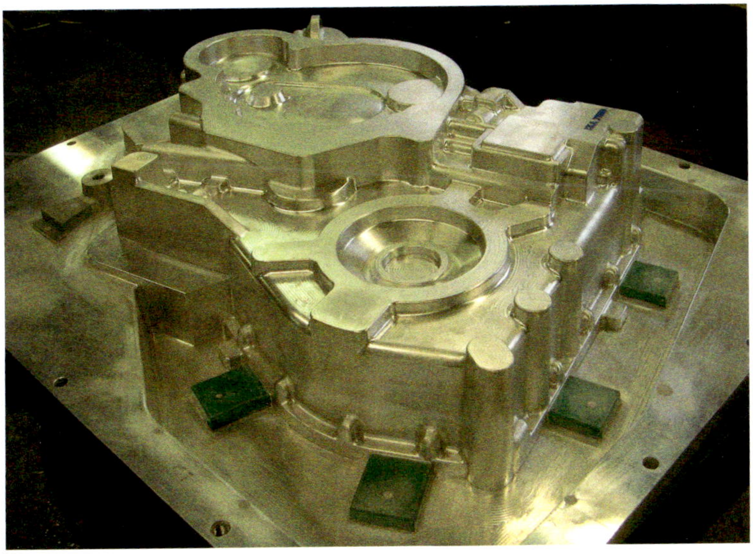

Bild 10.9:
Modellplatte für ein Gehäuse (Quelle: Modellbau Chemnitz GmbH)

10.2.7 Elektronischer Freigabeprozess

Um die Entwicklungszeiten zu verkürzen, genügt es nicht, nur in der Konstruktionsabteilung die Daten systematisch zu verwalten. Die Daten müssen weiter unter Kontrolle bleiben, wenn sie an die Fertigung gehen, denn hier kommt es darauf an, dass der Mann an der Maschine nur mit freigegebenen Zeichnungen arbeitet und immer Zugriff auf die aktuellsten Daten hat. Dafür sorgt das PDM-System.

		!	Bezeichnung	Status
			LEVER ARM.ipt	00002 - Zu prüfen
			Arbor Press	00002 - Zu prüfen
			Arbor_Press.iam	00001 - In Arbeit
			Lagerbock_FEM	00001 - In Arbeit
			Lagerbock	00003 - Freigegeben
			Lagerbock	00003 - Freigegeben
			LEVER ARM.ipt	00001 - In Arbeit
			Lagerbock_FEM	00003 - Freigegeben
			Lagerbock	00003 - Freigegeben
			Lagerbock	00003 - Freigegeben
			Presse Mod. 472121	00001 - In Arbeit
			Presse Mod. 472121	00001 - In Arbeit

Bild 10.10:
PDM kontrolliert den Status der Dokumente.

Es automatisiert den Freigabeprozess und die Verwaltung der Konstruktionsänderungen und Stücklisten. So behält die Konstruktionsabteilung die Kontrolle über alle Konstruktionsdaten, die in die Fertigung gehen. Die Kollegen aus der Fertigung oder dem Einkauf haben gleichfalls Zugang zu den Daten. Sie können die Daten überprüfen und ergänzen, ohne die Konstruktionsdaten selbst zu überschreiben. Die Statusanzeige für jede Komponente gibt den Stand des Projekts genau wieder, beispielsweise „in Arbeit“ oder „freigegeben“.

10.2.8 Zuverlässige Stücklistenverwaltung

Die automatische Erstellung einer Stückliste in einem 3D-CAD-System bietet bereits sehr viel Zeitersparnis und hilft Fehler zu vermeiden. Aber mit der PDM-Software kommen noch weitere Möglichkeiten dazu: beispielsweise die Ergänzung der Stückliste um Zukaufteile wie Dichtungen und Schmiermittel, die nicht explizit in der

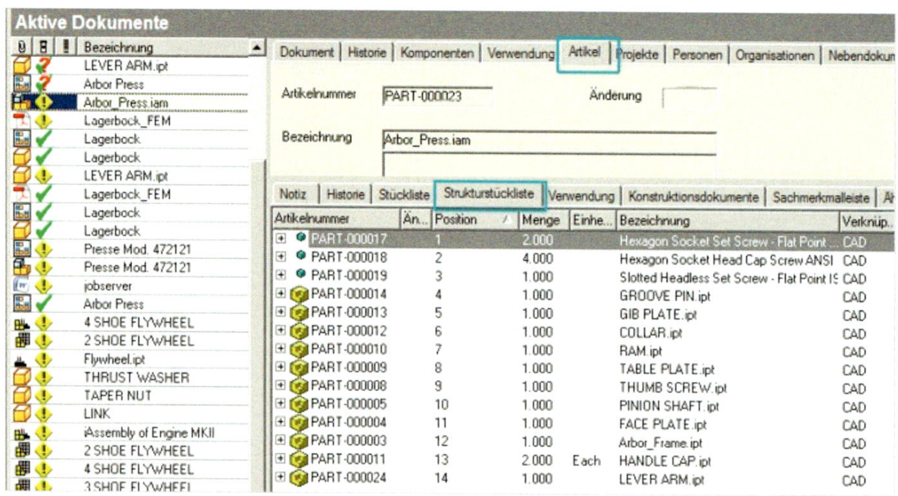

Bild 10.11: PDM sorgt für aktuelle und vollständige Stücklisten.

CAD-Konstruktion modelliert wurden, oder um Verpackungsmittel und Teile, die während der Montage benötigt werden. Die PDM-Stücklistenfunktionen sind die Voraussetzung dafür, dass Produkte und alle Anlagenteile vollständig beim Kunden oder am Montageort ankommen. Auch hier kann ein PDM-System viel Geld einsparen, denn es ist teuer, wenn das Montageteam unverrichteter Dinge abrücken muss, weil wichtige Teile fehlen.

10.2.9 Dokumentationspflichten erfüllen

Viele Unternehmen müssen ihre Prozesse dokumentieren, um den Erfordernissen einer ISO-Zertifizierung Genüge zu leisten oder um gesetzliche Dokumentationspflichten aus Gründen der Produkthaftung zu erfüllen. Dazu gehört auch, dass die Freigabe und Änderung von Konstruktionen dokumentiert wird, zusammen mit dem

Zeitpunkt, wann diese Änderungen Gültigkeit erlangen. Damit soll jederzeit nachvollzogen werden können, welche Revision eines Kaufteils bei einem Lieferanten bestellt wurde, welche Version an welchen Kunden ausgeliefert wurde, welche Änderungen ab welchem Zeitpunkt in die Produktion eingeflossen sind. Und auch die Verantwortung für die Entscheidungen ist klar dokumentiert – eine Notwendigkeit für eine Zertifizierung – und diese wird in mehr und mehr Branchen gefordert. Änderungen werden nachvollziehbar und damit transparent. Mit zunehmender Dringlichkeit einer Zertifizierung wird ein PDM-System unverzichtbar.

Änderungen und kundenspezifische Modifikationen müssen jederzeit nachvollziehbar sein!

10.2.10 Entwicklungszyklen verkürzen

Beim Wettrennen um Kunden und Aufträge ist Schnelligkeit Trumpf. Wenn der Bedarf für ein Produkt vorhanden ist, ist immer der Lieferant im Vorteil, der ein vergleichbares Produkt schneller liefern kann. In Anlehnung an das olympische Motto „citius, altius, fortius" gilt in der Produktentwicklung: „schneller, besser, billiger". Und wie bei den olympischen Ausscheidungsrennen trifft es die Teilnehmer auf den letzten Plätzen: Sie scheiden aus. Das PDM-System hilft nicht nur, schneller eine alte Konstruktion wiederzufinden, es unterstützt auch die automatisierte Überwachung der Abläufe und der Änderungen. Fertigung und Einkauf erhalten verlässlichere Daten, Fehlerquellen werden eliminiert. Damit hat man eine genauere Kalkulationsbasis für Angebote, kann schneller und günstiger kalkulieren und hat bessere Chancen, den Auftrag zu gewinnen. Man sieht: PDM hilft nicht nur der Konstruktionsabteilung, sondern hat positive Auswirkungen auf das gesamte Unternehmen.

Ein PDM-System verwaltet nicht nur Informationen. Durch die Verknüpfung und Vernetzung der Informationen entsteht Wissen. Dieses Wissen wird mehr Mitarbeitern in der Organisation zugänglich gemacht. Das Unternehmen wird unabhängiger von Einzelpersonen, den Unwägbarkeiten der Personalfluktuation oder auch nur der Nichterreichbarkeit bei Urlaub oder Dienstreisen. Müllers Urlaub blockiert nicht länger den Ablauf eines Projektes.

PDM hat positive Auswirkungen auf das ganze Unternehmen

10.3 Branchenspezifische Anforderungen an PDM

Die Anforderungen an ein PDM-System sind in mittelständischen Firmen andere als in Großunternehmen. Sie unterscheiden sich auch durch die Art der Produktion. Zwei Formen der Fertigungsorganisation sind besonders typisch, ja sogar gegensätzlich: die Serienfertigung und die Auftragsfertigung.

10.3.1 Serienfertigung

Die Serienfertigung ist gekennzeichnet durch hohe Stückzahlen, eine stark arbeitsteilige Produktion, qualitativ verwandte Erzeugnisse und einen großen Aufwand für die Vorbereitung der Fertigung mit hohen Rüstzeiten und -kosten. Beispiele findet man in der Automobilindustrie, in der Produktion von Konsumgütern oder im Standardmaschinenbau.

Bei der Serienfertigung kommt es darauf an, dass das Produkt vor Anlauf der Produktion bis ins letzte Detail optimiert und getestet ist. Fehlerkorrekturen nach Anlauf der Serie sind unter allen Umständen zu vermeiden. Deshalb liegt hier der Fokus bei der Auswahl eines PDM-Systems auf den Funktionen für das Versions- und Änderungsmanagement. Die Produktoptimierung und das Feedback des Prototypenbaus muss zuverlässig unterstützt und verwaltet werden. Die Kostenminimierung in Zusammenarbeit mit dem Einkauf spielt in der Serienfertigung ebenfalls eine wichtige Rolle, deshalb ist eine enge Verbindung zum ERP-System und der Materialwirtschaft erforderlich. Freigaben werden strenger als in anderen Fertigungsbereichen gehandhabt.

Auch in der Serienfertigung steht die Entwicklung nach der Freigabe nicht still. Das PDM-System muss eine parallele Weiterentwicklung unterstützen, einschließlich der Möglichkeit, eine partielle Verbesserung in die Serie kontrolliert einlaufen zu lassen.

10.3.2 Auftragsfertigung

Ganz anders liegen die Prioritäten bei der Auftragsfertigung, auch Einzelfertigung genannt. Sie ist vor allem im Investitionsgüterbereich zu finden. Ein Produkt wird erst dann gefertigt, wenn ein konkreter Kundenauftrag vorliegt. Fast jedes Produkt ist ein Unikat, allenfalls eine Kleinstserie oder ein Wiederholungsauftrag, kaum ein Produkt gleicht dem anderen. Die Fertigung ist meist als Werkstattproduktion organisiert. Dieser Organisationstyp herrscht im Großmaschinenbau, beim Bau von Betriebseinrichtungen und Sondermaschinen für die Produktion vor.

Im Rahmen der Auftragsfertigung ist auch die Erfüllung individueller und ausgefallener Kundenwünsche möglich. Die hohe Flexibilität erlaubt eine schnelle Marktanpassung. Sie erfordert allerdings ein entsprechend gut ausgebildetes und qualifiziertes Personal.

Diese PDM-Eigenschaften sind besonders bedeutsam für Spezialmaschinenbauer wie die österreichische *Perndorfer Maschinenbau KG* und deren Dokumentation von Wasserstrahlschneidemaschinen. Perndorfer produziert diese Maschinen in kleinen Serien und sehr oft mit kundenspezifischen Merkmalen, Anpassungen oder Konfigurationen. Das PDM-System der Österreicher besitzt eine Revisionsverwaltung. Sie ermöglicht das „Einfrieren" eines Änderungszustandes bzw. einer „Revision". Diese Revisionen dokumentieren Produkte, die an Kunden ausgeliefert wurden. Sie werden gesperrt und festgehalten. Eine eventuelle spätere Änderung löst die Anlage einer neuen Revision aus. „Wir müssen einen Konstruktionszustand, den wir bewusst für einen Kunden oder ein Projekt hergestellt haben, festhalten, um später gezielt und schnell darauf zurückgreifen zu können", erklärt Andreas Perndorfer, Leiter der Konstruktion.

Bild 10.12: Kundenspezifische Wasserstrahlschneidemaschine: Auftragsfertiger brauchen ein verlässliches Änderungsmanagement (Quelle: Perndorfer Maschinenbau KG).

10.3.2.1 Verbessertes Kostenmanagement

Die Probleme der Auftragsfertigung liegen in den hohen Stückkosten, den langen Lieferzeiten und der schwankenden Kapazitätsauslastung. Deshalb zählen beim Einsatz von PDM die Senkung der Stückkosten und die Verkürzung der Projektlaufzeit zu den vorrangigen Zielen. Bei der Kostensenkung kann das PDM-System helfen, indem es durch ein intelligentes Teilemanagement die Standardisierung und Wiederverwendung von Komponenten unterstützt.

Bereits während der Planungs- und Entwurfsphase werden Daten aus dem PDM- und dem ERP-System benötigt, um die Kostenentwicklung zu überprüfen. Die präzise und umfassende Datenbasis des PDM-Systems erleichtert die Erstellung realistischer Angebote, weil man aus ähnlichen Projekten der Vergangenheit viele Daten, Kosten und Berechnungen übernehmen kann und somit eine genauere Kalkulationsgrundlage hat. Oft geht es ja erst einmal darum, den Auftrag zu erhalten. Dabei darf man natürlich nicht zu niedrig anbieten, um einen Verlust zu vermeiden. Ein zu hoher Preis kann bedeuten, dass ein günstigeres Gebot den Vorzug bekommt.

10.3.2.2 Beschleunigte Abwicklung

Die Automatisierung und Steuerung der Entwicklungsprozesse beschleunigt die gesamte Projektabwicklung. Ein integriertes Projektmanagement hilft dabei, Zeitpläne zu überwachen, die Kommunikation mit den Kunden und eventuelle Änderungsanforderungen zu verwalten. Fehlerfreie Stücklisten aus dem PDM-System reduzieren teure Verzögerungen bei der Montage oder Fertigung. Ergänzende Werkzeuge wie der Jobserver in der Autodesk-Lösung Productstream Professional helfen automatisch und praktisch über Nacht, einen kompletten Satz Zeichnungen für die Fertigung oder die Montage zu produzieren. Das ist eine deutliche Entlastung der Mitarbeiter in der Konstruktion.

Eine flexible und anpassungsfähige PDM-Lösung ist sowohl für den Einsatz in der Serienfertigung als auch bei Auftragsfertigern geeignet. Ihr modularer Aufbau bietet die Möglichkeit, die passenden Komponenten für das jeweilige Anforderungsprofil auszuwählen.

10.4 PDM-Einführungsplanung

Ein PDM-System wechselt man nicht wie sein Hemd. Deshalb ist die Wahl der passenden Software und des richtigen Partners eine Entscheidung für eine lang andauernde Verbindung. Die Einführung betrifft viele Bereiche und Abteilungen im Unternehmen und hat deshalb weitreichende Auswirkungen. Alle Personen, die den Zugriff auf Produktdaten für ihre tägliche Arbeit benötigen, sollen den Zugang zum PDM-System erhalten. Nur so ist sichergestellt, dass alle am Produktprozess Beteiligten mit dem gleichen einheitlichen Datenbestand arbeiten. Das Ziel ist deshalb, sobald die Wahl getroffen ist, ein PDM-Projekt rasch für alle relevanten Benutzer zur Verfügung zu stellen. So soll ein sofortiger Nutzen für möglichst viele Mitarbeiter erreicht werden und sich die Investition für das Unternehmen schnell auszahlen.

In einem kleinen Betrieb mag es genügen, wenn aus der Entwicklung, der Fertigung und der Auftragsabwicklung jeweils eine Person involviert ist. In größeren Organisationen kann es neben einem zentralen Planungsteam möglicherweise sogar mehrere Umsetzungsteams für die verschiedenen Bereiche geben.

Die Konstruktion soll die Hoheit über die CAD-Daten behalten!

In der Regel liegt die Federführung für ein PDM-Projekt bei der Konstruktion und Entwicklung, denn dort werden etwa 75 Prozent aller Produktdaten festgelegt, dort laufen die Fäden zusammen, wenn Änderungen erforderlich sind. Deshalb ist es nur logisch, wenn diese Abteilungen die Hoheit über die Produktdaten in der Hand behalten.

Aufgabe der PDM-Planer ist es, die Anforderungen aller Abteilungen im Auge zu behalten. Dabei geht es nicht ausschließlich darum, die vorhandenen Prozesse und Strukturen eins zu eins in ein PDM-System zu pressen, sondern sie auch infrage zu stellen, um durch Erneuerung oder Vereinfachung zu besseren und schnelleren Abläufen zu kommen. Wo aber firmenspezifische Abläufe unverzichtbar sind, ist eine entsprechende Anpassungsfähigkeit der PDM-Software unerlässlich, damit die Einführung nicht die Prozesse behindert. Deshalb gehört zu den ersten Schritten der Planer eine umfassende Bestandsaufnahme und Analyse der Anforderungen, die dann zu einem Sollkonzept führen, das die Basis für die Auswahl einer Lösung darstellt.

Es gibt umfangreiche Anforderungslisten und Fragenkataloge, die bei der Auswahl eines PDM-Systems helfen können. Es würde zu weit führen, an dieser Stelle eine komplette Checkliste aufzuführen. Stattdessen richten wir die Aufmerksamkeit auf einige ausgewählte und wichtige Themen und Fragen, die bei aktuellen PDM-Projekten immer wieder eine Rolle spielen.

10.4.1 Dreh- und Angelpunkt: Konstruktion

Die Überlegungen zur Einführung eines PDM-Systems beginnen in der Regel mit der Verwaltung der CAD-Daten in der Konstruktion. Dort drückt der Schuh am meisten. Ein erster Einstieg ist deshalb oft eine Dateiverwaltung. Sehr schnell kommt dann die Sprache auch auf die begleitenden Daten, die mitverwaltet werden sollen, wie

- Office-Dokumente, Schriftverkehr und E-Mails
- CE-Erklärungen
- Protokolle
- Spezifikationen
- Werkszeugnisse für Rohmaterial und Halbfertigteile
- digitalisierte Papierzeichnungen
- interne und externe Kommunikation.

Die Korrespondenz und andere wichtige Dokumente, die ein Projekt betreffen, sollten nicht „privat" auf dem Arbeitsplatz eines Mitarbeiters abgelegt sein. Sie sind wichtiger Bestandteil der Projektdokumentation, müssen entsprechend verwaltet werden und dürfen keinesfalls verloren gehen.

10.4.2 Altdaten-Übernahme

Zu den Aufgaben, die bei einer PDM-Einführung zu planen sind, gehört die Übernahme der Altdaten, vielleicht sogar eines Papierarchivs. Für eine gute und vollständige Implementierung ist es wünschenswert, alle relevanten Daten in das PDM-System zu importieren. Medienbrüche wären ein Hindernis bei der täglichen Arbeit. Papierdokumente sind in einer digitalisierten Welt und in der elektronischen Kommunikation über Standorte und Ländergrenzen hinweg nicht mehr denkbar. Manche Unternehmen nutzen die Gelegenheit, Altdaten zu eliminieren, die nicht mehr benötigt werden, und den Rest – so weit wie möglich – zu konvertieren beziehungsweise – im Falle von Papierzeichnungen – alle Dokumente zu scannen und in das System zu überführen. Viele Unternehmen wollen unterbinden, dass CAD-Daten außerhalb der Konstruktion kursieren und legen deshalb die allgemein benötigten Dokumente zusätzlich für Viewing-Zwecke in den neutralen Formaten PDF, DWF oder TIF ab. Meist liegen redundante Daten und Dateien vor. Die Dateistrukturen können in der Regel nicht eins zu eins übernommen werden. Deshalb sind Tools erforderlich, die beispielsweise die Vollständigkeit von Baugruppen überprüfen und doppelte Dateien oder Dateinamen eliminieren. Um Migrationen zu vereinfachen, kann man nicht früh genug dazu raten, ein Datenmanagementsystem einzusetzen. Sind die Daten einmal geordnet in einer Datenverwaltung, dann sind sie leichter in eine andere PDM-Lösung zu übertragen. In dieser Phase entstehen viele Fragen, die der Klärung bedürfen:

Einführung eines PDM-Systems nicht hinauszögern!

- Können Sie auf die Übernahme der Altdaten weitestgehend oder ganz verzichten?
- Wollen Sie nur Ihre CAD-Daten übernehmen?
- Müssen CAD-Daten bei der Übernahme konvertiert werden?
- Sollen zusätzlich zu den nativen CAD-Daten Neutralformate wie PDF, TIF oder DWF übernommen werden?
- Oder wollen Sie Ihre Papierzeichnungen scannen, um eine einheitliche elektronische Verwaltung aller Unterlagen zu realisieren?
- Ist eine Langzeitarchivierung von Dokumenten gefordert?

10.4.3 ECAD- und CAE-Daten integriert verwalten

Die Elektrokonstruktion und Steuerungsentwicklung muss mit ins Boot. Bei vielen Maschinenbauern übertrifft der Aufwand der Elektronikentwicklung bereits den der Mechanikkonstruktion. Ebenso sind Berechnungs- und Simulationsdaten wichtige Teile der digitalen Produktentwicklung, die im PDM-System integriert zu verwalten sind.

10.4.4 Das Pferd von der richtigen Seite aufzäumen

Eine hohe Priorität genießt immer die Integration in das jeweils vorhandene ERP-System (Enterprise Resource Planning) oder PPS-System (Produktionsplanungs- und Steuerungssystem). ERP- und PDM-Systeme weisen Überschneidungen vor allem in den Bereichen Stücklisten- und Stammdatenverwaltung auf. Viele wichtige Funktionen der PDM-Systeme, wie Konfigurationsmanagement, Klassifizierung und Teilemanagement, decken ERP-Systeme allerdings kaum ab. Auch die Integration der CAD/CAM/CAE-Systeme ist meist unzureichend gelöst. Inzwischen versuchen sich auch die ERP-Hersteller an Lösungen zur Verwaltung der Konstruktionsdaten. Aber: Ist die Lösung Ihres ERP-Herstellers flexibel genug für die Bedürfnisse in der Konstruktion? Gerade bei der Berücksichtigung von Bedürfnissen der Konstruktions- und Entwicklungsabteilungen zeigen sich bei ERP-Systemen oftmals Schwächen:

- Für das Ein- und Aus-Checken von Dokumenten muss jeweils zwischen CAD- und ERP-Ansichten gewechselt werden.
- Die direkte Schnittstelle zum ERP-System verhält sich langsam und führt zu Zeitverlusten (Anwender berichten von doppeltem Zeitaufwand).
- Die ERP-Schnittstelle ist an jedem Arbeitsplatz erforderlich (Lizenzkosten).
- 3D-Modelle sind außerhalb der Konstruktion zugänglich (unzureichende Sicherheit).
- Die ERP-Lösung unterstützt die strukturierte Ablage der Daten nicht, bzw. unvollständig.
- Es gibt Probleme beim nicht gleichzeitigen Releasewechsel des CAD- oder ERP-Systems.

Für eine PDM-Lösung, die optimal in das CAD-System integriert ist, führen erfahrene Anwender dagegen Argumente auf wie:

- Die 3D-Daten bleiben in der Obhut der Konstruktionsabteilung und laufen weniger Gefahr, in falsche Hände zu geraten.
- Die Datenübergabe an das ERP-System findet erst zu einem späten Zeitpunkt oder bei Freigabe statt. Die ERP-Schnittstelle wird nur an wenigen Arbeitsplätzen benötigt.
- Die Konstrukteure können schneller, effizienter und weitgehend unabhängig vom ERP-System arbeiten.
- CAD-spezifische Informationen und Strukturen werden besser unterstützt.

Deshalb sollte man alle Argumente gut abklopfen und genau prüfen, mit welcher Lösung die Bedürfnisse der technischen Abteilungen optimal erfüllt werden.

10.4.5 Aufwand und Kosten sparen

Eine effiziente Suche und das schnelle Wiederfinden vorhandener Konstruktionen und Bauteile kann eine enorme Hilfe sein, um Kosten zu sparen. Deshalb will die Organisation der Ablage gut überlegt sein:

- Sollen Ihre Produkte nach DIN 4000 klassifiziert und mit Sachmerkmalen versehen werden (Sachmerkmalleisten)?
- Oder genügt die rudimentäre Lösung eines Benennungskatalogs, um existierende Teile und Baugruppen rasch zu finden?
- Erwarten Sie, dass Ihre Daten über Links zu einem Netz von Informationen verknüpft sind?

Die zentrale Verwaltung von Vorlagen und Kontaktdaten ist zu empfehlen. Ihr Wert zeigt sich, wenn die Firmenbezeichnung oder ein Logo geändert werden muss.

- Welche Vorlagen und Formblätter sind wichtig?
- Ist die Zentralisierung möglich?

Gerade bei Auftragsfertigern ist die zentrale Verwaltung aller Projektdaten sinnvoll, damit alle zum Projekt gehörigen Daten den Beteiligten zur Verfügung stehen. Dazu gehören auch die Kontaktdaten von Kunden und Partnern. Wenn dann ein Kunde umzieht, können alle Kontaktdaten des Kunden beispielsweise den Umzug automatisch nachvollziehen.

10.4.6 Praktikable Lösungen

Vielseitige Checklisten bieten eine Hilfestellung, die den Anspruch hat, möglichst alle denkbaren Fälle abzudecken. Im konkreten Projekt muss der Planer seine eigenen Prioritäten setzen und Gewichtungen finden, die für seine Firma oder Organisation passen. Bei der PDM-Auswahl für kleine und mittlere Unternehmen (KMU) können die Gewichte ganz anders verteilt sein. Beispielsweise kann in einem kleinen Betrieb der Faktor Beschaffungskosten, der Zeitaufwand für die Einführung oder auch nur die bewährte Geschäftsbeziehung zu einem Partner das entscheidende Argument sein. Kleine Unternehmen haben weder die Zeit noch die Ressourcen für aufwendige Projekte.

Die Zeit arbeitet allerdings für die KMUs, die Investitionshürde wird immer niedriger. Eine leistungsfähige PDM-Basislösung gibt es heute als Bestandteil mancher CAD-Systeme ohne Aufpreis. Das bedeutet, Funktionen wie eine sichere Multiuser-Verwaltung, die Verwaltung der Versionen einer Konstruktion, das Wiederfinden von Komponenten und Baugruppen und der Verwendungsnachweis sind integrierter Bestandteil moderner CAD-Systeme. Dieser einfache Einstieg ist eine gute Voraussetzung für den weiteren Ausbau der PDM-Funktionen, um neben den Geometriedaten auch Stücklisten, Artikelstämme, Office-Dokumente und Arbeitsabläufe zu verwalten.

10.4.7 2D-Daten

Datenmanagement von Anfang an macht Sinn, um Wildwuchs nicht entstehen zu lassen.

Datenmanagement ist keinesfalls ein exklusives Thema für 3D-CAD-Anwender. Nein, ganz im Gegenteil. Es macht sehr viel Sinn, frühzeitig, am besten von Anfang an, eine systematische Datenverwaltung auch in der 2D-Konstruktion zu betreiben. Denn solange die Menge der archivierten Konstruktionsdaten noch überschaubar ist, sind die Einführungshürden am kleinsten. Eines der gravierendsten Argumente für das Datenmanagement in der 2D-Konstruktion wird häufig übersehen. Wer seine Konstruktionsdaten nicht von Anfang an in Ordnung hält, wird später, wenn die Datenmenge riesengroß geworden ist, enorme Schwierigkeiten haben, auf eine größere und umfassendere PDM-Lösung zu migrieren. Wenn der Wildwuchs von temporären Dateien und redundanten Kopien auf den Festplatten und Backups erst einmal überhandgenommen hat, dann wird es schwer, die gültigen Zeichnungen vom Unkraut zu trennen. Wenn dann irgendwann der Technologiewechsel kommt, begleitet das PDM-System idealerweise die Anwender von 2D nach 3D ohne Bruchstellen. Und ein Teil der Dokumente wie Schemapläne oder Fertigungszeichnungen bleiben unverändert 2D-Daten.

10.4.8 Zusammenarbeit über mehrere Standorte

Der Trend zur Globalisierung der Unternehmen, aber auch die Möglichkeiten moderner Datennetze, führen dazu, dass Engineering und Fertigung immer häufiger geografisch getrennt sind. Das PDM-System muss über Standortgrenzen, Kontinente und Zeitzonen hinweg dafür sorgen, dass die räumliche Distanz möglichst wenig spürbar ist. Gleichzeitig gewinnen die sogenannte „schlanke Fertigung“ und die Zusammenarbeit mit Dienstleistern, Partnern und Lieferanten an Bedeutung. Damit wächst die Notwendigkeit eines kontrollierten Zugriffs auf die Daten, die Verwaltung der unterschiedlichen Versionen und die Zuordnung von Verantwortlichkeit.

11 Fertigung

11.1 Rapid Prototyping

Eine kürzere Entwicklungszeit oder eine schnellere Reaktion auf eine Kundenanfrage kann der entscheidende Vorteil sein, wenn es um wichtige Aufträge geht. Wer schneller mit einer Neuentwicklung auf den Markt kommt, kann das Interesse auf sich ziehen und Kunden an sich binden. Rapid-Prototyping-Verfahren (RP) sind deshalb eine wirkungsvolle Ergänzung der 3D-CAD-Konstruktion. Anwender berichten von einer Reduzierung des Durchlaufs durch Entwicklung und Fertigung auf ein Drittel der Zeit, die früher gebraucht wurde. Obendrein ist die Genauigkeit und Qualität von Prototypen und Modellen besser. Die RP-Verfahren kommen ohne handwerklichen Modell- oder Prototypenbau aus, führen innerhalb kürzester Zeit zum physischen Modell und sind kostengünstig. Die Modelldaten werden direkt aus dem CAD-System in das RP-System übernommen und die Fertigung des RP-Modells kann sofort beginnen. Sie sind deshalb eine optimale Lösung, wenn man schnell

- ein Handmuster eines Bauteils (vor allem eines komplizierten Bauteils)
- einen Prototypen
- ein Versuchsmuster
- ein Messemuster

braucht.

Es gibt mittlerweile rund ein Dutzend Verfahren, mit unterschiedlichen Eigenschaften und Vorteilen, entsprechend auch viele unterschiedliche Hersteller von Systemen. Zu diesen Verfahren gehören:

1. Stereolithografie (STL)
2. Solid Ground Curing (SGC)
3. Selective Laser Sintering (SLS)
4. Direct Metal Laser Sintering (DMLS)
5. Fused Deposition Modelling (FDM)
6. Layer Object Manufacturing (LOM)
7. Paper Laminated Technology (PLT)
8. Model Maker (MM)
9. Multi Jet Modelling
10. Multiphase Jet Solidification
11. Electron Beam Melting (EBM, Elektronenstrahl-Sintern)

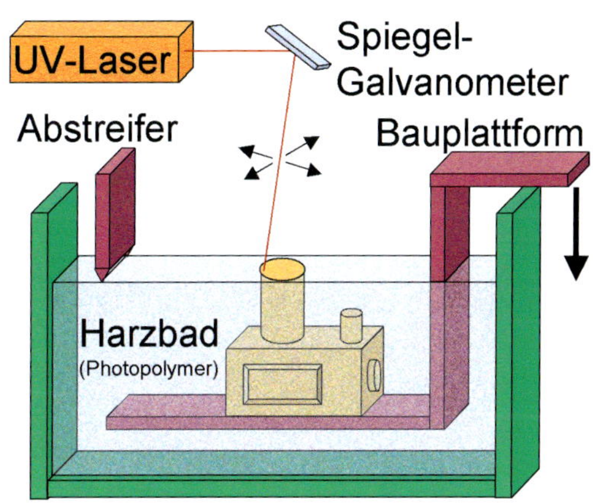

Bild 11.1: Stereolithografie-Verfahren, schematisch

Allen Verfahren gemeinsam ist die Zerlegung des CAD-Modells in zweidimensionale Schichten, die bei der Herstellung des physischen Modells Schicht um Schicht aufgebaut werden. Stützmaterial sorgt dafür, dass auch komplizierteste Formen mit Hinterschneidungen problemlos erzeugt werden können. Das virtuelle CAD-Modell wird ohne Programmierung von Werkzeugwegen und ohne großen Vorbereitungsaufwand in Minuten in ein physisches Modell umgesetzt. Die Unterschiede der Verfahren liegen in den unterschiedlichen Eigenschaften der erzeugten Modelle hinsichtlich Festigkeit, Härte, Genauigkeit, Oberflächenqualität, Möglichkeit der Nachbearbeitung, Aufbauzeit und Kosten der Systeme. Die Stereolithografie gehört zu den Verfahren, die am längsten auf dem Markt und deshalb weitverbreitet sind. Viele CAD-Anwender nutzen die Technik, wenn sie schnell und kostengünstig ein Modell oder Handmuster eines Bauteils benötigen.

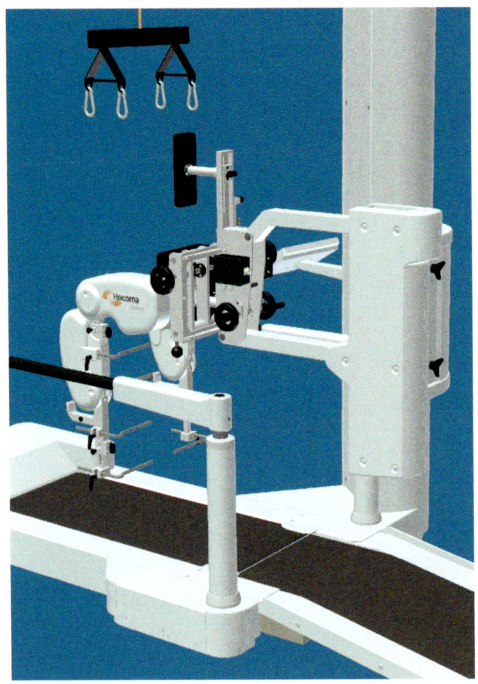

Bild 11.2: Lokomat Nanos – Rehabilitation von Schwerbehinderten (Quelle: Hocoma)

Rainer Bucher ist Mechanikkonstrukteur im Medizintechnik-Unternehmen *Hocoma AG* in Volketswil bei Zürich. Er ist begeistert von den Verbesserungen in der Entwicklung durch die neuen Techniken: „Wir machen heute deutlich bessere Konstruktionen und ein schöneres Design, Prototypen entwickeln wir viel schneller als früher. Wir senden Daten per E-Mail an einen Stereolithografie-Dienstleister ohne eine einzige Zeichnung und erhalten das Werkstück nach einer Woche fertig zurück. Der gesamte Prozess läuft heute insgesamt wesentlich schneller ab, vor allem wenn CAM- oder Stereolithografie-Verfahren gebraucht werden“, berichtet Bucher.

Die *Modellbau Chemnitz GmbH* hat mit der Einführung von 3D-CAD und einer modernen CAM-Lösung die Durchlaufzeit ihrer Aufträge auf ein Drittel gesenkt und damit eine hohe Produktivitätssteigerung realisiert. In besonders schwierigen Fällen, bei komplizierten Teilen, Prototypen und Mustern oder bei Schnittstellenproblemen nutzen die Modellbauer die Stereolithografie, arbeiten das Modell handwerklich nach, falls erforderlich, und erstellen davon ein Modell für die Sandformen.

Die *FG Modellsport GmbH* in Winterbach bei Stuttgart entwickelt und produziert Modellautos für den RC-Car-Sport und hat die Modellsportszene entscheidend mit ausgefeilten Modellen im Maßstab 1:5 und 1:6 geprägt. Die Winterbacher entwickeln ihre Autos in 3D, um die Entwicklungszyklen für ihre Modelle, Prototypen und Formwerkzeuge zu verkürzen. Sie haben inzwischen sogar die Verfahrenskette im Formenbau vervollständigt und eine eigene Stereolithografie-Maschine beschafft. Damit können sie noch schneller, flexibler und kostengünstiger auf die Anforderungen der RC-Car-Szene reagieren und Neuerungen schneller auf den Markt bringen.

Bild 11.3: Formel-1-Modellfahrzeug (Quelle: FG Modellsport GmbH)

11.2 Rapid Manufacturing

Vom Rapid Prototyping zum Rapid Manufacturing war der Weg nicht weit. Die prinzipiellen Verfahren sind ähnlich. Der grundlegende Unterschied besteht darin, dass Rapid Manufacturing direkt Endprodukte herstellen will. Ermöglicht wird das durch neu entwickelte Materialien, die ausreichende Festigkeiten und Qualitäten bieten, die das Endprodukt benötigt. Damit lässt sich ein Ziel verwirklichen, das in

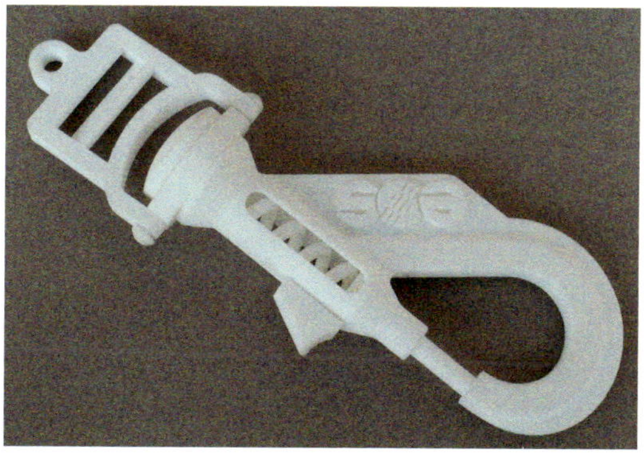

Bild 11.4: Links: Karabinerhaken aus Polyamid. Die gesamte Baugruppe wurde in einem einzigen Laser-Sintern-Arbeitsgang hergestellt. Der Haken ist in der x- und y-Achse drehbar. Die Druckfeder wurde in einem Prozess mitgefertigt. Rechts: Kugel im Würfel – Rätselbild (Quelle: www.hoerdler.de)

vielen Bereichen angestrebt wird: Mass customisation – Serienprodukte der Losgröße eins. Das Unmögliche wird möglich, nämlich die Serienproduktion von individualisierten Produkten, von denen keines dem anderen gleicht, deren Eigenschaften bisher kaum zu vertretbaren Kosten zu realisieren waren. Ohne Materialverlust und Späne erzeugen neuartige Maschinen ungewöhnliche Produkte, generieren komplexe Formteile aus Kunststoff- oder Metallpulvermischungen mithilfe eines Laserstrahls. Darunter sind auch Geschenkartikel zu finden, die auf die Verblüffung der Betrachter setzen: eine Kugel in einem Käfig, der keine Öffnung besitzt, die groß genug wäre, um die Kugel einzufügen (Bild 11.4), ein filigranes Kettenhemd gefertigt aus nahtlos ineinander verschränkten Ringen. Der Betrachter steht vor einem Rätsel. Wie ist das hergestellt? Die neue Methode erschließt zunehmend neue und vielversprechende Anwendungsbereiche. Die Rätselartikel zeigen eines: Die neue Methode ist in der Lage, nicht nur ungewöhnliche Fertigungsprobleme zu meistern, sondern auch gleich Montageaufgaben zu eliminieren.

Die vor mehr als zwei Jahrzehnten entwickelte Stereolithografie liegt den neuen Verfahren zugrunde, ein Schichtaufbauverfahren, das zunächst nur die Erzeugung von Prototypen (daher Rapid Prototyping) erlaubte. Inzwischen wurden die Systeme verbessert und vor allem neue Werkstoffe entwickelt, die es erlauben, Werkzeuge (Rapid Tooling) und Endprodukte (Rapid Manufacturing) herzustellen. Diverse Kunststoffe auf der Basis von Polyamid und Polystyrol decken ein breites Spektrum von Anwendungen mit hohen mechanischen und thermischen Belastungen ab. Heute ist auch eine Reihe von metallischen Werkstoffen verfügbar, darunter Bronzelegierungen, Werkzeugstahl bis hin zu Edelstahl, Leichtmetalle auf Titanbasis oder Kobalt-Chrom-Legierungen. Sie eignen sich für viele Funktionsteile, Ersatzteile, Spritzguss- und Druckgusswerkzeuge, bis hin zu anspruchsvollsten Implantaten in der Medizintechnik oder Spezialkomponenten für die Luft- und Raumfahrt.

Bild 11.5:
Direktes Metall-Laser-Sintern: Verdichterlaufrad, aus CoCr (Quelle: EOS Electro Optical Systems GmbH)

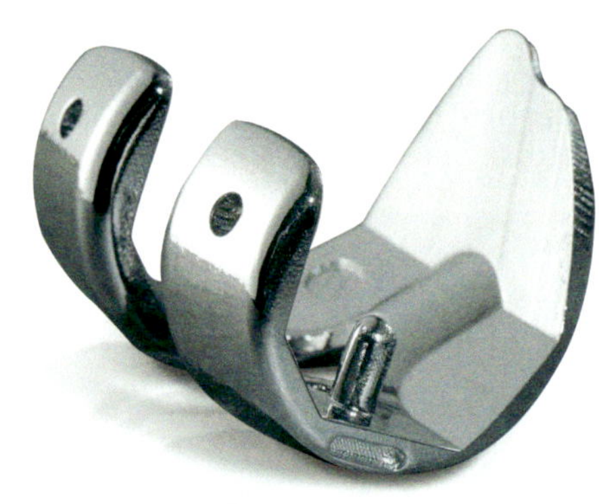

Bild 11.6:
Knie-Implantat aus CoCr – wirtschaftliche Fertigung von individualisierten Komponenten mit direktem Metall-Laser-Sintern (Quelle: EOS Electro Optical Systems GmbH)

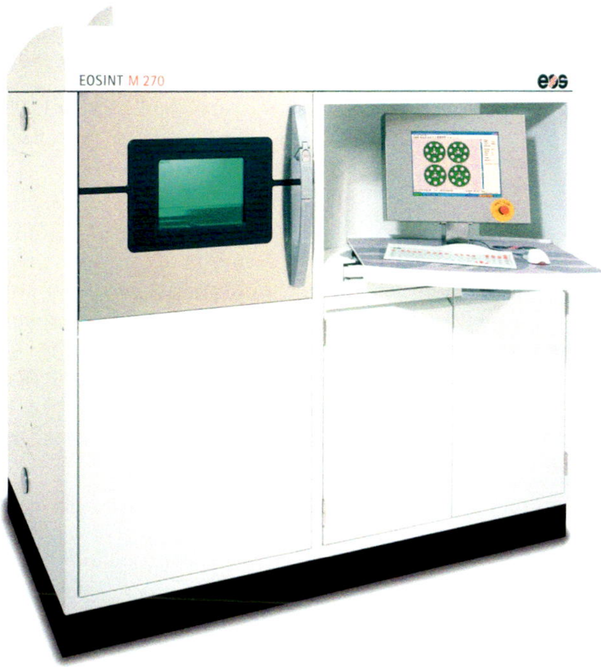

Bild 11.7:
Metall-Laser-Sinter-System (Quelle: EOS Electro Optical Systems GmbH)

Das Laser-Sintern kann jetzt mit konventionellen Techniken der Gießtechnik konkurrieren und kostengünstige Alternativen für Sondermaschinenbauer anbieten, die eine individuelle Lösung in kleinen und kleinsten Stückzahlen oder gar als Einzelstück brauchen. Je kleiner die Stückzahl, desto wirtschaftlicher im Vergleich zu traditionellen Methoden ist das neue Verfahren.

Die technische Möglichkeit, individuelle Produktvarianten mit vertretbarem Aufwand zu fertigen, fördert den Trend zur Serienproduktion individueller Artikel. Schmuckartikel und Brillengestelle mit eingeprägtem Namenszug oder individuell geformte Hörgerätekapseln sind machbar, und deshalb werden sie auch als Innovation und höherwertige Produkte vermarktet. Das Unikat ist sinnvoll und wird mit einem höheren Preis bezahlt. Das generative Verfahren erlaubt neue und gestalterische Freiheiten und individuelle Anpassung, die beispielsweise in der Medizintechnik bei Zahnersatz, Prothesen oder Implantaten in höchstem Maße gefordert wird. Die Prozesskette für die Herstellung eines Implantats verkürzt sich beträchtlich.

In der Vergangenheit haben die Fertigungsverfahren die Art und Weise der Konstruktion bestimmt und limitiert. Das Laser-Sintern ermöglicht es, die Funktion in den Vordergrund zu stellen, da die Fertigung völlig neue Möglichkeiten eröffnet. Noch ist die Größe der Bauteile und Materialauswahl begrenzt. Aber es ist absehbar, dass diese Grenzen immer weiter hinausgeschoben werden. Der digitale Prototyp, das 3D-CAD-Modell, ist die Voraussetzung dafür.

11.3 CAM – Integration der Fertigung

Numerisch gesteuerte Werkzeugmaschinen (NC-Maschinen, numerical control) gibt es schon etwas länger als CAD-Systeme. Die Ära der CNC-Maschinen begann Ende der 70er-Jahre. Als die ersten CAD-Produkte auf den Markt kamen, stand von Anfang an die Integration der NC-gesteuerten Fertigungsmaschinen als Ziel im Raum.

Man versprach sich signifikante Rationalisierungseffekte durch integrierte automatische Prozessketten auf der Basis der CAD-Daten. Die Vision war immer, vom virtuellen Modell möglichst ohne Zwischenschritte zu einer automatischen Fertigung zu kommen. Deshalb wurde der Doppelbegriff CAD/CAM in der Industrie mindestens genauso häufig benutzt wie CAD. Ja, CAD ohne CAM galt als Insellösung, die sich nie und nimmer amortisieren konnte. Drei Jahrzehnte später sehen wir etwas klarer: Die vollautomatische Fertigung ist nur ansatzweise und in Teilbereichen zu erreichen. Die CAD-Konstruktion konnte ihre Berechtigung und ihren Nutzen mit anderen Argumenten nachweisen.

Es gibt aber einige Prozessketten, die sich bewähren und zu großen Zeit- und Kosteneinsparungen führen.

11.3.1 Blechfertigung

Nicht selten besteht die überwiegende Zahl der Teile einer Maschine oder eines Gerätes aus Blech. Diese Teile sind meist räumliche Gebilde, mit Faltungen und Biegekanten in unterschiedlichen Richtungen. Deshalb ist ihre Darstellung und Abwicklung eine Aufgabenstellung, die sich sehr effizient in einem 3D-CAD-System bearbeitet lässt (vgl. Kap. 5.1, Blechkonstruktion, Seite 83). Die abgewickelten Blechformen (Patterns) sind ein eher simples Problem für CNC-gesteuerte Laser- oder Wasserstrahlschneidemaschinen. Selbst wenn anschließend wieder einige Kanten zu biegen sind, sind diese Prozesse schneller und wirtschaftlicher als spanende Bearbeitung, Schweißen oder andere Fügetechniken.

Die Übergabe der CAD-Daten an Blechschneidemaschinen erfolgt in der Regel über Standard-2D-Schnittstellen wie DWG oder DXF. Der Operator des Schneidezentrums kann die Blechkonturen so direkt in seine Verschachtelungssoftware übernehmen. Sie dient dazu, den Verschnitt zu minimieren und die Teile optimal auf der Blechplatte zu schachteln (engl. nesting).

11.3.1.1 Laserstrahlschneiden

Bei diesem Verfahren erhitzt der fokussierte Laserstrahl den Werkstoff und verflüssigt oder verdampft ihn. Ein Schutzgas verhindert die Oxidation der Schnittkanten. Beim Laserstrahlbrennschneiden verbrennt ein Sauerstoffstrahl das Material und bläst gleichzeitig die entstehende Schlacke aus. Die Verbrennungsenergie unterstützt den Schneidvorgang und erlaubt höhere Schnittgeschwindigkeiten. Das Verfahren eignet sich für Stahl bis maximal 40 und Aluminium bis 20 Millimeter Blechstärke. Die Schnittgeschindigkeiten sind abhängig von der Blechdicke und betragen etwa 250 Meter/Minute für Blech unter 1 Millimeter Dicke und 0,8 Meter/Minute für Stahl von 20 Millimeter Stärke. Oxidschichten an den Schnittkanten können die weitere Bearbeitung beeinträchtigen. Es bildet sich ein Grat an den Schnittkanten.

Beim Spezialgabelstapler-Hersteller *Hubtex* in Fulda bewährt sich das Laserschneiden als schnelles, flexibles und präzises Fertigungsverfahren. „Das führte in den letzten Jahren dazu, dass wir – wo immer es möglich ist – in Blech konstruieren. Diese Präferenz brachte uns Zeit- und Kostenvorteile in der Fertigung", sagt Achim Otterbein, Leiter der Konstruktion und Entwicklung. „Vor fünf Jahren ließen wir noch alle Blechteile von externen Partnern laserschneiden. Inzwischen haben wir schon unsere zweite Laserschneidemaschine im Haus stehen. Die eigene Fertigung ist inzwischen lohnend und vorteilhaft, weil wir unabhängiger, schneller und wirtschaftlicher agieren können. Ich schätze, rund 85 Prozent der Teile, die wir selbst fertigen, sind Blechteile."

Bild 11.8: Laserschneiden (Quelle: Hubtex)

11.3.1.2 Wasserstrahlschneiden

Ein Wasserstrahl mit extrem hohem Druck bis zu 6000 bar trennt den Werkstoff. Beim reinen Wasserschneiden (für weiche Stoffe) wird nur Wasser benutzt, während beim Abrasivschneiden ein Schneidmittel zugesetzt wird, um härtere Stoffe schneiden zu können. Das Gefüge der Schnittkanten wird nicht verändert. Durch die Strahlaufweitung entsteht ein Winkelfehler, der sich durch entsprechende Neigung des Strahlkopfes auch bei dicken Werkstücken weitgehend korrigieren lässt. Die Schnittgeschwindigkeit ist abhängig von Pumpenleistung, Qualitätsanforderungen und Blechdicke und kann für einen reinen Trennschnitt z. B. bei 2 Millimeter Blechstärke 4 bis 10 Meter/Minute je nach Pumpenleistung betragen.

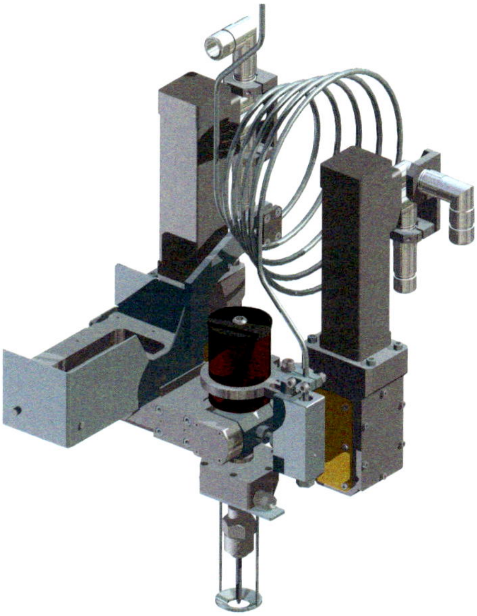

Bild 11.9: Wasserstrahlschneidkopf mit Schrägschnittausgleich (Quelle: Perndorfer Maschinenbau KG)

11.3.2 Modellbau, Formenbau

Modell- und Formenbauer, die heute ohne ein leistungsfähiges 3D-CAD-System nicht mehr auskommen, erzielen mit einer funktionierenden CAD/CAM-Kette Produktivitätsverbesserungen von 60 Prozent und mehr. Für die meist komplexen Formen der Gussmodelle (Bild 11.10) ist eine 3D-Modellierung unverzichtbar. Die 3D-Modelle dienen direkt als Basis für die CAM-Software, mit der interaktiv die Bearbeitung an den Mehrachsen-CNC-Fräsmaschinen programmiert wird. Noch schneller sind die Modellbauer, wenn sie Rapid-Prototyping-Verfahren einsetzen können, dann entfällt die Programmierung der Universal-Fräsmaschinen.

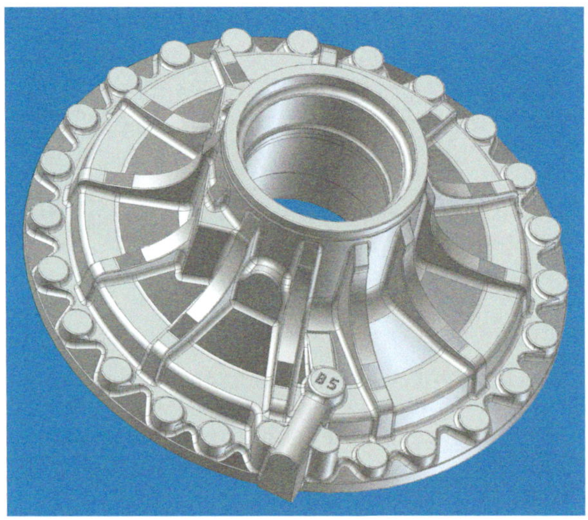

Bild 11.10: Lagerdeckel (Quelle: Modellbau Chemnitz)

11.3.2.1 Fräsen

Die moderne HSC-Technologie (High Speed Cutting) bietet die Vorteile einer deutlich höheren Zerspanungsleistung (bis zu 30 Prozent höher als konventionelles Fräsen), wesentlich niedrigerer Schnittkräfte und besserer Qualität der Werkstückoberflächen. Sie hat daher im Vergleich mit herkömmlichen CNC-Fräsmaschinen die besten Argumente auf ihrer Seite. Für die Programmierung der CNC-Maschinen haben CAD-Anwender in der Regel die Wahl zwischen mehreren Lösungen, die gut integriert oder sogar voll assoziativ gekoppelt sind.

Die CAM-Software hyperMill der Open Mind Technologies AG bietet eine enge Integration in die wichtigsten CAD-Systeme. Sie verfügt über bewährte 2,5D-, 3D- und 5-Achsen-Bearbeitungsstrategien unter einer einheitlichen und einfachen Bedieneroberfläche. Die übersichtliche Darstellung der Modelle und die grafische Simulation der Bearbeitung erlaubt eine anschauliche Überprüfung des erstellten CAM-Programms.

Auch die Pakete InventorCAM bzw. SolidCAM sind gut in die jeweiligen CAD-Systeme integriert. Die nahtlose Einfensterintegration von CAD und CAM ist bei InventorCAM seit vielen Jahren Teil des Konzepts. Alle Fertigungsschritte können definiert, berechnet und verifiziert werden, ohne die parametrische CAD-Umgebung zu verlassen. Die Bearbeitungsoperationen verhalten sich assoziativ zur Bauteilgeometrie. Nach einer Änderung des Modells werden alle Bearbeitungspfade automatisch angepasst.

Mit EdgeCAM Solid Machinist werden Volumenmodelle von Autodesk Inventor, SolidWorks, Solid Edge, Unigraphics NX, CATIA V5 und Pro/Engineer direkt im nativen Format bearbeitet. Edgecam nutzt die Informationen der Konstruktion wie Bohrungs- oder Gewindeinformationen und unterschiedliche Konfigurationen. Diese werden dem Programmierer als Feature-Informationen zur Verfügung gestellt. Edgecam erkennt Änderungen am Modell und informiert den Programmierer. Das CAD-Modell bleibt als Volumenmodell erhalten.

Ein weiteres leistungsfähiges CAM-System für viele Fertigungsverfahren wie Bohren, Drehen, Drahterodieren, einschließlich 2- bis 5-Achsen-Fräsen, sowie für Multifunktionsmaschinen, ist Esprit von der DP Technology Corp. Es importiert Daten der wichtigsten CAD-Systeme in den nativen oder neutralen Formaten. Eine automatische Feature-Erkennung unterstützt die Produktivität der CNC-Programmierung. Seine umfangreiche Wissensdatenbank verwaltet und organisiert Features, Bearbeitungsoperationen und Werkzeuge.

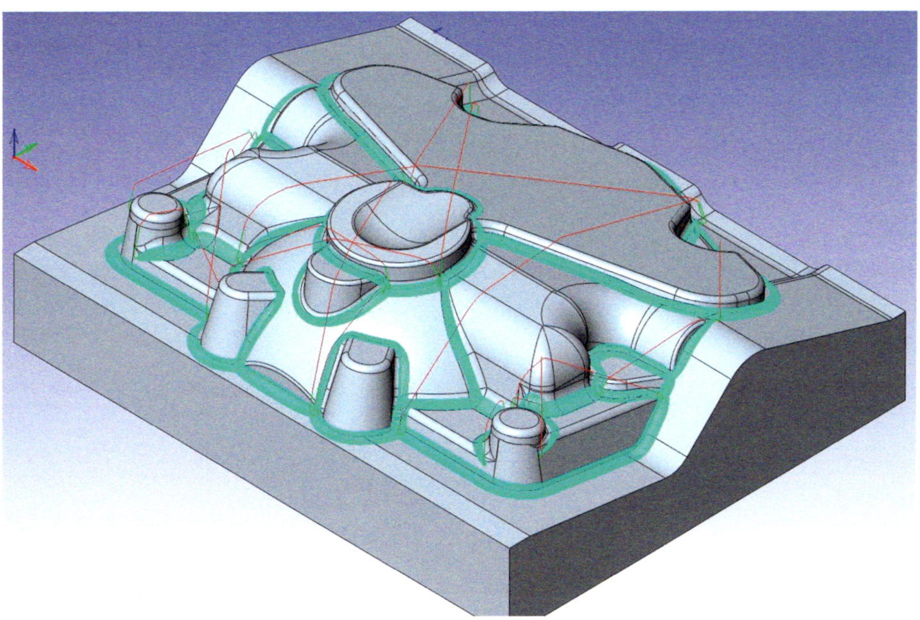

Bild 11.11: Fräsen der Form (Quelle: SolidCAM)

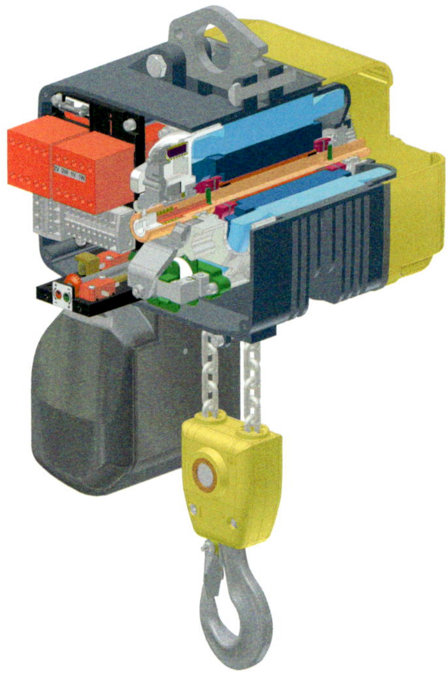

Bild 11.12:
Kettenzug in Schnittdarstellung (Quelle: GIS)

Ein Beispiel für die Bedeutung der CAD-CAM-Integration liefert die Schweizer *GIS AG*. Die Firma produziert Elektro-Kettenzüge, etwa 15.000 Stück jährlich. Sie gehört damit zu den Großen der Branche und hat konsequent alle Arbeitsplätze auf die 3D-CAD-Konstruktion umgerüstet. Bei den GIS-Hebezügen (Bild 11.12) kommen viele Gussteile zum Einsatz. Die Fertigung verfügt über modern ausgestattete CNC-Bearbeitungszentren und übernimmt die Modelldaten von Gussteilen direkt in die CNC-Systeme. Das bedeutet einen enormen Zeitgewinn bei der NC-Programmierung. „Teile, für die früher ein Programmieraufwand von zwei Wochen nötig war, programmieren wir heute in drei Tagen“, stellt Ivan Muri, Leiter der Entwicklung bei der GIS, fest. Er sieht deshalb einen großen Vorteil der digitalen Produktentwicklung (neben anderen) in der direkten Übergabe der Modelldaten an die CNC-Systeme.

11.3.2.2 Erodieren

Für harte Werkstoffe und komplexe Formen, wie sie im Formenbau vorkommen, bieten sich auch die Erodier-Verfahren an. Das Draht-Erodieren ist ein Schneidverfahren, bei dem ein Draht die Elektrode bildet. Beim Senk-Erodieren wird die Elektrode als negative Form in das Werkstück gedrückt. Die hohe Maßhaltigkeit und Formgenauigkeit zählen zu den Vorteilen dieser Verfahren. Hohe Kosten und lange Bearbeitungszeiten sind ihre Nachteile. Vor allem die Kosten der Elektroden für das Senk-Erodieren sind zu beachten.

12 Produktpublikationen

12.1 Dokumentarten

12.1.1 Pre-Sales

Die perfekte Visualisierung der virtuellen Produkte in modernen CAD-Systemen führt zu neuen Anforderungen an die Konstruktionsabteilung: Vertrieb und Marketing wollen frühzeitig Produktdarstellungen in fotorealistischer Qualität, um den Kunden das neue Produkt vorzustellen, bevor es physisch existiert. In der Regel fühlt sich die Konstruktion durch solche Wünsche überfordert und auch nicht zuständig, sofern ihr nicht die Geschäftsleitung diese Aufgabe überträgt. Tatsächlich unterscheiden sich die Anforderungen von Marketing und Fertigung sehr. Die technisch orientierten Konstrukteure sind es gewohnt, Unterlagen für die Kollegen in der Fertigung und der Montage zu produzieren und besitzen nicht die Ausbildung, um optimale Bilder und Grafiken für die verkaufsorientierten Marketingkollegen zu erstellen. Deshalb ist es besser, wenn die Marketingabteilung einen komfortablen Zugang zu Daten der digitalen Prototypen erhält, um selbst mit einer geeigneten Viewing-Software die Bilder erzeugen zu können, die sie für ihre Verkaufs- und Marketingunterlagen braucht. So wird die Produktivität der Konstrukteure nicht durch Sonderaufgaben beeinträchtigt, für die sie nicht qualifiziert sind.

12.1.2 Post-Sales

Besonderen Anforderungen unterliegt die Dokumentation des fertigen Produktes, das sind die Dokumente, die dem Kunden oder Händler zusammen mit dem Produkt ausgehändigt werden, vor allem

- Bedienungsanleitungen
- Benutzerhandbücher
- Montageanleitungen
- Wartungsanleitungen
- Schulungsunterlagen
- Ersatzteilkataloge.

Diese Dokumente sind Teil des Produkts und müssen teilweise gesetzlichen Vorschriften und Industrie- oder Branchenstandards folgen, wie es sie beispielsweise in der Luftfahrt- und Verteidigungsindustrie gibt. Sie gehen in die Stücklisten und in die Produktionsplanung ein und müssen mit dem Produkt zusammen fertig gestellt und geliefert werden. Das bedeutet, ihre Entwicklung und Herstellung, die Änderungsverwaltung und Freigabe muss den gleichen Regeln und Prozessen folgen wie alle übrigen Komponenten des Produkts. Idealerweise ist die Publishing-Software so eng oder assoziativ in die Gesamtlösung der digitalen Produktentwicklung integriert, dass sich bildliche Darstellungen automatisch aktualisieren, wenn Änderungen am Produkt vorgenommen werden.

12.2 Zielgruppen

Empfänger der technischen Dokumente sind in erster Linie die Kunden und Benutzer der Produkte, in vielen Fällen aber auch die Vertriebs- und Service-Mitarbeiter des Herstellers sowie des Zwischenhandels, der möglicherweise Dienstleistungen rund um das Produkt in Form von Wartung und Schulung anbietet. Entsprechend den Vorkenntnissen dieser Zielgruppen müssen die Dokumente gestaltet sein: leicht und schnell zu verstehen für die Endbenutzer, umfassend, fachgerecht und präzise für den technischen Kundendienst und die Montage. Bei international angebotenen Produkten sind kulturelle Unterschiede und die Sprachen der Zielmärkte zu beachten.

12.3 Medien

Traditionell werden Bedienungsanleitungen und Handbücher in gedruckter Form auf Papier den Produkten beigefügt, aber das beginnt sich zu ändern. In vielen Fällen erwarten die Kunden heute, dass sie eine elektronische Kopie der Dokumente per Download jederzeit besorgen können, wenn das Papierhandbuch nicht mehr auffindbar ist. Die Printversion ist für die Internetgeneration zwar angenehm bei der Inbetriebnahme eines neuen Gerätes. Ein Jahr später ist sie dann nicht mehr auffindbar, verschollen. Dann ist die Online-Version die wichtigere, weil sie schnell im Web wieder zu beschaffen ist. Die Webversion im HTML- oder PDF-Format hat auch für den Hersteller eindeutig Vorteile: Sie ist wesentlich kostengünstiger zu produzieren, schneller zu versenden und Korrekturen oder Updates sind nachträglich leicht zu realisieren. Vor allem holt der Kunde sie sich selbst von der Hersteller-Website ab, der Kundendienst wird von Anfragen nach Produktbeschreibungen und Bedienungsanleitungen entlastet.

Ähnliches gilt für Video-Anleitungen, die für YouTube-Benutzer heute nichts Ungewöhnliches mehr sind. Die Produktion eines anschaulichen Videos kann in manchen Fällen die günstigste und informativste Lösung sowohl für den Hersteller als auch den Kunden sein. Das Video-Portal YouTube ist eine mögliche Plattform für kurze Video-Anleitungen, die sich auch in die eigene Webseite einbinden lassen.

12.4 Formale Anforderungen

Die Kultur der Printmedien, die mehrere Jahrhunderte alt ist, prägt nach wie vor die Art und Weise, wie Firmen sich und ihre Produkte präsentieren. Firmen definieren ihr Erscheinungsbild in strengen Regeln, die Logos, Schriften und Layout aller Firmenmedien festlegen. Firmen wollen ihr Image (z. B. sportlich, edel, hochwertig, qualitätsorientiert etc.), die Wiedererkennung, die Kompatibilität der Publikationen durch ein einheitliches Erscheinungsbild sicherstellen.

Durch die Lokalisierung, das heißt Anpassung an die Sprache und Kultur der regionalen Zielmärkte weltweit, soll der Markterfolg und die Identifizierung der Kunden mit dem Hersteller und seinen Produkten optimiert werden. Im Idealfall nimmt der Kunde den Hersteller als lokalen Anbieter wahr. Das bedeutet einen hohen Aufwand für Übersetzungen und Anpassungen. Nur bei einfachen Produkten lässt sich dieser Aufwand durch bildlastige Dokumente verringern. Grundsätzlich gilt: Ein Bild sagt mehr als tausend Worte. Wenn sich eine Montage- oder Bedienungsanleitung vollständig ohne Text darstellen lässt, wäre das der Idealfall. Dann könnten Übersetzungen ganz entfallen.

12.5 Technische Illustration

Die technische Zeichnung ist eine maßstäbliche, zweidimensionale Darstellung eines Bauteils oder einer Baugruppe in ausreichend vielen Ansichten und Schnitten, um das Objekt eindeutig und vollständig zu beschreiben. Sie dient vor allem den Mitarbeitern in der Fertigung oder Montage als Grundlage und enthält dafür ausreichende Informationen, Bemaßungen, Toleranzen und sonstige notwendige Fertigungs-

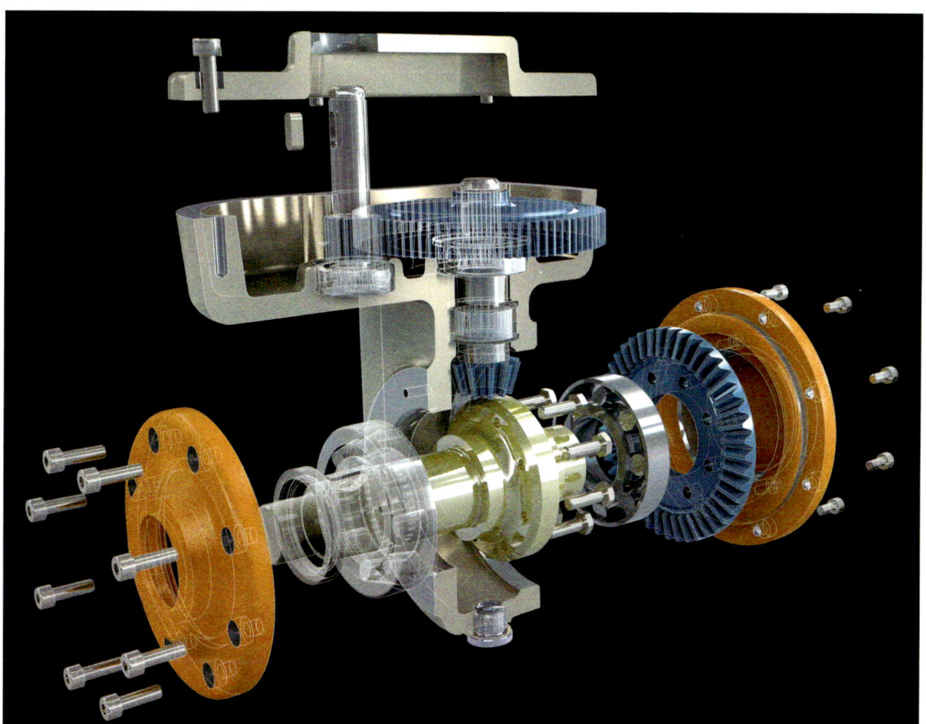

Bild 12.1: Explosionsdarstellung mit teilweise transparenter Darstellung (Quelle: Autodesk)

oder Montagehinweise. Das Lesen der technischen Zeichnung erfordert Übung und räumliches Vorstellungsvermögen. Nichttechnikern fällt es deshalb schwer, eine technische Zeichnung zu verstehen.

Das Ziel der technischen Illustration ist dagegen, gerade dem Nichttechniker die Komplexität eines technischen Gerätes möglichst leicht verständlich zu machen. Das bedeutet in der Regel eine Vereinfachung der Darstellung. Nur die für das Verständnis wesentlichen Teile des Gerätes werden hervorgehoben, unwesentliche Bereiche bleiben verborgen. Der Illustrator verwendet geeignete perspektivische Darstellungen, die das sofortige Verständnis erleichtern, anstelle von orthogonalen Projektionen. [15]

12.5.1 Techniken und Stilmittel

Die manuelle technische Illustration ist nach zwei Jahrzehnten 3D-CAD-Konstruktion weitgehend durch die automatisch von den 3D-Modellen generierten dreidimensionalen Ansichten ersetzt worden, genauso wie die Tuschezeichnung und das Zeichenbrett in der Konstruktion. Eine Reihe von Techniken und Stilmittel blieben allerdings erhalten und stehen heute als Funktionen in den 3D-CAD-Systemen zur Verfügung. Dazu gehören Funktionen wie

- Fluchtpunktperspektive

Diese Perspektive entspricht am besten unserer natürlichen Wahrnehmung und ist unverzichtbar, wenn große Maschinen oder Bauwerke realistisch dargestellt werden sollen. Denn bei großen Objekten spielt die perspektivische Verkürzung durch die Entfernung eine große Rolle.

- Isometrische oder Parallelperspektive

Die isometrische Darstellung ist nicht ganz realistisch, liefert aber bei kleineren Objekten eine ausreichend realitätsnahe Darstellung. Sie spielte früher bei der manuellen Illustration eine bedeutende Rolle, weil sie einfacher als die Fluchtpunktperspektive zu konstruieren ist.

- Schnittdarstellung

Die Schnittdarstellung ist dem Techniker von der Konstruktion von Fertigungszeichnungen vertraut. Sie ist auch bei perspektivischen Darstellungen oft unverzichtbar, um technische Details zu zeigen, die durch ein Gehäuse oder andere Bauteile sonst verdeckt würden.

- Explosionsdarstellung

Die Explosionsdarstellung ist eine Möglichkeit, alle Einzelteile einer Baugruppe und ihre Anordnung durch Auseinanderziehen so darzustellen, dass alle Teile vollständig sichtbar sind. Explosionsdarstellungen sind deshalb hilfreich bei Erläuterungen der Montage einer Baugruppe oder als Hilfe für die Bestellung von Ersatzteilen.

- Röntgenzeichnungen

Ähnlich wie Schnittdarstellungen sollen es sogenannte Röntgenzeichnungen ermöglichen, technische Details zu zeigen, die durch ein Gehäuse oder andere Bauteile verdeckt werden, wobei verdeckende Teile transparent („gläsern") oder teiltransparent dargestellt werden, um dahinterliegende Komponenten zu erkennen.

- Linienarten und Linienstärken

Verstärkung äußerer Umrisse, gestrichelte Linien für verdeckte Kanten, dünne Linien für Lichtkanten, strichpunktierte Linien für Achsen dienen wie bei Fertigungszeichnungen auch in der Illustration dem Verständnis der Darstellung.

- Vergrößerungen und „Lupe"

Vergrößerte Detaildarstellungen helfen dabei, innerhalb einer einzigen Zeichnung Details verständlich zu machen.

- Farbe

Bei digitalen Medien kostet der Einsatz von Farbe keinen wesentlichen Mehraufwand, bietet aber zusätzliche Möglichkeiten, eine Zeichnung oder Abbildung durch farbige Unterscheidung von Bauteilen verständlicher zu machen.

- Schattierung

Die schattierte Darstellung von Bauteilen und Baugruppen verstärkt die räumliche und realistische Wirkung. 3D-CAD-Systeme liefern diese Darstellungen heute automatisch. In der Regel reicht eine vereinfachte Schattierung. Bei besonders hohen Ansprüchen an die fotorealistische Darstellung bieten leistungsfähige Systeme auch Raytracing, d. h. Spiegelung in sich selbst oder der Umgebung in den dargestellten Baugruppen.

- IBL-Funktion

Eine besondere Technik ist das Image-based Lighting (IBL), bei dem eine Computergrafik-Szene durch ein HDR-Bild umhüllt und beleuchtet wird. Dadurch entsteht der Eindruck, die virtuellen Objekte würden in eine natürliche Umgebung eingefügt. HDR-Bilder (engl. High Dynamic Range Images) sind Bilder mit hohem Dynamikumfang, Hochkontrastbilder, die realitätsnah hohe Helligkeitsunterschiede darstellen können. Diese hohe Bildqualität ist für Marketing- und Vertriebsunterlagen im Consumer-Bereich erwünscht.

- Animation

Eine animierte Darstellung einer Montage oder der Gerätefunktion liefern moderne 3D-CAD-Systeme mit begrenztem Aufwand. Der zeitliche Ablauf in Realzeit oder Zeitlupe kann eine sehr wertvolle Information sein, die umfangreiche beschreibende Texte ersetzt.

12.6 Text

Wie für andere Texte gilt für technische Beschreibungen: Sie sollen sinnvoll gegliedert, verständlich, knapp und sachlich formuliert sein. Bilder und Grafiken erhalten eine kurze Beschreibung und der Text stellt möglichst einen Bezug zu den Abbildungen her. Printdokumente sollten immer ein Inhaltsverzeichnis und einen Index enthalten, denn in Papierdokumenten ist keine automatische Suche möglich.

Inhaltsverzeichnisse in elektronischen Dokumenten – typischerweise in PDF- oder HTML-Format – bieten sinnvollerweise die direkte Sprungmöglichkeit („Links") in die einzelnen Kapitel. Bei elektronischen Dokumenten ist ein einspaltiges Layout zu bevorzugen. Mehrspaltige Layouts sind am Bildschirm unangenehm zu lesen, weil zusätzliche Spalten auf jeder Seite ein lästiges vor- und zurückscrollen erfordern. Auf kleinen Bildschirmen verliert der Leser die Orientierung im Text.

Videos brauchen einen erläuternden Sprechertext. Der Betrachter würde sonst unnötigerweise seine PC-Konfiguration überprüfen, weil er annähme, seine Soundkarte sei ausgefallen. Zur Orientierung: Pro Minute kann der Autor ca. 800 Zeichen (etwa 125 Wörter) Sprechertext unterbringen.

13 Nachhaltigkeit

13.1 Endzeit und Anfang

Das Ende des Erdölzeitalters naht. Der Verbrennungsmotor geht den Weg der Dampfmaschine. Treibstoffe aus fossilen Brennstoffen stehen aus heutiger Sicht nur noch wenige Jahrzehnte zu tragbaren Kosten zur Verfügung. Nicht nur der steigende Preis, auch der Schadstoffausstoß stellt die verantwortlich denkenden Ingenieure und Unternehmen vor neue Herausforderungen. Der drohende Mangel an Energie und Rohstoffen und noch mehr die Gefährdung der Lebensbedingungen auf unserem Planeten zwingen zum Umdenken. Niemand, der neue Produkte entwickelt, kann sich der Verantwortung entziehen.

„Der Klimawandel, die wachsende Notwendigkeit, sparsam mit knappen Ressourcen umzugehen, und nicht zuletzt der ungebremste Energiepreisanstieg stellen die Industrieproduktion vor große Herausforderungen", stellte Carl Martin Welcker, Vorsitzender des VDW (Verein Deutscher Werkzeugmaschinenfabriken) auf der METAV 2008 fest. Der Umgang mit den Ressourcen Energie, Luft, Wasser und Rohstoffe wandelt sich von der unbegrenzten, verschwenderischen Nutzung zur Bewirtschaftung des Mangels. Nicht zuletzt aus Kostengründen müssen die Ingenieure heute die Nachhaltigkeit neben den gewohnten Kriterien, wie Funktionalität, Betriebsfestigkeit, Sicherheit oder Zeitaufwand in ihre Entwicklungsziele aufzunehmen. Das fordert und fördert alternative Technologien, die innovativen Firmen überraschende Chancen bieten. Neue Märkte und Arbeitsplätze entstehen.

13.2 Anforderungen

Auf die neuen Anforderungen haben Konstrukteure und Ingenieure selbst zu achten, es sei denn, sie haben spezialisierte Kollegen, die sich darum kümmern. Das sogenannte Life Cycle Assessment (LCA) ist ein Werkzeug, das zur Bewertung der möglichen Auswirkungen eines Produktes, eines Verfahrens oder einer Aktivität auf die Umwelt im Laufe seiner gesamten Lebenszeit (Life cycle) dient. Dabei wird der Verbrauch von Ressourcen quantitativ gemessen (als „Inputs", z. B. Energie, Rohstoffe, Wasser), gleichzeitig werden die Emissionen in die Umwelt („Outputs" in die Luft, ins Wasser und den Boden) beurteilt, die mit den untersuchten Produkten und Prozessen in Verbindung zu bringen sind. Auf die so ermittelte Ökobilanz eines Produktes hat der Konstrukteur mit seinen Entscheidungen einen großen Einfluss, vor allem wenn er Serienprodukte entwickelt. Im Sondermaschinenbau sind es weniger die Parameter der Maschinenkomponenten als die Parameter des Betriebs der Anlage, deren Auswirkungen zu berücksichtigen sind.

Software-Tools verschiedener Hersteller und damit verbundene Datenbanken führen den Anwender Schritt für Schritt und unterstützen solche Untersuchungen mit gesammelten Daten und Erfahrungswerten über Materialien und Prozesse. Sie helfen, Auswertungen zu erstellen und Entscheidungen hinsichtlich der ökologischen

Effizienz von Produkten und Produkteigenschaften zu treffen. Der virtuelle Prototyp hilft dabei, die ökologischen Effekte des Produktes frühzeitig zu erkennen und, wenn nötig, korrigierend einzugreifen. Die Integration des Digital Prototyping und des Life Cycle Assessment wird in Zukunft eine stärkere Rolle spielen. Das Thema Nachhaltigkeit spielt bei den Software-Herstellern eine wachsende Rolle, sowohl was den eigenen „Carbon Footprint", die firmenspezifische CO_2-Bilanz angeht, als auch die Bereitstellung neuer Funktionen und Werkzeuge für den Ingenieur, der in der Produktentwicklung künftig das Ziel der Nachhaltigkeit im Auge behalten muss.

Autodesk stellt beispielsweise seinen Kunden seit April 2009 den Prototyp eines „Sustainable Materials Assistant" zur Verfügung, der es den Inventor-Anwendern ermöglicht, Parameter in der Materialdatenbank zu ergänzen, die für die Beurteilung der Nachhaltigkeit der Stoffe und konstruierten Bauteile und Baugruppen relevant sind. Vier neue Felder für Materialinformationen ergänzten die Entwickler: Schadstoffinformationen (Toxicity), CO_2-Bilanz (Carbon Footprint), Recycling-Eigenschaften und Vorschriften, die sich auf das Material beziehen.

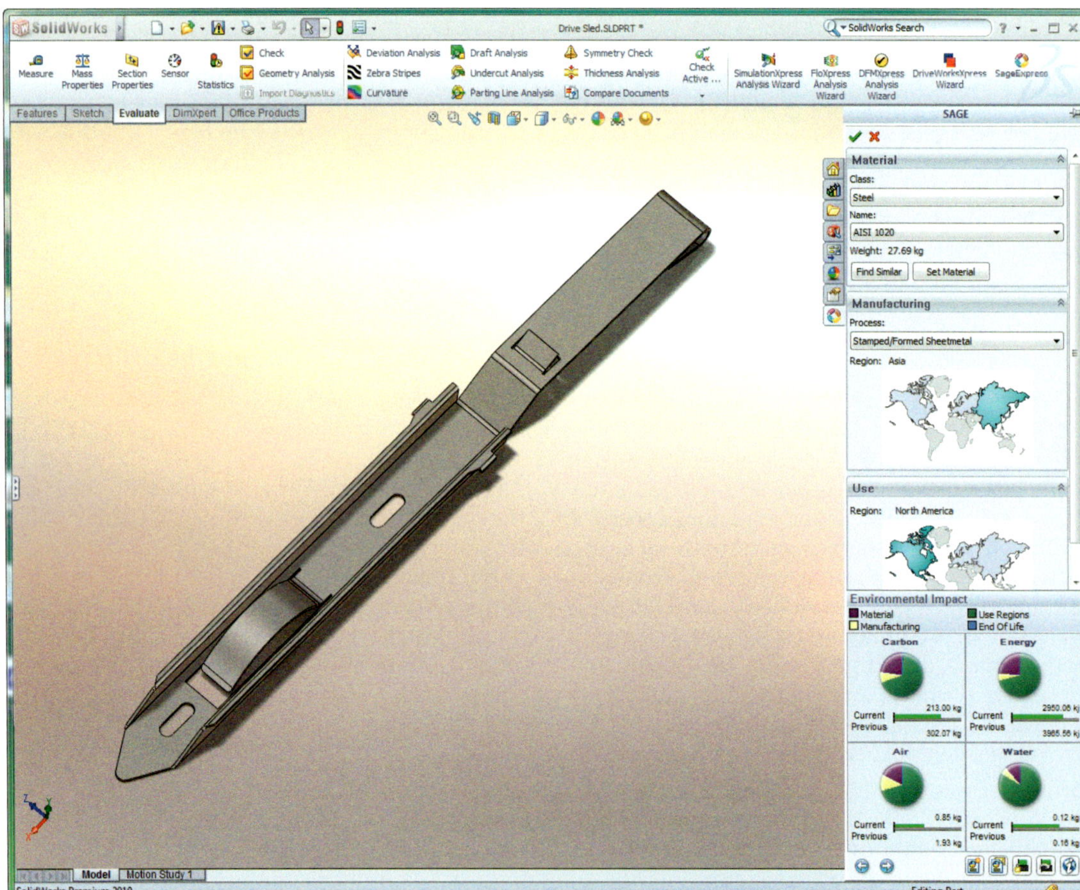

Bild 13.1:
Nachhaltigkeitsanalyse für ein Bauteil (Quelle: SolidWorks)

SolidWorks integriert mit seinen Sustainability-Lösungen die LCA-Tools und -Daten der Spezialisten von PE International in Stuttgart direkt in die Konstruktionsprozesse. Diese Lösungen betrachten vor allem die Belastung von Luft und Wasser, den Energieverbrauch und die Belastung der Atmosphäre durch Treibhausgase als CO_2-Equivalent.

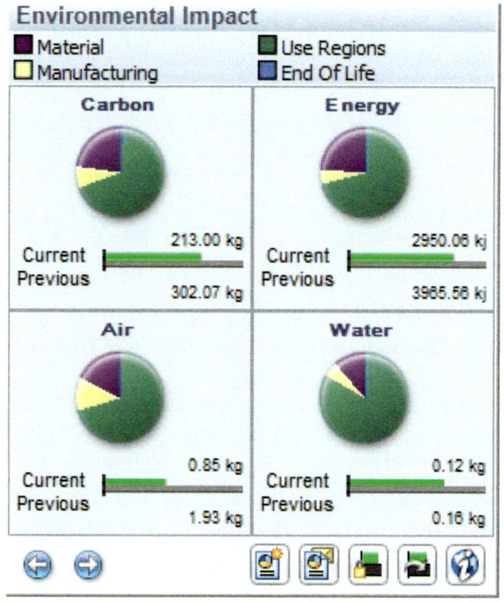

Bild 13.2: Nachhaltigkeitsanalyse für ein Bauteil (Quelle: SolidWorks)

PE International bietet selbst weitere Tools an, die helfen können, die Einhaltung gesetzlicher Vorschriften und Standards durch den digitalen Prototyp („Compliance") zu überwachen, etwa

- der „Restriction of the use of certain hazardous substances in electrical and electronic equipment" (RoHS, EG-Richtlinie 2002/95/EG)
- der „Waste Electrical and Electronic Equipment Directive" (WEEE, 2002/96/EC)
- Vorschriften bezüglich der Recycling-Fähigkeit (Road Vehicles Recyclability ISO22628)
- Vorschriften hinsichtlich der problemlosen Zerlegung der Produkte.

Großunternehmen gehen heute bei der systematischen Anwendung der Methoden des Life Cycle Assessment als Pioniere voran. Es ist absehbar, dass LCA-Anwendungen – möglicherweise in vereinfachten oder perfektionierten Formen – auch den mittelständischen Maschinenbau erreichen werden. Nachhaltigkeit und Ökobilanz entwickeln sich zu Qualitätskriterien, auf die Markenhersteller nicht mehr verzichten können.

13.3 Chancen

Die Herausforderungen durch strengere Umweltrichtlinien, der Umstieg auf erneuerbare Energien oder die zunehmende Wiederverwertung von Abfallstoffen eröffnen für flexible und innovative Unternehmen neue Marktnischen. Auch kleine und mittelständische Maschinen- und Anlagenbauer entdecken die Probleme der Zukunft als ihre Chance. Denn Nachhaltigkeit betrifft nicht nur die eigenen Prozesse, sondern auch die Prozesse der Kunden, und diese Kunden brauchen neue Maschinen, um ihrerseits die neuen Anforderungen zu erfüllen, effizienter und mit weniger

Emissionen zu produzieren und Abfälle zu verwerten. Digitale Prototypen spielen bei der Entwicklung von nachhaltigen Innovationen eine wichtige Rolle.

Einige Beispiele:

Die mittelständische *Hug Engineering AG* in Räterschen/Winterthur baut maßgeschneiderte Systeme und Kundenlösungen für die Abgasreinigung von Diesel- und Gas-Motoren, Biogas- und Bioöl-Motoren, Kessel-, Müllverbrennungs- und Abluft-Reinigungsanlagen. Sie erfährt seit einigen Jahren ein steiles Wachstum, mit beträchtlichen Steigerungsraten jährlich. Hug setzt auf die digitale Produktentwicklung als eine wichtige Voraussetzung für die Standardisierung seines Produktportfolios. [16]

Das Münchener Engineering-Unternehmen *Zettl Ingenieur- und Vertriebsgesellschaft b*esetzt neue und wachsende Felder in Bereichen der regenerativen Energiegewinnung und Umwelttechnik. Dieses Geschäft nimmt sehr stark zu. Die Firma baut industrielle Maschinen und Anlagen für die Branchen Bio-Diesel und Solartechnik, aber auch Sonderanlagen zur Reststoffverwertung. Die Münchener planen ihre Anlagen als digitale Prototypen genauer und entwickeln wiederholte oder ähnliche Anlagen schneller und kostengünstiger als früher.

Die *G+R Technology Group* in Regenstauf setzt nach einem Strategiewechsel neben traditionellen Bereichen vor allem auf Umwelttechnologien. Mit „grünen" Technologien im Bereich Recycling und Energiegewinnung, das sind vor allem Anlagen für die Biomasseverwertung und Energierückgewinnung, sowie beim Bau von Anlagen für die Gewinnung von Poly- und Monosilizium für die Solar- und Fotovoltaik-Industrie liegen die Oberpfälzer bereits gut im Rennen.

Das Geschäft mit Windenergieanlagen blüht. Die deutschen Hersteller und Zulieferer spielen dabei eine führende Rolle. Lange Zeit fand das Wachstum im Inland statt, inzwischen wächst das Geschäft auf dem Weltmarkt, vor allem in den USA und China. Die Exportquote der deutschen Hersteller lag 2007 deutlich über dem Durchschnitt des deutschen Maschinenbaus. Im Januar 2010 wurde bekannt: Die Briten planen riesige Windparks mit einer Leistung von bis zu 32 Gigawatt, das entspricht der Leistung von 32 Atommeilern. Deutsche Firmen wie *Eon*, *RWE* und *Siemens* bauen dabei mit. Die Gesamtkosten sollen bei 110 Mrd. € liegen. [17]

14 Digital Prototyping macht sich bezahlt

Steht der Geschäftsführer wöchentlich in der Türe und fragt nach dem Stand des Projekts? Er interessiert sich nicht für die cleveren neuen Funktionen? Er hat eine imaginäre rote Linie im Kopf: das Datum, ab dem die Entwicklungskosten über seinem Plan liegen. Diese Kosten sind regelmäßig knapp kalkuliert. Der Kunde setzte den Vertrieb unter Druck, um einen frühen Liefertermin zu bekommen. Bei Investitionsgütern entscheidet oft die Lieferzeit, wer den Auftrag bekommt. Die Entwicklung hat entscheidenden Anteil an dieser Zeit.

Bei Konsumgütern spielt die frühzeitige Markteinführung eine große Rolle. Sie gibt oft den Ausschlag, ob eine Innovation erfolgreich ist oder wegen mangelnder Profitabilität flopt. Denn der Hersteller, der mit einer Neuheit als Erster auf den Markt kommt, braucht bei seiner Preisfindung keine Rücksicht auf Wettbewerber zu nehmen. Der Platzhirsch räumt ohne direkten Wettbewerb nicht nur einen höheren Profit ab, sondern ist auch noch in der Lage, nachdem das Produkt eingeführt ist, die hohen Anlaufkosten verdaut und die Prozesse optimiert sind, seine Kosten zu senken. Ob Investitionsgüter oder Verbraucherprodukte: Zeit ist Geld und jedes Mittel ist willkommen, das hilft, den Zeitaufwand in der Entwicklung zu reduzieren. Der digitale Prototyp ist ein Weg, schneller und vor allem sicherer zum Ziel zu kommen.

14.1 Kosten der Entwicklung

Eine bekannte Lehrweisheit sagt, dass rund 70 Prozent der Kosten eines Produktes in der Konstruktion festgelegt werden. Nachgelagerte Prozesse beeinflussen die Kosten nur noch relativ gering. Und selbst innerhalb der Konstruktion macht es

70 Prozent der Produktkosten legt die Konstruktion fest!

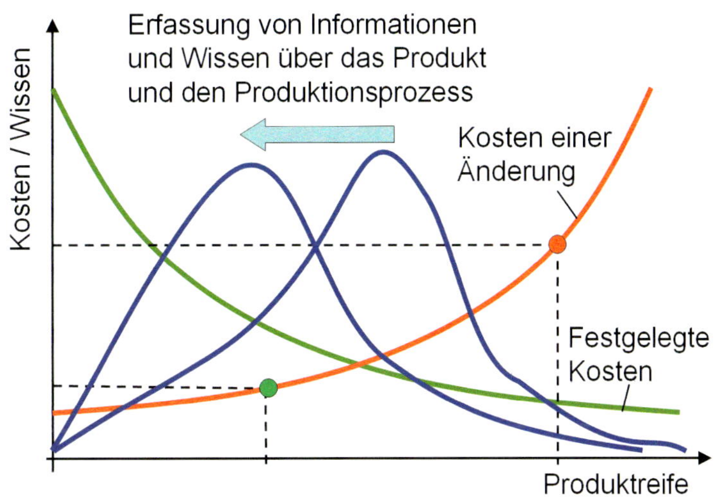

Bild 14.1: Das Erfassen von Wissen in frühen Phasen der Entwicklung schützt vor hohen Änderungskosten (Quelle: Autodesk).

einen großen Unterschied, wann die konstruktiven Festlegungen getroffen werden: am Anfang oder kurz vor Torschluss. Um eine Änderung, die zu Beginn der Konstruktion vorgenommen wird, macht niemand viel Aufhebens. Dagegen hat eine Modifikation, die sehr spät in der Entwicklung erfolgt, sehr große Auswirkungen auf andere Komponenten oder Baugruppen und verursacht unverhältnismäßig großen Aufwand. Das bedeutet, die Aufgabe der Verantwortlichen in der Konstruktion ist es, die Untersuchung von Varianten, Berechnungen, Kostenanalysen, notwendige Anpassungen usw. zeitlich nach vorne zu ziehen, damit später im Prozess keine gravierenden Änderungen mehr notwendig sind. Späte Ideen kommen oft nur deshalb nicht zum Zug, weil die Änderung zu kostspielig wäre (Bild 14.1). Der optimale Ablauf in der Konstruktion kann nur erreicht werden, wenn rechtzeitig zu Beginn der Konstruktion alle, oder zumindest möglichst viele, Informationen und Anforderungen bekannt sind. Durch die schnelle und umfassende Kommunikation in der digitalen Produktentwicklung haben alle, die in irgendeiner Form Informationen beisteuern können, einen optimalen Zugang zum aktuellen Stand der Entwicklung und können korrigierend oder ergänzend eingreifen.

14.2 Problem: Langläufer

Immer wieder kämpfen die Konstrukteure mit dem Problem der sogenannten „Langläufer", das sind Bauteile, die sehr früh im Prozess bestellt werden müssen, weil sie eine lange Lieferzeit haben. Erfolgt die Bestellung zu spät, gerät das ganze Projekt in Verzug. Das ist ein weiterer Grund, den Informationsaustausch zu verbessern und zu beschleunigen. Die Entscheidungen bezüglich solcher Langläufer müssen frühzeitig fallen. Ein kommerzieller Nebeneffekt: Bei Bestellungen ohne Zeitnot lassen sich meist bessere Preise erzielen.

14.3 Informationsverluste vermeiden

Wenn die Integration zwischen den Systemen unzureichend ausgebildet und die Kompatibilität der Daten nicht gewährleistet ist, kommt es zu Informationsverlusten an den Übergabestellen und zu vermeidbaren Kosten. Informationen und Daten müssen an jeder ungenügenden Übergabestelle neu erfasst oder bearbeitet werden (Bild 14.2). Das treibt die Kosten bei jeder Übergabe nach oben. Bis zur Auslieferung summieren sich diese Kosten und schmäleren den Ertrag oder machen das Produkt gar unverkäuflich teuer. Ein Beispiel für solche Verluste: Der Auftraggeber konstruiert in 3D, übergibt dem Lieferanten aber 2D-Zeichnungen seiner Bauteile. Der geht nun seinerseits her und definiert auf Basis der Zeichnungen ein 3D-Modell für seine NC-Maschine. So wird der gesamte 3D-Modellierungsaufwand doppelt erbracht, eine kostspielige Angelegenheit.

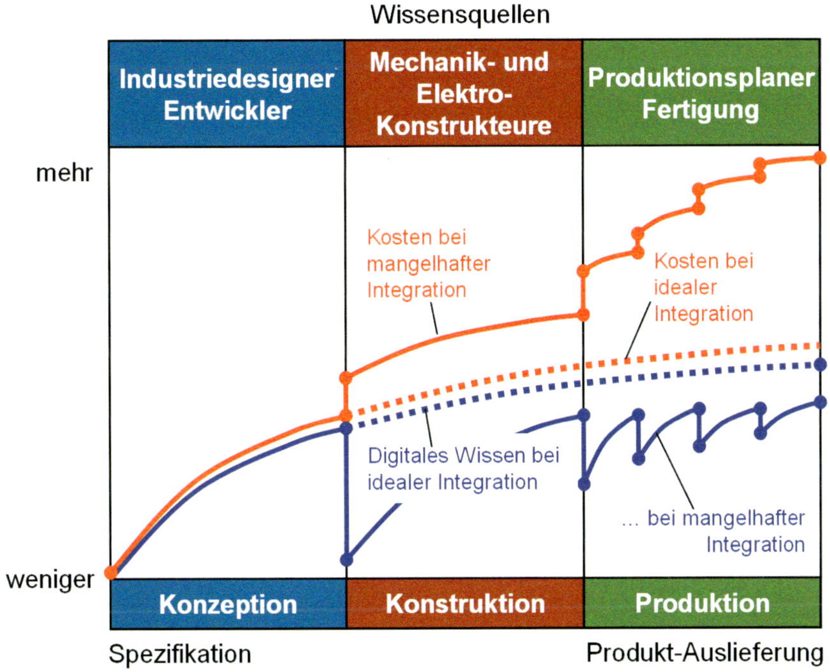

Bild 14.2: Kostenanstieg bei mangelnder Integration der digitalen Produktentwicklung und unzureichenden Schnittstellen sowie bei idealer Integration (Quelle: Autodesk)

14.4 Erfolge mit virtuellen Prototypen

Die digitale Produktentwicklung ist kein Neuland. Die Automobil- und die Luftfahrtindustrie betreiben sie seit Langem. Neu entwickelte Flugzeuge müssen von der ersten gebauten Maschine an fliegen. Fehlversuche oder Prototypen, die eine Bruchlandung machen, darf es nicht geben. Auch viele innovative Fertigungsunternehmen des Maschinenbaus haben bereits ein hohes Niveau erreicht. Eine Studie der Aberdeen Group [18] über erfolgreiche Unternehmen stellt das heraus. Die Analysten stuften die Hersteller als erfolgreich ein, die ihre Ziele hinsichtlich Umsatz, Kosten, Zeitpunkt der Markteinführung und Qualität für 84 Prozent oder mehr ihrer Produkte erreichten, während Durchschnittliche oder weniger Erfolgreiche an diese Ziele nur für zwei Drittel oder weniger als die Hälfte der Produkte herankamen. Aberdeen fand heraus: Im Schnitt bauten die Erfolgreichen nur halb so viele Prototypen wie durchschnittliche Firmen, kamen häufiger als andere in jeder Phase der Entwicklung mit einem virtuellen Prototyp aus und wiesen nur halb so viele Modifikationen nach, die vor der Markteinführung das Änderungswesen durchliefen. Entsprechend konnten sie ihre Produkte fast 100 Tage früher auf den Markt bringen und wandten rund 50.000 $ weniger an Entwicklungskosten als die Durchschnittlichen auf.

14.5 Planungsaufwand deutlich reduziert

Prof. Dr. Hans-Jörg Bullinger, Präsident der Fraunhofer-Gesellschaft, München, nannte in einem Vortrag Ergebnisse aus einer Studie von Roland Berger, Fraunhofer IITB und Delmia [19]. Danach zeigen die ersten Erfahrungen aus der digitalen Produktion, dass durch den Einsatz digitaler Werkzeuge im Produktentstehungsprozess aufgrund ihrer integrativen und unterstützenden Funktion messbare Verbesserungen erzielt werden. Die Produktionsplanung wird um 20 bis 30 Prozent beschleunigt, der Planungsaufwand um 40 Prozent reduziert, die Investitionskosten sinken um 20 bis 30 Prozent. Außerdem verkürzen sich die Anlaufzeiten um bis zu 30 Prozent. Bullinger beziffert die Qualitätssteigerung mit 10 Prozent und die Verbesserung der Produktionsergebnisse auf 5 Prozent.

Neben den hier nachgewiesenen Ergebnissen, vor allem der Beschleunigung in der Produktentwicklung, der verkürzten Time-to-Market und der verbesserten Qualität durch eine reduzierte Fehlerquote, gibt es noch eine Reihe weiterer Vorteile, die mit der digitalen Produktentwicklung einhergehen. Dazu gehört beispielsweise die einfachere Standardisierung, der reduzierte Aufwand für die Definition von Produktfamilien oder Varianten und die große Menge verfügbarer Kaufteilebibliotheken. Innovative Prozesse wie Simultaneous Engineering sind ohne digitale Produktkommunikation nicht denkbar, ebenso wenig moderne, auf engsten Bauraum komprimierte Mechatronik-Produkte. Nicht hoch genug zu bewerten ist die Zufriedenheit der Anwender, die mehr Freude an der Arbeit haben und unter keinen Umständen zu früheren Arbeitsmethoden zurückkehren wollen. Die digitale Entwicklung befreit sie von lästigen Routinetätigkeiten.

14.6 Was Anwender sagen

Die *Kahlbacher GmbH* in Kitzbühel entwickelt Schneeräumgeräte für den Straßenverkehr sowie spezielle Räumgeräte und Fluggasttreppen für Flughäfen. Seit einigen Jahren konstruieren die Kitzbüheler in 3D. „Wir müssen unsere Neuentwicklungen so bauen, dass sie vom ersten Gerät an problemlos funktionieren. Deshalb muss der digitale Prototyp bereits perfekt sein. Berechnungen, Analysen, die Beurteilung durch die Geschäftsleitung und Kunden: Das alles ist nur mit einem 3D-System vernünftig zu machen“, erläutert Klaus Priglinger, Konstrukteur und CAD-Administrator bei Kahlbacher.

Die Kitzbühler Konstrukteure nutzen daher immer häufiger die FEM-Software, die in ihrem CAD-System enthalten ist, um Berechnungen durchzuführen. Dabei geht es um besonders belastete Bauteile, um die Untersuchung der Krafteinleitung, der Verformung unter Belastung und der Werkstoffe. Die Entwickler erkennen dabei Tendenzen oder Problemstellen und können ihre Konstruktionen optimieren. "Auch der Datenaustausch und die Zusammenarbeit mit Ingenieurbüros ist viel einfacher geworden", lobt Richard Totschnig, Konstruktionsleiter der Firma.

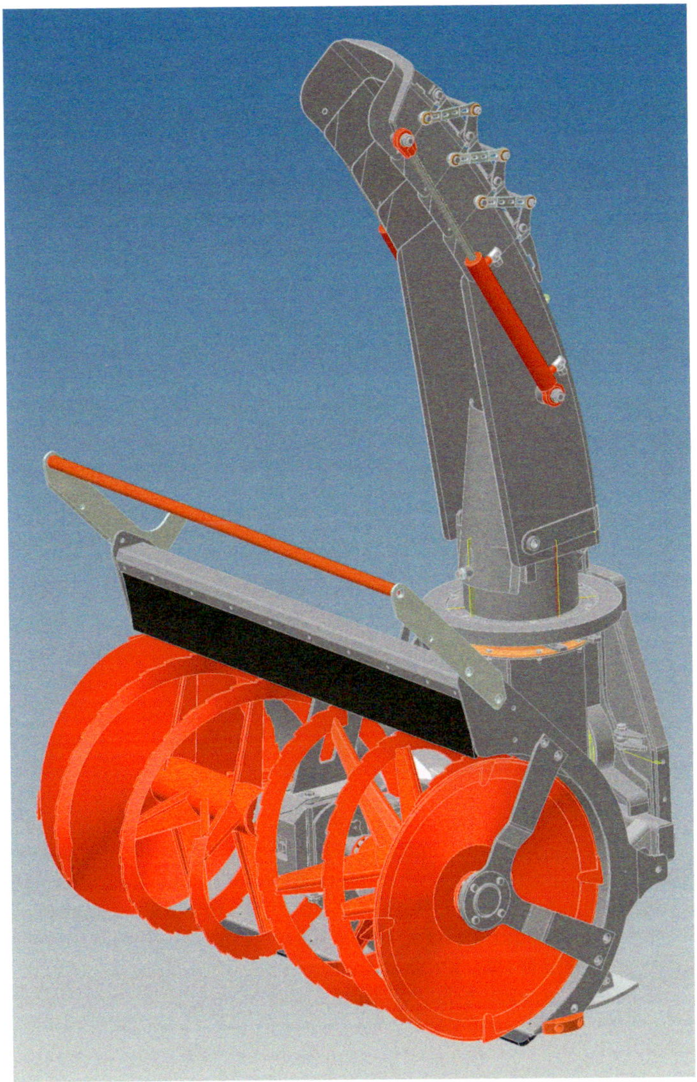

Bild 14.3:
Schneefräse als Anbaugerät
(Quelle: Kahlbacher GmbH)

Bild 14.4:
Scheibentrockner für die Trocknung von Klärschlamm (Quelle: G+R GreenTech GmbH)

Die *G+R Technology Group* in Regenstauf baut Anlagenprojekte für die Biomasseverwertung und Energierückgewinnung. Sie führte neben der 3D-CAD-Konstruktion eine integrierte FEM-Lösung und eine CFD-Lösung ein. Alle Ingenieure bei G+R führen inzwischen neben der Konstruktion auch Simulationen durch. Horst Dressler, Gruppenleiter Konstruktion bei G+R, ist sehr angetan von seiner Digital-Protoyping-Lösung. „Die 3D-Konstruktion ist bei innovativen neuen Entwicklungen wesentlich produktiver", stellt er fest und nennt ein Beispiel: Ein Team von drei bis vier Mitarbeitern entwickelte eine neue Lösung im Bereich der Energierückgewinnung. In diesem Projekt, das von der ersten Idee bis zum Prototypen neu konstruiert wurde, stellte der Gruppenleiter fest: „waren wir rund 70 Prozent schneller als früher mit der 2D-Konstruktion bei vergleichbaren Projekten und hatten sogar wichtige Funktionen durch Simulationen bereits überprüft. Die Arbeit am virtuellen Prototyp verbessert die Qualität unserer Konstruktionen enorm. In 2D ist der Konstrukteur versucht, alle Lösungen möglichst einfach zu halten, weil die Darstellung ihn limitiert. In 3D gibt es weniger Beschränkungen und damit auch bessere Lösungen und Funktionen. Befürchtungen, die wir anfangs hatten, dass die 3D-Konstruktion länger dauert, haben sich nicht bewahrheitet. Im Konstruktionsprozess gibt es laufend Änderungen bis zur Inbetriebnahme. Solche Änderungen sind in 3D schnell erledigt und automatisch sind sie auch in allen Zeichnungen durchgeführt. Früher waren gerade diese Änderungen eine Fehlerquelle. Sie wurden in einigen Zeichnungen durchgeführt, aber an anderen Stellen vergessen."

Hubtex, der Fuldaer Hersteller von spezialisierten Gabelstaplern, Seitenstaplern und Sondergeräten für schwere und sperrige Güter, ist in höchstem Maße auf die Möglichkeiten der digitalen Produktentwicklung angewiesenen. „Wo bei anderen Firmen noch Prototypen oder Nullserien an der Tagesordnung sind, gibt es bei uns nur noch den digitalen Prototyp. Jedes Gerät muss sofort funktionieren. Nach monatelanger Entwicklungs- und Fertigungsarbeit steht unsere Konstruktion in der Abnahme und muss wenige Tage später beim Kunden ihre Leistungsfähigkeit unter Beweis stellen", erklärt Achim Otterbein, Leiter Konstruktion und Entwicklung bei Hubtex. „Wer heute noch einen physischen Prototyp bauen will, ist sowohl aus Kostengründen als auch wegen zu langer Lieferfristen nicht mehr wettbewerbsfähig." Die Komplettkonstruktion in Baugruppen, wie sie seit über fünf Jahren mit modernen Systemen praktiziert wird, hat den gesamten Zeitaufwand in der Konstruktion, Entwicklung und Fertigung um mehr als 40 Prozent reduziert, wie Otterbein schätzt.

Bild 14.5: Gabelstapler (Quelle: Hubtex)

Die *Vossloh Locomotives GmbH* blickt auf eine lange Historie im Bau von Lokomotiven zurück. Seit 1923 baut die Firma in Kiel Schienenfahrzeuge mit Verbrennungsmotoren. Raymond Renner, IT-Leiter bei Vossloh Locomotives, erklärt: „In der 3D-Konstruktion sahen wir die Möglichkeit, vom elektronischen Zeichenbrett weg und zu einem digitalen Prototypen zu kommen, an dem wir die Qualität unserer Konstruktionen schon frühzeitig beurteilen können. Wir wollten Fehler vermeiden, die sonst erst in der Fertigung erkannt werden und zu Verzögerungen und zusätzlichen Kosten führen." Sein Kollege Tim Hildebrandt, Gruppenleiter Entwicklung und

Standardisierung, fährt fort: „Die 3D-Konstruktion bringt uns sehr viel Nutzen: Wir erkennen Probleme rechtzeitig und die Qualität der Produkte, die anschließend gefertigt werden, ist in der Regel deutlich höher als früher bei einer 2D-Konstruktion." Als weiteren Vorteil sieht er, dass er neue Konzepte und Ideen besser kommunizieren und den Kunden Produkte realitätsnah vorstellen kann, bevor sie gefertigt sind. Vossloh Locomotives nutzt die Rendering-Möglichkeiten, die das 3D-CAD-System bietet, um neue Produkte für die Kunden zu visualisieren. „Es ergibt sich rasch ein gemeinsames Verständnis dessen, worum es eigentlich geht, wenn alle auf eine 3D-Konstruktion blicken. Die Besprechungen kommen schneller zu einem Ergebnis und alle Beteiligten sparen Zeit", so Hildebrandt.

Raymond Renner ergänzt: „Es gibt keine Null-Serie oder physische Prototypen bei uns. Auch bei einer neuen Baureihe muss die erste Lokomotive bereits einsatzreif fahren. Wir reden ja bei solchen Projekten über zwei bis drei Millionen Euro, die eine Lokomotive kostet. Deshalb ist ein perfekter digitaler Prototyp für uns so immens wichtig. Er gibt uns die Sicherheit, dass das fertige Produkt auch so funktioniert, wie wir uns das ausgedacht haben."

Bild 14.6:
Dreiachsige Standardlokomotive G12-6 C (Quelle: Vossloh Locomotives)

Dietmar Jochum, früher Entwicklungsingenieur und Mitinhaber der Firma *iPEK Spezial-TV Gesmbh & Co KG* in Hirschegg (Kleinwalsertal), betreibt heute ein Ingenieurbüro und entwickelt weiterhin Spezialkamerasysteme für iPEK. Diese ausgetüftelten Geräte dienen zur Inspektion enger Kanäle und Rohre. Er erläutert die Entwicklung seiner kompakten mechatronischen Lösungen: „Wir unterliegen permanent dem Zwang, die Geräte möglichst kompakt zu gestalten, immer mehr zu miniaturisieren, damit unsere Fahrwagen auch in engere Rohre einfahren können. Deshalb sind wir sehr früh auf die 3D-Konstruktion umgestiegen. Unser Problem ist, das ‚Eckige ins Runde' zu zwängen. Die Optimierung der Bauräume, Kollisionskontrolle und Bewegungssimulation, beispielsweise des Kameraschwenkkopfes, ist nur an einem dreidimensionalen digitalen Prototyp sinnvoll möglich."

Jochum gehört heute zu den enthusiastischen Anwendern der modernen digitalen Produktentwicklung und bringt es auf den Punkt: „Ich bin jeden Tag wieder begeistert. Unser Beruf macht wirklich Spaß, wenn man solche Werkzeuge hat!"

Bild 14.7:
Kamerafahrwagen mit Schwenkkopf (Quelle: iPEK)

Akronyme

CAD	Computer Aided Design
CADDS	Computervison Automated Design and Drafting System
CAE	Computer Aided Engineering
CAM	Computer Aided Manufacturing
CFD	Computational Fluid Dynamics, numerische Strömungssimulation
CIM	Computer Integrated Manufacturing
CNC	Computerized Numerical Control, numerische Steuerung (von Werkzeugmaschinen) per Computer
DEC	Digital Equipment Corporation, großer Computerhersteller, 1998 von Compaq, heute Hewlett-Packard, übernommen
DIN	Deutsches Institut für Normung
DWG	Dateiformat von AutoCAD-Zeichnungen
DXF	Drawing Interchange Format, von der Firma Autodesk spezifiziertes Dateiformat zum CAD-Datenaustausch, wurde für das CAD-Programm AutoCAD entwickelt und wird von vielen Systemen unterstützt
ECAD	Elektro-CAD
ECO	Engineering Change Order, Konstruktionsänderung
EN	Europäische Norm
ERP	Enterprise Resource Planning
FE	Finite Elemente
FEM	Finite-Elemente-Methode
GB	Gigabyte
HDRI	High Dynamic Range Image, digitales Bild mit hohem Kontrast, einem großen Wertebereich zwischen hell und dunkel
HP	Hewlett-Packard
HSC	High Speed Cutting
IBL	Image Based Lighting
ISA	International Society of Automation (früher: Instrumentation, Systems, and Automation Society), u. a. definiert diese Organisation Standards
ISO	International Standards Organization
IT	Informationstechnologie
JIS	Japan Industrial Standard, japanische Industrie-Norm
JT	offenes 3D-Datenformat von Siemens PLM Software (früher UGS)
KB	Kilobyte

KMU	Kleine und mittlere Unternehmen
LAN	Local Area Network, lokales Netz
LCA	Life Cycle Assessment
MB	Megabyte
MCAD	Mechanical CAD
MIT	Massachusetts Institute of Technology
NC	numerical control, numerische Steuerung
P&ID	Piping & Instrumentation Diagram, Schemaplan im Anlagenbau
PC	Personal Computer
PCF	Piping Component Format
PDF	Portable Document Format, plattformübergreifendes, offengelegtes Dateiformat von Adobe Systems
PDM	Produktdatenmanagement
PEM	Penn Engineering & Manufacturing Corp., Danboro, PA, USA, Hersteller der PEM-Einpressbefestiger (PEM Fastener)
PLM	Product Lifecycle Management
PMI	Product and Manufacturing Information (Maße, Toleranzen, Oberflächen-, Materialangaben etc.)
PTC	Parametric Technology Corporation
SAT	Standard ACIS Text, offenes Dateiformat des ACIS Modeler
SNA	Systems Network Architecture, proprietäre Netzwerkarchitektur von IBM
STEP	Standard for the exchange of product model data, CAD-Datenformat nach ISO 10303
STL	STL-Format, Dateiformat zum Übertragen von Daten an eine Stereolithografie-Maschine
TCP/IP	Internet-Protokollfamilie
VMS	Virtual Memory System, Betriebssystem der Digital Equipment Corporation (DEC)
WAN	Wide Area Network, großräumiges Netz, verbindet die lokalen Netze

Index

2D-CAD-Software 51
3D-Grundkurs 54
3D-Laserscanner 40
3D-Operationen 56
3D-Training 54
3D-Transformationen 79
3DVIA 28
4D-Modell 122

Abaqus 167
Abaqus FEA 28
Abaqus Multiphysics 28
Aberdeen Group 265
abgewickelte Form 84
Abwicklung 100, 103
Acatec 63
Akustik 170
Algor 167
AliasStudio 37
Anbieter 25
Änderungsverwaltung 21
Änderungswesen 226
Anguss 130
Angussbuchse 136
Angusskanalsystem 134
Angusspunkt 133
Animation 193, 199, 257
Anlagenbau 107, 116
Anlagenkennzeichen 208
Anlagenkonstruktion 118
Anschlussstücke 114
Anspritzpunkte 173
Ansys 167
Antialiasing 187
Applicon 17, 31
Arbeitsvorbereitung 22
Arbortext 30
Architektur 26
Armaturen 114
Artikel 222
Artikeldatenbank 207, 211
Artikelnummer 208
assoziativer Datenaustausch 164
Ästhetik 45
Aufbauplan 207
Auflagerbedingungen 112
Aufspannplatte 130
Aufstellungspläne 51
Auftragsfertigung 236
Ausklinkung 93
Auslegung der Kühlung 178
Auslegung von Kegelrädern 151
Auslegung von Lagern 150
Auslegung von Zahnrädern 151
Auswerfer 130, 135, 138
AutoCAD 19, 25, 204
AutoCAD ecscad 26, 205
AutoCAD P&ID 26
Autodesk 19, 25
Autodesk 3ds Max 27
Autodesk Aliasstudio 33
Autodesk Design Review 215
Autodesk Inventor Fusion 76
Autodesk Maya 27
Autodesk Moldflow Adviser 176
Autodesk Moldflow Insight 176, 178

Autodesk Revit 27
Autodesk Showcase 27, 195
Autodesk-DirektConnect 196
Autodrop 99, 146
Automation Professional 63
automatisierte Planerstellung 213
Automatisierung 64
Automatisierungstechnik 116
Automobilbau 44
Automobildesigner 45

Babylon 49
Bahnbewegung 155
Bahnkurve 156
Bandbreite 21
Baugruppenkonstruktion 57
Bauraummodell 108
Bauteilefamilie 98
Bauteilkonstruktion 56
Bedienungsanleitungen 253
Belastungsanalyse 157
Beleuchtung 186, 188
Beleuchtungsbibliothek 188
Beleuchtungsszenen 188
Benutzerhandbücher 253
Benutzerverwaltung 225
Berechnung 112, 141
Berechnungsverfahren 152
Betriebsmittelkennzeichen 208
Betriebsmittelkennzeichnung 213
Bewegungsschraube 152
BHS Sonthofen 232
Biegeanweisungen 101
Biegekanten 84
Biegemaschine 113
Biegen von Blech 85
Biegetabelle 86, 101
Biegezone 89
Biegung 89, 95, 112, 153
Bildformate 185
BIM 26
BITKOM 46
Bitmap-Formate 185
Blechfertigung 248
Blechkonstruktion 83, 85
Blog 46
BMW Group 27
Bohrbild 57
Bohrung 54
Bohrungstabelle 101
Boole'sche Verknüpfung 56
Branchenlösungen 83
Bremsen 152
Building Information Modeling 25
Bullinger 266

CADAM 17
CADDS 17
CADENAS GmbH 66
CAE-Pakete 168
CAE-Software 167
CAM-Software 250
Carbon Footprint 260
CATIA 17, 27, 128
CFD 161
Change Manager 81
Check-in 60
Check-in/Check-out 230
Check-out 60
Christ Pharma & Life Science 51
CIM 21
Class A Surfaces 45

CNC 248
CoCreate 30, 76
Collaboration 29
Computational Fluid Dynamics 161
Computervision 17, 29
Comsol Multiphysics 167
Cursor-Schwenk 79

Dassault Systèmes 27, 167
Datenexport 176
Datenkommunikation 21
Datenmanagement 226
Datenverwaltung 21
DEC 19
DELMIA 28
Design Reviews 201
Designer 41
Design-Kommunikation 195
Dichte 112
direkte Modellierung 75, 81
Diskretisierung 169
DME 131
Dokumentationspflichten 234
Dokumente 223
Drag&Drop 80
Drähte 219
Drehtisch 199
Dreifachbeleuchtung 190
Dreifachbiegung 90
Druck 112, 153
dünnwandige Bauteile 159
Durchbiegung 112
Duroplast-Spritzgießen 179
dynamische Beanspruchung 155
dynamische Systeme 155
Dynapac 103

ECAD-System 203
eCATALOGsolutions 67
Ecken 89
Ecken mit Dreifachbiegung 90
Eckverbindung 95, 109
EdgeCAM Solid Machinist 251
EDM 21, 222
Eigenfrequenz 161
Einbauort 208
Einfallstellen 129
Eingabegeräte 33, 36
Einkauf 43
Einspannung 159
Elastizitätsmodul 112
elektrische Bauteile 217
Elektrokonstruktion 203
Elektromagnetik 170
Elektrostatik 170
Elektrotechnik 116, 203
ENCO Energie Componenten GmbH 62
Energieversorgung 116
Engineering Data Management 21
ENOVIA 28
Entertainment 27
Entformbarkeit 132
Entformung 130
Entformungsanalyse 131
Entwurfskizze 39
Ergebnisdarstellung 161
Ergonomie 43, 195
Erodieren 252
ERP 21
ERP-System 116
Ersatzobjekt 72
Ersatzteilkataloge 253
Esprit 251

Ethernet 21
Euler 112
Euler'sche Knickfälle 112, 153
Expertenfunktionen 141
explizite Modellierung 30
Explosionsdarstellung 256
Extrusion 54

Fachwerk 158
Falten 94
Falz 94
faserverstärkte Kunststoffe 179
FE-Analyse 158
FEM 158
FEM-Netz 159
Fertigung 243
Fertigungsplaner 43
Fertigungszeichnung 52, 101
Festigkeitsberechnung von Schweißnähten 106
Festigkeitsrechnung 158
FG Modellsport GmbH 245
Finite Elemente 169
Finite Volumen 169
Finite-Elemente-Methode 158
Flachbandkabel 220
Flächenmodell 39
flexible Schläuche 113, 114
Fließwiderstand 173
Fluchtpunktperspektive 256
Fluid 162
Fluiddynamik 161, 162
Fluidtechnik 203
Fördertechnik 116
Formeinsatz 132
Formelemente 100
Formenbau 129, 250
Formgebung 22
fotorealistisches Rendering 183
fotorealistisches Rendern 205
Fräsen 250
Fraunhofer-Gesellschaft 266
Freiformkörper 52
Freigabe 21, 225
Freigabeprozess 233
Freihandzeichnung 41
Freistellung 90
Fremdsprachendatenbank 211
Fügener, Lutz 36
Füllflächen 133
Fülllicht 190

G+R Technology Group 53, 262, 268
G1-Stetigkeit 45
G2-Stetigkeit 45
G3-Stetigkeit 45
Gebäudeplanung 120
Gebäudetechnik 116
Gehrung 90, 109
Gehrungsschnitt 109
Geisberg, Samuel 29
Geländer 111
Gelenke 157
Geologie 170
geometrische Abhängigkeiten 35
Gerätesymbole 207
Gestaltung 33
Getriebe 157
Gewerke 27, 40, 120
Gimp 37
GIS AG 252
Gitternetz 169
Globale Design Reviews 201

Globalisierung 23
Grafikperformance 74
Grafiktablett 20
Grenzspannung 112, 153
Griffe 113
große Baugruppen 70

Handlauf 111
Hardware 19, 20, 23, 70, 71, 74
harness design 216
HASCO 131
Hauer 60
Hauptlicht 190
hazardous substances 261
Hella 179
High Speed Cutting 250
Hintergrundlicht 190
historienbasierte Modellierung 57
historienbasierte, parametrische Modellierung 75
historische Entwicklung 17
history-based modeling 57
Hoch- und Tiefbauprojekte 122
Hocoma AG 244
HP ME 10 19
Hubtex 103, 249, 269
Hug Engineering AG 262
Hydraulikpläne 51
hyperMill 250

IBM 19, 27
ideale Biegung 85
ideale Flüssigkeiten 162
Ideenfindung 33
Illustration 187
illustrative Darstellung 187
iLogic 63
Import von Kabelbaumdaten 217
INA 35
Industriedesign 22, 42
Industriedesigner 35, 36
In-Mold-Verfahren 126
Innovationszyklen 22
InSight 30
Intergraph 31
Internet 21
Inventor 19, 26
Inventor Automation 63
Inventor Fusion 76
Inventor iLogic 63
Inventor Tooling Suite 134
InventorCAM 251
iPEK Spezial-TV Gesmbh & Co KG 204, 271
ISM Ingenieurbüro Kirschbaum 230
ISO10007 226
isometrisch 38
isometrische Perspektive 256

Johnson 112
JPG-Bilder 185

Kabel 210
Kabelanschlusspläne 213
Kabelbaum 218
Kabelbaumbibliothek 218
Kabelbaumkonstruktion 214, 215
Kabellisten 213
Kahlbacher GmbH 266
Kamera 192
Kamera animieren 194
Kamerafahrt 195
Kartografie 26
Katalogverwaltung 207

Kaufteile 58, 66
Kaufteilebibliothek 67
Kavität 130, 133
Kerbwirkungen 160
Kern 131, 133
k-Faktor 85
Klassifizierung 224
Klemmennummern 213
Klemmenplan 204, 207
Klemmverbindungen 152
Knickbeanspruchung 112, 153
Knowledge-Management 46
Kollisionsprüfung 114, 124
Kompetenznetzwerk 23
Komponenten animieren 193
Komponenten mit Eigenlicht 189
Konfigurationslogik 63
Konfigurationsmanagement 226
Konstruktionshandbuch 71
Kontaktnummern 213
kontextsensitive Menüs 79
Konturlasche 90, 91
Konvektion 163
Konzeption 33
Korrekturfaktor 85
Kosten 20, 263
Kostenmanagement 237
Kühlkanal 136
Kühlkreislauf 130
Kühlung 131
Kundenberatung 46
Kunststoffdatenbank 172
Kunststoffverarbeitung 126
Kurvenscheibe 157

Lager 150
Lagergenerator 150
Lagerkräfte 150
LAN 21
Langläufer 264
Lasche 88
Laschenform 88
Laser Sintering 243
Laserscanner 40
Laserschnitt 101
Laser-Sintern 247
Laserstrahlschneiden 248
LCA 259
Leitungsarten 113
Lichtbogenschweißnaht 90
Lichtquellen 188
Life Cycle Assessment 259
Listenausgabe 207
Listengenerierung 120
Lockheed 17
Loft 57
Lokalisierung 255
Lötverbindungen 152
LZW-Komprimierung 185

Magnetostatik 170
Makros 208
Malteserkreuz-Getriebe 156
Mankenberg GmbH 166
Maschinenbau 116
Maschinenelemente 22, 141
Massenkräfte 155
Materialbibliothek 169
Materialdefinition 196
Mathcad 30
MatrixOne 28
Mausgesten 79

MCAD 35, 39
McDonnell Douglas 17, 31
ME10 30
Mechatronik 203
Medienversorgung 116
Medusa 19, 34
mehradrige Kabel 219
mehrdimensionale Strömung 162
Mehrkomponenten-Spritzgießen 126
Mehrkörpersysteme 170
Mengenstückliste 224
Methodendatenbank 46
Miniaturisierung 53
Minimills 123
MIT 17
Modalanalyse 159
Modellbau 250
Modellbau Chemnitz GmbH 233, 244
Modellbrowser 57
Modellierungsfunktionen 54
Moldflow 134, 176
Montage 46, 60, 130
Montageanleitungen 253
mouse gestures 79
Multiphysics 170
Multiphysik 170
Mutterbaugruppe 60

Nachhaltigkeit 43, 259
Nagelbrettzeichnung 220
Nastran 167
Navier-Stokes-Gleichungen 162
Navigation Wheels 79
Navisworks 121
Netscape Navigator 21
Netzverdichtung 160
Netzwerkkonferenz 201
Netzwerktechnik 21
neutrale Faser 85
Neutralformate 128
Newton'sche Flüssigkeiten 162
nichtlineares Werkstoffverhalten 86
Nockenwelle 156
Normen 46, 58, 65, 66, 71, 86, 210
Normstahlprofile 108
Normteile 58, 66, 114
NURBS-Flächen 46
Nvidia 201
NX 31, 76

Oberflächen 188
OneSpace Modeling 30
Online-Diagnose 212
Open-Source 47, 48
orthogonaler Riss 53

P&ID-Fließschema 117
Package 36
Parallelperspektive 256
Parametric Technology Corporation 19, 29
Parametrik 19
Parametrik-System 55
parametrische Modellierung 75
parametrische Skizze 34, 56
Parasolid 128
Passfeder 147
Passungen 152
PCF-Format 120
PDF-Format 254
PDGS 17
PDM 21, 207, 221
PDM-Integration 60

PE International 261
PEM-Einpressbefestiger 99
Pen Display 36
Performance optimieren 71
Perndorfer Maschinenbau KG 236
Photoshop 37
Piping & Instrumentation Diagram 117
Piping Component Format 120
Plant-Design 107, 116
Planungsaufwand 266
Planungsdokumente 119
Plastic Features 129
Plausibilitätskontrolle 214
PLM 21, 27, 29, 222
Polygonzug 102
Polyline 102
Polyline-Approximation 102
Positionsnummer 208
Potenzial 210
PPS 21
Predictive Sketching 38
Prime 19
Pro/Engineer 30, 76, 128
Produktdatenmanagement 221
Produktfamilien 58
Produkthaftung 226
Produktkommunikation 266
Produktkonfiguration 63
Produktkonfigurator 66
Produktpublikation 253
Profileigenschaften 110
Profilrollen 92, 101
ProjectBuilder 213
Projekte 65, 70, 116, 117, 223
Projektverwaltung 207
proprietär 21
PTC 19, 29, 75
PTC Granite-Format 128
Publishing 253
Punktewolke 40, 122

Querschnitt 112
Querverweise 210, 213

Radaufhängung 156
Rankine 112
Rapid Manufacturing 245
Rapid Prototyping 243
Rapid Tooling 246
Rasterbildschirm 20
Raytracing 200
realistische Materialien 197
Realtime Raytracing 200
Recycling-Fähigkeit 176, 261
Redlining 226
regelbasiertes Logikmodul 64
Reibung 157
Relex 30
Rendering 182, 183
Rendering für Fortgeschrittene 185
Replikation 226
Revision 224
Rohrkrümmer 113
Rohrleitungen 107, 113, 119
Rohrleitungskonstruktion 113
Rohrsegment 113
Rohrverbindung 113
Rohrverlauf 114
Rollen 92
Röntgenzeichnungen 256
Routing 219

Sachmerkmale 224
Sachmerkmalleisten 241
Schaeffler Gruppe 48
Schaltschrankaufbau 205
Schatteneigenschaften 189
Schemaplan 26, 118
Schemazeichnung 51
Schieber 131, 138
Schleife 89
Schließventil 156
Schnittdarstellung 256
Schnittstellen 214
Schraubenberechnung 145
Schraubverbindungen 143
Schubmodul 112
Schulungsunterlagen 253
Schütze 210
Schweißbaugruppe 104
Schweißfasen 105
Schweißkonstruktion 104
Schweißnahtbericht 106
Schweißsymbole 105
Schweißverbindung 104, 152
Schweißvorbereitung 105
Schwermaschinenbau 123
Schwindung 129
Schwund und Verzug 178
SDRC 31
Seebach GmbH 165
selbstentleerende Leitungen 114
semipermanente Verbindungselemente 99
Serienfertigung 235
Shrinkwrap 73
Sicherheit 116
Siemens PLM Software 19, 31, 76, 167
Siemens VAI 124
Simulation 127, 155
Simulation der Füllung 174
Simulation der Schwindung 175
Simulation Lifecycle Management 28
Simulation von Strömungen 161
Simulia 28, 167
Simultaneous Engineering 21, 266
Skelettmodell 108
Sketchpad 17
Skizze 33
SmartTeam 28
SMS Concast AG 124
Social Bookmarking 46
Social-Software 46
Software-Raytracing 200
Solid Edge 31, 76
SolidCAM 251
SolidWorks 19, 28, 261
SolidWorks Flow Simulation 28
Spleiß-Objekte 219
Spline-Kurve 56, 102
Splines 33
Spreadsheet-Tabelle 58
Spritzgießen 126
Spritzguss 125
Spritzgussmaschine 128, 129
Spritzgusssimulation 171
Spritzgusswerkzeug 130
SPS-Baugruppen 210
Stahlbau 118, 153
Stahlbaukonstruktion 108
Stahlgerüst 108
Stahlproduktion 123
Stahlproduktionsanlagen 123
Stanztabelle 101

Stanzwerkzeug 96, 100
stationäre laminare Strömung 162
stationäre turbulente Strömung 162
Status 225
STEP 75
Stereolithografie 243
Stetigkeit 45
Stifte 138
Storyboard 199
Stoßverbindung 110
Strahlung 163
Stranggießtechnik 124
Streckgrenze 112
Stromlaufplan 51, 204, 207
Strompfad 210
Strömungsmechanik 161
strukturierte Stückliste 59
Stücklisten 213, 219, 224
Stücklistenverwaltung 234
Stukturbrowser 57
Suche 232
Surfacing 44
Sustainable Materials Assistant 260
Sutherland 17
Sweep 57
Symbolbibliothek 205
Symbole 118, 208
symmetrischer Spalt 90
Synchronous-Technologie 76
Szenen 186
Szenen erstellen 198
Szenenbibliothek 198

Tabellenkalkulation 22, 59
Tablett 36
Tablett-PC 36
TCP/IP-Protokoll 21
Teamcenter 31
Technikgeschichte 17
technische Illustration 255
technische Regel 46
Technology Preview Software 78
Tecnomatix 31
Teilemanagement 68
Tektronix 19
tesselierte Flächen 197
Textverarbeitung 22, 64
Tiefziehen 101
Toleranzen 152
Tooling 131
Torsion 54, 112, 153
TraceParts GmbH 66
Träger und Platte 152
Trennebene 130
Trennfläche 132
Triade 79

Übergangsflansch 98
UGS 31
Umgebungsschatten 197
Umweltschutz 116
Unicode 211
Unigraphics 17, 19, 31
Unix 19, 20
U-Profil 109

Variante 224
Variantenstückliste 224
Vaxstation 19
VDB 210
Vektorbildschirm 20
Velocity Series 32

Ventile 114
Verbindungselemente 99
Verbindungslisten 213
Verdrahtung 217
Verdrahtungslinie 208
Verein Deutscher Werkzeugmaschinenfabriken 259
Verfahrenstechnik 116
Version 224
verteilt dargestellte Bauelemente 210
Vertrieb 43
Verwendungsnachweis 229
Verzahnungsgeometrie 151
Verzug 105
Viewing 227
virtuelle Kamera 192
virtueller Raum 53
Visualisierung 22, 23, 52, 138, 177, 181
voestalpine Stahl GmbH 123
Vossloh Locomotives GmbH 103, 269

WAN 21
Warenwirtschaftssystem 116
Wärmeaustausch 163
Wärmeleitfähigkeit 163
Wärmeübertragung 161, 162
Wartungsanleitungen 253
Wasserstrahlschneiden 249
Waste Electrical and Electronic Equipment Directive 261
Webbrowser 47, 65
Webkonferenz 41
Web-Zugriff 227
weiche Schatten 190
Wellen 146
Wellengenerator 146
Werkzeugkonstruktion 126, 130
Wide Area Network 21
Widerstandsmomente 112
Wiederverwendung 215
Wiki 47
Wikipedia 46, 47
Windchill 30
Windows-PC 20
Wissensmanagement 46, 127, 287
Workflow 225
Wurzelverdrahtung 214

YouTube 254

Zahnbiegebeanspruchung 151
Zahnflanken 151
Zeichenwerkzeuge 37
Zeichnungsverwaltungssystem 21
Zentrierring 136
Zerlegung der Produkte 261
Zettl Ingenieur- und Vertriebsgesellschaft 116, 262
Zug 153
Zwangsbedingungen 56

Literatur

[1] Grieb, Ph.: Benutzerorientierte, rechnerunterstützte Variantenkonstruktion mit dem Medusa-Parametric-Baustein, VDI-Z 125 (1983) Nr. 13, S. 546ff. VDI Verlag

[2] Erfolgreiche Produkte entwickeln, produzieren und auf den Markt bringen, Firmenbroschüre, 2009, Siemens PLM Software (plm_tcm73-62341.pdf)

[3] Dobelmann, R.: Wikis – Nachschlagewerke von Nutzern für Nutzer, Wissensmanagement 5-2008, Büro für Medien

[4] Wichtige Trends im Wissensmanagement 2007 bis 2011, Positionspapier des BITKOM, Bundesverband Informationswirtschaft, Telekommunikation und neue Medien e. V. 2007, Berlin

[5] Wunderer, J.: Wissenspool erklärt Fachbegriffe, Computer Zeitung Nr. 24, 9.6.2008, Konradin Verlag

[6] Wichmann, Ch.: Effiziente Produktkonfiguration und automatisierte Konstruktion, Digital Prototyping Sonderheft 2009, Hanser Verlag

[7] Valnion: Digital Prototyping Sonderheft 1-2010, Hanser Verlag

[8] Günthner, W., Schorr, M., Sanladerer, S.: PLM für die Baubranche, interface 2-2009, Siemens PLM Software

[9] Voller Einsatz für 3D, Factory 10-2006, Industriemagazin Verlag, Innsbruck

[10] Dubbel, Taschenbuch für den Maschinenbau, Springer Verlag

[11] Erfahrung und dicker Daumen genügen nicht, Digital Prototyping 1-2010, Hanser Verlag

[12] Wenige Klicks – und das Werkzeug steht. Digital Prototyping 1-2010, Hanser Verlag

[13] Brenke, A., Schoo, M.: Keine Freigabe ohne Moldflow, Kunststoffberater 7/8-2009, Giesel Verlag

[14] Gartner, G.: Neue Direktschnittstellen eliminieren viele Probleme, Inventor Magazin Sonderheft 2008, WIN-Verlag

[15] Giemsa, B.: Die technische Illustration im 21. Jahrhundert, Whitepaper, PTC, 2007

[16] Swiss Engineering für saubere Luft, SMM – Schweizer Maschinenmarkt 12-2006, Vogel Business Media AG

[17] Deutsche Firmen bauen an britischen Windparks mit, Focus Online, 8.1.2010

[18] The Digital Product Development Benchmark Report, Aberdeen Group, März 2007

[19] Bullinger, H.-J.: Zukunft der Arbeit – Leben in einer vernetzten Welt, Vortrag, Autodesk Datenmanagement Konferenz, 26./27.6.2007 Bad Kissingen